厄瓜多尔辛克雷水电站规划设计丛书

第七卷

超高压引水隧洞和复杂洞室群设计

魏　萍　主编

黄河水利出版社
·郑州·

内容提要

本书为厄瓜多尔辛科雷水电站规划设计丛书的第七卷。本卷包含概述、发电引水系统及地下厂房布置、发电引水系统设计、地下厂房布置及主要洞室尺寸确定、地下洞群围岩稳定分析、地下洞群开挖与喷锚支护设计、地下厂房排水防潮设计、地下洞室安全监测与围岩稳定性评价、结构设计、边坡开挖及支护设计、电站建筑设计、地下厂房消防设计、尾水洞水力学设计等。本书全面、系统地论述了地下厂房系统各建筑物的设计特点、难点及关键点,用欧美规范诠释了整套设计。

本书内容翔实、实用性强,可供从事水利水电设计、施工、运行管理及大专院校相关专业师生,特别是从事水利水电国际工程设计人员阅读参考。

图书在版编目(CIP)数据

超高压引水隧洞和复杂洞室群设计/魏萍主编. —
郑州:黄河水利出版社,2020. 12
(厄瓜多尔辛克雷水电站规划设计丛书. 第七卷)
ISBN 978-7-5509-2886-2

Ⅰ. ①超… Ⅱ. ①魏… Ⅲ. ①水力发电站-水引水隧洞-工程设计 Ⅳ. ①TV672

中国版本图书馆 CIP 数据核字(2020)第 271739 号

组稿编辑:简　群　电话:0371-66026749　E-mail:931945687@qq.com
田丽萍　66025553　912810592@qq.com

出 版 社:黄河水利出版社　网址:www.yrcp.com
地址:河南省郑州市顺河路黄委会综合楼 14 层　邮政编码:450003
发行单位:黄河水利出版社
发行部电话:0371-66026940、66020550、66028024、66022620(传真)
E-mail:hhslcbs@126.com
承印单位:河南瑞之光印刷股份有限公司
开本:787 mm×1 092 mm　1/16
印张:26
字数:620 千字　印数:1—1 000
版次:2020 年 12 月第 1 版　印次:2020 年 12 月第 1 次印刷

定价:262.00 元

总序一

科卡科多·辛克雷(Coca Codo Sinclair,简称CCS)水电站工程位于亚马孙河二级支流科卡河(Coca River)上,距离厄瓜多尔首都基多130 km,总装机容量1 500 MW,是目前世界上总装机容量最大的冲击式水轮机组电站。电站年均发电量87亿kW·h,能够满足厄瓜多尔全国1/3以上的电力需求,结束该国进口电力的历史。CCS水电站是厄瓜多尔战略性能源工程,工程于2010年7月开工,2016年4月首批4台机组并网发电,同年11月8台机组全部投产发电。2016年11月18日,习近平总书记和厄瓜多尔总统科雷亚共同按下启动电钮,CCS水电站正式竣工发电,这标志着我国"走出去"战略取得又一重大突破。

CCS水电站由中国进出口银行贷款,厄瓜多尔国有公司开发,墨西哥公司监理(咨询),黄河勘测规划设计研究院有限公司(简称"黄河设计院")负责勘测设计,中国水电集团国际工程有限公司与中国水利水电第十四工程局有限公司组成的联营体以EPC模式承建。作为中国水电企业在国际中高端水电市场上承接的最大水电站,中方设计和施工人员利用中国水电开发建设的经验,充分发挥EPC模式的优势,密切合作和配合,圆满完成了合同规定的各项任务。

水利工程的科研工作来源于工程需要,服务于工程建设。水利工程实践中遇到的重大科技难题的研究与解决,不仅是实现水治理体系和治理能力现代化的重要环节,而且为新老水问题的解决提供了新的途径,丰富了保障水安全战略大局的手段,从而直接促进了新时代水利科技水平的提高。CCS水电站位于环太平洋火山地震带上,由于泥沙含量大、地震烈度高、覆盖层深、输水距离长、水头高等复杂自然条件和工程特征,加之为达到工程功能要求必须修建软基上的40 m高的混凝土泄水建筑物、设计流量高达220 m^3/s的特大型沉沙池、长 24.83 km 的大直径输水隧洞、600 m 级压力竖井、总容量达 1 500 MW 的冲击式水轮机组地下厂房等规模和难度居世界前列的单体工程，设计施工中遇到的许多技术问题没有适用的标准、规范可资依循，有的甚至超出了工程实践的极限，需要进行相当程度的科研攻关才能解决。设计是 EPC 项目全过程管理的龙头，作为 CCS 水电站建设技术承担单位的黄河设计院，秉承"团结奉献、求实开拓、迎接挑战、争创一流"的企业精神，坚持"诚信服务至上，客户利益至尊"的价值观，在对招标设计的基础方案充分理解和吸收的基础上，复核优化设计方案，调整设计思路，强化创新驱动，成功解决了高地震烈度、深覆盖层、长距离引水、高泥沙含量、高水头特大型冲击式水轮机组等一系列技术难题，为 CCS 水电站的成功建设和运行奠定了坚实的技术基础。

CCS 水电站的相关科研工作为设计提供了坚实的试验和理论支撑，优良的设计为工程的成功建设提供了可靠的技术保障，CCS 水电站的建设经验丰富了水利科技成果。黄河设计院的同志们认真总结 CCS 水电站的设计经验，编写出版了这套技术丛书。希望这套丛书的出版，进一步促进我国水利水电建设事业的发展，推动中国水利水电设计经验的国际化传播。

是以为序！

原水利部副部长、中国大坝工程学会理事长 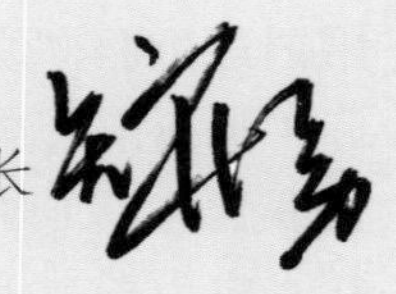

2019 年 12 月

总序二

南美洲水能资源丰富，开发历史较长，开发、建设、管理、运行维护体系比较完备，而且与发达国家一样对合同严格管理、对环境保护极端重视、对欧美标准体系高度认同，一直被认为是水电行业的中高端市场。黄河勘测规划设计研究院有限公司从2000年起在非洲、大洋洲、东南亚等地相继承接了水利工程，开始从国内走向世界，积累了丰富的国际工程经验。2007年黄河设计院提出黄河市场、国内市场、国际市场“三驾马车竞驰”的发展战略，2009年中标科卡科多·辛克雷(Coca Codo Sinclair，简称CCS)水电站工程，标志着“三驾马车竞驰”的战略格局初步形成。

CCS水电站是厄瓜多尔战略性能源工程，总装机容量1 500 MW，设计年均发电量87亿kW·h，能够满足厄瓜多尔全国1/3以上的电力需求，结束该国进口电力的历史，被誉为厄瓜多尔的三峡工程。CCS水电站规模宏大，多项建设指标位居世界前列。如：(1)单个工程装机规模在国家电网中占比最大；(2)冲击式水轮机组总装机容量世界最大；(3)可调节连续水力冲洗式沉沙池规模世界最大；(4)大断面水工高压竖井深度居世界前列；(5)大断面隧洞在南美洲最长等。成功设计这座水电站不但要克服冲击式水轮机对泥沙含量控制要求高、大流量引水发电除沙难、大变幅尾水位高水位发电难、高内水压力低地应力隧洞围岩稳定性差等难题，还要克服语言、文化、标准体系、设计习惯等差异。在这方面设计单位、EPC总包单位、咨询单位、业主等之间经历了碰撞、交流、理解、融合的过程。这个过程是必要的，也是痛苦的。就拿设计图纸来说，在CCS水电站，每个单位工程需要分专业分步提交设计准则、计算书、设计图纸给监理单位审批，前序文件批准后才能开展后续工作，顺序不能颠倒，也不能同步进行。负责本工程监理的是一家墨西哥咨询公司，他们水电工程经验主要是在20世纪中期左右积累的，对最近20年中国成功建设的一批大型水电工程新技术不了解，在审批时提出了许多苛刻的验证条件，这对在国内习惯在初步设计或可行性研究报告审查通过后自行编写计算书、只向建设方提供施工图的设计团队来讲，造成很大的困扰，一度不能完全保证施工图及时获得批准。为满足工程需要，黄河设计院克服各种困难，很快就在适应国际惯例、融合国际技术体系的同时，积极把国内处于世界领先水平的理论、技术、工艺、材料运用到CCS水电站项目设计中，坚持以中国规范为基础，积极推广中国标准。经过多次验证后，业主和监理对中国发展起来的技术逐渐认可并接受。

CCS水电站主要有两大技术难题：一是高水头冲击式水轮机组对过机泥沙控制要求非常严格，得益于黄河设计院多年治黄、治沙的经验，采用特大规模沉沙池，经数值模拟分析，物理模拟验证，成功地完成了CCS水电站的泥沙处理设计，满足了近乎苛刻的过机泥沙粒径要求，保证了工程的顺利运行，也可为黄河等多沙河流的相关工程提供借鉴；二是563 m的深竖井设计和施工，遇到高内水压力低地应力隧洞围岩稳定性差的难题，施工中曾多次出现突水、突泥、塌方，对履行合同工期面临巨大挑战。经设计施工的通力合作，战胜了这一“拦路虎”，避免了高额经济索赔。

作为多国公司参建的水电工程，CCS水电站的成功设计，不但为CCS水电站工程的建设提供了可靠的技术保障，而且进一步树立了中国水电设计和建设技术的世界品牌。黄河设计院的同志们在工程完工3周年之际，认真总结、梳理CCS水电站设计的经验和教训，以及运行以来的一些反思，组织出版了这套技术丛书，有很大的参考价值。

中国工程院院士 马洪琪

2019年11月

总前言

厄瓜多尔科卡科多·辛克雷(Coca Codo Sinclair,简称CCS)水电站位于亚马孙河二级支流Coca河上,为径流引水式,装有8台冲击式水轮机组,总装机容量1 500 MW,设计多年平均发电量87亿kW·h,总投资约23亿美元,是目前世界上总装机容量最大的冲击式水轮机组电站。

厄瓜多尔位于环太平洋火山地震带上,域内火山众多,地震烈度较高。Coca河流域地形以山地为主,分布有高山气候、热带草原气候及热带雨林气候,年均降雨量由上游地区的1 331 mm向下游坝址处逐渐递增到6 270 mm,河流水量丰沛。工程区河道总体坡降较陡,从首部枢纽到厂房不到30 km直线距离,落差达650 m,水能资源丰富,开发价值很高。为开发Coca河水能资源而建设的CCS水电站,存在冲击式水轮机过机泥沙控制要求高、大流量引水发电除沙难、尾水位变幅大保证洪水期发电难、高内水压低地应力隧洞围岩稳定差等技术难题。2008年10月以来,立足于黄河勘测规划设计研究院有限公司60年来在小浪底水利枢纽等国内工程勘察设计中的经验积累,设计团队积极吸收欧美国家的先进技术,利用经验类比、数值分析、模型试验、仿真集成、专家研判决策等多种方法和手段,圆满解决了各个关键技术难题,成功设计了特大规模沉沙池、超深覆盖层上的大型混凝土泄水建筑物、24.83 km长的深埋长隧洞、最大净水头618 m的压力管道、纵横交错的大跨度地下厂房洞室群、高水头大容量冲击式水轮机组等关键工程。这些为2014年5月27日首部枢纽工程成功截流、2015年4月7日总长24.83 km的输水隧洞全线贯通、2016年4月13日首批四台机组发电等节点目标的实现提供了坚实的设计保证。

2016年11月18日,中国国家主席习近平在基多同厄瓜多尔总统科雷亚共同见证了CCS水电站竣工发电仪式,标志着厄瓜多尔"第一工程"的胜利建成。截至2018年11月,CCS水电站累计发电152亿kW·h,为厄瓜多尔实现能源自给、结束进口电力的历史做出了决定性的贡献。

CCS水电站是中国水电积极落实"一带一路"发展战略的重要成果,它不但见证了中国水电"走出去"过程中为克服语言、法律、技术标准、文化等方面的差异而付出的艰苦努力,也见证了黄河勘测规划设计研究院有限公司"融进去"取得的丰硕成果,更让世界见证了中国水电人战胜自然条件和工程实践的极限挑战而做出的一个个创新与突破。

成功的设计为CCS水电站的顺利施工和运行做出了决定性的贡献。为了给从事水利水电工程建设与管理的同行提供技术参考,我们组织参与CCS水电站工程规划设计人员从工程规划、工程地质、工程设计等各个方面,认真总结CCS水电站工程的设计经验,编写了这套厄瓜多尔辛克雷水电站规划设计丛书,以期CCS水电站建设的成功经验得到更好的推广和应用,促进水利水电事业的发展。黄河勘测规划设计研究院有限公司对该丛书的出版给予了大力支持,第十三届全国人大环境与资源保护委员会委员、水利部原副部长矫勇,中国工程院院士、华能澜沧江水电股份有限公司高级顾问马洪琪亲自为本丛书作序,在此表示衷心的感谢!

CCS水电站从2009年10月开始概念设计,到2016年11月竣工发电,黄河勘测规划设计研究院有限公司投入了大量的技术资源,保障项目的顺利进行,先后参与此项目勘察设计的人员超过300人,国内外多位造诣深厚的专家学者为项目提供了指导和咨询,他们为CCS水电站的顺利建成做出了不可磨灭的贡献。在此,谨向参与CCS水电站勘察设计的所有人员和关心支持过CCS水电站建设的专家学者表示诚挚的感谢!

由于时间仓促、水平有限,书中不足之处在所难免,敬请广大读者批评指正!

2019年12月

厄瓜多尔辛克雷水电站规划设计丛书
编　委　会

前　言

厄瓜多尔科卡科多·辛克雷(Coca Codo Sinclair,简称CCS)水电站位于亚马孙河二级支流 Coca 河上,距离首都基多 130 km,总装机容量 1 500 MW,CCS 水电站设计年均发电量 87 亿 kW·h,满足了厄瓜多尔全国 1/3 以上人口的电力需求,结束了该国进口电力的历史,是该国战略性能源工程,也是世界上规模最大的冲击式机组水电站之一。

厄瓜多尔电气化局于 20 世纪 80 年代对 Coca 河流域水电开发进行了研究,并请意大利 ELC 等咨询公司于 2009 年 6 月完成概念设计报告。2009 年通过公开招标,由黄河勘测规划设计研究院有限公司负责工程设计的联营体中标,由中国水利水电建设集团签订了附带融资条件的总承包合同。2010 年 7 月 28 日工程开工,2016 年 4 月 13 日首批 4 台机组并网发电,2016 年 11 月 18 日 8 台机组全部并网发电。

CCS 水电站工程位于高地震的热带雨林地区,邻近活火山,自然条件十分复杂。地下厂房布置在 Coca 河右岸的山体内,厂房开发方式为尾部式开发。地下厂房洞室布置密集,规模宏大,主要包括厂房、主变洞、母线洞、进厂交通洞、尾水洞、高压电缆洞、排水洞、疏散通风洞等地下建筑及出线场、控制楼、高位水池、尾闸室及尾水渠等地面建筑。主厂房开挖尺寸长 212.0 m,宽 26.0 m,高 46.8 mm。主变洞开挖尺寸长 192.0 m,宽 19.0 m,高 33.8 mm。

CCS 水电站是中国公司在海外独立承担设计的规模最大的水电工程之一,也是我们首次使用欧美规范进行设计的项目。由于工期短、任务重,且面临严峻的工期罚款,工作中我们不仅要与业主、咨询公司沟通专业问题,更要交融中西文化、设计理念,以便各方相互信任,在互惠互利的基础上,尽快接受、审批我们的设计产品,使工程顺利进行。中西方文化的差异是巨大的,设计理念的差异也是巨大的。在国内不存在的问题,而在 CCS 水电站比比皆是。例如,中国的施工图设计只需要向业主提交设计图纸,在西方是先要提交设计准则,设计准则批准之后再提交计算书,计算书批准之后再提交设计图纸,严谨的程序容不得打半点折扣。还有施工图中的接口图,即在同一张图纸中需要反映各专业所有设计内容,包含土建的钢筋、埋件及其他专业的设计内容,而且要求三维设计、出图。经过反复尝试,这是个不可能实现的目标,因为需要反映的东西太多,一张图中无法识别且无法标识,经过反复沟通协商,业主、咨询公司最终让步,同意接口图仅需要提交二维图纸,且反映主要设备、埋件等。

关于规程规范,又是一个难过的坎。中国规范中有很多经验数据可以在设计当中直接查用,例如《锚杆喷射混凝土支护技术规范》(GB 50086—2001),可以根据地下洞室的开挖尺寸、围岩类别及其他相关参数等数据直接查出喷混凝土厚度、锚杆直径及间距等设计参数,但是欧美规范就不行,所有的设计产品,哪怕仅是一块非承重地沟盖板,也必须提交设计准则、计算书及设计图纸。每一个数据都要追根溯源,不相信任何工程经验。

我们尽可能地既满足业主要求的完美,又满足工程质量、进度及投资制约。在几乎苛刻的条件下,我们解决了诸多难题,完成了工程设计。例如地下厂房围岩稳定:地下洞室规模宏大,布置密集。主厂房与主变室间距为 24 m,为主厂房与主变室平均跨度的 1.03 倍,国内外同等规模的地下厂房多为 1.1~1.4 倍,主厂房与主变室之间存在薄岩壁问题。根据 Hoek 分析,当岩壁厚度小于两个相邻洞室较大高度的一半时,岩壁将全部进入超应力状态,极易发生张拉破坏。母线洞跨度 8.2 m,间距 18.5 m,母线洞间岩壁厚度 10.3 m,小于母线洞跨度的 1.5 倍,母线洞之间也存在薄岩壁问题。尾水支洞间距 18.5 m,与母线洞水平向错开 1.3 m,与母线洞竖向间距 7.15 m,小于母线洞高度的 1.5 倍,母线洞与尾水洞之间也存在薄岩壁问题,即母线洞存在三向薄岩壁问题。薄岩壁必然带来塑性区贯通、围岩变形加大、围岩失稳等问题。在类似工程中,无一例外的会使用锚索,但考虑到本工程工期压力的特殊性,最终在厂房及主变洞采用 12 m 长砂浆锚杆,在母线洞、尾水洞等薄壁柱等部位采用钢拱架加强支撑等组合方案,有效解决了洞室围岩稳定问题。例如尾水边坡稳定:常规的冲击式机组一般发电水头高,机组安装高程亦高,下游尾水不受下游河道水位的顶托影响。但是,CCS 水电站机组安装高程低,不采取特殊的工程措施,无法满足合同对机组出力的要求。经多种方案的论证,最终将尾水洞出口向下游移动约 200 m,利用较大的河道纵坡(约 1%)降低尾水出口水位,以满足发电要求。但是,新尾水渠区域内地质条件复杂,存在 4 条冲沟,覆盖层厚约 50 m,多为火山灰、山体滑坡堆积物,且边坡顶部有进出厂房的唯一交通道路,尾水渠施工期间不能断路。因此,在尾水渠前段岩石出露部位采用直立开挖,上部土石边坡支护采用局部 50 t 锚索,下部岩石边坡采取地连墙加 100 t 锚索,中后部(覆盖层厚 30~40 m)支护采取抗滑桩加锚索的形式,有效解决了边坡稳定问题。例如压力管道:设计施工中的主要问题是压力管道超高内水压、外水压及施工中的废井处理。本工程首次采用基于钢筋混凝土施工完建裂缝统计理论,对施工期外水压力进行了折减,并基于理论方法对高压管道灌浆深度进行了敏感性分析,为工程设计和工程量优化提供了依据。关于深埋洞室塌腔体的探测技术,由于物探结果不能满足要求,本项目首次采用了激光系统,准确地对塌腔体的分布进行了三维测量,为处理塌腔体提供了依据。

CCS 水电站是“一带一路”的重要工程,带着我们跨出国门,不仅让我们收获了汗水、收获了知识、收获了朋友,更让我们完善了自己的知识体系和构架,严苛的要求更成就了我们,让我们今后的步子可以迈得更大更踏实！本书旨在总结 CCS 水电站引水发电系统的设计经验及教训,力求反映设计全过程。希望对以后的设计者提供借鉴。

由于时间仓促,编者水平有限,书中难免有错漏之处,欢迎读者批评指正!

编　者

2020 年 6 月

《超高压引水隧洞和复杂洞室群设计》编写人员及编写分工

主　编:魏　萍

副主编:李　江

统　稿:魏　萍　李　江　熊　卫

章名	编写人员
第 1 章　概　述	魏　萍
第 2 章　地下厂房枢纽布置	魏　萍
第 3 章　发电引水系统设计	吴建军　吴　昊　刘琳琳　周　伟　台航迪
第 4 章　地下厂房布置及主要洞室设计	魏　萍
第 5 章　地下洞群围岩稳定分析	邹红英　梁成彦
第 6 章　地下洞群开挖与喷锚支护设计	邹红英　梁成彦
第 7 章　地下厂房排水防潮设计	魏　萍　马燕玲
第 8 章　地下洞室安全监测与围岩稳定性评价	邹红英　翟利军
第 9 章　结构设计	樊小发　李　江　刘思远　邹红英　夏　磊　龚祺曼　褚　丽　许合伟　梁成彦　吕录娜　王　因　田万福
第 10 章　边坡开挖及支护设计	梁成彦　许合伟　吕录娜　穆　林
第 11 章　电站建筑设计	马燕玲　李　军　杨　静
第 12 章　地下厂房消防设计	马燕玲　李　军　杨　静
第 13 章　尾水洞水力学设计	梁成彦　翟利军　穆　林　李　亚

目 录

第1章

概　述

1.1 工程概况

CCS 水电站位于厄瓜多尔共和国北部 Napo 省和 Sucumbios 省的交界处,距首都基多公路里程 130 km。工程任务主要为发电,电站总装机容量 1 500 MW,设计年发电量 87 亿 kW·h。CCS 水电站业主为厄瓜多尔 Cocasinclair 公司,该电站为厄瓜多尔国家重点项目,也是最大的发电项目之一。

CCS 水电站主要建筑物包括首部枢纽、输水隧洞、调蓄水库、压力管道和地下厂房等。CCS 水电站工程布置示意图见图 1-1。

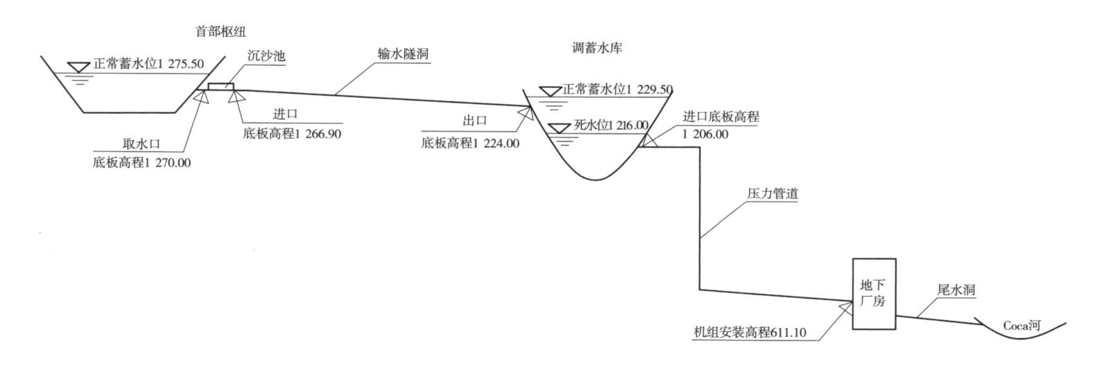

图 1-1 CCS 水电站工程布置示意图 (单位:m)

首部枢纽工程位于 Salado 河和 Quijos 河交汇处下游约 1 km 的 Coca 河上,主要包括溢洪道、取水口、沉沙池及混凝土面板堆石坝等工程。

输水隧洞工程包括输水隧洞和 1#、2#施工支洞。输水隧洞由隧洞进口段、洞身段和出口闸室及消力池组成。洞身段全长 24.8 km,成洞直径 8.20 m。TBM 掘进段采用预制钢筋混凝土管片衬砌。

调蓄水库工程包括面板堆石坝、溢洪道、放空洞、库岸开挖支护和库尾挡渣坝等工程。面板堆石坝位于 Coca 河右岸支流 Granadillas 支沟上,轴线长 141.0 m,坝顶高程 1 233.50 m,最大坝高 58.0 m。

压力管道工程共布置两条压力管道。1#压力管道主管轴线长度为 1 782.935 m,2#压力管道主管轴线长度为 1 856.339 m,压力管道钢筋混凝土衬砌段内径均为 5.8 m。

地下厂房布置在 Coca 河右岸的山体内,厂房开发方式为尾部式开发。地下厂房区域地表自然坡度一般为 30°~40°,山体陡峻,植被发育,总体地势西高东低,地面高程 600~1 350 m,地形起伏较大,区域内山高谷深,相对高差达 700 余 m,冲沟多呈东西向展布,该区域属热带雨林气候,且降雨量较大,沿冲沟多形成瀑布。

地下厂房洞室布置密集,规模宏大,主要包括厂房、主变洞、母线洞、进厂交通洞、尾水洞、高压电缆洞、排水洞、疏散通风洞、施工支洞等地下建筑,以及出线场、控制楼、高位水池、尾闸室及尾水渠等地面建筑。

厄瓜多尔通往哥伦比亚的国际公路从工程区左岸通过,工程区道路从该路接入,为新建四级混凝土路面,业主提供道路至进厂交通洞口。

1.2 工程设计历程

厄瓜多尔电气化局在20世纪80年代对Coca河流域水电开发进行了研究,确定CCS水电站为该流域最有吸引力的水电项目,并请意大利等咨询公司于1988年5月完成CCS水电站A阶段设计报告(电站装机容量432 MW),1992年6月完成B阶段设计报告(电站装机容量增加至890 MW),2008年8月完成电站装机容量1 500 MW技术可行性研究报告,2009年6月完成概念设计报告(电站装机容量1 500 MW)。

2009年10月5日,中国电力建设集团有限公司与CCS水电站业主在厄瓜多尔总统府正式签署EPC总承包合同,合同内容包括项目的设计、设备和材料供应、土建工程建设、安装、调试和启动运行。

2009年12月1日,黄河勘测规划设计研究院有限公司与中国电力建设集团有限公司正式签订该项目的勘测设计与技术服务分包合同。作为与意大利Geodata公司设计联营体的责任方,黄河勘测规划设计研究院有限公司负责协调意大利Geodata公司共同履行合同义务,并按照主合同中规定的设计范围和深度进行设计和提供相关服务。

CCS水电站项目与国内设计项目有明显不同,项目的管理等全部履行西方的法律和程序,工程设计需按照美国规范执行;前期概念设计由意大利ELC公司完成,历时33年、历经3个阶段,设计资料多且均为西班牙语版。

2010年7月28日工程开工。合同要求工程总工期为66个月,第60个月第一台机组发电。

2016年4月13日首批4台机组并网发电,2016年11月18日8台机组全部并网发电。

1.3 地下厂房设计优化

根据意大利ELC公司概念设计资料,结合当前国内外地下厂房的设计做法及经验,对原设计进行了如下修改,并得到了业主、意大利ELC公司、墨西哥ASOC工程咨询公司等各方的认可,设计文件审查见图1-2。

(1)按照南美地区习惯,地下厂房桥机支撑系统采用岩壁柱,即采用断面尺寸相对较

图1-2 设计文件审查

小的混凝土柱用锚杆固定在岩体上,岩壁柱生根于发电机层混凝土厚墙上,施工较慢。为了使桥机提前投入使用,同时考虑到厂房洞室的围岩情况,将岩壁柱改为应用较为成熟的岩壁吊车梁。由于岩壁吊车梁技术在当地的使用较少,业主坚持使用预应力锚杆的岩壁吊车梁。

(2)为了减少工程量,将厂房及主变洞顶拱的半圆拱改为三圆拱,厂房净高减少3.2 m。

(3)为了防止渗水对厂房围岩稳定及支护的影响,厂房顶拱及边墙增设系统排水孔,渗水通过排水管、沟系统排入尾水洞。

(4)厂房周围增设上下两层排水廊道。

(5)为了满足施工进度要求,在厂房右侧增加长度为20 m的副安装间,前期主要用于桥机及机组安装,后期将改为副厂房。

(6)业主要求在GIS室增加一回出线间隔,主变洞宽度增加2.5 m,高度增加3.0 m。

(7)考虑到母线洞设备的安装检修方便,将母线洞底高程由母线层618.0 m抬至发电机层623.5 m。

(8)原设计将叠梁门布置在主厂房水轮机层下游侧,使得辅机的油、汽、水管线无法布置。现将叠梁门移至主变洞下游侧,既便于厂房设置布置,也便于叠梁门的运行管理。

(9)考虑到控制楼北侧山体稳定性对控制楼的不利影响,将控制楼从出线场西侧移至东侧。

(10)按照合同要求,下游河道流量超过3 200 m^3/s时机组关机,下游河道流量在1 600 m^3/s时机组要明流发电。由于机组安装高程(611.10 m)较低,无法满足合同要求,因此业主要求将尾水洞出口在原设计的基础上向下游移动约 200 m,利用河道纵坡较陡的特点降低尾水位。

1.4 地下厂房设计要求及关键点

该工程采用的冲击式机组一般发电水头较高,且机组安装高程亦较高,下游尾水不受下游河道水位的顶托影响。但是,CCS 水电站机组安装高程低,原设计下游河道流量在 1 600 m^3/s 时,河道水位与机组安装高程之差仅为 2.6 m,而机组正常发电需要的该数值最小为 3.8 m,再考虑原尾水洞约 600 m 的水道长度产生的水头损失,不采取特殊的工程措施,无法满足合同要求。

1.4.1 EPC 总承包合同对厂房尾水的要求

(1)厂房下游河道流量超过 3 200 m^3/s 时机组停机,下游河道流量在 1 600 m^3/s 机组发电时,尾水洞内为明流。

(2)机组安装高程 611.10 m。

1.4.2 尾水设计方案论证

按照合同要求及前期意大利 ELC 公司提供的尾水相关资料,原设计尾水洞的过流能力不能满足合同要求,其主要原因为:一是机组安装高程偏低;二是尾水洞。因此,对尾水设计进行了多种方案的论证。

方案一:在原设计的基础上扩大尾水洞断面,受机组安装高程、配水环管外包混凝土尺寸等条件的限制,尾水洞顶抬高的范围有限,经过尾水洞水力学计算论证,原设计在扩大断面之后,过流能力仍然不能满足合同要求。

方案二:采用 2 条尾水主洞,由 8 机 1 洞方案改为 4 机 1 洞方案。该方案的主要问题是再选择一处合适的尾水洞出口。尾水洞出口的选择,一是考虑尾水出流不能与主河道有大的交角,使尾水顶冲河道;二是要有比较好的出洞地质条件。经过论证,原尾水洞出口的下游侧冲沟密集,不具备地下洞室出洞条件;上游侧尾水出流条件较差,因此该方案不具可行性。

方案三:抬高机组安装高程可以从根本上解决尾水出流受阻的问题,机组抬高 2~4 m,相应抬高调蓄水库大坝、进水口等建筑物高程。经过方案论证,虽然工程量有所增加,但是在可以接受的范围之内。最终因修改主合同的难度太大,没有被采纳。

方案四:将尾水洞出口尽量向下游移动,靠近河道拐弯的上游侧。由于河道纵坡较大(约 1%),尾水洞出口下移,可以降低河道水位,从而增加了机组安装高程与河道水位的高程差。该方案是业主推荐并坚持的方案,由于尾水渠区域有 4 条冲沟,覆盖层厚且多为火山灰、山体滑坡堆积物，孤石、飘石较多，地质条件很差，工程量增加很多。

方案四为最终设计方案，尾水洞出口向下游移动约200 m。该方案在8台机满发，下游河道为多年平均水位时可以正常发电，但是还不能满足高水位发电的合同要求，因此机组发电增加了压气工况，即在高水位发电时，用空压机将基坑内水位人为压低，满足机组的出力要求。

1.5　设计依据、标准及基本资料

1.5.1　设计依据

(1)CCS水电站基本设计报告及国内专家审查意见。

(2)CCS水电站基本设计报告及国外专家审查意见。

(3)墨西哥ASOC工程咨询公司及业主对岩壁吊车梁专题报告审查意见。

(4)法国科英-欧特科联营体对尾水洞水力学计算书审查意见。

(5)国内专家对尾水边坡支护设计报告审查意见。

(6)CCS水电站工程合同。

1.5.2　设计标准

尾水闸门及尾水边坡为2级建筑物，按照200年一遇洪水设计、1 000年一遇洪水校核。

1.5.3　进厂交通洞控制水位

613.33 m($P = 0.01\%$, $Q = 10\ 700\ m^3/s$)；

612.46 m($P = 0.1\%$, $Q = 8\ 620\ m^3/s$)。

1.5.4　尾水洞控制水位

612.18 m($P = 0.1\%$, $Q = 8\ 620\ m^3/s$)；

611.51 m($P = 0.5\%$, $Q = 7\ 220\ m^3/s$)；

606.95 m($Q = 3\ 200\ m^3/s$)；

604.69 m($Q = 1\ 600\ m^3/s$)；

602.20 m($Q = 326\ m^3/s$)，正常尾水位(8台机组满发)。

1.5.5　机组运行要求

1.5.5.1　机组正常运行工况

下游河道水位在602.20 m(多年平均流量$Q = 326\ m^3/s$)时8台机组满发，且要求尾水洞内水面净空高度 1.0 m(鼻坎以下),此时尾水洞内为明流。

1.5.5.2　**机组非常运行工况**

(1)下游河道水位在 604.69~606.95 m(1 600~3 200 m^3/s)时,机组仍然发电。此时,尾水洞在挡气坎上游为压力流、挡气坎下游为明流。

(2)机组安装高程到机坑水面净空高度小于 3.8 m 时压气。

1.6　厂区工程地质及水文地质

1.6.1　地质地貌

地下厂房区地表自然坡度一般为 30°~40°,植被发育,总体地势西高东低,高程 600~1 350 m,地形起伏较大。厂房区范围内山高谷深,切割较深,相对高差达 700 余 m。厂房区发育树枝状冲沟,冲沟多呈东西向展布,该区属热带雨林气候,年降雨量 5 000 mm 左右,由于地势较陡,且降雨量较大,沿冲沟多形成瀑布。

1.6.2　地层岩性

地下厂房区的主要岩性为灰色、灰绿色和紫色 Misahualli 地层的火山凝灰岩,上覆白垩系下统 Hollin 地层(K^h)页岩、砂岩互层,表层覆盖(Q_4)厚度为 3~30 m 崩积物和河流冲积物。主要地层由老到新依次为:

(1)侏罗系—白垩系 Misahualli 地层($J\text{-}K^m$):以火山凝灰岩为主,局部见火山角砾岩,总厚度约 600 m,地下厂房区均有出露,火山角砾岩呈带状或透镜体分布。

(2)白垩系下统 Hollin 地层(K^h):岩性为页岩、砂岩互层,往往浸渍沥青,页岩层理厚一般从几毫米到几分米不等,砂岩厚度一般不超过 1 m。该层厚 90~100 m。与下部 Misahualli 地层呈不整合接触。主要出露在高程 1 100 m 以上,厂房工区开挖过程中未见出露。

(3)白垩系中统 Napo 地层(K^n):岩性为页岩、砂岩、石灰岩和泥灰岩。该层厚度 50~150 m,主要出露于高程 1 200 m 以上。根据 SCE3 等钻孔揭露,Napo 上部岩层风化强烈,上部表层多已经全风化为黄褐色黏土、粉质黏土。

(4)第四系全新统地层(Q_4):不同成因形成的松散堆积物,物质主要为崩积、坡积、冲洪积、残积等形成的块石及碎石夹土,多分布于电缆洞洞口、尾水渠两侧和出线场等较平缓山坡地带及支沟沟口。

1.6.3　地质构造

地下厂房区域属于 Sinclair 构造带,构造相对简单,在厂房区地表调查没有发现规模较大的断层,但受构造影响,厂房区发育多条小规模断层,断层最大宽度普遍小于50 cm,极少数达到2 m;断层充填物质普遍以角砾岩、岩屑夹泥为主,断层带组成物质较好;断层带延伸较短,以几十米为主。通过对断层产状统计可知:断层走向以230°~260°为主,倾角以60°~80°为主,整体与主厂房和主变室呈正交状。

厂房区开挖揭示的地质情况表明,不同部位分布的小规模断层对洞室稳定存在一定的影响,但影响不大,系统支护普遍能满足稳定要求,局部规模稍大的断层通过采取随机加固措施满足了稳定要求。

对厂房区开挖揭露的结构面进行统计,可知厂房区出露结构面主要有3组:

(1)140°~170°∠70°~85°,整体平直粗糙,充填1~2 mm钙膜或闭合无充填,延伸较长,局部大于10 m,平均0.5~1条/m。

(2)230°~260°∠70°~80°,整体平直粗糙,充填方解石脉或者泥质条带,宽度2~3 mm,局部1 cm左右,少数高岭土化,延伸长度5~10 m,局部>20 m。

(3)40°~50°∠5°~15°,该组结构面局部发育较集中,数量较少,延伸较长,>20 m,充填2~3 mm岩屑或者无充填,平直粗糙,约1条/m,出露处容易形成楔形体的顶部边界。

1.6.4 围岩分类

地下洞室以Ⅱ类、Ⅲ类围岩为主,整体基本稳定,局部裂隙密集带存在不稳定块体。详细资料见地质报告相关章节。挖交叉面岩体稳定性差。

1.6.5 涌水及外水压力

1.6.5.1 涌水

地下厂房洞室穿越的Misahualli地层多为新鲜岩体,厂房洞室分布高程为600~660 m,岩体相对完整,大多为弱—微透水,局部裂隙密集带和断层破碎带为中等—弱透水。厂房涌水量建议值见表1-1。

表1-1 厂房涌水量建议值

工程部位	涌水量 Q(m^3/d)
主厂房	2 401.327
主变室	1 417.398
进厂交通洞	972
2#排水洞	324

1.6.5.2 外水压力

地下厂房岩体埋深较大,由于地下水压较高,岩体有可能发生水力劈裂。此外,外水压力作用还能使裂隙面上的充填物发生变形和位移,可导致裂隙的再扩展;运行期钢筋混凝土衬砌压力管道的渗水,会造成洞内涌水量的增大。

1.6.6 地下厂房岩体物理力学参数

厂区岩体物理力学基本参数见表 1-2。Hoek-Brown 经验判据岩(石)体计算参数取值见表 1-3。

表 1-2 厂区岩体物理力学基本参数

岩性	干密度 (g/cm^3)	岩石饱和抗压强度 (MPa)	抗拉强度 (MPa)	软化系数	抗剪断强度		弹性模量 ($\times 10^3$ MPa)	泊松比 μ
					φ (°)	c (MPa)		
火山凝灰岩(Ⅱ)	2.66	85~100	3~7	0.93	50	1.5~2.0	17	0.21
火山凝灰岩(Ⅲ)	2.64	70~85	3~7	0.90	45	1.2	14	0.23

表 1-3 Hoek-Brown 经验判据岩(石)体计算参数取值

围岩类型	σ_{ci}(MPa)	GSI	m_i	m_b	s	a	D
Ⅱ	85	65	15	4.024	0.017 9	0.502 0	0.1
Ⅲ	75	55	15	2.763	0.056 71	0.504 0	0.1

注:σ_{ci} 为完整岩石的单轴抗压强度;GSI 为 Hoek-Brown 地质强度指标;m_i 为完整岩石的 Hoek-Brown 常数;m_b 为岩体的 Hoek-Brown 常数;s、a 为取决于岩体特征的参数,$s = \exp\left(\frac{GSI - 100}{9 - 3D}\right)$,$a = \frac{1}{2} + \frac{1}{6}(e^{-GSI/15} - e^{-20/3})$;$D$ 为岩体扰动及损伤系数。

1.6.7 地应力

厂区应力值不高,主应力方向为 NW。钻孔地应力测试成果见表 1-4。

表 1-4 钻孔地应力测试成果

测点位置			应力大小		
孔号	高程(m)	孔深(m)	σ_1(MPa)	σ_2(MPa)	σ_3(MPa)
SCM7	639.33	100	8.0	4.0	2.0
SCM8	874.58	220	8.0	5.5	3
SCM9	834.85	150	8.0	5.5	3.0
SCE1	1 284.07	300	9.5	6.0	3.5

1.6.8 气象资料

厂房工区气象资料成果见表 1-5。

表 1-5 厂房工区气象资料成果

项目		时段	1月	2月	3月	4月	5月	6月	7月	8月	9月	10月	11月	12月	全年
降雨量(mm)	平均	1975~1989年	369	380	464	464	435	440	393	351	325	366	398	361	4 834
	最高	1975~1989年	664	549	658	585	583	651	511	462	453	527	558	591	5 723
	最低	1975~1989年	129	154	182	361	219	293	157	177	203	209	174	180	3 821
气温(℃)	平均	1975~1981年	19.3	19	18.9	19.1	19	18	17.7	18	18.6	19.4	18.5	19.4	18.7
	最高	1975~1981年	28.1	28	28	26.8	26.6	29	26	29.7	29.2	32	29.5	29.8	32
	最低	1975~1981年	9	13.4	12	13.2	10	10.2	11.2	11	10.5	13	10.8	12.6	9
蒸发量(mm)	Piche蒸发计	1975~1985年	45	33	46	23	28	21	26	33	37	43	40	47	422
	蒸发皿	1977~1983年	116	78	92	90	82	79	88	80	89	95	105	105	1 099
相对湿度(%)		1975~1981年	88	89	93	93	93	95	94	92	91	90	90	90	91.5
风速(m/s)		1977~1983年	1.5	1.9	1.8	1.7	1.7	1.5	1.7	2	1.7	1.6	1.8	1.5	1.7
日照(h)		1977~1983年	91	55	45	50	62	59	63	81	78	91	97	86	858

1.6.9 水文资料

1.6.9.1 设计洪水

坝址及厂房设计洪水成果见表1-6。

表1-6 坝址及厂房设计洪水成果

位置	集水面积(km^2)	设计阶段	重现期n(年)的设计洪峰流量(m^3/s)							
			10	25	50	100	200	500	1 000	10 000
首部枢纽坝址	3 600	前期成果	3 200	—	4 200	4 600	—	—	6 000	7 500
		概念设计	3 770	4 550	5 120	5 680	6 240	6 960	7 510	9 290
		基本设计(采用)	3 740	4 430	4 970	5 490	6 020	6 680	7 200	8 900
厂址	3 960	前期成果	—	—	—	—	—	—	—	—
		概念设计	4 520	5 450	6 130	6 810	7 470	8 340	9 000	11 100
		基本设计(采用)	4 490	5 310	5 950	6 570	7 220	8 010	8 620	10 700

统计各年旱季最大洪峰流量,根据耿贝尔频率分析得到San Rafael站施工期设计洪水,再根据洪峰面积指数1.9,推算坝址、厂房的施工期洪水。旱季设计洪水成果见表1-7。

表1-7 旱季设计洪水成果

位置	集水面积(km^2)	参数		各重现期n(年)的设计洪峰流量(m^3/s)					
		均值	C_v	5	10	20	25	50	100
Coca en San Rafael站	3 790	2 141	0.235	2 503	2 798	3 080	3 163	3 446	3 720
坝址	3 600			2 270	2 540	2 790	2 870	3 120	3 370
厂房	3 960			2 720	3 040	3 350	3 440	3 750	4 040

1.6.9.2 水位—流量关系

厂房附近河段各断面水位—流量关系成果见表1-8。

表 1-8 厂房附近河段各断面水位—流量关系成果

流量(m^3/s)	各断面水位(m)																平均流速(m/s)
	No. 15-1	No. 14-1	No. 13-1	No. 12-1	No. 11-1	No. 10	No. 9-1	No. 8	No. 7-1	No. 0	No. 1	No. 2	No. 3-1	No. 4-1	No. 5-1	No. 6-1	
100	592. 32	592. 41	595. 98	596. 48	598. 98	599. 48	599. 66	601. 41	603. 45	603. 68	604. 05	604. 26	604. 82	605. 76	606. 57	607. 10	1. 42
200	592. 97	593. 13	596. 38	597. 31	599. 31	600. 03	600. 23	601. 82	603. 82	604. 10	604. 51	604. 81	605. 43	606. 24	607. 18	607. 71	1. 79
326	593. 47	593. 63	596. 79	597. 62	599. 68	600. 43	600. 72	602. 20	604. 14	604. 30	604. 80	605. 19	605. 94	606. 61	607. 73	608. 22	2. 20
500	594. 11	594. 32	597. 19	597. 99	600. 02	600. 89	601. 30	602. 61	604. 41	604. 53	605. 20	605. 67	606. 37	607. 05	608. 32	608. 90	2. 61
1 000	595. 32	595. 89	598. 05	598. 97	600. 85	601. 89	602. 58	603. 70	605. 02	605. 16	606. 06	606. 65	607. 26	608. 15	609. 38	610. 28	3. 33
2 000	597. 07	597. 86	599. 75	600. 57	602. 35	603. 44	604. 27	605. 36	606. 23	606. 35	607. 18	607. 84	608. 53	609. 61	610. 80	611. 89	4. 12
3 000	598. 48	599. 75	601. 44	602. 16	603. 79	604. 75	605. 82	606. 73	607. 39	607. 49	608. 23	608. 87	609. 61	610. 79	612. 05	613. 18	4. 39
4 000	599. 68	601. 59	603. 06	603. 72	605. 18	605. 96	606. 91	607. 84	608. 44	608. 57	609. 17	609. 86	610. 64	611. 92	613. 23	614. 43	4. 51
5 000	600. 64	603. 11	604. 49	605. 10	606. 40	607. 03	607. 77	608. 60	609. 19	609. 32	609. 88	610. 57	611. 41	612. 72	614. 07	615. 37	4. 75
6 000	601. 51	604. 56	605. 86	606. 41	607. 58	608. 10	608. 69	609. 42	609. 97	610. 10	610. 61	611. 29	612. 14	613. 44	614. 84	616. 22	4. 94
8 000	603. 16	607. 35	608. 51	608. 99	609. 90	610. 26	610. 68	611. 22	611. 68	611. 79	612. 21	612. 81	613. 61	614. 83	616. 29	617. 88	5. 15
10 000	604. 71	610. 01	611. 06	611. 48	612. 24	612. 51	612. 82	613. 23	613. 59	613. 68	614. 00	614. 49	615. 18	616. 29	617. 75	619. 61	5. 22

1.6.9.3 出线场断面水位—流量关系

出线场断面水位—流量关系成果见表1-9。

表1-9 出线场断面水位—流量关系成果

水位(m)	603.5	604.3	605.3	606.3	607.3	608.3	609.3	610.3
流量(m^3/s)	0	4.91	52.1	216	472	986	1 788	2 836
水位(m)	611.3	612.3	613.3	614.3	615.3	616.3	617.3	
流量(m^3/s)	4 109	5 600	7 309	9 240	11 388	13 752	16 333	

1.6.9.4 进厂交通洞口断面水位—流量关系

进厂交通洞口断面水位—流量关系成果见表1-10。

表1-10 进厂交通洞口断面水位—流量关系成果

水位(m)	601.95	602.3	603.3	604.3	605.3	606.3	607.3	608.3
流量(m^3/s)	0	0.24	15.2	103	321	707	1 398	2 291
水位(m)	609.3	610.3	611.3	612.3	613.3	614.3	615.3	
流量(m^3/s)	3 404	4 731	6 278	8 227	10 618	13 487	16 861	

1.6.9.5 电站尾水渠出口断面水位—流量关系

电站尾水渠出口断面水位—流量关系成果见表1-11。

表1-11 电站尾水渠出口断面水位—流量关系成果(施工图设计)

水位(m)	601.41	601.82	602.20	602.61	603.70	604.69	605.36
流量(m^3/s)	100	200	326	500	1 000	1 600	2 000
水位(m)	606.73	606.95	607.84	608.60	609.42	611.22	613.23
流量(m^3/s)	3 000	3 200	4 000	5 000	6 000	8 000	10 000

第2章

地下厂房枢纽布置

地下厂房区域布置在 Coca 河右岸的山体内，为尾部式开发的地下厂房。厂区主要建（构）筑物包括高压引水洞、厂房、母线洞、主变洞、高压电缆洞、进厂交通洞、尾水洞、疏散通风洞、排水洞等地下建筑，以及进口塔架、出线场、控制楼、高位水池、油库、尾水配电中心、尾水闸及尾水渠等地面建筑。

2.1　布置原则

设计过程中首先对意大利 ELC 公司的设计方案进行了复核，优化了部分原设计方案，具体布置原则如下：

（1）在设计基本合理的条件下尽量不改变原设计。

（2）厂房位置在不设上游调压塔的情况下，尽量靠近出口，以缩短高压电缆洞、尾水洞及进厂交通洞的长度。

（3）尽量缩短母线洞长度，以缩短封闭母线长度，节省投资。

（4）洞室纵轴线方向，应尽量与围岩的主要构造弱面（断层、节理、裂隙、层面等）成较大的夹角，同时应注意次要结构对洞室稳定的不利影响。

（5）洞室纵轴线方向与厂区初始地应力场最大主应力方向的交角不宜过大。

（6）地下洞室群上覆岩体厚度及各洞室之间的岩柱厚度应保证围岩的稳定性。

（7）地下厂房机电设备布置应力求紧凑，在满足运行要求的前提下，缩短洞室的跨度和高度，并尽可能地利用施工支洞布置辅助设备。

（8）地下洞室空间利用要充分，尽量一洞多用。

（9）采用新技术、新工艺，既减少开挖量又确保工程安全。

2.2　引水发电系统布置

2.2.1　高压引水隧洞布置

压力管道进口塔架位于库区右岸，压力管道进口位于放空洞右侧，两孔并排布置，进口底板高程 1 204.50 m，设有拦污栅、检修门和事故门，闸门孔口尺寸 5.80 m×5.80 m。引水发电系统由高压引水洞、机组流道及尾水洞组成，其中：高压引水管道系统采用 2 洞 8 机的布置方式，包括调蓄水库进水口、引水隧洞（上平洞、竖井、下平洞）、引水岔管、引水支管、施工支洞堵头等。每台机组段对应 1 条尾水支洞，1# ~ 8# 按厂房方向从左至右布置，尾水主洞出口设有尾水闸门室，共两孔设置 2 扇闸门。尾水主洞出口与尾水渠相连。水库最高发电水位 1 231.00 m，正常发电水位 1 229.50 m，最低发电水位 1 216.00 m。引水发电系统布置见图 2-1。

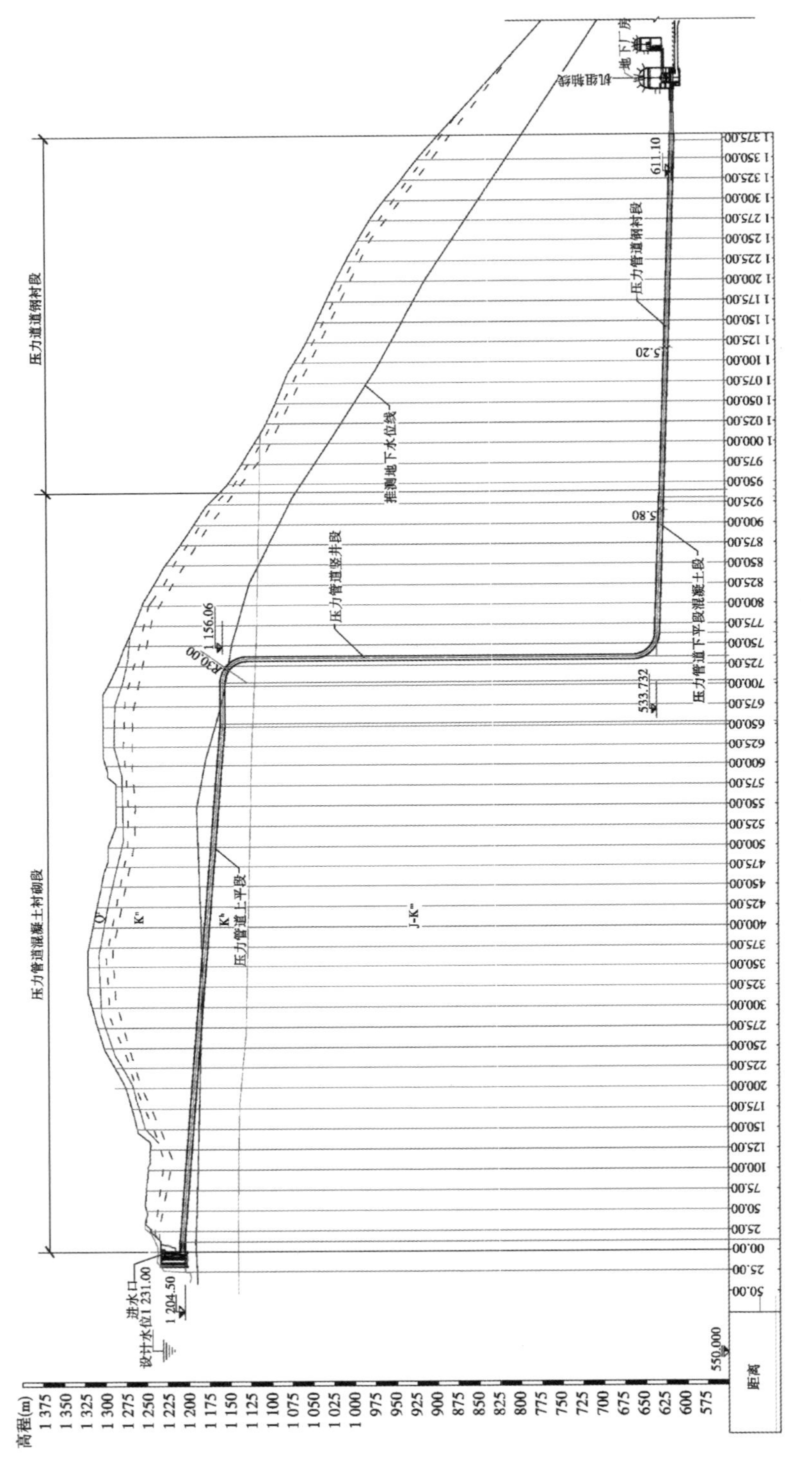

图 2-1　引水发电系统布置　（单位：m）

2.2.2　电站枢纽布置

厂房与主变洞采用两列式布置,主变洞布置在厂房的下游侧。母线洞采用一机一洞,垂直主厂房布置。高压电缆洞位于主变洞左侧,与主变洞下游侧墙相接,分上、下两层布置,上层通风、下层布置高压电缆。疏散通风洞位于厂房右侧,由前期的地质探洞修改而成,分上、下两层布置,上层排风排烟、下层布置疏散通道。尾水洞采用 8 机 1 洞布置,8 条尾水支洞汇入 1 条主洞。厂内尾水检修闸门布置在主变洞下游侧,两台机组共用一套尾水闸门。厂外尾水检修闸门布置在尾水洞出口。地下厂房洞室布置见图 2-2。

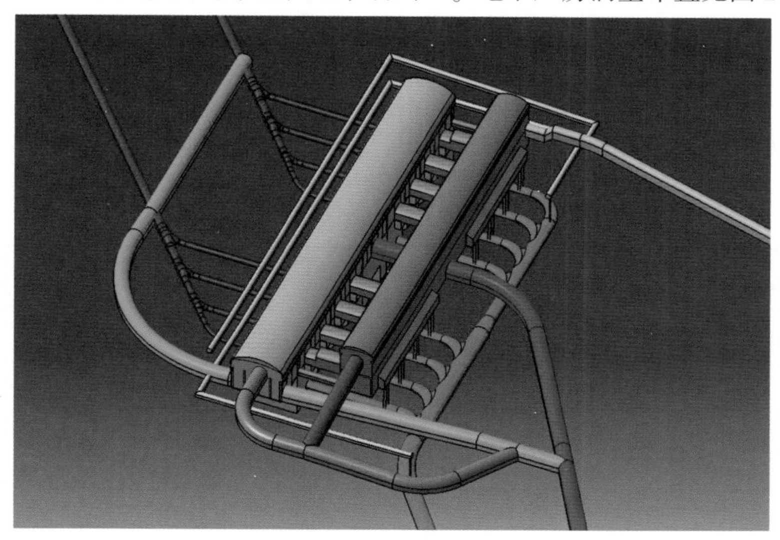

图 2-2　地下厂房洞室布置

2.3　厂房位置及纵轴线方向

2.3.1　厂房位置及埋深

厂房位于 Sinclair 以西 500 m,洞室均在 Misahualli 组火山岩中,岩性为凝灰岩,岩性坚硬,裂隙不发育,块状结构,且多不透水,围岩稳定性较好。厂房顶拱高程 646. 80 m,上覆岩体厚度 160~300 m,侧向岩体厚度 150~230 m。

2.3.2　厂房纵轴线方向

根据厂区工程地质构造,Misahualli 地层主要发育两组节理裂隙:裂隙①走向 35°~55°,多数倾向 NW,少数倾向 SE,倾角 75°~88°,1~1. 5 条/m,为主要裂隙;裂隙②多为走向 305°~325°,倾向 NE 或 SW,倾角 70°~90°,0. 5 条/m。

最大主应力为 8~10 MPa,方向为 315°~340°。

根据厂区岩体构造面和地应力情况综合分析，确定厂房纵轴线方向为315°，与第一组节理裂隙有较大夹角，与最大主应力方向平行，对厂房上下游边墙围岩的稳定有利，但第二组节理裂隙走向与厂房纵轴线一致，对厂房左右山墙围岩的稳定不利。

2.4 厂房与主变洞间距

厂房与主变洞间距直接影响到围岩的稳定性，采用工程经验类比并辅以洞室围岩的数值分析方法确定。

2.4.1 直接对比法

表2-1为国内外已建地下厂房洞室间距，从表2-1中可以看出，洞室间岩体厚度大部分为1~1.5倍。

表2-1 国内外已建地下厂房洞室间距

电站名称	国家	地质条件	大洞室开挖跨度 B_1(m)	相邻洞室开挖跨度 B_2(m)	洞室间净距 S(m)	$\frac{2S}{B_1+B_2}$
鲁布革	中国	白云岩、灰岩	18.0	12.5	39.0	2.6
白山	中国	混合岩	25.0	15.0	16.5	0.8
东风	中国	灰岩	21.7	19.5	31.0	1.5
广蓄	中国	黑云母花岗岩	21.0	17.24	35.0	1.8
龚嘴	中国	花岗岩	24.5	5.0	22.3	1.5
小江	中国	石灰岩、石英砂岩	16.8	7.4	21.9	1.8
二滩	中国	正长岩、玄武岩和辉长岩	30.7	18.5	35.0	1.4
丘吉尔瀑布	加拿大	变质花岗片麻岩	24.7	19.5	30.5	1.4
拉格郎德Ⅱ级	加拿大	变质花岗片麻岩	26.5	22.0	26.0	1.1
马尼克Ⅲ级	加拿大	粗粒斜长岩	23.0	12.2	10.7	0.6
波太基山	加拿大	砂页岩	20.0	17.4	35.9	1.9
买加	加拿大	石英片麻岩	24.4	12.5	15.3	0.8
新丰根	日本	花岗岩	22.7	13.2	26.4	1.5
科普斯	阿根廷	角闪岩	25.8	12.2	24.0	1.3
小浪底	中国	砂岩	26.2	14.4	32.2	1.6
CCS水电站	厄瓜多尔	凝灰岩	26.0	19.0	24.0	1.07

2.4.2　间接类比法

表 2-2 为国内外地下厂房洞室间距参考值。

表 2-2　国内外地下厂房洞室间距参考值

洞室间距 S(m)			说明	材料来源
整体硬岩	中等岩石	较差岩石		
2	2.5~3	3.5	洞室毛跨的倍数	中国,铁道部
1~1.5	1.5~2	2~2.3	洞室毛跨的倍数	中国,湖北省综合勘察院
1~1.5	1.5~2	2~2.5	洞室毛跨的倍数	中国,工程兵司令部
不小于 1~1.5 倍			洞室毛跨的倍数	中国,《水电站厂房设计规范》(SL 266—2001)
等于洞高				挪威
大于洞高			矿山巷道的情况	英国,E. HOCK
大于洞高或毛跨				美国
大于两洞室宽度总和的 50%至 1 倍				印度,水电手册
大于洞室松弛区的范围				日本,中央电力研究院

2.4.3　设计取值

原设计厂房跨度 26.0 m,主变洞跨度 16.5 m,洞室间距 19.0 m。$2S/(B_1+B_2)=2\times19.0/(26.0+16.5)=0.89$。施工期业主要求在 GIS 室预留一回出线间隔,主变洞跨度增加 2.5 m,变为 19.0 m。根据厂房探洞地质情况及国内外工程实例,并考虑电气设备布置的需要,CCS 地下厂房与主变室间岩体厚度取值为 24.0 m, $2S/(B_1+B_2)=2\times24.0/(26.0+19.0)=1.07$,即洞室间距是平均洞跨的 1.07 倍,取值偏小。

2.4.4　安全疏散通道

地下厂房共有三个出口通向地面:主出入口位于主变洞的下游侧墙上,通过进厂交通洞与室外地面相通。安全疏散出口位于主变洞右侧,通过 3#施工支洞、通风疏散洞与室外地面相通。另外,位于主变洞左侧的下游侧墙上,通过高压电缆洞可以与室外地面相通。

在主厂房左侧设置了一个交通洞与主变洞相通。在主变洞右山墙设置了一个排水洞与安全疏散洞(原 1#施工支洞)相通。

2.5 出线场布置

2.5.1 出线场位置确定

原设计出线场布置在高压电缆洞出口东北侧的一级阶地上，场地高程 640.00 m。通过资料分析及现场查看，该方案存在下述问题：

(1)由于出线场西侧临近的山坡上约 900.00 m 高程处裸露较新滑塌面，存在再次滑塌对出线场造成影响的可能性。

(2)高压电缆洞出口南侧有一较大冲沟，存在暴雨时沟水淹没高压电缆洞出口的可能性。

(3)高压电缆洞出口覆盖层深厚，可能出现较陡土石高边坡问题，施工进洞较困难。

面对上述问题，对高压电缆洞及出线场的位置进行了多方案专题论证，具体叙述如下。

方案一：出线场布置在进厂交通洞口。

该方案将出线场布置在进厂交通洞口，高压电缆洞从 4# 机至探洞口出。优点：高压电缆洞长度比原方案短 150 m，减少了高压电缆的投资。缺点：由于进厂交通洞口平台面积较小，不能满足出线场构架及控制楼布置，因此需要回填约 2/3 场地。业主要求场地边坡采用混凝土挡墙护坡，且混凝土挡墙护坡的基础要坐落在岩石上，该处覆盖层较深，需要打桩，投资相对较高，施工也较复杂，且回填场地存在不均匀沉降的风险。

方案二：出现场布置在进厂交通洞口河对岸。

优点：场地宽敞，基础处理简单。缺点：高压电缆需要跨河，施工复杂，投资大，且高压电缆加长约 1 000 m。

经专家评审，高压电缆洞及出线场采用原方案，将高压电缆洞口向上游移动 30 m。

出线场布置在高压电缆洞出口东北侧的一级阶地上，地面高程 640.00 m。主要建(构)筑物有 500 kV 出线场、控制楼、柴油发电机房、油库及污水处理设备等。出线场布置见图 2-3。

在出线场场地开挖过程中出现了大面积白色淤泥状地基，场地承载力较低，且有大量体积庞大的花岗岩孤石，为了满足建筑物的承载力要求，采用基础换填，基础开挖约 3 m 之后，出现砂砾石地基，地基承载力满足要求。因为该场地高程较高，不受河道洪水的影响，为了减少工程量，将出线场地面高程降低至 637.00 m。

2.5.2 控制楼位置确定

原设计控制楼布置在出线场西侧，由于该区域场地较小，无法布置污水处理设备，且北侧靠山，存在山体滑塌危及控制楼的隐患，因此将控制楼移至出线场东侧。柴油发电机房布置在控制楼北侧，油库及污水处理设备布置在控制楼东侧。控制楼大门正对出线场，其间设置了停车场。出线场区域分区明确、美观且便于生产管理。

图 2-3　出线场布置

2.6　进厂交通洞口区域

进厂交通洞出口位于 627.00 m 高程的平台上，该区域主要布置有进厂交通洞门楼、索道下站点、直升机停机坪、飞行员休息室、透平油库、技术供水水源井泵房及停车场等。

透平油库布置在进厂交通洞口东北侧，透平油库北侧依次布置停车场、飞行员休息室、直升机停机坪及索道下站点。索道下站点布置在出线场南侧的二级阶地上，平台高程约 632.00 m。

技术供水水源井泵房布置在进厂交通洞口的东南侧，平台高程约 625.00 m。

各平台高程均不受河道水位 612.46 m（ $P = 0.1\%$，$Q = 8\ 620\ m^3/s$）的影响。

2.7　高位水池区域

2.7.1　高位水池布置

高位水池区域布置在进厂交通洞口上面的山坡上，平台高程约 670.00 m。布置有控制室、沉淀池、滤水池、净水池及水处理设备等。高位水池布置见图 2-4。

2.7.2　方案选择及建议

高位水池所有设施布置在进厂交通洞正上方，属于常规布置方案。由于高位水池位于较陡岩石边坡处，开挖后将形成约 30 m 的边坡，施工相对复杂，投资较高。方案设计时比较了将沉淀池、滤水池等设备布置在进厂交通洞口的泵房附近，仅将净水池放在山上，

图 2-4　高位水池布置

该方案开挖量小,且仅需将净水加压送至高位水池,加压泵数量也相应减少。但因该方案需要在泵房附近回填场地,且管线布置相对复杂,没有采用。该方案优点比较突出,对后续类似工程存在详细比较的价值。

2.8　尾水出口区域

2.8.1　尾水出口布置

原设计尾水洞出口布置在进厂交通洞口下游约 50 m 处,洞口出洞条件较好,尾水渠地质条件亦相对较好。由于机组安装高程较低,在高水位发电时,下游河道水位对厂房尾水的顶冲影响较大,影响了机组出力,不能满足合同要求。因此,业主要求将尾水洞出口向下游移动约 200 m,最大限度地利用了河道比降来降低尾水位。

尾水区域布置有尾水配电中心、尾水闸、尾水渠、技术供水备用水源井泵房、柴油发电机房、油库等建筑物。尾水渠全长约 160 m,布置在河道转弯上游约 100 m 处。尾水闸布置在尾水洞出口 20 m 处,设置 2 孔平板闸门。尾水闸按照 200 年一遇洪水设计,1 000 年一遇洪水校核。尾水配电中心布置在约 619.70 m 的尾水平台上。技术供水备用水源井泵房布置在尾水渠左岸 610.00 m 的平台上。柴油发电机房及油库布置在尾水洞出口上方 637.00 m 的平台上公路旁边。尾水渠布置见图 2-5。

整个尾水区域内有 4 条冲沟横穿尾水渠,覆盖层厚约 40 m,多为泥石流和火山灰堆积物,地质条件复杂。虽然进行了多次钻孔及探槽工作,实际开挖过程中的岩面线依然变化很大。又因尾水渠紧邻进厂公路,该公路是地下厂房及出线场的唯一施工道路,施工中

图 2-5　尾水渠布置

不能断路。因此,在尾水渠右岸上游边坡为破碎高陡岩石,采用了系统锚杆及大量 50~100 t 的锚索,长度 30~50 m,锚入岩石约 10 m。尾水渠右岸下游为火山灰土石边坡,相对较缓,采用了系统锚杆及抗滑桩,在施工中因为地下水等导致抗滑桩无法开挖到设计高程的抗滑桩局部增补了锚索。边坡锚索布置见图 2-6。

图 2-6　边坡锚索布置

2.8.2　尾水出口问题及建议

边坡支护施工过程中,由于考虑到锚索的费用高、施工难度大、工期长,且锚索均由中国海运到工地,运输时间长,施工初期没有实施,但是边坡不断出现裂缝,锚索施工后裂缝现象得以改观,通过观测仪器监测,边坡截至目前运行正常。建议后续类似工程开挖后及时支护。

第3章

发电引水系统设计

3.1 概 况

本工程共布置两条压力管道,均由进水塔(见图3-1)、上平段、上弯段、竖井段、下弯段、下平段和岔支管段组成。

图3-1 发电引水洞进水塔

1#压力管道主管轴线长度为1 782.630 m,其中上平段长703.841 m,上弯段长47.12 m,竖井段长478.55 m,下弯段长46.07 m,下平段长507.049 m;压力管道钢筋混凝土衬砌段内径均为5.8 m,钢管衬砌段长度326.145 m。岔支管段总长310.85 m,其中主支管长93.00 m、1#岔管长72.82 m、2#岔管长57.96 m、3#岔管长41.06 m、4#岔管长46.01 m;岔支管段均为钢衬。

2#压力管道主管轴线长度为1 856.339 m,其中上平段长703.841 m、上弯段长47.12 m、竖井段长476.195 m、下弯段长46.07 m、下平段长583.114 m;压力管道钢筋混凝土衬砌段内径均为5.8 m、钢管衬砌段长度406.145 m。岔支管段总长310.09 m,其中主支管长93.00 m、5#岔管长72.82 m、6#岔管长57.96 m、7#岔管长40.30 m、4#岔管长46.01 m;岔支管段均为钢衬。

3.2 工程地质

3.2.1 压力管道上平段工程地质条件及评价

1#、2#压力管道上平段开挖高程为 1 169.0~1 207.0 m,全部位于白垩系下统 Hollin 地层(K^h)内,岩性为黑色页岩及灰白色砂岩 ,大多呈互层状,多浸渍沥青。页岩层理厚一般从几毫米到几分米不等,砂岩厚度一般不超过 1 m。根据开挖揭露的地质信息,1#、2#压力管道上平段发育的断层共有 15 条,其产状、性质和分布位置见表 3-1。从揭露的断层规模来看,其规模都较小,没有对工程造成大的影响。上平段围岩类别多为Ⅲ类(见表 3-2、表 3-3),稳定性较好,个别洞段为Ⅳ类,加强支护后稳定,没有对工程造成大的影响。洞段围岩大部分为潮湿—滴水,没有发现集中性涌水。

表 3-1 压力管道上平段揭露断层一览

编号	产状	出露桩号	描述
f1	220°~240°∠80°~86°	TP1(0+091~0+110) TP2(0+111~0+128)	断层带内充填泥质的 碎裂岩,影响带宽约 17 m
f2	252°∠70°	TP1(0+181~0+191) TP2(0+150~0+153)	破碎带内充填泥质的碎裂岩
f301	320°∠38°	TP1(0+181~0+192) TP2(0+111~0+128)	破碎带宽度约 50 cm, 带内充填碎裂岩
f304	265°∠60°	TP1(0+338~0+348) TP2(0+111~0+128)	破碎带宽 2~3 cm, 带内充填碎裂岩
f305	252°∠74°	TP1(0+374~0+383) TP2(0+111~0+128)	破碎带宽 2~5 cm, 带内充填碎裂岩
f351	275°∠65°	TP2(0+175~0+183)	破碎带宽 3~4 cm, 带内充填泥质和碎裂岩
f352	315°∠35°	TP2(0+176~0+184)	破碎带宽 1~2 cm, 带内充填泥质和碎裂岩
f353	310°∠30°	TP2(0+177~0+185)	破碎带宽 3~4 cm, 带内充填泥质和碎裂岩
f354	300°∠60°	TP2(0+178~0+186)	破碎带宽 4~5 cm, 带内充填泥质和碎裂岩

续表 3-1

编号	产状	出露桩号	描述
f306	348°∠70°	TP1(0+451~0+464)	破碎带内充填泥质、碎裂岩
f302	124°∠55°	TP1(0+243~0+248) TP2(0+240~0+248)	破碎带内充填泥质、碎裂岩
f355	235°∠53°	TP2(0+348~0+351)	破碎带宽 8~10 cm,带内充填碎裂岩
f357	190°∠82°	TP2(0+520~0+529)	破碎带宽 5~10 cm,带内充填碎裂岩、错距约 1 m
f358	15°∠65°	TP2(0+560~0+565)	破碎带宽 1~2 cm,带内充填碎裂岩、错距约 0.5 m
f359	350°∠65°	TP2(0+597~0+605)	破碎带宽 1~5 cm,带内充填碎裂岩、错距 1~2 m

表 3-2　1#压力管道上平段围岩分类

桩号		长度(m)	R. M. R. 分数	围岩类别
起	止			
A0+000	A0+015	15	<40.00	Ⅳ
A0+015	A0+096	81	58.18	Ⅲ
A0+096	A0+125	29	38.36	Ⅳ
A0+125	A0+186	61	57.88	Ⅲ
A0+186	A0+195	9	39.63	Ⅳ
A0+195	A0+246	51	53.56	Ⅲ
A0+246	A0+252	6	38.76	Ⅳ
A0+252	A0+280	28	53.85	Ⅲ
A0+280	A0+330	50	38.77	Ⅳ
A0+330	A0+345	15	46.69	Ⅲ
A0+345	A0+398	53	40.15	Ⅳ
A0+398	A0+422	24	40.15	Ⅳ
A0+422	A0+455	33	47.38	Ⅲ
A0+455	A0+465	10	36.40	Ⅳ
A0+465	A0+490	25	42.15	Ⅲ

续表 3-2

桩号		长度(m)	R. M. R. 分数	围岩类别
起	止			
A0+490	A0+537	47	42.71	Ⅲ
A0+537	A0+563	26	40.90	Ⅳ
A0+563	A0+615	52	43.65	Ⅲ
A0+615	A0+645	30	43.97	Ⅲ
A0+645	A0+688	43	44.29	Ⅲ
A0+688	A0+722	34	43.48	Ⅲ
A0+722	A0+739	17	47.86	Ⅲ

表 3-3　2#号压力管道上平段围岩分类

桩号		长度(m)	R. M. R. 分数	围岩类别
起	止			
B0+000	B0+012	12	33.20	Ⅳ
B0+012	B0+039	27	42.20	Ⅲ
B0+039	B0+057	18	39.00	Ⅳ
B0+057	B0+075	18	54.65	Ⅲ
B0+075	B0+087	12	39.15	Ⅳ
B0+087	B0+109	22	48.90	Ⅲ
B0+109	B0+116	7	37.22	Ⅳ
B0+116	B0+121	5	19.33	Ⅴ
B0+121	B0+133.5	12.5	37.60	Ⅳ
B0+133.5	B0+181	47.5	49.90	Ⅲ
B0+181	B0+185	4	38.25	Ⅳ
B0+185	B0+280	95	46.64	Ⅲ
B0+280	B0+313	33	51.33	Ⅳ
B0+313	B0+358	45	47.03	Ⅲ
B0+358	B0+375	17	40.23	Ⅳ
B0+375	B0+395	20	45.61	Ⅲ
B0+395	B0+424	29	48.50	Ⅲ
B0+424	B0+458	34	43.76	Ⅲ
B0+458	B0+492	34	46.60	Ⅲ

续表 3-3

桩号		长度(m)	R. M. R. 分数	围岩类别
起	止			
B0+492	B0+503	11	36. 50	Ⅳ
B0+503	B0+550	47	44. 68	Ⅲ
B0+550	B0+568	18	39. 29	Ⅳ
B0+568	B0+604	36	43. 55	Ⅲ
B0+604	B0+630	26	43. 15	Ⅲ
B0+630	B0+678	48	48. 13	Ⅲ
B0+678	B0+745	67	36. 45	Ⅳ
B0+745	B0+752	7	43. 50	Ⅲ
B0+752	B0+759	7	36. 00	Ⅳ
B0+759	B0+796. 6	37. 6	41. 00	Ⅲ

3. 2. 2 压力管道下平段工程地质条件及评价

压力管道下平段开挖高程为 611 ~ 630 m，出露的地层岩性为青灰色、紫红色 Misahualli 地层的火山凝灰岩和两条肉红色 Misahualli 地层流纹岩条带。根据压力管道下平段和 M6 支洞开挖揭露地质条件，在下平段转弯段到 M1 支洞之间共揭露了 14 条断层和两条流纹岩带，具体描述详见表 3-4，根据开挖揭露情况看，下平段围岩多为Ⅲ类围岩，个别洞段为Ⅱ类围岩(见表 3-5、表 3-6)，没有大的断层，整体稳定性较好。仅在 1#洞下平段 1+100 处，由于受 f33、f30 断层影响，出现集中性涌水，该部分属Ⅳ类围岩，加强支护后对工程影响不大。

表 3-4 压力管道下平段揭露断层和流纹岩一览

编号	产状	位置	描述
f26	230°(50°)∠80°~90°	TP1(1+260~1+268) TP2(1+307~1+312)	宽 5~10 cm，充填角砾岩和泥
f26-1	143°∠55°	TP2(1+270~1+277)	宽 3~5 cm，充填角砾岩和泥
f27	245°~250°∠55°~76°	TP2(1+268~1+272)	宽 5~40 cm，充填角砾岩和泥
f28	242°∠72°	TP1(1+188~1+190) TP2(1+218~1+220)	宽 20~35 cm，充填方解石脉
f29	75°∠74°	TP1(1+135~1+137)	宽 3~5 cm，充填角砾岩
f30	50°∠80°	TP1(1+100~1+110)	宽 10~15 cm，充填泥

续表 3-4

编号	产状	位置	描述
f33	235°~245°∠75°~80°	TP1(1+093~1+105) TP2(1+133~1+135)	宽0.8~1.2 m, 充填黄色泥、角砾岩
f36	305°∠57°	TP2(1+144~1+146)	宽5~10 cm,充填泥
f41	230°∠80°~85°	TP1(1+022~1+026)	宽10~30 cm,充填角砾岩和泥
f43	340°∠75°	TP1(0+893~0+911)	宽5~15 cm,充填角砾岩和泥
f45	263°∠74°	TP1(0+805) TP2(0+830~0+832)	宽15~25 cm, 上盘充填3~10 cm的石英, 下盘充填2~5 cm的泥,中间为角砾岩
f46	70°∠75°	TP2(0+775~0+779)	宽5 cm,充填石英和泥
f47	82°∠75°	TP2(0+765~0+767)	宽8 cm,充填方解石和泥
f48	242°∠78°	TP2(0+750~0+757)	宽2~9 cm,充填方解石和泥
R-1	170°∠83°	TP1(0+925~0+975) M6(0+010~0+025)	肉红色,岩体完整, 干燥为主,局部渗水
R-2	330°∠72°	TP1(1+073~1+090) TP2(0+996~1+015)	肉红色,岩体完整, 干燥为主,局部渗水

表 3-5　1#压力管道下平段围岩分类

桩号		长度(m)	R. M. R. 分数	围岩类别
起	止			
A0+733.8	A0+750	16.20	51.53	Ⅲ
A0+750	A0+805	55	51.80	Ⅲ
A0+805	A0+830	25	53.90	Ⅲ
A0+830	A0+890	60	61.24	Ⅱ
A0+890	A0+935	45	52.57	Ⅲ
A0+935	A0+975	40	61.53	Ⅱ
A0+975	A1+010	35	52.17	Ⅲ
A1+010	A1+035.5	25.5	55.02	Ⅲ
A1+035.5	A1+066	30.5	51.89	Ⅲ
A1+066	A1+082	16	54.78	Ⅲ
A1+082	A1+105	23	32.63	Ⅳ
A1+105	A1+118	13	53.10	Ⅲ

续表 3-5

桩号		长度(m)	R. M. R. 分数	围岩类别
起	止			
A1+118	A1+150	32	58.00	Ⅲ
A1+150	A1+175	25	57.68	Ⅲ
A1+175	A1+197	22	52.77	Ⅲ
A1+197	A1+220	23	51.65	Ⅲ
A1+220	A1+241	21	51.74	Ⅲ
A1+241	A1+265	24	50.90	Ⅲ
A1+265	A1+285	20	51.77	Ⅲ
A1+285	A1+310	25	53.29	Ⅲ

表 3-6　2#压力管道下平段围岩分类

桩号		长度(m)	R. M. R. 分数	围岩类别
起	止			
B0+733	B0+770	37	51.43	Ⅲ
B0+770	B0+817	47	46.93	Ⅲ
B0+817	B0+870	53	59.94	Ⅲ
B0+870	B0+910	40	61.13	Ⅱ
B0+910	B0+965	55	54.40	Ⅲ
B0+965	B0+983	18	62.93	Ⅱ
B0+983	B1+015	32	53.33	Ⅲ
B1+015	B1+068	53	53.333	Ⅲ
B1+068	B1+085	17	61.53	Ⅱ
B1+085	B1+155	70	55.28	Ⅲ
B1+155	B1+180	25	52.20	Ⅲ
B1+180	B1+210	30	50.86	Ⅲ
B1+210	B1+235	25	53.99	Ⅲ
B1+235	B1+265	30	52.53	Ⅲ
B1+265	B1+305	40	56.78	Ⅲ
B1+305	B1+340	35	59.26	Ⅲ
B1+340	B1+385	45	54.44	Ⅲ
B1+385	B1+438	53	56.56	Ⅲ

3.2.3 压力管道竖井段工程地质条件及评价

3.2.3.1 1#压力管道竖井段工程地质条件及评价

1#压力管道竖井段地层岩性主要由两部分组成,1 121 m 高程以上为白垩系下统 Hollin 地层(K^h),岩性为黑色页岩及灰白色砂岩 ,大多呈互层状。产状近水平,总体倾向NE,该层岩石易受风化,遇水易发生小规模滑塌与掉块,开挖过程中需及时喷护。1 121 m 高程以下为侏罗系—白垩系 Misahualli 地层($J\text{-}K^m$)火山岩,岩石组成较复杂,主要有火山凝灰岩、流纹岩等,该层岩石属于坚硬岩,开挖后整体稳定性较好,但局部存在陡倾角节理密集带,需加强支护。1#压力管道竖井段围岩类别全部为Ⅲ类。

1#压力管道竖井段总长 535.5 m,以下分为 4 个洞段进行描述和评价。

1. 高程 1 165.5~1 121 m 段

岩性为 Hollin 地层(K^h)灰白色砂岩及黑色页岩,呈互层状,倾角近水平,总体倾向NE,岩质新鲜,易受风化,洞壁潮湿。岩体结构为中厚层—薄层状结构,节理裂隙中等发育,整体稳定性较好,但局部会出现小规模滑塌及掉块,及时支护影响不大。该段围岩类别为Ⅲ类。

2. 高程 1 121~967 m 段

岩性为 Misahualli 地层($J\text{-}K^m$)火山岩,主要岩性为角砾岩、安山岩和少量流纹岩,该段岩石属于坚硬岩,岩体结构主要为块状、次块状结构,节理裂隙轻度发育,局部发育有小规模断层及节理密集带(见表 3-7),开挖支护后整体稳定。该段围岩类别为Ⅲ类。

表 3-7 高程 1 121~967 m 段断层及节理密集带分布

编号	起止高程(m)		产状	宽度/充填物
	起	止		
F-252	1 061	980	185°∠85°	< 2 cm/钙质、泥质
JD-V1	1 098	1 062	90°~115°∠55°~65°	<8 mm/岩屑
JD-V2	1 002	971	60°~75°∠63°~70°	<5 cm/钙质、岩屑

3. 高程 967~722 m 段

岩性为 Misahualli 地层($J\text{-}K^m$)火山岩,主要岩性为角砾岩和流纹岩,高程 750~722 m 段为角砾岩向凝灰岩过渡带。该段岩石属于坚硬岩,岩体结构主要为块状、次块状结构。洞壁大部分潮湿,局部滴水。但是高程 830~800 m 段洞壁出水量明显增大,流纹岩发育,节理裂隙中等发育、估计 10 m 洞段内平均涌水量在 600~1 200 L/min,且水量随着时间并无大的变化,此段与 2#压力管道竖井推测塌方段高程相接近,因此推测此富水段与 2#压力管道竖井涌水有关。1#压力管道下平段出露的流纹岩 R-1,其在 M6 支洞出露的产状为 170°∠83°,根据其出露产状进行推测,该条流纹岩条带应与 1#压力管道竖井在该处相交。施工中在高程 830~800 m 段进行了打排水孔、打随机锚杆等工程处理,围岩稳定,没有对工程造成大的影响。该段围岩类别为Ⅲ类。

4. 高程 722～630 m 段

岩性为 Misahualli 地层($J\text{-}K^m$)火山岩,高程 722～630 m 主要岩性为角砾岩向凝灰岩过渡带,高程 722 m 以下为凝灰岩。该段岩石属于坚硬岩,岩体结构主要为块状、次块状结构,洞壁大部分潮湿,局部滴水。该段围岩类别为Ⅲ类。仅高程 722～707 m 段局部岩体受节理裂隙切割产生小规模滑塌,经过混凝土回填处理后稳定。

3.2.3.2　2#压力管道竖井段工程地质条件及评价

2#压力管道竖井段地层岩性主要由两部分组成,1 126.5 m 高程以上为白垩系下统 Hollin 地层(K^h),岩性为黑色页岩及灰白色砂岩,大多呈互层状。产状近水平,总体倾向 NE,该层岩石易受风化,遇水易发生小规模滑塌与掉块,开挖过程中需及时喷护。1 126.5 m 高程以下为侏罗系—白垩系 Misahualli 地层($J\text{-}K^m$)火山岩,岩石组成较复杂,主要有火山凝灰岩、流纹岩等,该层岩石属于坚硬岩,开挖后整体稳定性较好,但局部存在陡倾角节理密集带,需加强支护。围岩类型为Ⅲ～Ⅳ类(见表 3-8、图 3-2)。

表 3-8　2#压力管道竖井段围岩分类

高程(m)		长度(m)	R. M. R 分数	围岩分类
起	止			
1 165	1 090	75	49.85	Ⅲ
1 090	1 035	55	29.16	Ⅳ
1 035	1 012	23	50.04	Ⅲ
1 012	988	24	34.52	Ⅳ
988	862	126	51.75	Ⅲ
862	787	75	50.65	Ⅲ
787	693	94	58.22	Ⅲ
693	634	59	52.20	Ⅲ
总计		531		

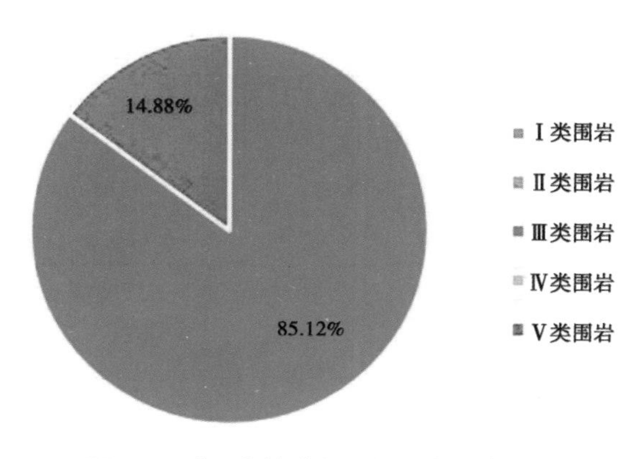

图 3-2　2#压力管道竖井段围岩分类比例

2#压力管道竖井段总长 531 m,以下分为 7 个洞段进行描述和评价。

1. 高程 1 165~1 126.5 m 段

岩性为 Hollin 地层(K^h)灰白色砂岩及黑色页岩,呈互层状,倾角近水平,总体倾向 NE,岩质新鲜,易受风化,洞壁潮湿。岩体结构为中厚层—薄层状结构,节理裂隙中等发育,整体稳定性较好,但局部会出现小规模滑塌及掉块,及时支护影响不大。该段围岩类别为Ⅲ类。

2. 高程 1 126.5~1 090 m 段

岩性为 Misahualli 地层($J\text{-}K^m$)火山岩,主要岩性为角砾岩、安山岩和少量流纹岩,该段岩石属于坚硬岩,岩体结构主要为块状、次块状结构,节理裂隙中度发育,局部发育有小规模断层及节理密集带(见表 3-9),开挖支护后整体稳定。该段围岩类别为Ⅲ类。

表 3-9 高程 1 126.5~1 090 m 段断层及节理密集带分布

编号	起止高程(m)		产状	宽度(cm)/充填物
	起	止		
F-253	1 118	1 098	252°~279°∠78°~84°	<50 /钙质、泥质
J. DV2-1	1 119	1 097	265°∠74°~65°	<5 /钙质
J. DV2-2	1 113.5	1 104	252°∠77°	<20 /钙质
J. DV2-3	1 112	1 108	255°∠77°	<6 /钙质
J. DV2-4	1 107	1 104	235°~240°∠60°~74°	<20 /钙质

3. 高程 1 090~1 035 m 段

岩性为 Misahualli 地层($J\text{-}K^m$)火山岩,主要岩性为角砾岩、安山岩和少量流纹岩,该段岩石属于坚硬岩。该段节理裂隙发育,岩体较破碎,渗水量较大。岩体结构主要为次块状、碎裂结构,局部发育有小规模断层及节理密集带(见表 3-10),加强支护后稳定。该段围岩类别为Ⅳ类。

表 3-10 高程 1 090~1 035 m 段断层及节理密集带分布

编号	起止高程(m)		产状	宽度(cm)/充填物
	起	止		
F-254	1 095	1 035	160°~218°∠69°~81°	<40 /钙质、泥质
J. DV2-5	1 167	1 160	41°∠77°	<15 /钙质
J. DV2-6	1 156	1 154	176°∠72°	<30 /钙质

4. 高程 1 035~1 012 m 段

岩性为 Misahualli 地层($J\text{-}K^m$)火山岩,主要岩性为角砾岩、安山岩和少量流纹岩,该段岩石属于坚硬岩,岩体结构主要为块状、次块状结构,节理裂隙中度发育,局部发育有节理密集带(见表 3-11),加强支护后稳定。该段围岩类别为Ⅲ类。

表3-11　高程1 035~1 012 m段断层及节理密集带分布

编号	起止高程(m)		产状	宽度(cm)/充填物
	起	止		
J. DV2-7	1 035	1 026	180°∠80°	<10 /钙质
J. DV2-8	1 022	1 018	150°∠85°	<5 /钙质

5. 高程1 012~988 m段

岩性为Misahualli地层(J-K^{m})火山岩,主要岩性为角砾岩、安山岩和少量流纹岩,该段岩石属于坚硬岩。该段节理裂隙发育,岩体较破碎,渗水量较大。岩体结构主要为次块状、碎裂结构,局部发育小规模断层及节理密集带(见表3-12),加强支护后稳定。该段围岩类别为Ⅳ类。

表3-12　高程1 012~988 m段断层及节理密集带分布

编号	起止高程(m)		产状	宽度(cm)/充填物
	起	止		
F-255	1 000	970	157°~182°∠67°~84°	<40 /钙质
J. DV2-9	993	988	158°∠79°	<15/钙质

6. 高程988~787 m段

岩性为Misahualli地层(J-K^{m})火山岩,主要岩性为角砾岩、安山岩和少量流纹岩,该段岩石属于坚硬岩,岩体结构主要为块状、次块状结构,节理裂隙中度发育,局部发育有小规模断层及流纹岩条带(见表3-13),加强支护后稳定。该段围岩类别为Ⅲ类。

表3-13　高程988~787 m段断层及节理密集带分布

编号	起止高程(m)		产状	宽度(cm)/充填物
	起	止		
F-256	941	932	192°∠82°	<15/钙质
DIQ. TOB	1 003	979	112°∠78°	
DIQ. RIOL	953	913	133°∠84°	
DIQ. RIOL	843	810	312°∠78°	

7. 高程787~634 m段

岩性为Misahualli地层(J-K^{m})火山岩,高程717 m段以上主要岩性为角砾岩向凝灰岩过渡带,高程717 m段以下为凝灰岩。该段岩石属于坚硬岩,岩体结构主要为块状、次块状结构,洞壁大部分潮湿,局部滴水,整体稳定性较好。该段围岩类别为Ⅲ类。

3.2.4 主要工程地质问题及处理措施

3.2.4.1 压力管道导孔施工涌水塌方问题

1. 导孔涌水塌方过程及原因

按照施工方案，两条压力管道竖井采用反井钻机进行导孔施工。2013 年 1 月 21 日，在 2[#]压力管道上平段桩号 0+733.841 处开始 2[#]压力管道的导孔施工，该孔钻进到 233 m 处时发生了埋钻事故，于 3 月 5 日结束施工。2013 年 3 月 27 日，找到新的孔位后，新导孔开始施工（为叙述方便，文中称该孔为老孔）。该孔位于前一个孔的下游，距离约 7.2 m，即桩号 0+741.041 处。该导孔 6 月 5 日开始向上反拉扩孔，6 月 11 日 22:30，孔内出现涌水塌方现象，6 月 28 日 15:30 反井钻机进行停机待处理，共完成扩挖 268 m。该次停机对下一阶段的施工造成了很大影响。经过专家组的实地查勘、讨论认为，产生孔内涌水塌方的原因主要有以下几个方面：

(1) 2[#]压力管道竖井内的地质条件相对 1[#]压力管道竖井复杂。在塌方段内，存在 f46、f47 两条断层，在其影响下，岩性变化快，围岩破碎。

(2) 受断层影响，流纹岩带及其接触带部位局部裂隙较发育，形成了陡倾岩体破碎带，并构成了地下水强径流通道。在高水头地下水的作用下，井壁及其附近破碎岩体极易坍塌，并产生大量涌水。

(3) 井内塌方不但是受到 f46、f47 两条断层影响，还应受到与其平行的节理密集带的影响，特别是其倾角普遍较陡，虽然其规模较小，但对竖井内围岩的影响较缓倾角的裂隙大，各种结构面组合切割，造成岩体破碎，在水的作用下产生塌方。

2. 处理措施

根据掌握的孔内地质资料，废井中塌方段岩体主要为流纹岩带及周边围岩接触带，在高水头地下水的作用下产生塌方。因此，新井位置选择的重要原则之一就是要与破碎带保留一定的距离，避免地下水影响，同时尽量摸清破碎带的分布。为此，在老孔的下游布置了两个勘探孔 S2 和 S3，第一个孔（S2）使用常规的地质勘探钻机作业，目的是摸清有可能产生塌方的流纹岩带的展布位置；另外一个孔（S3）使用反井钻机作业，目的是摸清新孔内的地质情况，同时，如果该孔进展顺利，则就地利用该孔进行反拉作业。在布置勘探孔的同时，现场还分别在压力管道顶部山体内和相邻的 1[#]压力管道侧壁进行了大地电磁法和瞬态面波法工程物探，以配合验证钻孔勘探效果，并取得了良好的效果。

计划中的 S2 孔于 9 月 19 日完工，终孔深度为 152 m，孔内未发现流纹岩分布。2013 年 9 月 2 日，新的 2[#]压力管道竖井孔位（S3）得以确定并开始进行导孔施工，最终成功进行反拉作业。在导孔施工过程中，现场地质人员根据钻进岩渣、回水、钻进工作参数等数据掌握了导孔内的围岩情况，与反井钻机操作手密切配合，保障了关键性的反拉导孔的成功。

此次导孔涌水塌方处置难度大、任务重、过程曲折，在不断的实践摸索中总结了如下经验教训：

(1)使用反井钻机成孔应充分考虑地质条件的复杂性，特别是深大的竖井，应综合考虑工期、安全、费用的影响。在关键的导孔施工过程中，现场地质人员应密切注意施工中出现的异常情况，如钻机扭矩、转速、返水、压力情况，钻进中岩渣的变化情况，钻进中的声音、振动情况等。若遇振动异常变大、返水变小变浑浊、返渣带泥不均匀、扭矩压力变化频繁等异常情况，现场地质人员应及时与钻机操作手进行沟通、上报，采取停机灌浆、调整钻机工作参数等手段以避免情况进一步恶化。

(2)使用反井钻机成孔，必须拥有过硬的深部灌浆能力和经验丰富的操作手。在关键性的导孔施工中，如遇断层、剪切带等不良地质体，往往需要通过灌浆来对孔壁进行加固，这就对深部灌浆能力提出了很高的要求；同时，钻机操作手的素质往往从另一方面决定了导孔施工的成败。经验丰富的操作手可以调整钻机在钻进过程中的各项参数来应对不同的地质情况，从而提高效率。

(3)对于高水头电站，压力管道往往深入山体，给前期的工程地质勘察造成了困难。由于钻孔较深，穿过的地层复杂，通过钻孔岩芯往往不能全面反映工程地质情况，如地下水的准确分布、陡倾角断层和裂隙带的展布等。这就要求在工程地质勘察过程中，必须综合利用各种勘察手段，尽可能地摸清压力管道通过地段的水文地质条件、不良地质体的分布，为以后的导孔施工提供指导和预警。

3.2.4.2　压力管道塌孔段的处理措施

1. 情况介绍

2#压力管道竖井老孔导孔发生涌水塌方后，在其内部产生了一个巨大的空腔。经过后期测算，塌方体由 SW 向 NE 滑塌，其造成的空腔总体积约 4 136 m^3，对工程的安全运行造成了很大影响。这样如何合理地处置该空腔是一个迫切需要解决的问题。

2. 处理措施

经过现场查勘及专家论证，确定对空腔进行回填。

3.3　工程设计标准

3.3.1　设计依据

(1)《基本设计报告》及意大利 ELC 公司的审查意见；

(2)各专业相关模型试验大纲及意大利 ELC 公司的审查意见；

(3)《主合同及附件》等。

3.3.2 主要设计参数

3.3.2.1 特征水位

调蓄水库：1 231.85 m（最高洪水位）；1 229.50 m（正常蓄水位）；1 216.00 m（死水位）。

3.3.2.2 地震设防标准

根据前期地震危险性分析结果，工程区内地震最大动峰值加速度为 260 cm/s^2。

3.4 主要建筑物

3.4.1 进水口设计

3.4.1.1 结构布置

根据布置，在1#和2#发电引水洞前均设有进水口，两个进水口并列布置。根据发电引水系统要求，单个进水口最大取水流量139.20 m^3/s，最高水位1 231.00 m，最低取水水位1 216.00 m。

进水口塔顶高程1 233.50 m，进水口底板顶高程1 204.50 m。单个进水口顺水流向长18.20 m，横水横向宽16.20 m。每个进水口均设有中隔墩，中隔墩将进水口分为两孔，单孔宽5.70 m，孔顶高程1 217.80 m。经过中隔墩后，两孔合并为一孔。为使水流平顺进入隧洞，平面上孔口两侧采用圆弧连接，立面上采用椭圆连接，标准断面为矩形，尺寸为5.8 m×5.8 m。水流经过进水口后进入引水隧洞。

每个引水口设一道拦污栅、一道检修门、一道事故门，闸门后设有通气孔。

每个引水口设2扇拦污栅，共4扇。拦污栅孔口尺寸为5.7 m×13.3 m，拦污最大水位差3 m，提栅最大水位差1 m。拦污栅的启闭及清污采用坝顶双向门机配合自动抓梁操作，启闭容量630 kN，扬程32 m。

两个引水口共用1扇检修闸门。检修闸门为平门滑动闸门，孔口尺寸5.8 m×6.1 m，最高挡水位1 229.5 m，设计水头25 m。闸门采用下游止水，运用方式为静水启闭，提门顶充水阀充水平压，共用坝顶门机配合自动抓梁操作，启闭容量800 kN，扬程32 m。

每个引水口设置1扇事故闸门，共2扇。事故闸门为平门定轮闸门，孔口尺寸5.8 m×5.8 m，最高挡水位1 231.0 m，设计水头26.5 m。闸门采用下游止水，运用方式为动闭静启，提门顶充水阀充水平压，采用液压启闭机操作，启闭容量1 250 kN，扬程8 m。

3.4.1.2 水力学设计

进水口水力设计主要包括最小淹没深度和过栅流速计算。

1. 最小淹没深度

最小淹没深度应满足发电引水的要求，采用下式计算：

$$S = Cvd^{1/2} \tag{3-1}$$

式中：S 为最小淹没深度，m；d 为闸孔高度，m；v 为闸孔断面平均流速，m/s；C 为系数。

经计算,在引用设计流量时,所需最小淹没深度为 5. 48 m,所需的最低水位为 1 215. 78 m,低于最低发电水位 1 216. 00 m,最小淹没深度满足要求。

2. 过栅流速

根据设计,拦污栅栅顶高程为 1 217. 80 m,高于最低发电水位 1 216. 00 m,栅前流速需要分两种工况进行计算:①发电水位高于 1 217. 80 m;②发电水位低于 1 217. 80 m。

对第一种工况,当发电水位高于 1 217. 80 m、引用设计流量 139. 20 m^3/s 时,栅前流速为 0. 918 m/s。

对第二种工况,当发电水位低于 1 216. 00 m 时,按最低发电水位 1 216. 00 m 考虑,在引用设计流量 139. 20 m^3/s 时,栅前流速为 1. 062 m/s。

结果表明,两种工况下过栅流速均可满足要求。

3. 4. 1. 3　结构设计

1. 稳定及应力计算

1) 基本数据

混凝土重度 =23. 55 kN/m^3;

水重度= 9. 78 kN/m^3;

最大设计地震(MDE)= 0. 3g;

运行基准地震(OBE)= 0. 2g;

校核水位 = 1 231. 85 m;

设计水位= 1 229. 50 m;

死水位 = 1 216. 00 m。

2) 计算工况及荷载

荷载组合见表 3-14。计算工况组合见表 3-15。

表 3-14　荷载组合

项次	荷载	运行期	完建期
1	塔身混凝土自重	√	√
2	门机、闸门等重量	√	√
3	水库静水压力	√	×
4	塔内门井内水压力	√	×
5	浪压力	√	×
6	风压力	√	×
7	塔底扬压力	√	×
8	地震力	√	×

表 3-15　计算工况组合

荷载工况	荷载组合						
	恒载	静水压力	浮动压力	地震荷载	动态水压力	土壤或沉积物荷载	检修荷载
U1	√	√	√			√	
U5	√	√	√			√	
UN1	√	√	√			√	
UN8	√	√	√	√	√	√	
E1	√	√	√	√	√	√	

3）抗滑稳定计算

（1）不同工况下抗滑稳定系数、抗浮稳定系数分别见表 3-16、表 3-17。

表 3-16　不同工况下抗滑稳定系数

工况	正常	非常	地震
抗滑稳定系数	1.7	1.3	1.1

表 3-17　不同工况下抗浮稳定系数

工况	非常	正常	地震
抗浮稳定系数	1.3	1.2	1.1

（2）相关计算公式。

稳定计算公式如下：

$$k = \frac{f\sum P + c'A}{\sum G} \tag{3-2}$$

其中，$f=0.85$，$c'=0.65$ MPa。

地基应力计算公式如下：

$$P_{\min}^{\max} = \frac{\sum G}{A} \pm \frac{\sum M}{W} \tag{3-3}$$

抗浮稳定计算公式如下：

$$K_{\mathrm{f}} = \frac{\sum V}{\sum U} \tag{3-4}$$

（3）计算结果见表 3-18。

塔身基础置于微风化—新鲜基岩上，地基允许承载力为 2 MPa，计算成果表明地基承载力满足要求。

表 3-18　稳定计算结果汇总

荷载工况	抗滑		基地应力			抗浮	
	计算值	允许值	σ_{max} (kPa)	σ_{min} (kPa)	允许值 (MPa)	计算值	允许值
U1	7.82	2.00	408.83	130.72	2	1.98	1.30
U5	7.28	1.70	26.87	394.05	2	3.41	1.30
UN1	6.76	1.70	114.91	399.10	2	1.86	1.20
UN8	4.10	1.30	—	677.21	2	1.72	1.20
E1	6.23	1.30	—	1 744.90	2	1.62	1.10

2. 结构计算

1) 计算模型及基本假设

对进水塔采用三维框模型进行结构计算。其中,荷载分项系数如表 3-19 所示。

表 3-19　荷载分项系数

荷载工况	静水压力、活荷载	结构荷载	地震荷载	动水荷载	分项系数
U1	1.7	1.4	—	—	1.3
U2	1.7	1.4	—	—	1.3
U3	1.7	1.4	—	—	1.3
UN2	1.7	1.4	—	—	1.3
UN3	0.75×1.4	0.75×1.4	0.75×1.50	0.75×1.50	1.3
E1	0.75×1.0	0.75×1.0	0.75×1.25	0.75×1.25	1.3
E2	1.7	1.4	—	—	1.3
E3	0.75×1.0	0.75×1.0	0.75×1.25	0.75×1.25	1.3

2) 体形结构

进水口的体形被分解为固定单元,见图 3-3 和图 3-4。

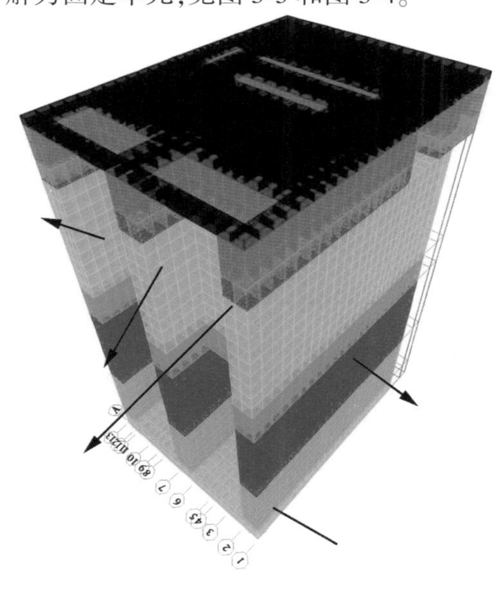

图 3-3　塔架外形

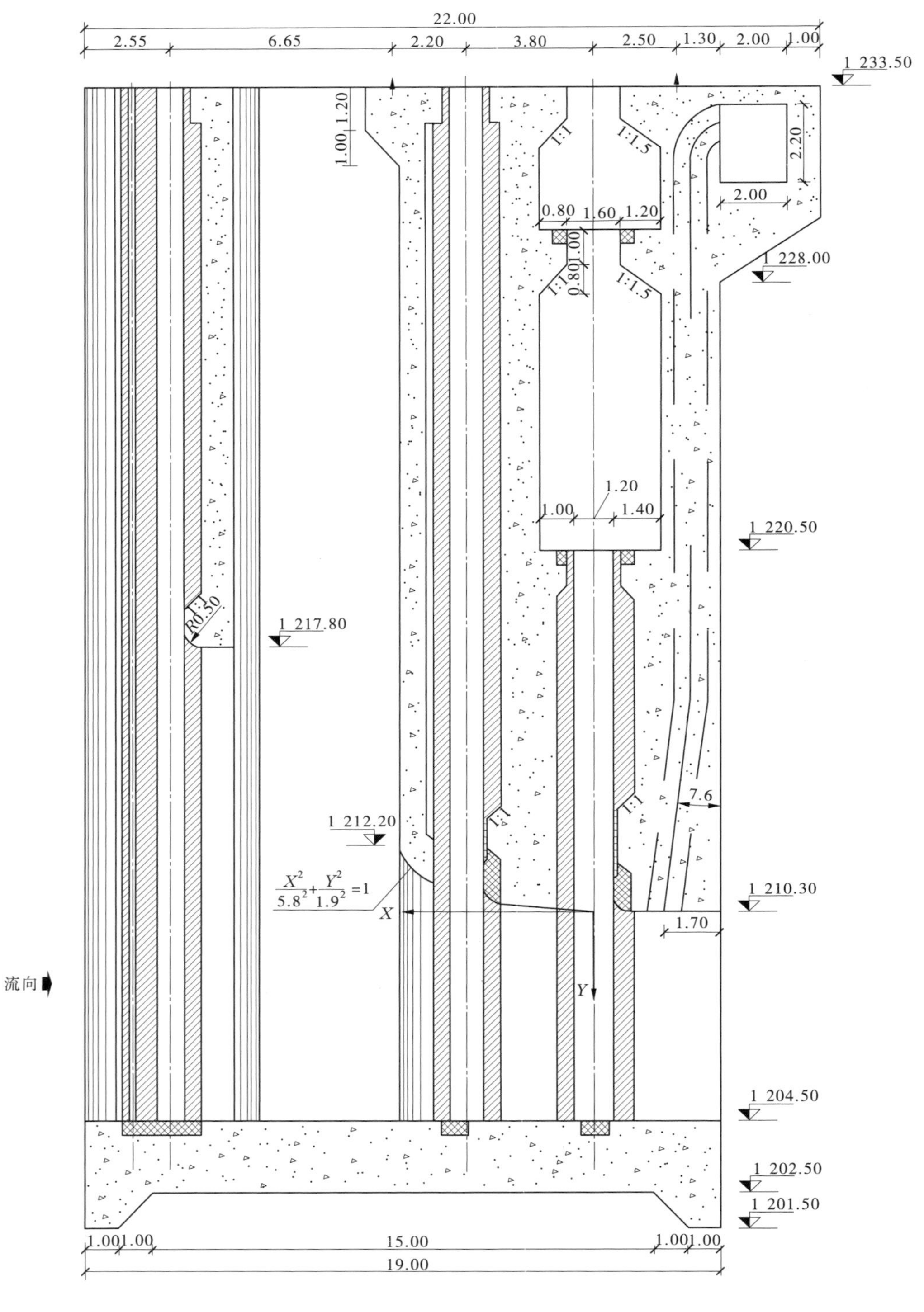

图 3-4　塔架结构示意图　（单位:m）

3) 计算工况及荷载

荷载组合见表 3-20。各种工况安全系数见表 3-21。

表 3-20　荷载组合表

项次	荷载	运行期	完建期
1	塔身混凝土自重	√	√
2	门机、闸门等重量	√	√
3	水库静水压力	√	×
4	塔内门井内水压力	√	×
5	浪压力	√	×
6	风压力	√	×
7	塔底扬压力	√	×
8	地震力	√	×

表 3-21　各种工况安全系数

荷载工况	静态水压力和活动荷载	混凝土结构	地震荷载	动水压力	水力因数
U1	1.7	1.4	—	—	1.3
U2	1.7	1.4	—	—	1.3
U3	1.7	1.4	—	—	1.3
UN2	1.7	1.4	—	—	1.3
UN3	0.75×1.4	0.75×1.4	0.75×1.50	0.75×1.50	1.3
E1	0.75×1.0	0.75×1.0	0.75×1.25	0.75×1.25	1.3
E2	1.7	1.4	—	—	1.3
E3	0.75×1.0	0.75×1.0	0.75×1.25	0.75×1.25	1.3

4) 计算结果

根据计算结果选配钢筋，底板受力钢筋Ⅱ级Φ 32@ 200，分布钢筋Ⅱ级Φ 25@ 200。闸墩内外侧钢筋均为受力钢筋Ⅱ级Φ 32@ 200，分布钢筋Ⅱ级Φ 25@ 200。从上游至下游第一、二道胸墙配筋均为双向Φ 25@ 200，第三道胸墙受力钢筋Ⅱ级Φ 32@ 200，分布钢筋Ⅱ级Φ 25@ 200，第四道胸墙钢筋均为双向Ⅱ级Φ 25@ 200。其他部位均为构造筋，钢筋Ⅱ级Φ 20@ 200。

3.4.1.4 基础处理及边坡开挖支护

进口塔架基础范围做灌浆,间排距 3 m,深 7 m,梅花形布置。

进口塔架背后开挖,由塔底 1 202.50 m 竖直开挖至 1 216.00 m,1 216.00 m 高程设马道,马道宽 3 m,1 216.00~1 233.50 m 开挖坡比 1:0.3,1 233.50 m 设马道 4.5 m 宽,1 233.50~1 239.50 m 开挖坡比 1:1.5,1 239.50 m 设马道 3 m 宽,1 239.50~1 245.50 m 开挖坡比 1:1.5,1 245.50 m 设马道 3 m 宽,1 245.50 m 以上仍遵循 9 m 一级马道,坡比 1:1.5,马道宽 3 m 的边坡开挖原则。1 233.50 m 高程起,每级马道内侧均设排水沟,边坡顶部设混凝土截水沟。

边坡 1 233.50 m 高程以下,喷 C 级混凝土 0.1 m 厚,挂直径 6 mm、间距 150 mm 钢筋网,ϕ25 普通砂浆锚杆,间排距 2.5 m,坡面锚杆长 4.5 m,马道处锁口锚杆长 5 m。锁口锚杆与马道边缘距离不小于 1 m。1 233.50 m 以上岩石边坡,喷 C 级混凝土 0.1 m 厚,边坡设ϕ90PVC 排水管,间排距 2.5 m,排水管深入基岩 6 m,排水管与平面坡度为 10°。1 233.50 m 以上覆盖层边坡,设混凝土框格护坡,护坡内种植草皮。框格上设纵向排水沟与边坡顶部截水沟相连。

3.4.2 压力管道设计

3.4.2.1 压力管道布置

1. 管道整体布置

压力管道包括 1#和 2#两条压力管道,为单管四机联合供水。两洞间距 80 m,1#上平洞长 707 m,1#竖井高 539 m,1#下平洞长 538 m(其中压力钢管长度为 360 m)。2#上平洞长 763 m,2#竖井高 535 m,2#下平洞长 557 m(其中压力钢管长度为 440 m)。两条压力管道竖井段上下弯段半径均为 30 m,圆心角约 90°。上平洞、竖井和下平洞开挖形状均为马蹄形,衬砌后过流断面为圆形,内径 5.8 m。上平段衬砌混凝土强度等级为 CLASS B2,28 d 抗压强度为 28 MPa,竖井与下平段衬砌混凝土 28 d 抗压强度如下:高程 990 m 以上 32 MPa,高程 990~865 m 40 MPa,高程 865 m 以下 50 MPa。

1#~4#机组引水管道钢衬起点为第一台机组引水管线与主管管线交点的上游 360 m 处,5#~8#机组引水管道钢衬起点为第五台机组引水管线与主管管线交点的上游 440 m 处,下连电站厂房的事故阀门。根据地形地质条件,钢衬采用全地下埋管的布置形式。钢衬采用一管四机的引水方式,由一根主管、三级非对称的卜形内加强月牙肋形岔管、四条支管等组成。

引水洞内径 5.8 m,钢衬内径 5.2 m,因此钢衬起始段为异径管段,异径管内径 5.8 m/5.2 m,长 3.0 m;1#~4#机组引水管道钢衬主管长度 360 m,5#~8#机组引水管道钢衬主管长度 440 m,钢衬主管内径 5.2 m;岔管段分三级,一级岔管 5 200 mm/4 500 mm/2 600 mm,二级岔管 4 500 mm/3 700 mm/2 600 mm,三级岔管 3 700 mm/2 600 mm/2 600 mm;钢衬支管内径 2.6 m,总长度 800 m;机组进口事故阀门内径 2.3 m,与之相连的异径管内径 2.6 m/2.3 m,长 1.7 m。

2. 钢衬起点设计

钢衬起点设计取决于上覆岩石厚度和初始地应力,其中上覆岩石厚度可以按照挪威准则进行计算，内水压力需要小于测量的初始地应力；当上述两个准则不能满足时，需要采用钢衬或者抗裂设计的钢筋混凝土结构。

1）地应力测试成果判定（下平段）

PSK01 孔 35～37 m 测段水力阶撑试验曲线见图 3-5。PSK02 孔 25～27 m 测段水力阶撑试验曲线见图 3-6。

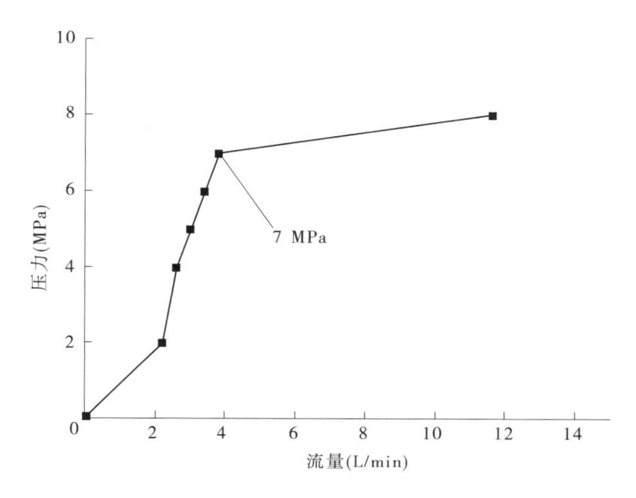

图 3-5　PSK01 孔 35～37 m 测段水力阶撑试验曲线

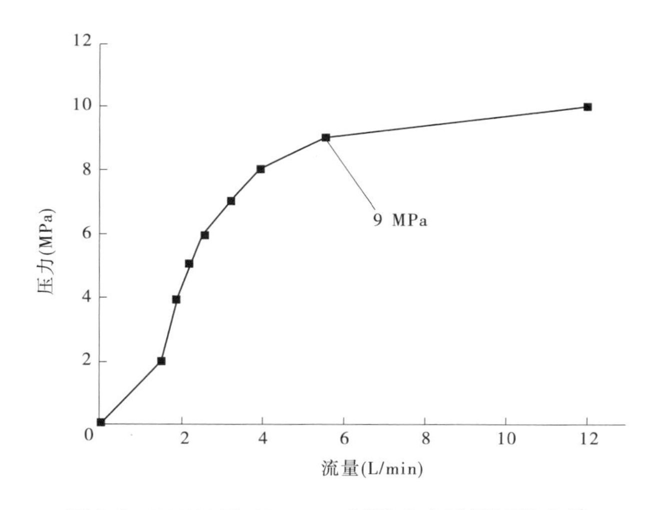

图 3-6　PSK02 孔 25～27 m 测段水力阶撑试验曲线

压力管道下平段区域岩体具有较好的抗水力劈裂能力，经测定围岩的抗水力劈裂强度值在 7～10 MPa，2#压力管道围岩的抗水力劈裂强度要高于 1#压力管道围岩的抗水力劈裂强度。考虑到实测过程中，测试的岩体没有任何加固支护作用，所以在隧洞经过加固支护后，实际的抗水力劈裂能力将会更高一些。由此分析认为，在工程运行过程中，在内压力为 6.1 MPa 的水压力作用下，隧洞将具有较好的稳定性。

2)挪威准则判定

挪威准则判定结果见表3-22。

表3-22 下平段岩石挪威分析成果

坡面倾角 β(°)	$\cos\beta$	岩石覆盖厚度 (m)	安全系数 K
34	0.829	392.47	1.44

3.4.2.2 **开挖支护设计**

压力管道上平段、竖井段、下平段混凝土段及下平段钢衬段开挖设计均按围岩类别Ⅲ、Ⅳ、Ⅴ类围岩分三类设计开挖支护方案。其中,上平段、下平段(包括下平段混凝土段及钢衬段主管段和岔管段)按马蹄形开挖,竖井段按圆形开挖。

上平段混凝土Ⅲ类围岩,喷C级混凝土10 cm厚,挂直径6 mm、间距150 mm钢筋网,ϕ25系统锚杆,间排距2.0 m,锚杆长3 m。上平段Ⅳ类围岩,喷C级混凝土10 cm,挂直径6 mm、间距150 mm钢筋网,ϕ25系统锚杆,间排距1.5 m,锚杆长4.5 m。上平段Ⅴ类围岩,喷C级混凝土25 cm,挂直径6 mm、间距150 mm钢筋网,I16 mm钢拱架,间距1 m,ϕ28系统锚杆,间排距1.5 m,锚杆长4.5 m。

竖井段Ⅱ、Ⅲ类围岩,喷R级混凝土10 cm,挂直径6 mm、间距150 mm钢筋网,ϕ25系统锚杆,间排距2.0 m,锚杆长3 m。竖井段Ⅳ类围岩,喷R级混凝土15 cm,挂直径6 mm、间距150 mm钢筋网,ϕ25系统锚杆,间排距1.5 m,锚杆长4.0 m。竖井段Ⅴ类围岩,喷C级混凝土25 cm,挂直径6 mm、间距150 mm钢筋网,I16 mm钢拱架,间距1 m,ϕ25系统锚杆,间排距2.0 m,锚杆长4.5 m。

下平段混凝土段Ⅱ、Ⅲ类围岩,喷R级混凝土15 cm,混凝土中加钢纤维35 kg/m^3,ϕ25系统锚杆,间排距1.5 m,锚杆长4 m。下平段混凝土段Ⅳ类围岩,喷R级混凝土25 cm,混凝土中加钢纤维35 kg/m^3,喷护挂直径6 mm、间距150 mm钢筋网,ϕ28系统锚杆,间排距1.5 m,锚杆长4.5 m,I16 mm钢拱架,间距1 m。根据开挖揭露出来的地质情况,下平段混凝土段没有Ⅴ类围岩。

下平段钢衬段Ⅱ、Ⅲ类围岩喷B1级混凝土10 cm,混凝土中加钢纤维35 kg/m^3,喷护混凝土150 mm,ϕ25系统锚杆,间排距2.0 m,锚杆长4 m。下平段混凝土段Ⅳ类围岩,喷B1级混凝土25 cm,混凝土中加钢纤维35 kg/m^3,喷护挂直径6 mm、间距150 mm钢筋网,ϕ25系统锚杆,间排距2.0 m,锚杆长4.5 m,I16 mm钢拱架,间距0.5~1.0 m。根据开挖揭露出来的地质情况,下平段混凝土段没有Ⅴ类围岩。

3.4.2.3 **水力计算**

1.设计基本情况

发电引水系统共有两条发电引水洞,引水洞采用一洞四机、T形分岔布置,岔管采用非对称月牙肋钢岔管。

2.计算方法

水头损失以2$^{\#}$机组为控制进行计算。进口拦污栅至蜗壳入水口引水道全长

407.78 m,水头损失计算包括局部水头损失和沿程水头损失,沿程水头损失采用谢才公式、曼宁公式计算:

$$h_f = \frac{Lv^2}{C^2R}, \quad C = \frac{R^{1/6}}{n} \tag{3-5}$$

式中:h_f 为沿程水头损失,m;R 为水力半径,m;n 为压力水道糙率值,混凝土衬砌取 0.014,钢管取 0.012。

局部水头损失按下式计算:

$$h_m = \frac{\xi v^2}{2g} \tag{3-6}$$

式中:h_m 为局部水头损失,m;ξ 为局部水头损失系数值。

根据计算方法,可以看出,四台机组间的水头损失相互影响,但根据布置,设 Q_1、Q_2、Q_3 和 Q_4 分别为 1#、2#、3#和 4#机组的引用流量,水头损失可归纳如下:

(1)1#机组水头损失计算公式。

$$h_1 = K_1(Q_1 + Q_2 + Q_3 + Q_4)^2 + K_2Q_1^2 \tag{3-7}$$

(2)2#机组水头损失计算公式。

$$h_2 = K_1(Q_1 + Q_2 + Q_3 + Q_4)^2 + K_3(Q_2 + Q_3 + Q_4)^2 + K_4Q_2^2 \tag{3-8}$$

(3)3#机组水头损失计算公式。

$$h_3 = K_1(Q_1 + Q_2 + Q_3 + Q_4)^2 + K_3(Q_2 + Q_3 + Q_4)^2 + K_5(Q_3 + Q_4)^2 + K_6Q_3^2 \tag{3-9}$$

(4)4#机组水头损失计算公式。

$$h_4 = K_4(Q_1 + Q_2 + Q_3 + Q_4)^2 + K_3(Q_2 + Q_3 + Q_4)^2 + K_5(Q_3 + Q_4)^2 + K_7Q_4^2 \tag{3-10}$$

3. 计算结果

经计算,两条压力管道 8 台机组水头损失见表 3-23。

表 3-23　1#和 2#压力管道各机组水头损失

编号	项目	引水流量(m^3/s)	水头损失(m)
1#压力管道	1#机	34.800	9.517
	2#机	34.800	9.696
	3#机	34.800	10.120
	4#机	34.800	7.030
2#压力管道	5#机	34.800	9.769
	6#机	34.800	9.927
	7#机	34.800	10.371
	8#机	34.800	7.281

3.4.2.4 渗流分析

1. 计算工况

渗流计算包括完建期、运行期及检修期3种工况。

(1)完建期:包括施工前模型区域内天然初始渗流场计算,以及引水系统、地下厂房排渗设施布置完毕条件下的渗流场模拟。

(2)运行期:上游正常蓄水位对应的静水压力作用下的三维渗流场。

(3)检修期:在运行期稳定渗流场的基础上,模拟设定的排水放空条件,计算检修放空期的三维渗流场。

2. 计算原理

高压引水隧洞三维渗流场数值模拟采用FLAC3D中的渗流计算原理。

FLAC3D可以模拟流体通过具有渗流性的实体,如岩土体中的流动。流动模型的建立可以独立于力学计算而自动完成,也可以与力学模型同时建立,这样就可以考虑流体与岩土体之间的相互作用。该程序可以计算完全饱和情况下的流动,也可以模拟具有自由水面的流动,模拟具有自由水面的流动时,自由水面以上的部分孔隙水压等于0,气相将不参与计算。

3. 边界条件

计算中有4种边界条件可以选择:孔隙水压力、边界外法线方向流量分量、透水边界、不透水边界。其中,透水边界按照如下形式给出:

$$q_n = h(P - P_e) \tag{3-11}$$

式中:q_n为外法线方向流速分量;h为渗透系数;P为边界面处的孔隙水压力;P_e为渗流出口处的孔隙水压力。

渗流计算边界如下:顶面为透水边界,底面及左右两侧边界为不透水边界;施工完建期条件下,上游侧边界为定水头边界,为施工期可能的水库最高水位1 204.00 m(取至挡水围堰顶部高程),当计算该模型区域内天然初始渗流场时,下游水位取为该边界处的实际地下水位880.00 m;运行期和检修期条件下,上游边界仍为定水头边界,为正常蓄水位1 231.00 m,下游侧边界选定高程680.00 m以上为潜在溢出边界。各工况下的引水隧洞衬砌内表面均为透水边界,施工完建期及运行期条件为恒定水头边界,检修期条件下较为复杂,考虑管道放空时间,为与时间相关的水头边界条件。

4. 数值计算区域及模型建立

三维渗流数值计算区域见图3-7。

场区渗流场数值计算模型的坐标系为:X轴与1#引水管道下平段洞轴线重合,指向下游方向为正;Z轴为铅直方向,向上为正,为模拟区域的实际高程;Y轴与1#引水管道下平段洞轴线垂直,偏北方向为正方向;坐标原点取在1#引水管道下平段入口断面的中心点。模型中上游边界为一斜切面,其走向与1 231.00 m高程的河岸线基本保持一致;模型下游边界取至引水隧洞末端,未包含地下厂房;模型左侧边界抵至大坝右岸坝肩处。整个模型沿Y轴方向总长为300 m,底部高程取为400 m,其中模型上表面能真实反映模拟区域的地表形态,最高点高程约为1 329.00 m。引水隧洞洞身衬砌厚度为0.60 m,围岩固结灌浆范围为开挖后深入岩石4 m。

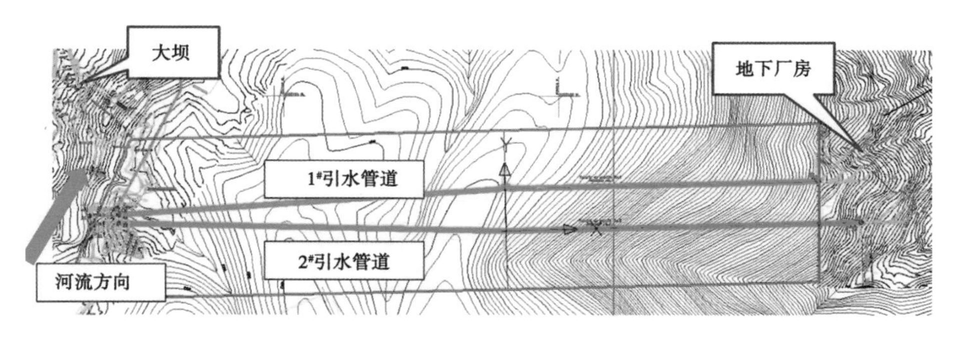

图 3-7　三维渗流数值计算区域

计算模型中共划分 194 328 个单元 206 424 个节点,模型中单元全部为六面体单元。根据区域工程地质条件可知,在计算区域内部存在着较大的断层和破碎带,这些断层和破裂带可能会对区域渗流场及引水隧洞局部区域的正常运行有较大的影响(见图 3-8)。

图 3-8　FLAC3D 计算模型网格划分及材料分区

5. 计算结果

1)完建期计算结果

在完建期,由于下游厂房排水设施已经开始发挥作用,整个场区的地下水位线有所降低。衬砌外表面的孔压小于原地下水位条件下的孔压。当固结灌浆圈尚未完成时,局部区段的衬砌外表面孔压达到了原来的 37%;在固结灌浆圈完成以后,衬砌外表面的孔压仅相当于原孔压的 19%。施工完建期计算荷载见表 3-24。

表 3-24　施工完建期计算荷载

计算断面	对应渗流断面	断面位置	断面形式	衬砌厚度(cm)	地下水压力(m)
1—1	1—1	竖井段	圆形	60	0
2—2	3—3	竖井段	圆形	60	0
3—3	4—4	竖井段	圆形	60	2.1
4—4	6—6	竖井段	圆形	60	117
5—5	7—7	下平段	马蹄形	60	138
6—6	9—9	下平段	马蹄形	90	178
7—7	10—10	下平段	马蹄形	60	129

注:断面 1—1 和断面 2—2 位于地下水位以上,所以地下水压力为 0。

2)运行期计算结果

衬砌内、外表面的压差较小,衬砌外压达到了衬砌内压的 92%以上,局部洞段甚至达到了 99%。对于上平段和竖井段上半部分,衬砌开裂程度相对较小,渗透系数相对较小,衬砌内、外压差相对较大。对于竖井段下半部分和下平段,衬砌相对开裂程度较大,渗透系数相对较大,衬砌内、外压差相对较小。运行期压力取值和钢筋设计分别见表 3-25、表 3-26。

表 3-25　运行期压力取值

计算断面	水压力(MPa)		水锤压力(MPa)
	内表面 P_i	外表面 P_o	
1—1	1.028	0.947	0.262
2—2	2.453	2.368	0.296
3—3	3.299	3.257	0.316
4—4	5.349	5.304	0.364
5—5	5.878	5.849	0.432
6—6	5.910	5.826	0.437
7—7	5.935	5.882	0.445

表 3-26　运行期钢筋设计

计算断面	所需钢筋面积(mm^2/m)		
	渗透水压所需钢筋面积 A_{s1}	水击压力所需钢筋面积 A_{s2}	总面积 A_s
1—1	1 039	3 015	1 039
2—2	1 077	3 406	1 077
3—3	540	3 637	540
4—4	570	4 189	570
5—5	380	4 971	380
6—6	1 115	5 029	1 115
7—7	676	5 152	676

3)检修期计算结果

由于压力管道内水位迅速降低,衬砌外表面及围岩中的孔压未能及时消散,衬砌内、外表面及固结灌浆圈内、外表面存在较大压差,对衬砌及固结灌浆圈的稳定有着重要影响。在压力管道单洞放空或两洞同时放空的情况下,其孔压变化情况基本一致,两条压力管道之间的相互影响较小。

压力管道的放空速度对孔压变化有着十分显著的影响。放空速度大,衬砌内、外表面最大压力水头差也相应增大。在 3 m/h 的放空速度下,衬砌内、外表面最大压力水头差为 387.88 m;在 4 m/h 的放空速度下,衬砌内、外表面最大压力水头差为 422.08 m。检修期外部压力水头取值见表 3-27。

表 3-27 检修期外部压力水头取值

计算断面	断面位置	断面形式	衬砌厚度(cm)	外部压力水头(m)
1—1	竖井段	圆形	60	94.42
2—2	竖井段	圆形	60	194.35
3—3	竖井段	圆形	60	198.06
4—4	竖井段	圆形	60	387.88
5—5	下平段	马蹄形	60	339.87
6—6	下平段	马蹄形	90	343.80
7—7	下平段	马蹄形	60	331.02

3.4.2.5 结构设计

压力管道的结构设计分为三部分:上平段采用限裂设计、竖井及下平段部分采用透水衬砌、下平段后部及岔管采用钢衬。

压力管道钢筋混凝土衬砌的设计应当使其能够承受内部水压、外部水压、自重、接触灌注压力和岩石荷载。周围岩体应当通过高压灌注的方法进行固结,从而减少管道内部的渗漏,并且降低施加在混凝土环外围的外部压力。另外,岩体的这种改良提高了混凝土衬砌的承载力,从而减少钢筋的用量。

本书重点介绍竖井段及下平段透水衬砌部分及钢衬部分的设计。

1. 混凝土衬砌段结构计算

1)衬砌形式选择

采用挪威准则进行计算(见图 3-9)。

根据透水衬砌的先决条件,按下式计算围岩的最小覆盖厚度,进行衬砌形式选择,即

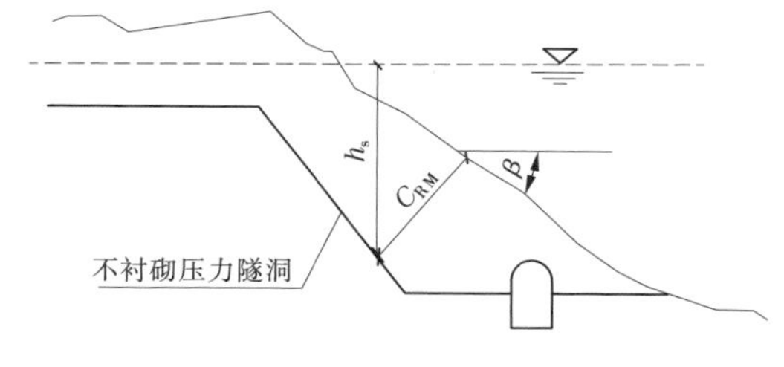

图 3-9 挪威准则计算简图

$$C_{RM} = F\frac{H_s\gamma_w}{\gamma_R\cos\beta} \qquad (3\text{-}12)$$

式中:F 为安全系数,取 1.5;H_s 为静水头,偏安全取断面最大水头;β 为山体平均坡角,取 258°;γ_R 为围岩的容重;γ_w 为水的容重。

计算结果见表 3-28。

2)运行期衬砌结构分析与配筋设计

根据第 3.4.2.4 节渗流计算成果得到的典型断面的内水压力成果进行衬砌的配筋设计。由于在内水压力作用下,衬砌混凝土开裂,造成内水外渗,当衬砌内水压力(渗透水压)全部由钢筋承担时,可以根据钢筋的强度允许值进行结构的配筋设计。

具体计算公式如下:

$$A_s = \frac{T}{[\sigma_s]} = \frac{(P_i - P_o)R_e}{0.6F_y} \qquad (3\text{-}13)$$

表 3-28 围岩覆盖层厚度复核

断面编号	断面位置	断面形式	围岩类别（岩性）	静水压力水头（m）	实际覆盖厚度（m）	C_{RM}(m)	结论
1—1	竖井段	圆形	Ⅲ(Hollin)	97.9	120.4	62.3	满足
2—2	竖井段	圆形	Ⅱ(Misahualli)	256.5	277.5	163.3	满足
3—3	竖井段	圆形	Ⅲ(Misahualin)	343.5	361.2	218.6	满足
4—4	竖井段	圆形	Ⅱ(Misahualin)	553.5	539.4	352.3	满足
5—5	下平段	马蹄形	Ⅲ(Misahualin)	601.3	561.3	382.7	满足
6—6	下平段	马蹄形	Ⅳ(Misahualin)	602.1	551.5	309.6	满足
7—7	下平段	马蹄形	Ⅲ(Misahualin)	604.3	524.7	378.9	满足

初步选定钢筋强度为420 MPa，根据美国《混凝土规范》(ACI 318-02)，钢筋允许应力数值可取为0.6F_y，即252 MPa，进而计算所需要的钢筋面积，详见表3-29。

表 3-29 运行期钢筋设计（渗透水压力部分）

计算断面	水压力（MPa）		等效半径 R_e(m)	断面合力 T(MN)	所需钢筋面积 A_{s1}(mm^2/m)
	内表面 P_i	外表面 P_o			
1—1	1.028	0.947	3.2	0.261 8	1 039
2—2	2.453	2.368	3.2	0.271 4	1 077
3—3	3.299	3.257	3.2	0.136 0	540
4—4	5.349	5.304	3.2	0.143 7	570
5—5	5.878	5.849	3.2	0.095 7	380
6—6	5.910	5.826	3.35	0.281 1	1 115
7—7	5.935	5.882	3.2	0.170 2	676

对于由于水锤产生的压力部分，可以认为是作用在衬砌内表面的均布力，假定此部分由衬砌的钢筋单独承担，进而根据各个断面的水锤压力计算对应需要的钢筋面积，具体计算公式见式(3-14)，具体计算结果见表3-30。

$$A_s = \frac{T}{[\sigma_s]} = \frac{\Delta P_i R_i}{0.6F_y} \tag{3-14}$$

表 3-30　运行期钢筋设计(水击压力部分)

计算断面	水击压力 ΔP_i (MPa)	内半径 R_i (m)	断面合力 T (MN)	所需钢筋面积 A_{s2} (mm^2/m)
1—1	0.262	2.9	0.760	3 015
2—2	0.296	2.9	0.858	3 406
3—3	0.316	2.9	0.916	3 637
4—4	0.364	2.9	1.056	4 189
5—5	0.432	2.9	1.253	4 971
6—6	0.437	2.9	1.267	5 029
7—7	0.445	2.9	1.291	5 121

将表 3-29 与表 3-30 得到的钢筋面积合并可得各个典型断面的配筋总面积,详见表 3-31。

表 3-31　运行期配筋设计

计算断面	钢筋面积(mm^2/m)		
	A_{s1}	A_{s2}	总面积 A_s
1—1	1 039	3 015	4 054
2—2	1 077	3 406	4 483
3—3	540	3 637	4 177
4—4	570	4 189	4 759
5—5	380	4 971	5 351
6—6	1 115	5 029	6 144
7—7	676	5 121	5 797

从表 3-31 可以看出,当钢筋承担渗透水压力作用时,所需要的最大钢筋面积为 1 115 mm^2/m(断面 6—6);当钢筋承担对应截面位置的水击压力部分时,需要的钢筋面积为 5 121 mm^2/m(断面 7—7);当综合考虑衬砌承担渗透水压力与水击压力作用时,需要的最大钢筋面积为 6 144 mm^2/m(断面 6—6)。

3)结论

(1)在施工开挖期,对于竖井段,围岩条件较好,开挖完成后竖井的围岩变形较小,最大围岩变形均在 5 mm 以下,且未出现塑性区,支护措施尚有较大的安全裕度;对于下平段,由于围岩覆盖层较厚,超过了 600 m,因而开挖造成的围岩变形较大,局部出现了一定的塑性区(Ⅳ类围岩洞段),最大围岩变形达到了 11.47 mm,围岩稳定性与支护结构安全性较好;对于Ⅳ类围岩洞段,在采用喷层、锚杆与钢拱架的联合支护时满足围岩稳定性与支护结构安全要求。

(2)通过渗流计算分析可以看出,在施工完建期,衬砌外表面的渗透压力小于地下水位对应的水头,在有固结灌浆圈作用时,仅相当于地下水压力的20%不到,而不考虑固结灌浆圈影响时,局部洞段的渗透水压达到了地下水位对应水头的37%;运行期间,衬砌内、外表面的水压力差别较小,衬砌外表面的水压力均在内水压力的92%以上;检修期间,考虑一定的放空时间效应后,由于衬砌为钢筋混凝土衬砌,在内水压力作用下已经开裂,计算结果体现了较为明显的透水特征,对于单管放空方案,在竖井段3 m/h的放空速度下,衬砌内、外表面最大压差为387.88 m,在4 m/h的放空速度下,衬砌内、外表面最大压差为422.08 m。

(3)在施工完建期,外水压力作用下,衬砌承受压应力为主,且衬砌混凝土的压应力最大值均在-11 MPa以内,在混凝土的抗压强度范围以内,且满足衬砌抗剪要求,不需要配置抗剪钢筋。

(4)在运行期,内水压力作用下,衬砌承受拉应力,当内水压力达到一定数值时,混凝土已经开裂,造成内水外渗,衬砌不再是承担内水压力的主体,配置钢筋的主要作用是控制裂缝的过度扩展,根据透水衬砌理论,假定衬砌承担的内水压力部分全部由钢筋承担,最大仅需要配置1 115 mm^2/m的钢筋,同时,考虑水击压力部分也由钢筋单独承担,最大需要配置6 144 mm^2/m的钢筋(包含渗透水压力与水击压力部分)。

(5)在检修期,衬砌承担外水压力作用,竖井段最大达到387.88 m(结构计算断面4—4),下平段的最大外水压力达到343.80 mm(结构计算断面6—6),考虑衬砌单独承载方案,衬砌应力均在对应的强度允许范围内,且衬砌混凝土的抗剪强度校核结果表明不需要配置抗剪钢筋,结构安全度较高。

2. 混凝土衬砌抗外压分析

1)计算参数

混凝土:$f_c' = 35$ MPa,$f_t = 3.50$ MPa,$E = 27\ 805$ MPa,$K_c = 1\times10^{-8}$ m/s。

围岩:灌浆后渗透系数$K_{rg} = 10^{-7}$ m/s;灌浆前渗透系数$K_r = 4\times10^{-6}$ m/s。

放空速度:4 m/s。

施工期地下水头:506 m。

2)渗流计算

采用有限单元法进行渗流计算,包含了施工期衬砌外压分析和放空期衬砌内、外压分析,计算结果如表3-32所示。

由上述计算成果可以看出,衬砌在各工况下,承受最大外压力水头为470 m,在上述渗流计算中,围岩、灌浆圈、混凝土的渗透参数都是固定的,实际上其渗透参数随着受力形态的变化应是变化的,但是准确模拟这种效应是比较困难的,在墨西哥ASOC工程咨询公司要求下,下平段最大外部水头按照最大内压考虑,采用605 m,竖井一定高程以上采用最大内部水头436 m,衬砌应力计算结果如表3-33所示。

表3-32 内外水压差各工况计算汇总

<table>
<tr><th>围岩类别</th><th>设计工况</th><th>工况代号</th><th>工作条件</th><th colspan="4">衬砌压力水头</th><th>渗透系数</th></tr>
<tr><td rowspan="9">Ⅳ</td><td rowspan="2">施工期</td><td>Ⅰ</td><td>固结灌浆前</td><td colspan="4">470 m</td><td>$K_c=10^{-8}$ m/s
$K_r=4\times10^{-6}$ m/s</td></tr>
<tr><td>Ⅱ</td><td>固结灌浆后</td><td colspan="4">320 m</td><td>$K_c=10^{-8}$ m/s
$K_{rg}=10^{-7}$ m/s
$K_r=4\times10^{-6}$ m/s</td></tr>
<tr><td rowspan="7">放空检修期</td><td rowspan="7">Ⅵ</td><td rowspan="7">固结灌浆后</td><td>放空时间(s)</td><td>内部压力水头(m)</td><td>外部压力水头(m)</td><td>水头差(m)</td><td></td></tr>
<tr><td>18 829</td><td>584.58</td><td>580</td><td>-4.58</td><td rowspan="5">$K_c=10^{-8}$ m/s
$K_{rg}=10^{-7}$ m/s
$K_r=4\times10^{-6}$ m/s</td></tr>
<tr><td>55 577</td><td>543.75</td><td>540</td><td>-3.75</td></tr>
<tr><td>127 296</td><td>464.06</td><td>460</td><td>-4.06</td></tr>
<tr><td>267 269</td><td>308.53</td><td>320</td><td>11.47</td></tr>
<tr><td>540 450</td><td>5</td><td>200</td><td>195</td></tr>
</table>

表3-33 衬砌应力计算结果

内部压力水头(m)	外水压力(kPa)	a (m)	b (m)	t (m)	$\sigma_{\theta(a)}$ (kPa)	f'_c (kPa)	判断
605	5 922	2.90	3.50	0.60	34 772	35 000	√
436	4 268	2.90	3.50	0.60	25 580	28 000	√

经计算,衬砌应力小于混凝土抗压强度,衬砌强度满足要求。

3. 钢衬砌段结构计算

1)设计规范

(1)美国机械工程师协会(ASME)《锅炉及压力容器规范》,2007年。

(2)美国土木工程师协会(ASCE)第79期工程应用手册和报告《压力管道》。

2)设计资料

(1)设计水压力。最大静水压力6.18 MPa;设计压力(含水锤)6.83 MPa。

(2)设计外水压力。

按照ASCE标准,外水压力取最大地面线除以1.5后与最大地下水面线的大值。1#、2#洞地下水面线分别见图3-10和图3-11;各点最大外水压力的取值见表3-34和表3-35。

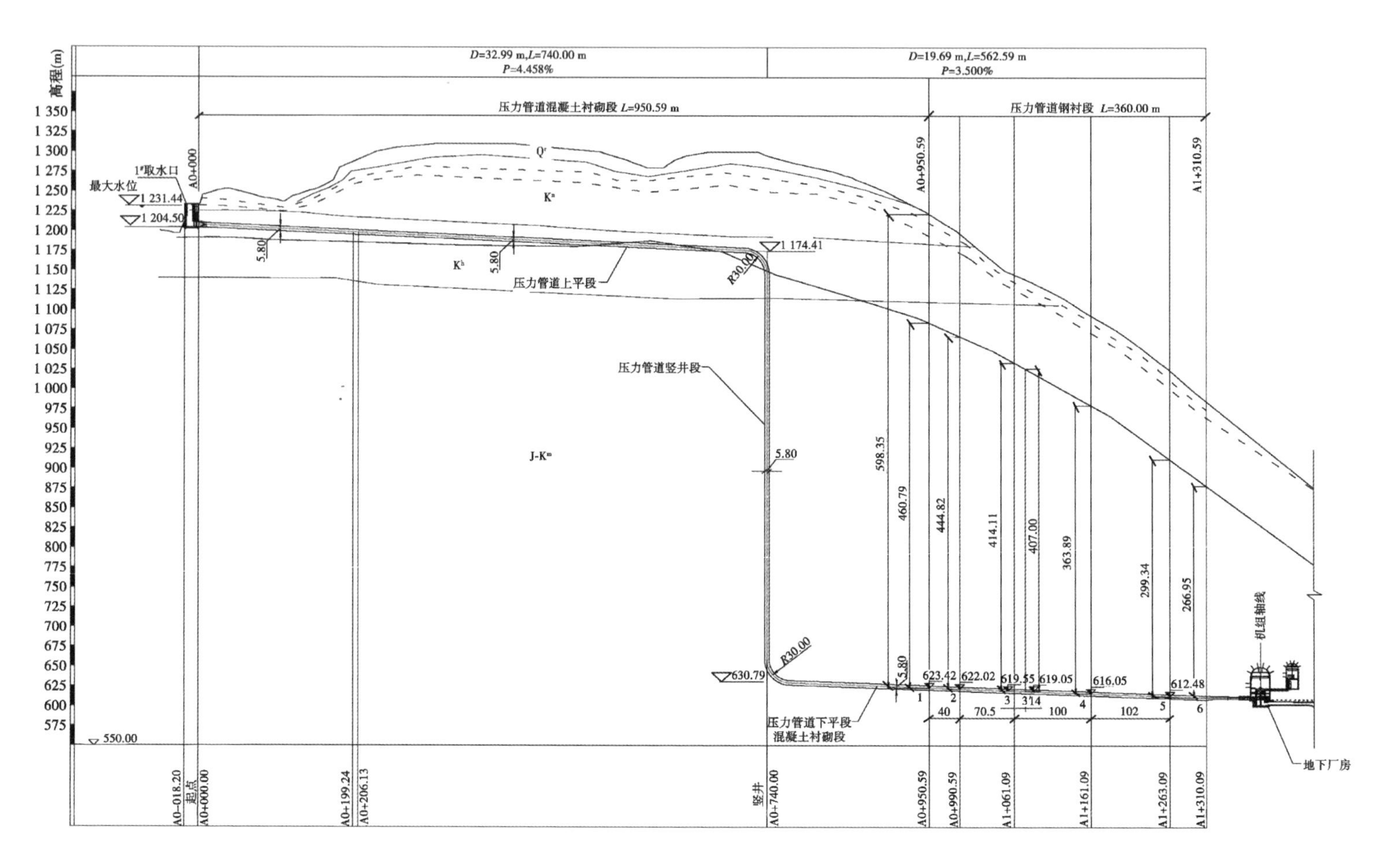

图 3-10　1#洞地下水面线　（单位:m）

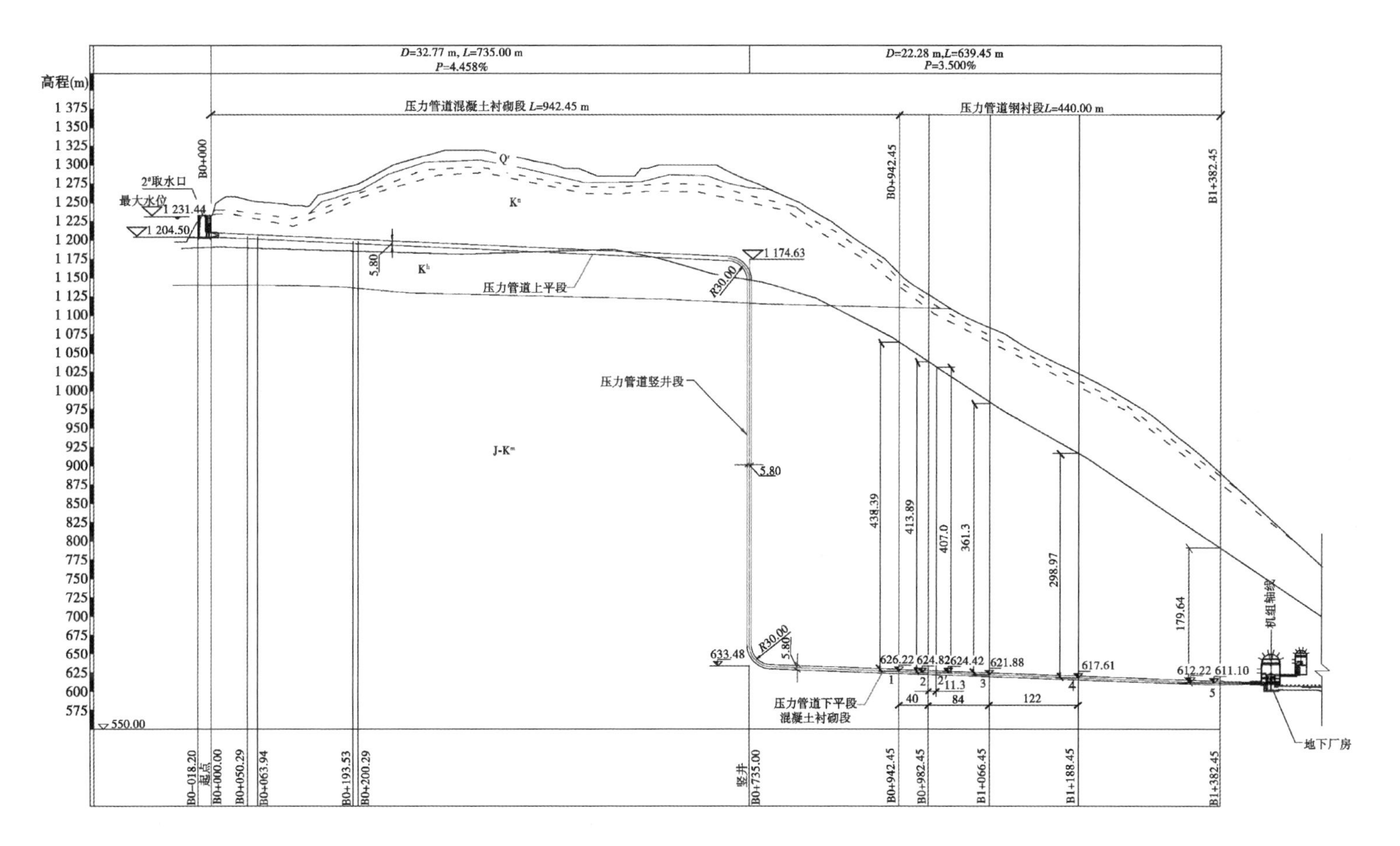

图 3-11　2#洞地下水面线　（单位：m）

表 3-34　下平段 1#洞各点外水压力取值

位置	长度（m）	桩号	高程(m)	外水压力(MPa)
第 1 点	0	A0+950.59	623.42	6.18
第 2 点	40	A0+990.59	622.02	4.44
第 3 点	70.5	A1+061.09	619.552 5	4.14
第 3′点	14	A1+075.09	619.056 7	4.07
第 4 点	100	A1+161.09	616.052 5	3.64
第 5 点	103	A1+264.09	612.447 5	2.99
第 6 点	38.5	A1+302.59	611.10	2.67
岔管			611.10	

表 3-35　下平段 2#洞各点外水压力取值

位置	长度(m)	桩号	高程(m)	外水压力(MPa)
第 1 点	0	B0+942.45	626.22	6.18
第 2 点	40	B0+982.45	624.82	4.14
第 3 点	11.3	B0+993.75	624.424 5	4.07
第 4 点	84	B1+066.45	621.88	3.61
第 5 点	122	B1+188.45	617.61	2.99
第 6 点	186	B1+374.45	611.10	<2.99
岔管			611.10	1.80

3)钢衬结构设计

钢衬采用允许应力设计法；作用效应按正常运行情况最高压力(静水压力+水锤压力)、管道放空时外水压力；按地下埋管设计，分别计算钢衬单独承受内、外压力设计。

(1)钢衬材料及许用应力。

采购的材料牌号：SUMITEN610Z，屈服极限 R_e：$R_e \geqslant 470$ MPa，抗拉强度 R_l：610 MPa$\leqslant R_L <$740 MPa。

厄瓜多尔 CCS 水电站压力钢管设计，由于不允许围岩分担内水压力，为减小钢衬壁厚，经与咨询方协商，材料许用应力执行 ASME 压力容器规范Ⅷ-2 规定，板厚小于 100 mm，许用应力 $S=254.2$ MPa，板厚大于 100 mm，许用应力 $S=245.8$ MPa。

(2)钢衬壁厚。

厄瓜多尔 CCS 水电站的设计合同中规定内压完全由钢衬承担，内压设计水头按机组甩负荷时产生水锤压力的大值，此外由于钢衬段较短，可忽略压力坡降的影响，全程按最大压力设计。本工程设计采用双面坡口焊、100%RT 或 UT 探伤，焊缝折减系数考虑了焊缝形式及检验方法，许用应力按正常情况的整体膜应力系数计取。

按式(3-15)进行管壁厚度的计算，计算结果见表 3-36。

$$t = \frac{PR_A}{SE} \tag{3-15}$$

式中：t 为钢管管壁厚度，mm；P 为设计压力，MPa；R_A 为钢衬内半径，mm；S 为钢衬基本允许设计应力，MPa；E 为焊接影响系数，按 100%射线或超声检测时，取 1.0。

表3-36　下平段各段计算钢管管壁厚度

钢衬内半径 R_A(mm)	钢管管壁厚度 t(mm)	选取壁厚(mm)
2 600	69.9	72
2 250	60.5	64
1 850	49.7	54
1 300	34.9	38

(3)钢衬抗外压稳定分析。

抗外压稳定计算考虑了光面管的抗外压稳定、加劲环之间的光面管壁抗外压稳定及加劲环自身抗外压稳定。

①光面管的抗外压稳定。

光面管的抗外压稳定有阿姆斯特兹公式和雅克普森公式，由于阿姆斯特兹公式受当时计算手段及临界外压点的 ε 值应用范围的限制，且雅克普森公式的计算结果比阿姆斯特兹公式计算的结果低约20%，偏安全，在设计中采用雅克普森公式如下：

$$\frac{r}{t}=\sqrt{\frac{\left(\frac{9\pi^2}{4\beta^2}-1\right)\left[\pi-\alpha+\beta\left(\frac{\sin\alpha}{\sin\beta}\right)^2\right]}{12\left(\frac{\sin\alpha}{\sin\beta}\right)^3\times\left\{\alpha-\left(\frac{\pi\Delta}{r}\right)-\beta\frac{\sin\alpha}{\sin\beta}\times\left[1+\frac{[\tan(\alpha-\beta)]^2}{4}\right]\right\}}} \tag{3-16}$$

$$\frac{P_{cr}}{E^*}=\frac{\frac{9}{4}\left(\frac{\pi}{\beta}\right)^2-1}{12\times\left(\frac{r}{t}\right)^3\times\left(\frac{\sin\alpha}{\sin\beta}\right)^3} \tag{3-17}$$

$$\frac{\sigma_y}{E^*}=\frac{t}{2r}\times\left(1-\frac{\sin\beta}{\sin\alpha}\right)+\left(\frac{pr\sin\alpha}{E^*t\sin\beta}\right)\left[1+\frac{4\beta r\sin\alpha\tan(\alpha-\beta)}{\pi t\sin\beta}\right] \tag{3-18}$$

式中：α 为由屈曲波形成圆筒薄壳中心所对的半角；β 为由屈曲波形成新的平均半径所对的半角；P_{cr} 为临界屈曲外压；r 为钢衬内半径；Δ 为钢衬与混凝土的间隙；t 为钢管管壁厚度；E^* 为修正的钢衬弹性模量；σ_y 为钢衬的屈服应力。

下平段光面管的抗外压稳定计算结果见表3-37。

表3-37　下平段光面管的抗外压稳定计算结果

钢衬内半径 r(mm)	钢管管壁厚度 t(mm)	P_{cr}(MPa)	P_a(MPa)($P_{cr/1.5}$)
2 600	≈70	6.10	4.07
2 250	≈61	6.15	4.10
1 850	≈50	6.22	4.15
1 300	≈35	6.23	4.15

经计算,各管段光面管起始点第 1 点至第 4 点抗外压均不满足美国标准要求,需设置加劲环,第 4 点以后的管段抗外压满足要求,只需按构造配置加劲环。

②加劲环之间的光面管壁抗外压稳定。

加劲环之间的光面管壁抗外压采用米塞斯公式,中国标准虽然也是采用米塞斯公式,但二者公式稍有不同,有时计算结果差别比较大。本工程加劲环之间管壁抗外压稳定不控制。

$$P_{cr}=\frac{Et}{(n^2-1)\left(1+\frac{n^2L^2}{\pi^2r^2}\right)^2 r}+\frac{E}{12(1-\nu^2)}\left(n^2-1+\frac{2n^2-1-\nu}{\frac{n^2L^2}{\pi^2r^2}-1}\right)\frac{t^3}{r^3} \tag{3-19}$$

$$n=\sqrt[4]{\frac{7.061}{\left(\frac{L}{D}\right)^2\frac{t}{D}}} \tag{3-20}$$

式中:n 为最小临界压力的波数;L 为加劲环间距;ν 为钢衬泊松比;D 为钢衬内直径。

经计算:$L=6\ 000$ mm, $P_{cr}=11.04$ MPa,$P_a=7.36$ MPa;即加劲环间距 6 000 mm,各管段的抗外压均可满足要求。

③加劲环自身抗外压稳定。

由于加劲环自身的抗外压稳定分析的阿姆斯特兹公式中临界外压点的 ε 值总是低于 3,因此阿姆斯特兹公式无效,只能采用雅克普森公式。

$$\frac{r}{\sqrt{\frac{12J}{F}}}=\sqrt{\frac{\left(\frac{9\pi^2}{4\beta^2}-1\right)\left[\pi-\alpha+\beta\left(\frac{\sin\alpha}{\sin\beta}\right)^2\right]}{12\left(\frac{\sin\alpha}{\sin\beta}\right)^3\times\left\{\alpha-\left(\frac{\pi\Delta}{r}\right)-\beta\frac{\sin\alpha}{\sin\beta}\times\left[1+\frac{[\tan(\alpha-\beta)]^2}{4}\right]\right\}}} \tag{3-21}$$

$$\frac{P_{cr}}{EF}=\frac{\frac{9}{4}\left(\frac{\pi}{\beta}\right)^2-1}{\frac{(r\sin\alpha)^3}{\frac{J}{F}(\sin\beta)^3}L} \tag{3-22}$$

$$\frac{\sigma_y}{E}=\frac{h}{r}\times\left(1-\frac{\sin\beta}{\sin\alpha}\right)+\left(\frac{P_{cr}Lr\sin\alpha}{EF\sin\beta}\right)\left[1+\frac{8\beta hr\sin\alpha\tan(\alpha-\beta)}{\pi\frac{12J}{F}\sin\beta}\right] \tag{3-23}$$

式中:J 为外部加劲环及管壳作用部分的惯性矩;F 为外部加劲环之间的管壳截面面积;h 为加劲环中性轴至加劲环边缘的距离;r 为至加劲环中性轴的半径。

下平段 1#洞钢衬加劲环抗外压稳定计算结果和下平段 2#洞钢衬加劲环抗外压稳定计算结果分别见表 3-38 和表 3-39,从表中看出加劲环的抗外压稳定满足要求。

表 3-38　下平段 1#洞钢衬加劲环抗外压稳定计算结果

位置	外压(MPa)	长度(m)	加劲环间距(mm)	抗外压计算值 P_{cr}(MPa)	P_a (P_{cr}/1.5)	判别
第 1 点	6.18	40	750	9.49	6.33	6.33>6.18 安全
第 2 点	4.44	70.5	1 250	7.02	4.68	4.68>4.44 安全
第 3 点	4.14	100	1 400	6.53	4.35	4.35>4.14 安全
第 4 点	3.64	141.5				
第 5 点	2.99					

表 3-39　下平段 2#洞钢衬加劲环抗外压稳定计算结果

位置	外压(MPa)	长度(m)	加劲环间距(mm)	抗外压计算值 P_{cr}(MPa)	P_a (P_{cr}/1.5)	判别
第 1 点	6.18	40	750	9.49	6.33	6.33>6.18 安全
第 2 点	4.14	84	1 400	6.53	4.35	4.35>4.14 安全
第 3 点	3.61	308				
第 4 点	2.99					

(4)岔管结构分析。

钢衬砌段主管内径 5.2 m,经三级岔管与内径 2.6 m 支管相连;根据输水洞管线和厂房的布置,岔管形式选用非对称卜形月牙肋岔;卜形岔管结构相对复杂,岔管内肋板两侧表面应力大小不同,承受偏心受拉和侧向弯曲作用,且 *HD* 值近 3 900 m^2,因此岔管的设计、结构计算、材料选择、加工制作难度大,结构计算采用有限元分析。

①钢岔管体形。

根据钢岔管的主支管直径、分岔角度和控制腰折线转折角及最小短边长度,采用锥、锥相交的原理,确定各个岔管的体形和加强梁尺寸。具体数值如图 3-12 所示。

②计算模型。

计算模型在主管和支管端部取固端全约束,为了减少约束端的局部应力影响,主、支管段轴线长度从分岔点向上、下游分别取最大公切球直径的 1.5 倍以上。

钢岔管网格剖分全部采用 ANSYS 中四节点板壳单元。有限元模型建立在笛卡儿直角坐标系坐标(X,Y,Z)下,XOZ 面为水平面,竖直方向为 Y 轴,向上为正,坐标系成右手螺旋,坐标原点位于主管与主锥管连接断面的管中心处。钢岔管运行工况有限元模型计算网格如图 3-13 所示。

③计算成果分析。

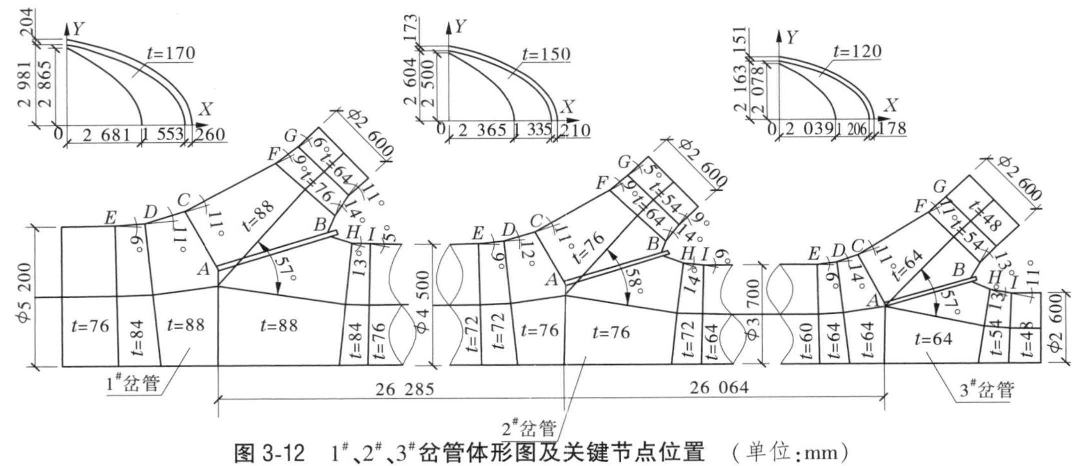

图 3-12　1[#]、2[#]、3[#]岔管体形图及关键节点位置　（单位：mm）

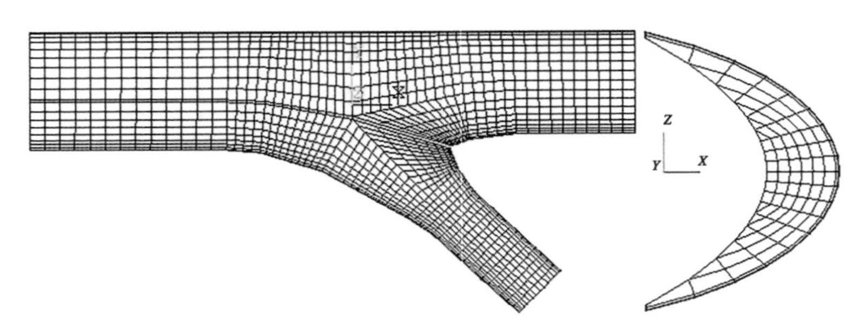

图 3-13　钢岔管运行工况管壳和加强梁网格示意图

根据美国土木工程师协会第 79 期工程应用手册及报告《压力钢管》的规定，钢岔管的计算应力应满足以下条件：

$$\sigma = \sqrt{\sigma_\theta^2 + \sigma_x^2 - \sigma_\theta \cdot \sigma_x + 3\tau_{\theta x}^2} \leqslant [\sigma]$$

根据计算结果，岔管应力最大值和各关键点及肋板最大截面处内外侧两点的 Mises 应力值列于表 3-40～表 3-42。

表 3-40　运行工况 1[#]钢岔管关键点 Mises（未塞斯屈服准则）应力　（单位：MPa）

部位		关键点应力									应力种类	抗力限值
		A	B	C	D	E	F	G	H	I		
管壳	内	205.5	114.2	325.2	294.1	236.3	202.3	158.1	236.8	196.4	(3)	490
	外	135.4	92.2	242.9	250.5	218.8	104.1	136.0	268.5	210.9	(3)	490
	中	148.8	102.7	276.3	261.3	223.3	152.2	142.9	229.4	202.9	(2)	381.3
基本锥和过渡锥段的整体膜应力区域										201.0	(1)	254.2
直管段的整体膜应力区域										246.2	(3)	490
肋板		肋板最大截面处（内侧）			347.8	肋板最大截面处（外侧）				130.6	(2)	368.7

注：表中“应力种类”一栏中，(1)为整体膜应力，(2)为局部膜应力，(3)为局部膜应力+弯曲应力，下同。

表3-41　运行工况2#钢岔管关键点Mises应力　（单位:MPa）

部位		关键点应力									应力种类	抗力限值
		A	*B*	*C*	*D*	*E*	*F*	*G*	*H*	*I*		
管壳	内	192.6	118.4	297.4	283.2	226.6	214.1	182.5	226.0	184.7	(3)	490
	外	141.3	95.6	239.3	268.1	239.8	115.6	134.5	255.1	203.6	(3)	490
	中	147.8	106.9	263.1	261.6	227.7	164.6	157.7	219.1	192.2	(2)	381.3
基本锥和过渡锥段的整体膜应力区域										201.3	(1)	254.2
直管段的整体膜应力区域										239.5	(3)	490
肋板		肋板最大截面处(内侧)			338.2	肋板最大截面处(外侧)				90.8	(2)	368.7

表3-42　运行工况3#钢岔管关键点Mises应力　（单位:MPa）

部位		关键点应力									应力种类	抗力限值
		A	*B*	*C*	*D*	*E*	*F*	*G*	*H*	*I*		
管壳	内	186.3	149.1	279.7	279.1	219.3	204.1	165.3	204.0	204.7	(3)	490
	外	130.1	126.7	232.7	247.4	215.6	162.3	138.5	203.4	210.5	(3)	490
	中	132.9	137.2	252.9	253.4	213.7	182.0	151.8	194.9	201.2	(2)	381.3
基本锥和过渡锥段的整体膜应力区域										198.0	(1)	254.2
直管段的整体膜应力区域										229.5	(3)	490
肋板		肋板最大截面处(内侧)			281.0	肋板最大截面处(外侧)				93.3	(2)	368.7

3.4.2.6　隧洞灌浆设计

1. 固结灌浆

压力管道上平段固结灌浆属于常规固结灌浆,灌浆压力0.3~0.5 MPa,灌浆圈每环6孔,排距2.5 m,灌浆孔入岩深4.5 m。

压力管道竖井及下平段固结灌浆采用高压固结灌浆。灌浆孔深度及每环数量随着压力的变化而不同,孔深在4.5~6 m,每环孔数7~11个,灌浆圈排距均为2.5 m,具体见表3-43。

2. 帷幕灌浆

在压路管道下平段混凝土衬砌末端设置帷幕灌浆圈以延长混凝土衬砌段渗水的渗径,降低钢衬砌段外水压力,避免渗水直接沿着钢衬外侧形成直接渗流通道。

帷幕灌浆布置在压力管道混凝土段末端的渐变段上,共设置7排,入岩深度12 m,每环11孔,分两序孔施工。帷幕灌浆压力参照下平段固结灌浆,最大灌浆压力7 MPa。

3. 回填灌浆

压力管道上平段、上弯段、下平段混凝土衬砌段、下平段钢衬砌段均设计了回填灌浆。回填灌浆为顶拱120°范围,灌浆压力0.3~0.5 MPa。回填灌浆结束标准遵循EPC合同附录A中第17章要求,5 min之内每米的灌浆量小于2 L,则认为钻孔该段的回填灌浆结

束。回填灌浆应在衬砌混凝土强度达到70%以后进行，回填灌浆结束以后再进行固结灌浆。

表 3-43　竖井段及下平段固结灌浆特性

序号	正常蓄水位（m）	TP1（m）	TP2（m）	水头差（m）	水压力（m）	系数	计算压力（MPa）	设计最大压力（MPa）	孔深（m）	每环孔数（个）
1	1 229.50	上弯段		<140.611	1.406 11	1.2	1.69	2.5	4.5	6
2	1 229.50	1 138.889~1 088.889		140.611	1.406 11	1.2	1.69	2.5	4.5	7
3	1 229.50	1 088.889~1 038.889	1 050.000~1 038.889	190.611	1.906 11	1.2	2.29	3	4.5	7
4	1 229.50	1 038.889~988.889	1 038.889~988.889	240.611	2.406 11	1.2	2.89	3.5	5	9
5	1 229.50	988.889~938.889	988.889~938.889	290.611	2.906 11	1.2	3.49	4	5	9
6	1 229.50	938.889~888.889	938.889~888.889	340.611	3.406 11	1.2	4.09	4.5	5	11
7	1 229.50	888.889~838.889	888.889~838.889	390.611	3.906 11	1.2	4.69	5	5	11
8	1 229.50	838.889~788.889	838.889~788.889	440.611	4.406 11	1.2	5.29	5.5	6	11
9	1 229.50	788.889~738.889	788.889~738.889	490.611	4.906 11	1.2	5.89	6	6	11
10	1 229.50	738.889~688.889	738.889~688.889	540.611	5.406 11	1.2	6.48	6.5	6	11
11	1 229.50	688.889~659.922	688.889~638.889	590.611	5.906 11	1.2	7.08	7	6	11
12	1 229.50	659.922~629.940	638.889~630.613	598.887	5.988 87	1.2	7.18	7	6	11
13	1 229.50	下平段	630.6~		<6.5			7	6	11
14	1 229.50		下平段			<6.5		7	6	11

3.5　工程监测设计

3.5.1　压力管道进口塔架

3.5.1.1　塔架基础开挖监测

在基础布置8支土压力计、9支渗压计,在开挖边坡上布置1套3点位移计、1条竖直测斜管。

3.5.1.2　塔架表面变形

在塔架表面布置14个水准标点,监测塔架的沉降变形。

3.5.2　压力管道

3.5.2.1　开挖支护监测

在每条压力管道上平段选择3个断面,分别为0+080、0+340、0+570;下平段选择2个断面,分别为0+800、1+175,在每个断面布置5套3点位移计、5支锚杆测力计、5支测缝计、3支渗压计。每条竖井各选择1个断面在高程925 m处,在每个断面布置4套3点位移计、4支锚杆测力计、4支测缝计、2支渗压计。

3.5.2.2　钢筋混凝土衬砌监测

钢筋混凝土衬砌监测选择每条压力管道上平段的3个断面及下平段的0+800的断面,每个断面内布置10支钢筋计、5支应变计及2支无应力计。每条竖井各选择1个断面在高程925 m处,在每个断面布置8支钢筋计、4支应变计及2支无应力计。

3.6　主要设计变更

3.6.1　竖井井位调整

3.6.1.1　1#及2#竖井井位调整原因

CCS水电站共设有2条压力管道,采用2洞8机的布置方式,每条压力管道可分为上平段、竖井段、下平段和岔管段。上平段呈八字形布置,竖井段及下平段平行布置,中心间距80.151 m,压力管道混凝土段内直径为5.8 m。压力管道竖井段平面布置见图3-14。

压力管道1#竖井原设计位置为A0+733.841。实际施工时,1#竖井导孔起钻位置为A0+733.841,受钻孔偏斜影响,1#竖井最终位置调整为A0+737.041,与原设计位置相比,沿轴线向下游侧偏移了3.20 m。调整后的1#压力管道上平段终点(上弯段起点)中心高程1 169.889 m,下平段起点(下弯段终点)中心高程629.940 m,竖井高度538.949 m。

压力管道2#竖井原设计位置为B0+733.841。实际施工时,2#竖井导孔起钻位置为B0+733.841,后因导孔钻进过程中出现的卡钻等现象,对导孔位置进行了调整。调整后的导孔起钻位置为B0+741.041,该位置导孔成功贯通,但在反扩过程中出现了严重的塌

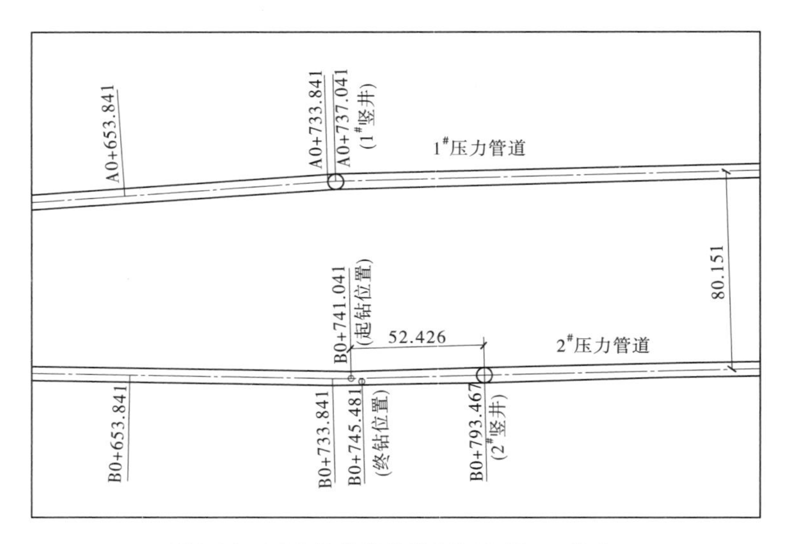

图 3-14　压力管道竖井段平面布置　（单位:m）

方等现象,致使竖井钻孔再次移位。

移位后的压力管道 2#竖井最终位置为 B0+793.467,与原设计位置相比,沿轴线向下游侧偏移了 59.626 m,与出现塌方的 B0+741.041 导孔位置相比,沿轴线向下侧偏移了 52.426 m。调整后的 2#压力管道上平段终点(上弯段起点)中心高程 1 165.311 m,下平段起点(下弯段终点)中心高程 630.627 m,竖井高度 534.684 m。

3.6.1.2　2#老废井塌腔处理

1. 处理要求

压力管道 2#竖井老井处理完成后,应能够满足永久运行时各种可能工况下的运行安全。永久运行时的可能工况至少应包括以下 3 种:

(1)两条压力管道正常运行;

(2)一条压力管道正常运行,另一条压力管道放空检修;

(3)两条压力管道同时放空检修。

永久运行时的运行安全至少应包括渗流稳定安全和混凝土衬砌结构安全。

2. 处理方法

对于废弃的下平段部位采用回填灌浆的方法尽量回填密实。对于老井的竖直段则在新 2#竖井 906.00 m 高程,开挖与 2#老井连接的平洞 M9 支洞。通过 M9 支洞对老竖井内回填自密实混凝土。

3.6.2　2#压力管道上弯段增加钢衬段

3.6.2.1　2#压力管道上弯段变更原因

根据文函 AC-SHC-Q-0651-2014 要求,在 2#压力洞上弯段设置钢衬,钢衬起点位于压力洞上弯段起点上游 6 m 处,桩号 B0+757.467,经过弯管段后止于竖井段高程 1 050 m 处。

因此,重新计算了 2#洞上弯管段钢衬部位,以下只列出参数及分析计算结果。

3.6.2.2　设计参数

1. 内水压力

钢衬分四段进行结构计算,依次为钢衬起始直管段、弯管段、弯管终点到高程 1 080 m 段和高程 1 080 m 到钢衬终点段,每段内水压力取该段内最大内水压力值,各段最大内水压力值(含水锤压力)见表 3-44。

表 3-44　2#洞上弯管钢衬最大内水压力值

管段	最大内水压力(MPa)
钢衬起始直管段	0.96
弯管段	1.27
弯管终点到高程 1 080 m 段	1.83
高程 1 080 m 到钢衬终点段	2.14

2. 外水压力

考虑到钢衬段前后均为钢筋混凝土段,有一定透水性,且钢衬段长度比较短,偏于保守设计,钢衬外压值取管道中心到地面线的距离、地下水压力、最大内水压力 3 种压力值的最大值。各段外水压力值见表 3-45。

表 3-45　2#洞上弯管钢衬外水压力值

管段	外水压力(MPa)
钢衬起始直管段	1.09
弯管段	1.27
弯管终点到高程 1 080 m 段	1.83
高程 1 080 m 到钢衬终点段	2.14

3. 材料

美国材料与试验协会(ASTM)《钢板标准级别》(A537 CL-1)规定,最小屈服极限 345 MPa,最小抗拉强度 485 MPa。

3.6.2.3　2#洞上弯管结构设计

1. 钢衬壁厚

2#洞上弯管段钢衬壁厚计算结果见表 3-46。

表 3-46　2#洞上弯管段钢衬壁厚

管段	*P*(MPa)	计算厚度(mm)	采用厚度(mm)
钢衬起始直管段	0.96	18	20
弯管段	1.27	28	30
弯管终点到高程 1 080 m 段	1.83	28	30
高程 1 080 m 到钢衬终点段	2.14	34	36

2. 抗外压稳定

1) 光面管的抗外压稳定

2#洞上弯管段光面管的抗外压稳定计算结果见表 3-47,从表中看出光面管的抗外压稳定不能满足要求,需要设计加劲环。

表 3-47　2#洞上弯管段光面管的抗外压稳定

管段	外水压力(MPa)	壁厚 t (mm)	抗外压计算值 P_{cr} (MPa)	$P_a(P_{cr}/1.5)$ (MPa)	判别
钢衬起始直管段	1.09	18	0.15	0.10	0.10<1.09
弯管段	1.27	28	0.98	0.65	0.65<1.27
弯管终点到高程 1 080 m 段	1.83	28	0.98	0.65	0.65<1.83
高程 1 080 m 到钢衬终点段	2.14	34	1.90	1.27	1.27<2.14

2)加劲环之间的光面管抗外压稳定

2#洞上弯管段加劲环之间的光面管抗外压稳定计算结果见表 3-48,从表中看出加劲环之间的光面管抗外压稳定满足要求。

表 3-48　2#洞上弯管段加劲环之间的光面管抗外压稳定

管段	外水压力(MPa)	壁厚 t (mm)	加劲环间距 L(mm)	抗外压计算值 P_{cr}(MPa)	P_a $(P_{cr}/1.5)$ (MPa)	判别
钢衬起始直管段	1.09	18	1 000	2.58	1.72	1.72>1.09
弯管段	1.27	28	1 000	8.94	5.96	5.96>1.27
弯管终点到高程 1 080 m 段	1.83	28	750	15.97	10.65	10.65>1.83
高程 1 080 m 到钢衬终点段	2.14	34	750	30.29	20.19	20.19>2.14

3)加劲环自身的抗外压稳定

2#洞上弯管段加劲环自身的抗外压稳定计算结果见表 3-49,从表中看出加劲环自身的抗外压稳定满足要求。

3.6.2.4　**结论**

从上述计算分析可知,结构强度及稳定性均满足规范要求,压力钢管经咨询批复并已部分加工制作安装。

3.6.3　压力管道下平段增设排水洞

为降低下平段钢衬部位压力管道的外水压力,在两条压力管道之间增设排水洞一条。该排水洞起始部位布置在钢衬起点下游约 90 m 处,终点与厂房上游侧最高层排水廊道相连接,总长 312 m,坡降 3.5%。厂房高层排水廊道底高程即新增排水洞终点底高程 641.70 m,起点高程 652.62 m。

表 3-49　2#洞上弯管段加劲环自身的抗外压稳定

管段	外水压力(MPa)	主管壁厚 t(mm)	加劲环间距 L(mm)	抗外压计算值 P_{cr}(MPa)	P_a (P_{cr}/1.5)(MPa)	判别
钢衬起始直管段	1.09	18	1 000	2.10	1.40	1.40>1.09
弯管段	1.27	28	1 000	2.79	1.86	1.86>1.27
弯管终点到高程 1 080 m 段	1.83	28	750	3.27	2.18	2.18>1.83
高程 1 080 m 到钢衬终点段	2.14	34	750	3.72	2.48	2.48>2.14

该排水洞断面形式为城门洞形，底宽 2.5 m，总高 3 m。洞身底板做 1.5 m 宽、0.2 m 厚混凝土平台，两侧留 0.5 m 宽排水沟。两侧直墙及顶部挂直径 6 mm、间距 150 mm 钢筋网，Φ25 锚杆支护，锚杆长 1 m，间距约 1 m，排距 2 m，混凝土喷护厚度为 0.15~0.20 m。Φ40 mmPVC 排水管布置在两侧直墙与顶拱部位，排水管长 1.5 m，间距 1 m，排距 2 m。

3.7　工程设计总体安全性评价

3.7.1　压力管道进口

(1)进水口布置可使电站正常取水，拦污栅过栅流速满足规范要求。

(2)进水口边坡布置、支护及排水设计满足规范要求。

(3)进水口水力设计满足规范要求。

(4)建筑物稳定、应力、结构均满足设计要求。

3.7.2　压力管道洞身

(1)引水隧洞线路布置、断面及体形设计满足压力引水隧洞设计规范要求。

(2)引水系统水力计算满足规范要求。

(3)引水隧洞的开挖及支护设计满足规范要求。

(4)引水隧洞衬砌结构设计满足规范要求。

(5)1#洞发电情况下，参照形象进度要求，2#压力洞、废井处理需达到形象进度要求。

3.7.3　基础处理

(1)对压力管道及放空洞进口采取的固结灌浆符合规范要求，有利于建筑物的稳定。

(2)采取压力管道采取的固结灌浆、帷幕灌浆等工程措施符合规范要求，有利于建筑物的稳定和安全运行。

3.8 存在问题及建议

压力管道钢衬段未做接触灌浆,未来压力管道运行期间混凝土衬砌段产生的内水外渗的渗水可能会顺着钢管表面形成通道,威胁厂房安全。

建议加强巡视排水洞地下渗水流量变化,及时排空厂房地下水。

3.8.1 压力管道上、下平段设计坡度

压力管道上平段设计坡度为6%,下平段设计坡度为3.5%,单从坡度数值来看,属压力管道的正常坡度范围。但在本工程设计时,更应充分考虑到上平段及下平段坡度对竖井高度的影响,上、下平段的坡度越大,竖井高度越小。因此,在满足上、下平段施工要求的前提下,应尽可能采取较大的坡度值,以尽可能减小竖井高度。本工程压力管道上、下平段的设计坡度均存在进一步优化(加大)的可能。

3.8.2 压力管道检修

在两条压力管道同时需要检修的情况下,可通过放空洞将调蓄水库放空,从压力管道进水口进入压力管道内部进行检修。在一条压力管道检修、另一条压力管道正常运行的情况下,可以将需要检修的压力管道进水口检修闸门关闭,从事故闸门槽进入压力管道内部进行检修。从上面的检修条件来看,检修管道的检修条件不佳。在设计时,应充分结合压力管道施工支洞布置,为压力管道的检修创造更好的检修条件。

对压力管道竖井段的检修,在竖井顶端设置了吊环,理论上可通过吊环,并借助一定的措施,实现对压力竖井的检修。但检修条件仍相当不便,可对竖井的检修问题进行进一步研究,实现可接受的、更好的竖井检修条件。

3.8.3 发电水流遭遇调蓄水库支沟水流泥沙污染

在首部枢纽输水隧洞的进口前设置了沉沙池,除去了引水时的大部分泥沙。但因调蓄水库建在支沟之上,支沟内的水流仍将挟带一部分泥沙,致使经沉淀后的水流在流入调蓄水库、进入压力管道进水口时,将再次挟带泥沙,对发电水流造成泥沙污染,同时造成部分泥沙淤积在调蓄水库内。

为了解决调蓄水库的泥沙淤积,设计上在调蓄水库设置了清沙船,但实际情况可能并不理想。一方面,清沙船的运行成本较高,清沙效果及清沙时对水轮机的运行是否造成不利影响也值得商榷;另一方面,清沙船或者放空洞(排沙洞)并不能解决支沟水流泥沙对发电水流的污染问题,应进一步研究增设避免支沟水流挟带泥沙进入调蓄水库的工程措施。

3.8.4 混凝土透水衬砌设计

压力管道竖井及下平段采用了混凝土透水衬砌设计。有关混凝土透水衬砌研究的文献较多,并且有着相当的工程实践应用。但在实际工程设计时,并无相应的规范可供参照,混凝土透水衬砌的分析、计算与设计均存在一定的主观性。为了实现混凝土透水衬砌设计的先进性、适用性、可靠性,可做出编写混凝土透水衬砌规范的研究或尝试。

第 4 章

地下厂房布置及主要洞室设计

考虑到该工程为 EPC 合同,为加快图纸审批,避免纠纷,在满足使用、安全的前提下,以尽量不改变原设计体形为原则。

4.1　厂　房

厂房内部布置及主要尺寸确定,主要根据水轮发电机组形式、容量和台数及其附属设备,油气水系统,以及安装检修维护设备所需的装配场、通道和上下层楼梯等进行。要保证运行,便于机电设备的安装、检修和维护。设备布置应紧凑、美观实用,不要分散繁乱。

4.1.1　厂房体形

厂房横断面采用方圆形(拱顶直边墙)。原设计厂房顶拱采用半圆拱,考虑厂房区域岩体坚硬,裂隙不发育,块状结构,将顶拱改成三圆拱,降低厂房高度 3.2 m。

岩壁吊车梁顶部考虑到桥机的安装、检修及运行,需要向外扩挖 0.6 m,即厂房在 636.5 m 以上跨度为 27.2 m。

4.1.2　厂房尺寸确定

4.1.2.1　机组段横向宽度

机组中心线上游侧宽度 15.0 m,机组中心线下游侧宽度 11.0 m。从施工情况看,球阀层设备布置拥挤,已经没有贯通的交通通道,机组中心线向下游侧适当移动更合理。

原设计场内叠梁门布置在水轮机层下游侧,影响油气水管线的布置,将其移至主变洞内,更利于叠梁门的安装、使用及检修。

4.1.2.2　机组段长度

机组段长度 18.5 m,其中左侧 8.7 m、右侧 9.8 m,由配水环管平面尺寸及其外包混凝土厚度控制,在机组段分缝部位配水环管左侧外包混凝土太薄,缝向左移动了 1 m,基本满足设备布置要求。

母线洞及尾水支洞开挖跨度 6.7 m,母线洞及尾水洞间岩柱厚度仅 11.8 m,该区域塑性区贯通。设计将该岩柱支护采用对穿锚杆更为合理,但由于母线洞开挖尺寸为 8.00 m×7.40 m(宽×高),太小无法实施。施工时控制开挖药量,并及时支护,基本可以满足围岩稳定的要求。

适当增加机组段长度布置更合理。

4.1.2.3　厂房长度

原设计厂房开挖长度为 192.0 m。由于主安装间为四层混凝土框架结构,为了加快施工进度,提早进行桥机组装、使用,在厂房右侧增加长度 20.0 m 的副安装场,该部分在机组安装完成之后改为副厂房。因此,厂房在发电机层的长度为 212.0 m。在 632.3 m 高程以上,厂房左山墙向左侧开挖了 1.5 m 的桥机检修空间,厂房右山墙向右开挖了 6.0

m 的小桥机放置空间，厂房长度 219.5 m。

4.1.2.4　**厂房竖向布置**

合同要求机组安装高程 611.10 m。

通过水轮机模型试验分析确定，机组安装高程与基坑水位的最小高程差为 3.8 m 才能不影响机组出力。尾水基坑底板高程 601.5 m。球阀层高程根据稳水栅高程确定为 608.0 m。水轮机层高程按配水环管进口直径和外包混凝土厚度要求定为 613.5 m。母线层高程原设计为 218.0 m，由球阀油压、油罐等高程确定为 619.0 m。发电机层高程原设计为 623.0 m，根据发电机实际尺寸调整为 623.50 m。桥机轨顶高程按发电机转子带轴控制确定为 636.65 m。

厂内设置两台 200 t/50 t/10 t 双小车桥式起重机，桥机跨度 25 m，轨顶高程 636.67 m。根据机组及设备运行要求，厂房顶拱需要设置吊顶，考虑桥机及吊顶的安装、运行、检修及风道布置要求，厂房吊顶高程为 646.8 m。顶拱高程为 646.8 m。

4.1.3　厂房布置

厂内共布置 8 台冲击式水轮发电机组及 1 台卧式备用机组。厂房从左至右依次布置 1#～4#机组、主安装间、5#～8#机组及副厂房，设置 5 条横向永久变形缝：2#机组与 3#机组之间、4#机组与主安装间之间、主安装间与 5#机组之间、6#机组与 7#机组之间、8#机组与副安装间之间。发电机层平面布置见图 4-1。厂房纵剖面图见图 4-2。厂房发电机层布置见图 4-3。

备用机组原设计布置在主安装间 608.00 m 层，考虑到取水及运行管理方便，移至 623.50 m 层主安装间上游侧。小机组从 4#及 5#机球阀前压力钢管取水，尾水通过厂房下层排水洞排至尾水主洞。

4.1.3.1　**机组段布置**

1#～4#机组段长 80.7 m，5#～8#机组段长 81.3 m，分四层布置。

(1)623.50 m 层(发电机层)：上游侧主要布置球阀吊孔、转轮吊孔、楼梯等，下游侧主要布置机旁盘、励磁盘、楼梯等。

(2)619.00 m 层(母线层)：上游侧主要布置球阀吊孔、转轮吊孔、调速器、压力油罐、组合式空压机、楼梯及风罩进人门等，下游侧主要布置励磁盘、机组动力盘、楼梯、励磁变、电制动开关柜及厂用隔离变压器等。

(3)613.50 m 层(水轮机层)：上游侧布置球阀吊孔、球阀油压装置、球阀压力油罐、空压机、转轮吊孔及楼梯等，1#机、5#机左侧和 4#机、8#机右侧布置循环供水深井泵；下游侧布置备用供水深井泵、机坑进人廊道、滤水器及排水沟等。

(4)608.00 m 层(球阀层)：主要布置球阀、楼梯及排水沟等。从施工完成的情况看，球阀层设备布置拥挤，没有直行通道。

4.1.3.2　**主安装间布置**

主安装间布置在厂房中部，长度 30 m，分四层布置。

(1)623.50 m 层(发电机层)：布置安装检修场地及主出入口。

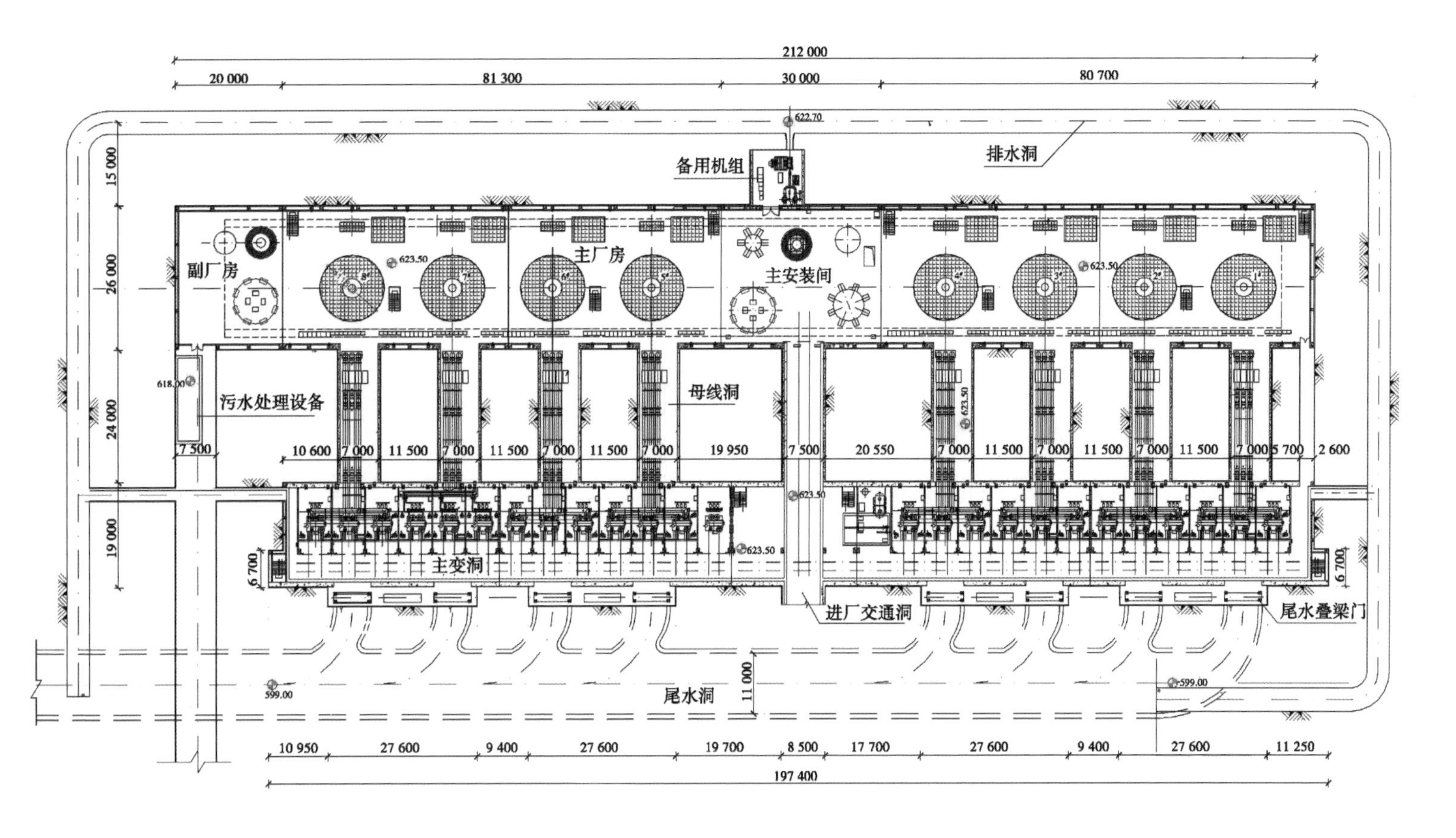

图 4-1　发电机层平面布置　（单位:mm）

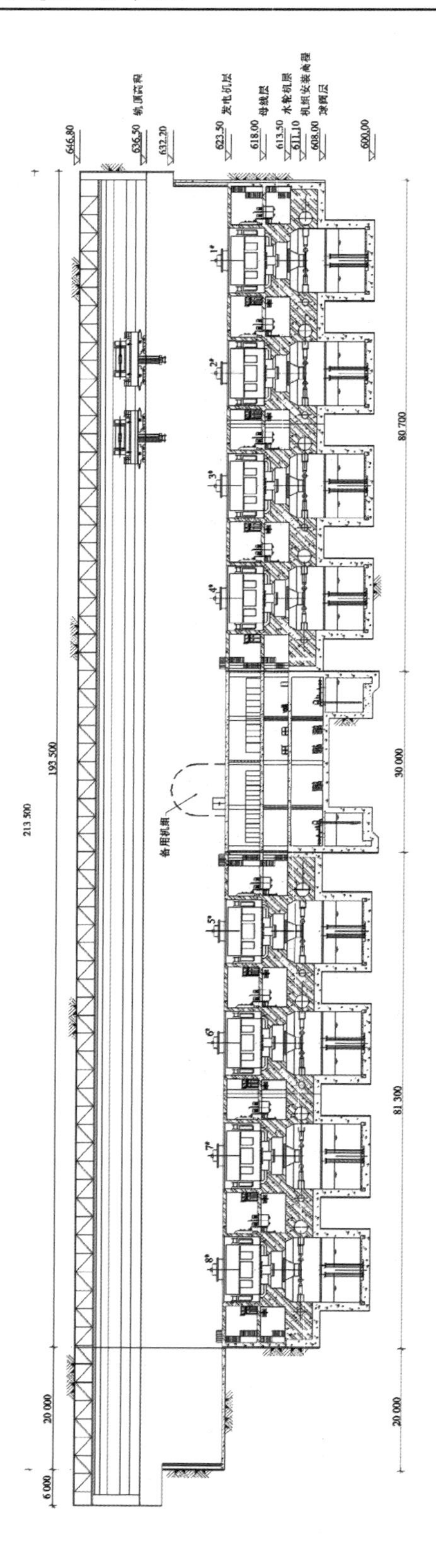

图 4-2 厂房纵剖面图 （单位:mm）

图4-3　厂房发电机层布置

(2)619.00 m层(母线层):上游侧布置电气实验室、继保室、照明配电室及0.22/0.12 kV配电室(1、2段)等,下游侧布置13.8 kV配电室、0.48 kV配电室等。

(3)613.50 m层(水轮机层):上游侧布置电缆夹层、蓄电池室、油处理室及油罐室,下游侧布置钢瓶室及空压机室等。

(4)608.00 m层(球阀层):主要布置制冷机及排水泵等设备。

4.1.3.3　副厂房(副安装场)布置

副安装场布置在厂房右端,长20 m。主要是提供施工期通道、桥机及机组安装场地,后期将改建为副厂房,副厂房分三层布置。

(1)623.50 m层:布置机修间、配电室、储藏室、电焊室、医疗室及卫生间等。

(2)628.50 m层:布置办公室、更衣室、会议室、资料室、咖啡间及卫生间等。

(3)632.50 m层:布置高压实验室、继电保护实验室及观光平台等。

4.1.4　厂房交通

主厂房各层水平通道布置在下游侧,宽1.2~1.8 m。厂房内共设置8个楼梯,1#机组、4#机组、5#机组及8#机组楼梯设置在上游侧,可以直接抵达608.00 m层;2#机组、3#机组、6#机组及7#机组楼梯设置在下游侧,可以直接抵达613.50 m层。

副厂房设置一部楼梯,从623.50 m层到632.50 m层。

4.1.5　厂房防潮及吸音降噪

4.1.5.1　防潮隔墙

防潮隔墙分为两部分:636.50 m高程以上采用彩色压型钢板单板做防潮隔墙,该板材与吊顶连接,固定在岩壁上;636.50 m高程以下623.50 m高程以上采用混凝土空心砌块做防潮隔墙。

4.1.5.2 吸音降噪

在防潮隔墙外贴硅酸钙穿孔吸音板。

4.1.6 厂房排水

4.1.6.1 厂房系统排水

顶拱系统排水孔的布置以顶拱对称轴为中心,径向辐射布置,孔间距为4.5 m,沿厂房纵向孔间距为6.0 m,孔深6.0 m。

边墙系统排水孔竖向间距4.5 m,沿厂房纵向间距6.0 m,孔深6.0 m。

4.1.6.2 厂房基础排水

厂房内系统排水全部排至球阀层排水沟,然后排入集水井,再通过排水泵排出厂房。

2#排水洞、主变洞及进厂交通洞内渗水通过尾水主洞排入下游河道。尾水主洞检修时,厂外尾水闸门关闭,该部分渗水通过水泵排入下游河道。

4.2 主变洞

4.2.1 主变洞布置及断面形式

主变洞位于主厂房下游测与厂房平行布置,距主厂房下游边墙24 m,洞室围岩情况同主厂房。主变洞采用城门洞形,洞顶为三圆拱。主变洞开挖尺寸为192.0 m×19.0 m×33.8 m(长×宽×高),分两层(局部分三层)布置。636.00 m层为GIS室,主要布置GIS设备、吊物孔及楼梯等,GIS室布置见图4-4;623.50 m层为主变压器室,上游侧主要布置主变压器、事故油处理室、事故油池及楼梯等,下游侧布置主变压器通道及厂内尾水闸门室,主变压器室布置见图4-5。631.00 m层为电缆夹层,在1#~4#机组区间布置。

4.2.2 GIS室防潮设计

GIS室防潮隔墙分为两部分:吊车梁以上采用彩色压型钢板做防潮隔墙;吊车梁以下采用混凝土空心砌块做防潮隔墙。

4.2.3 排水设计

4.2.3.1 系统排水

顶拱系统排水孔的布置以顶拱对称轴为中心,径向辐射布置,孔间距为4.0 m,沿厂房纵向孔间距为6.0 m,孔深6.0 m。

边墙系统排水孔竖向间距4.0 m,沿厂房纵向间距6.0 m,孔深4 m。

4.2.3.2 基础排水

主变洞内系统排水全部排至623.00 m层排水沟后排入2#排水洞,再通过落水孔排至

图 4-4　GIS 室布置

图 4-5　主变压器室布置

尾水主洞,落水孔直径 300 mm。

4.2.4　厂内尾水闸门室设计

厂内尾水闸门室位于主变洞下游侧,经局部扩挖而成。在概念设计阶段,该门布置在厂房下游侧水轮机层,由于该位置油气水管道布置密集,尾水门影响设备布置,故下移至尾水洞内。该门的主要作用是检修尾水冷凝器时挡水,该门为叠梁门,采用两机一门。后期由于尾水支洞内流速过大,影响了尾水冷凝器的正常使用,故将尾水叠梁门的最下面一节固定设置为挡水坎。

4.3 母线洞

4.3.1 母线洞布置及断面形式

母线洞的布置为 1 机 1 洞,8 条母线洞位于厂房与主变洞之间,垂直于厂房纵轴线布置,洞长 24.0 m,断面形式为城门洞形。为了满足电器设备布置要求,采用了 3 种断面形式,开挖断面分别为 8.2 m ×13.20 m(宽×高)(上游侧)、8.2 m ×7.7 m(宽×高)(中间断面)、8.2 m ×10.95 m(宽×高)(下游侧)。分 618.00 m 及 623.50 m 两层布置,主要布置低压母线、发电机断路器、厂用负荷开关柜及隔离室等。母线洞施工图见图 4-6,母线洞布置见图 4-7。

图 4-6 母线洞施工图

4.3.2 主要问题处理措施

母线洞围岩均塑化,且因洞径小,无法进行对穿锚杆及长锚杆施工。因此,设计时采用喷混凝土加ϕ 28@1.5 m,L=6 m 系统锚杆,加 I16@0.7~1.0 m 钢拱架,加 0.2 m 钢筋混凝土衬砌。实际施工中,由于咨询的不断要求,使得母线洞内大部分喷混凝土厚度超过设计值,占压了设备布置区域,需要凿除。在实施喷混凝土凿除过程中,多榀钢拱架压缩变形,喷混凝土面裂缝。由于该处围岩破碎,失稳的风险较大,因此在凿除混凝土喷层时不能放炮,只能使用风镐慢慢凿除。该部位的设计变更是在变形钢拱架位置的混凝土衬砌中增加一榀钢拱架,并及时实施混凝土衬砌,避免了母线洞围岩失稳的风险。

由于 2#机组段至 4#机组段之间围岩相对破碎,母线洞开挖施工中,在进行母线洞靠近主变洞顶部二次扩挖时,多次出现厂房边墙变形量陡增的情况,施工中多次停工,并采取小药量放小炮的形式,边观察边施工,并及时支护,有效控制了厂房边墙的变形量,确保

图 4-7　母线洞布置

了厂房及主变洞的围岩稳定。

4.4　尾水洞

4.4.1　尾水布置及断面形式

尾水洞布置采用8机1洞方案,水流由8条尾水支洞汇入1条尾水主洞后进入下游河道,尾水支洞断面,考虑到沿洞全长布置的冷却设备和厂内尾水叠梁门,断面形式采用矩形,净高5.7 m,长约62 m。其开挖断面为城门洞形,开挖断面为7.10 m ×8.55 m(宽×高)。尾水支洞为平坡,高程601.20 m。尾水主洞开挖断面为13.10 m ×13.60 m(宽×高),长度约700 m。尾水主洞纵坡约为0.001 36。

尾水支洞前端布置机组技术供水冷凝器,长约40.0 m,冷凝器后洞顶布置高0.60 m的挡气坎,在高水位发电时用于收集部分空气。挡气坎后布置厂内尾水叠梁门。由于机组运行期间尾水洞为明满流交替,为了避免尾水洞产生负压,在尾水叠梁门后尾水洞顶沿程设置通气管,通气管每隔5.0 m设置一个通风口通向尾水洞,通气管的末端通向尾水闸门室。尾水支洞纵剖面图见图4-8,尾水洞施工图见图4-9。

4.4.2　主要问题处理措施

由于机组安装高程布置太低(合同约定),高水位发电时机坑水位太高,不能满足水轮机运行要求,因此设置了空压机,在机坑水位过高时人为压低机坑水位,且在尾水洞顶部布置了挡气坎及集气管,目的是收集部分气泡产生的空气,减少空压机配置。

由于水轮机模型试验时没有考虑尾水冷凝器,因此实际实施时将尾水支洞底部高程局部由602.60 m降至601.20 m,以减少尾水冷凝器对水位抬高的影响。

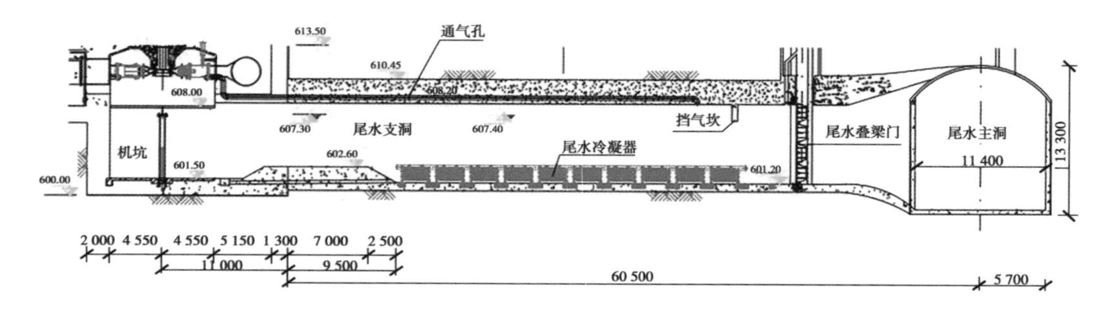

图 4-8　尾水支洞纵剖面图　（单位：尺寸，mm；高程，m）

为了相对准确控制机坑水位，确定尾水洞断面尺寸，不仅请法国科英-欧特科联营体进行了尾水洞水力学复核计算，同时委托华北水利水电大学进行了尾水洞水力学模型试验，以相互佐证结果。但由于冲击式机组的出水难以模拟，且尾水冷凝器的摩擦系数难以确定，因此对结论的准确性有一定影响。

图 4-9　尾水洞施工图

4.5　高压电缆洞

高压电缆洞布置在主变洞左侧下游，在 630.50 m 高程与主变洞相接，高压电缆洞先经过 10.00 m 平段后，再接约 10.00 m 斜段抬高至 639.00 m 高程，在此高程与排水洞相接后至出口 637.00 m 高程。高压电缆洞分两层布置，上层布置通风，下层布置电缆及排水沟。

高压电缆洞采用城门洞形，典型断面开挖尺寸为 4.20 m×7.90 m（宽×高），洞长约 497.80 m，坡度 i=0.004 32。高压电缆洞开挖宽度原设计为 3.60 m，为出渣方便改为 4.20 m。高压电缆洞布置见图 4-10。

图 4-10　高压电缆洞布置

4.6　进厂交通洞

进厂交通洞布置在厂房中部主安装间下游侧，采用城门洞形，典型断面开挖尺寸为 7.70 m×7.50 m（宽×高），洞长约 487.90 m。为了施工排水方便，采用变坡布置，坡度 i= 0.048 55 及 i=0.014 43，出口高程 625.00 m。

进厂交通洞为地下厂房进风口，洞口设置风楼，布置见图 4-11。

图 4-11　进厂交通洞进口

进厂交通洞与 1#施工支洞交叉口施工见图 4-12。

图 4-12　进厂交通洞与 1#施工支洞交叉口施工图

4.7　通风疏散洞

4.7.1　通风疏散洞布置及断面形式

通风疏散洞布置在厂房右侧,由原来的探洞扩挖而成,长度约为 312 m,分上下两层布置。上层布置通风洞,下层布置疏散通道,纵坡约 0.6%。开挖尺寸为 4.4 m×5.2 m(宽×高)。厂房及主变洞人员可以通过副厂房楼梯及 GIS 室右侧楼梯进入 3#及 2#施工支洞,然后进入疏散通风洞至室外。通风疏散洞施工图见图 4-13。

图 4-13　通风疏散洞施工图

4.7.2　主要问题处理

通风疏散通道布置在进厂交通洞顶部与之斜交而过,相交部位的最小距离仅 1.76 m。通风疏散通道开挖时进厂交通洞已经衬砌完毕,为了避免相互影响,该部位开挖时尽量采用风镐,且在该交叉部位区域内又进行了一次固结灌浆。

4.8　排水洞

4.8.1　排水洞布置及断面形式

为降低地下水位,在厂房周边上游侧、左右侧布置厂外排水洞。厂外排水洞平行于厂房轴线,距厂房边墙约12 m,分上下两层布置。上层排水洞洞底高程约为641.00 m,洞长约395 m,纵坡 $i=0.005$,排水洞左端与高压电缆洞相连,渗水通过高压电缆洞底排水沟排出洞外。下层排水洞底高程约为623.50 m,洞长约460 m,纵坡 $i=0.005$,左右侧端部均位于尾水主洞正上方,通过落水孔与尾水洞相连,渗水经落水孔排入尾水洞。在排水洞上、下打排水孔,形成排水幕,可有效拦截地下水。排水洞断面采用城门洞形,设计开挖尺寸为2.5 m×3.0 m(宽×高),后期为了便于出渣,改为4.0 m×4.0 m。洞顶斜向排水孔 ϕ76@4.0 m,长度分别为34.0 m、23.0 m、23.0 m。

4.8.2　现场问题处理

厂房开挖施工中,出露围岩的地质情况与探洞资料有一定出入。围岩多为Ⅲ类,局部破碎带为Ⅳ类。在厂房上游边墙2#、3#机组段及左侧山墙上游侧区域,节理裂隙发育,岩石较为破碎,地下水渗漏较为严重。实际施工时变更了原设计,加密上层排水洞顶部斜向长排水孔,并在厂房左山墙顶部增加了斜向长排水孔。通过运行期观察,排水设计较为合理,吊顶上部围岩渗水小于施工期。

第 5 章

地下洞群围岩稳定分析

5.1　厂区地质条件

5.1.1　地层岩性

地下厂房区的主要岩性为灰色、灰绿色和紫色 Misahualli 地层的火山凝灰岩，上覆白垩系下统 Hollin 地层(K^h)页岩、砂岩互层，表层覆盖(Q_4)厚度为 3～30 m 崩积物和河流冲积物。主要地层由老到新依次为：

(1)侏罗系—白垩系 Misahualli 地层($J\text{-}K^m$)：以火山凝灰岩为主，局部见火山角砾岩，总厚度约 600 m，地下厂房区均有出露，火山角砾岩呈带状或透镜体状分布。

(2)白垩系下统 Hollin 地层(K^h)：岩性为页岩、砂岩互层，往往浸渍沥青，页岩层理厚一般从几毫米到几分米不等，砂岩厚度一般不超过 1 m。该层厚 90～100 m，与下部 Misahualli 地层呈不整合接触，主要出露在高程 1 100 m 以上，厂房工区开挖过程中未见出露。

(3)白垩系中统 Napo 地层(K^n)：岩性为页岩、砂岩、石灰岩和泥灰岩。该层厚度 50～150 m，主要出露于 1 200 m 高程以上。根据 SCE3 等钻孔揭露，Napo 上部岩层风化强烈，上部表层多已经全风化为黄褐色黏土、粉质黏土。

(4)第四系全新统地层(Q_4)：不同成因形成的松散堆积物，物质主要为崩积、坡积、冲洪积、残积等形成的块石及碎石夹土，多分布于电缆洞洞口、尾水渠两侧和出线场等较平缓山坡地带及支沟沟口。

5.1.2　地质构造

地下厂房区属于 Sinclair 构造带，构造相对简单，在厂房区开挖过程中没有发现规模较大的断层。

但受构造影响，厂房区发育多条小规模断层(见表 5-1)，断层最大宽度普遍小于 50 cm，极少数达到 2 m；断层充填物质普遍以角砾岩、岩屑夹泥为主，断层带组成物质较好；断层带延伸较短，以几十米为主。通过对断层产状统计可知，断层走向以 230°～260°为主，倾角以 60°～80°为主，厂房轴线为 315°，整体与主厂房和主变室呈正交状。

表 5-1　厂房工区开挖揭露断层统计

编号	产状	描述	出露部位
f1	150°∠81°	断层带宽 5～10 cm，带内充填碎屑夹泥，断层影响带宽 1 m 左右，影响带内岩体呈碎裂结构	进厂交通洞 0+028.2(右)～0+034.5(左)

续表 5-1

编号	产状	描述	出露部位
f2	164°∠74°	断层带宽约 10 cm,上部影响带宽 20 cm,带内为岩块、岩屑,两侧有厚约 8 mm 的泥质条带,影响带内岩体强风化,锈染严重,岩体疏松	进厂交通洞 0+034.1(右)~0+042.1(左)
f3	148°~155° ∠75°~80°	断层带宽 12~18 cm,充填岩块、岩屑,局部含有厚约 1 cm 的泥质条带,两侧无明显影响带	进厂交通洞 0+050+5(右)~0+061.7(左)
f4	220°~230° ∠85°~90°	宽 8~15 cm,下游边墙充填黄色次生泥夹岩屑,顶拱和上游边墙充填岩屑夹少量方解石脉,两侧岩体完整,潮湿	进厂交通洞 0+165(右)~0+150(左)
f5	180°~350° ∠70°~85°	挤压破碎带,宽 1~2 m,以强风化角砾岩为主,含少量方解石脉,局部和两侧有宽约 1 cm 的灰色泥质条带,内部岩体呈片状,较密实	进厂交通洞 0+206(右)~0+220(左)、主厂房 0-020(上)~0-035(下)、上层排水 0+015(左)~0+020(右)、上层排水 0+110+2(左)~0+100(右)、下层排水 0+147.9(左)~1# 施工支洞(右)
f6	240°∠78°	宽 8~14 cm,内充填大量方解石脉,呈片状,两侧有薄层泥膜,潮湿	进厂交通洞 0+244(右)~0+235.5(左)
f7	310°~330° (130°~145°) ∠75°~85°	断层带宽 10~20 cm,影响带宽 0.7~1.2 m,呈现出下宽上窄形态,两侧和中间局部各有宽约 3 mm 的泥质条带,角砾岩夹泥,局部为石英,胶结较差	进厂交通洞 0+316(右)~0+322.7(左)、主厂房 0+029.4(下)~0+028.3(上)、主变室 0+005.5(下)~0+012(上)
f8	250° ∠60°~70°	断层带宽 10~20 cm,泥夹碎屑充填,影响带宽约 1 m	进厂交通洞 0+342.8(右)~0+336.5(左)
f9	150°~190°∠52°	断层带宽 10~30 cm,泥夹角砾充填,两侧影响带各宽约 1 m	进厂交通洞 0+357.6(右)~0+361(左)
f10	130°~140° ∠77°~85°	断层带宽 10~30 cm,泥夹角砾充填,胶结性差,右壁岩体破碎,影响带宽约 1 m	进厂交通洞 0+368(右)~0+369(左)、主变室 0+039.6(下)~0+033.9(上)、主厂房 0+029.4(下)~0+028.3(上)

续表 5-1

编号	产状	描述	出露部位
f11	140°∠70°	断层带宽 5~15 cm，泥夹角砾充填，局部夹有石英	进厂交通洞 0+372.8(右)~0+374(左)、主变室 0+050(下)~0+043.7(上)
f12	310°∠60°~70°	断层带宽 5~10 cm，泥夹碎屑充填	进厂交通洞 0+377.8(右)~0+379.5(左)
f13	145°~150° ∠60°~80°	宽 5~20 cm，角砾岩夹泥	主厂房 0+020.4(下)~0+023.2(上)、主变室 0+003.2(下)~0+008.5(上)、下层排水 0+188.4(左)~0+187.4(右)
f14	125°~140° ∠65°~75°	宽 10~20 cm，角砾岩夹泥，胶结性差	主变室 0+018.8(下)~0+014.7(上)、主厂房 0+020.4(下)~0+023.2(上)
f15	165°~170° ∠74°~87°	宽 5~50 cm，角砾岩夹泥，胶结性差	主厂房 0+138.4(下)~0+142.6(上)、主变室 0+099(下)~0+109.4(上)
f16	125°∠70°~80°	宽 5~40 cm，角砾岩夹泥，少量方解石脉，胶结性差	主厂房 0+124.6(下)~0+117(上)、上层排水 0+232(左)~0+232.5(右)
f17	330°~350° ∠55°~75°	宽 3~8 cm，两侧有 5 mm 红色泥膜，中夹角砾岩	主厂房 0+166(下)~0+179(上)、1#母线洞顶拱、主变室 0+157(下)~0+164.9(上)
f18	350°∠86°	宽 5~10 mm，岩体破碎，角砾岩	主厂房 0+173(下)~0+180+7(上)
f19	165°∠75°	宽 5~10 cm，泥夹角砾、角砾岩	1#施工支洞 0+351
f20	255°∠65°	宽 20~50 cm，角砾岩充填，胶结性差	上层排水 0+029(左)~0+029.7(右)
f21	165°∠71°	宽 5~10 cm，充填角砾岩和宽约 1 mm 泥质条带	上层排水 0+103(左)~0+100(右)
f22	145°∠85°	宽 10~30 cm，角砾岩夹泥，胶结性差	上层排水 0+142.5(左)~0+144(右)
f23	135°∠80°~90°	宽 5~15 cm，角砾岩夹泥，胶结性好	下层排水 0+151.6(左)~0+152.5(右)
f24	330°~350° ∠60°~70°	宽 5~15 cm，角砾岩充填，胶结性好	下层排水 0+167.9(左)~0+166.5(右)、4#母线洞顶拱

续表 5-1

编号	产状	描述	出露部位
f25	135°∠77°	宽 10~20 cm,角砾岩夹泥	下层排水廊道 0+180(左)~0+180+4(右)
f31	170°∠70°~80°	宽 2~5 cm,泥夹角砾充填	4#母线洞 0+000(左)~0+016.8(右)
f32	250°∠72°	宽 2~4 cm,角砾岩夹泥	7#母线洞 0+022(左)~0+024(右)
f38	75°~85°∠70°~75°	宽 5~10 cm,充填方解石脉	上层排水 0+230.7(左)~0+240(右)
f39	80°∠72°	宽 10~50 cm,充填方解石脉和角砾岩,局部充填少量泥	下层排水 0+270(左)~0+274(右)
f40	180°∠87°	宽 30~60 cm,充填泥夹少量角砾,胶结较好,上盘影响带宽 0.5~1 m	厂房二层上游边墙 0+050
f44	245°∠80°	宽 2~10 cm,充填方解石脉和少量泥,两盘有宽 5~10 cm 的影响带	上层排水 0+373(左)~0+371.5(右)
f50	136°~142°∠65°~75°	宽 3~6 cm,充填泥夹碎石,胶结性差,在右边墙和顶拱影响带宽约 50 cm	电缆洞 0+090(右)~0+120
f51	140°∠78°	宽 5~10 cm,充填泥夹岩屑和少量方解石脉	尾水洞 0+730(右)~0+739.4(左)
f52	138°~145°∠67°	宽 3~7 cm,充填泥夹岩屑	尾水洞 0+698(右)~0+710(左)
f53	320°~350°∠76°	宽 2~5 cm,充填方解石脉和岩屑,滴水	尾水洞 0+645(右)~0+662(左)
f54	135°∠57°	宽 5~30 cm,充填岩屑夹泥,滴水	尾水洞 0+530(右)~0+529(左)
f55	135°~150°∠35°~55°	宽 20~50 cm,充填方解石脉和少量岩屑,滴水	尾水洞 0+374(右)~0+372(左)
f56	260°~280°∠70°~80°	宽 4~30 cm,充填石英夹角砾岩,顶拱 10~30 cm 岩体破碎,局部张开 0.5~1 cm,线状滴水,顶拱处与 f57 相交	尾水洞 0+322(右)~0+324(左)
f57	270°∠69°	宽 3~20 cm,充填岩屑夹泥,两侧各有宽约 50 cm 的影响带,影响带内岩体破碎,呈次块状结构	尾水洞 0+325(顶)~0+295(左)

续表 5-1

编号	产状	描述	出露部位
f58	138°∠69°	宽5~10 cm,充填碎裂岩,顶拱较破碎,滴水	尾水洞0+219(右)~0+222(左)
f59	132°~138° ∠68°~82°	宽5~10 cm,充填碎裂岩	尾水洞0+202(右)~0+203(左)
f60	130°∠70°	宽1~8 cm,充填碎裂岩	尾水洞0+186(右)~0+187(左)
f61	177°∠60°	宽5~10 cm,充填岩屑夹泥	尾水洞0+093(右)~0+104(左)
f62	160°∠70°	宽5~15 cm,充填岩屑夹泥	尾水洞0+095(右)~0+101(左)
f63	350°∠55°~70°	宽2~10 cm,充填泥夹岩屑,滴水—渗水	尾水洞0+397(右)~0+406(左)
f64	243°∠70°	宽5~20 cm,充填泥、钙和少量碎屑岩	下层排水廊道0+060
f65	215°∠74°	宽5~30 cm,充填岩屑和泥	电缆洞0+178(右)~0+173
f66	225°∠77°	宽15~25 cm,充填碎裂岩和约1 cm的泥质条带	电缆洞0+180(右)~0+182
f67	70°∠83°	宽2~5 cm,充填泥和岩屑	电缆洞0+205(右)~0+206
f68	335°~355° ∠55°~60°	宽10~30 cm,在顶拱和左边墙分成两条,充填泥、岩屑,两侧没有明显影响带,两条之间为角砾岩,微风化,密实	尾水洞0+440~0+455
f69	140°~145° ∠80°~85°	宽20~30 cm,充填泥夹角砾岩和少量泥质条带,影响带宽约30 cm	尾水洞0+778.4(右)~0+792.4(左)
f70	132°∠67°	宽2~10 cm,充填方解石脉和岩屑	尾水洞0+794(右)~0+801(左)

厂房区开挖揭示的地质情况表明,不同部位分布的小规模断层对洞室稳定存在一定的影响,但影响不大,系统支护普遍能满足稳定要求,局部规模稍大的断层通过采取随机加固措施满足了稳定要求。

对厂房区开挖揭露的结构面进行统计,可知厂房区出露结构面主要有3组:

(1)140°~170°∠70°~85°,整体平直粗糙,充填1~2 mm钙膜或闭合无充填,延伸较长,局部大于10 m,平均0.5~1条/m。

(2)230°~260°∠70°~80°,整体平直粗糙,充填方解石脉或者泥质条带,宽2~3 mm,局部1 cm左右,少数高岭土化,延伸长度为5~10 m,局部大于20 m。

(3)40°~50°∠5°~15°,该组结构面局部发育较集中,数量较少,延伸较长,大于20

m,充填 2~3 mm 岩屑或者无充填,平直粗糙,约 1 条/m,出露处容易形成楔形体的顶部边界。

5.1.3 围岩分类

5.1.3.1 厂房围岩分类

厂房开挖过程中依据挪威地质学家比尼奥斯基的 RMR 分类法,采用现场打分与地质类比相结合的方法,对厂房各部位的工程地质条件进行了合理评价。

1. 顶拱

厂房顶拱开挖揭露岩性以灰色、灰绿色和紫红色 Misahualli 地层火山凝灰岩为主,在桩号 0+040~0+080 和桩号 0+140~0+180 之间含有 5 条肉红色火山角砾岩条带,岩体微风化—新鲜,岩石坚硬,岩体较完整—完整。8 条小规模断层通过,开挖过程中 f5、f15、f17 发育处出现不同程度的小规模掉块现象;节理主要以 150°~180°∠60°~80°为主,陡倾角,较发育,延伸长;另有 230°~250°∠65°~80°和 40°~50°∠5°~15°两组次要节理,不发育,延伸长。主要节理与厂房轴线交角多为 70°~85°,对顶拱围岩稳定影响不大,三组节理相互切割组合,局部位置产生小掉块。开挖后岩面以潮湿状为主,断层发育处或节理密集带有渗水—滴水现象。岩体呈块状—次块状结构,成洞体形较好,围岩以Ⅱ类为主,在断层或节理密集带发育处围岩为Ⅲ类(见图 5-1)。

2. 上游边墙

厂房上游边墙开挖揭露岩性以灰色、灰绿色和紫红色 Misahualli 地层火山凝灰岩为主,局部夹有肉红色火山角砾岩条带,岩体微风化—新鲜,岩石坚硬,岩体较完整—完整。10 条小规模断层通过,断层延伸较短,规模较小,对洞室的整体稳定影响不大,但开挖过程中 f5 断层处超挖现象较严重;节理主要以 150°~180°∠60°~80°为主,陡倾角,较发育,延伸长,与边墙近垂直,对边墙的稳定影响不大;另有 230°~250°∠65°~80°和 40°~50°∠5°~15°两组次要节理,不发育,延伸长。三组节理相互切割组合,但总体倾向墙内,开挖过程中未发现不利的楔形体出露。开挖后岩面以渗水状为主,断层发育处或节理密集带处滴水—线状滴水。岩体以次块状结构为主,成洞体形较好,围岩以Ⅲ类为主,局部为Ⅱ类(见图 5-2)。

3. 下游边墙

厂房下游边墙开挖揭露岩性以灰色、灰绿色和紫红色 Misahualli 地层火山凝灰岩为主,局部夹有肉红色火山角砾岩条带,岩体微风化—新鲜,岩石坚硬,岩体较完整—完整。10 条小规模断层通过,断层延伸较短,规模较小,对洞室的整体稳定影响不大,f15 和 f17 出露处超挖现象严重;节理主要以 150°~180°∠60°~80°为主,陡倾角,较发育,延伸长,与边墙近垂直,对边墙的稳定影响不大;另有 230°~250°∠65°~80°和 40°~50°∠5°~15°两组次要节理,不发育,延伸长。三组节理相互切割组合,滑面倾向墙外,易产生小规模的块体,开挖过程中在桩号 0+090~0+105 段有一处重约 150 t 的块体出现。开挖后岩面以渗水状为主,断层发育处或节理密集带处滴水—线状滴水。岩体以次块状结构为主,成洞体形较好,围岩以Ⅲ类为主,局部为Ⅱ类(见图 5-3)。

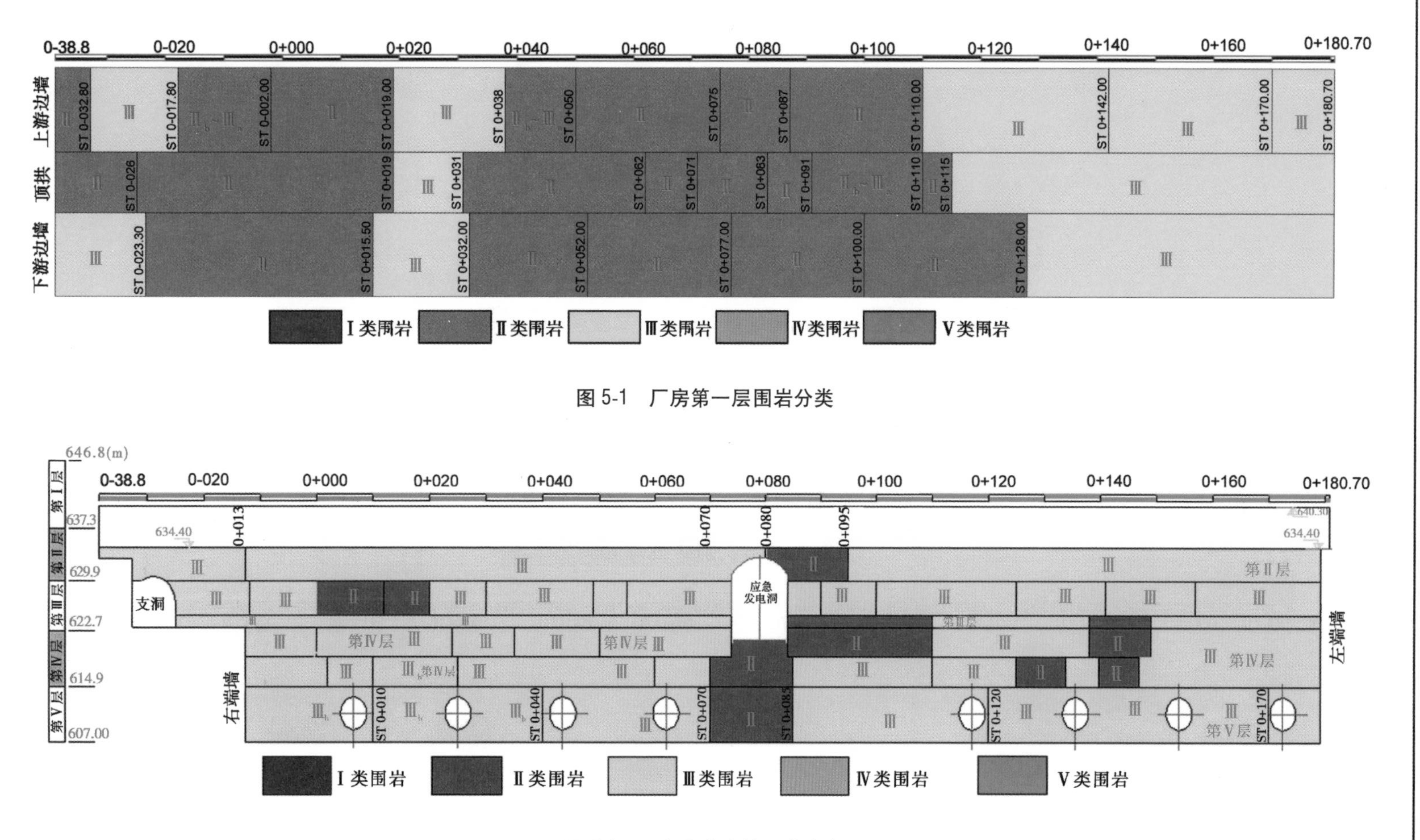

图 5-1　厂房第一层围岩分类

图 5-2　厂房上游边墙围岩分类

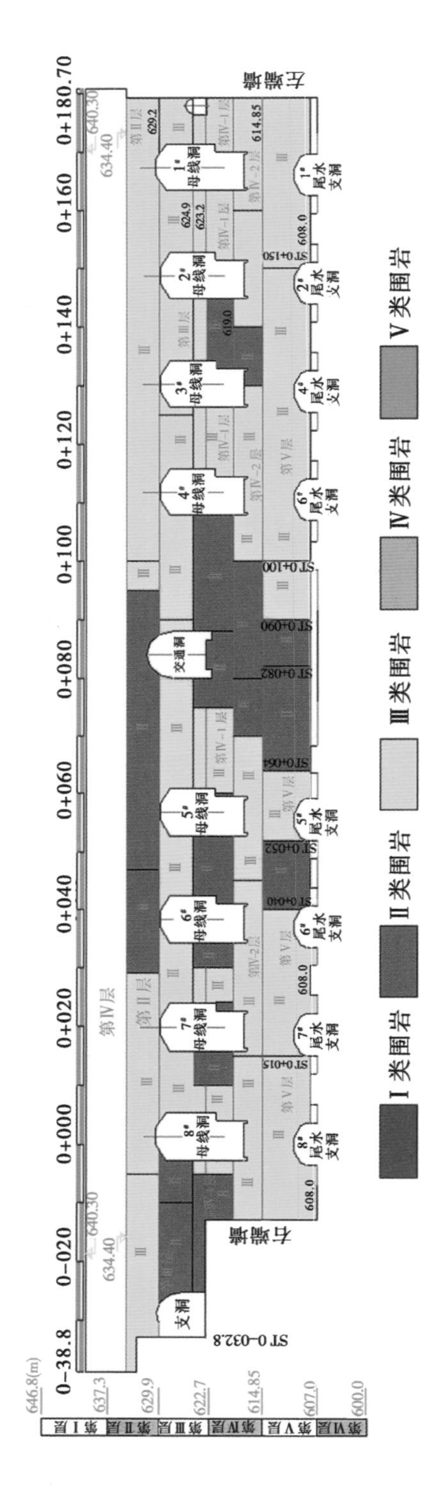

图 5-3 厂房下游边墙围岩分类

4. 左右端墙

厂房左右端墙开挖揭露岩性为灰色、灰绿色 Misahualli 地层火山凝灰岩,岩体微风化—新鲜,岩石坚硬。其中,左侧端墙 f5 断层通过,右侧端墙 f17 断层通过,岩体完整性较差,断层延伸较短,规模较小,通过支护处理后对洞室的整体稳定影响不大;节理主要以 150°~180°∠60°~80°为主,陡倾角,较发育,延伸长,与边墙近平行,不利于端墙的稳定,其中左侧端墙开挖过程中有小规模的掉块现象。开挖后岩面以滴水状为主,局部线状滴水。岩体以次块状结构为主,围岩以Ⅲ类为主,局部有少量Ⅱ类(见图 5-4)。

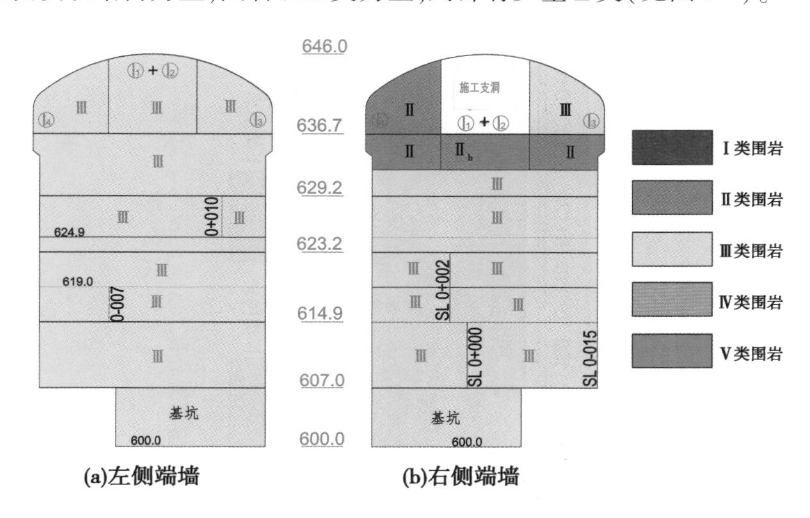

图 5-4 左右端墙围岩分类 (单位:m)

5.1.3.2 主变室和母线洞围岩分类

主变室和母线洞开挖过程中依据挪威地质学家比尼奥斯基的 RMR 分类法,采用现场打分与地质类比相结合的方法,对主变室和母线洞各部位的工程地质条件进行了合理评价,现将地下厂房各部位围岩工程地质条件分别叙述如下。

1. 顶拱

主变室顶拱开挖揭露岩性以灰色、灰绿色和紫红色 Misahualli 地层火山凝灰岩为主,在桩号 0+048~0+052 和桩号 0+102~0+130 出露 2 条肉红色火山角砾岩条带,岩体微风化—新鲜,岩石坚硬,岩体较完整—完整。6 条小规模断层通过,开挖过程中 f7、f14 两条断层附近出现小规模掉块现象;主要发育 140°~170°∠60°~80°和 230°~250°∠65°~80°两组节理,主要节理与主变室轴线交角多为 70°~85°,对顶拱围岩稳定影响不大。开挖后岩面以潮湿状为主,在桩号 0+005~0+010、0+040~0+050 和 0+140~0+160 等断层发育处或节理密集带有渗水—滴水现象。岩体以次块状结构为主,成洞体形较好,围岩以Ⅲ类为主,在桩号 0+060~0+100 段围岩以Ⅱ类为主(见图 5-5)。

2. 上游边墙

主变室上游边墙开挖揭露岩性以灰色、灰绿色和紫红色 Misahualli 地层火山凝灰岩为主, 桩号 0+048~0+052 和桩号 0+110~0+135 段有肉红色火山角砾岩条带, 岩体微风

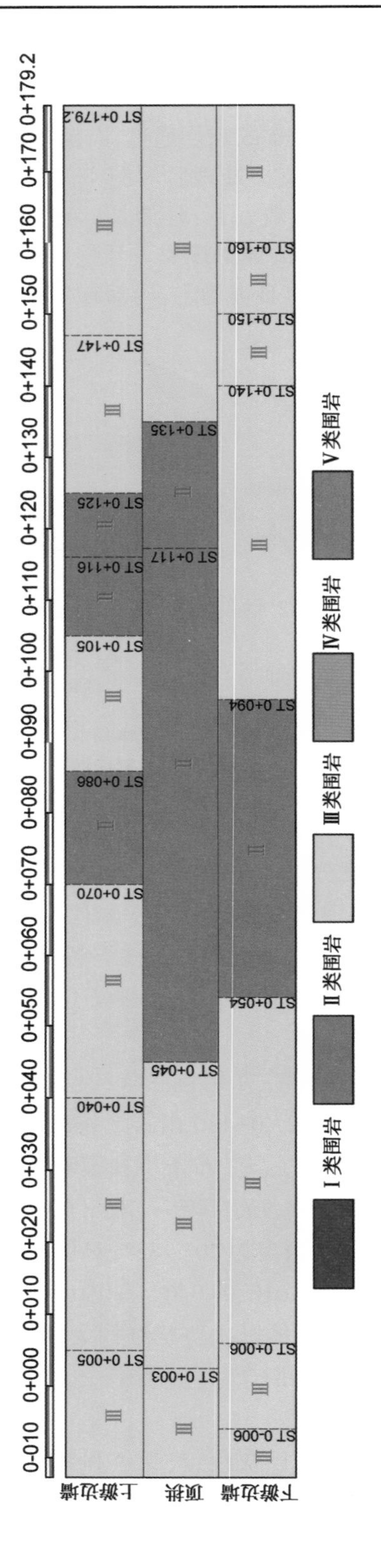

图 5-5 主变室第一层围岩分类

化—新鲜，岩石坚硬，岩体较完整。上游边墙有5条小规模断层通过，断层延伸较短，规模较小，对洞室的整体稳定影响不大；节理主要以150°~180°∠60°~80°为主，陡倾角，较发育，延伸长，与边墙近垂直，对边墙的稳定影响不大；零星发育230°~250°∠65°~80°节理，该组节理延伸长，开挖过程中未发现不利的楔形体出露。开挖后岩面以潮湿—渗水状为主，在桩号0+010~0+050和桩号0+130~0+179.2段断层发育或节理密集带处滴水—线状滴水。岩体以次块状结构为主，成洞体形较好，围岩以Ⅲ类为主，局部为Ⅱ类（见图5-6）。

3. 下游边墙

厂房下游边墙开挖揭露岩性以灰色、灰绿色和紫红色Misahualli地层火山凝灰岩为主，在桩号0+045~0+050和桩号0+100~0+120范围内发育肉红色火山角砾岩条带，岩体微风化—新鲜，岩石坚硬，岩体较完整—完整。主变室下游边墙有8条小规模断层通过，断层延伸较短，规模较小，对洞室的整体稳定影响不大；发育140°~180°∠75°~85°和230°~270°∠50°~75°两组主要节理，零星发育一组缓倾角结构面，产状不稳定，310°~330°（10°~30°，50°~70°）∠5°~20°，该组节理在个别地方集中发育，延伸长度多大于20 m。开挖后岩面以潮湿—渗水状为主，在桩号0+010~0+050和桩号0+130~0+179.2段断层发育或节理密集带处滴水—线状滴水。岩体以次块状结构为主，成洞体形较好，围岩以Ⅲ类为主，桩号0+050~0+090段围岩以Ⅱ类为主（见图5-7）。

4. 左右端墙

厂房左右端墙开挖揭露岩性为灰色、灰绿色Misahualli地层火山凝灰岩，岩体微风化—新鲜，岩石坚硬。受断层影响带影响，岩体完整性一般，开挖后局部出现小规模掉块现象。开挖后岩面以滴水状为主，局部线状滴水。岩体以次块状结构为主，围岩以Ⅲ类为主（见图5-8）。

5. 母线洞

母线洞开挖揭露岩性以灰色、灰绿色和紫红色Misahualli地层火山凝灰岩为主，在3#母线洞和4#母线洞顶拱局部出露肉红色火山角砾岩，岩体微风化—新鲜，岩石坚硬，岩体较完整—完整。开挖过程中在1#母线洞顶拱揭露f17断层，受断层影响顶拱岩体较差；在4#母线洞顶拱揭露f24断层，断层规模较小，对洞室稳定影响不大。1#~4#母线洞开挖揭露结构面以160°~185°∠70°~80°为主，与洞轴线成小角度相交，不利于块体的稳定，开挖过程中4#母线洞左侧边拱发育一处楔形体，施工过程中进行了加强支护；5#~6#母线洞揭露结构面以240°~260°∠60°~75°为主，结构面与洞轴线成大角度相交，对洞室稳定相对有利；7#~8#母线洞上述两组结构面均有揭露，顶拱零星发育65°∠10°~15°缓倾角结构面，三组结构面相互切割，岩体完整性一般。开挖后岩面以潮湿—渗水状为主，局部滴水。岩体以次块状结构为主，成洞体形较好，除5#、6#母线洞以Ⅱ类围岩为主外，其余母线洞均为Ⅲ类围岩（见图5-9）。

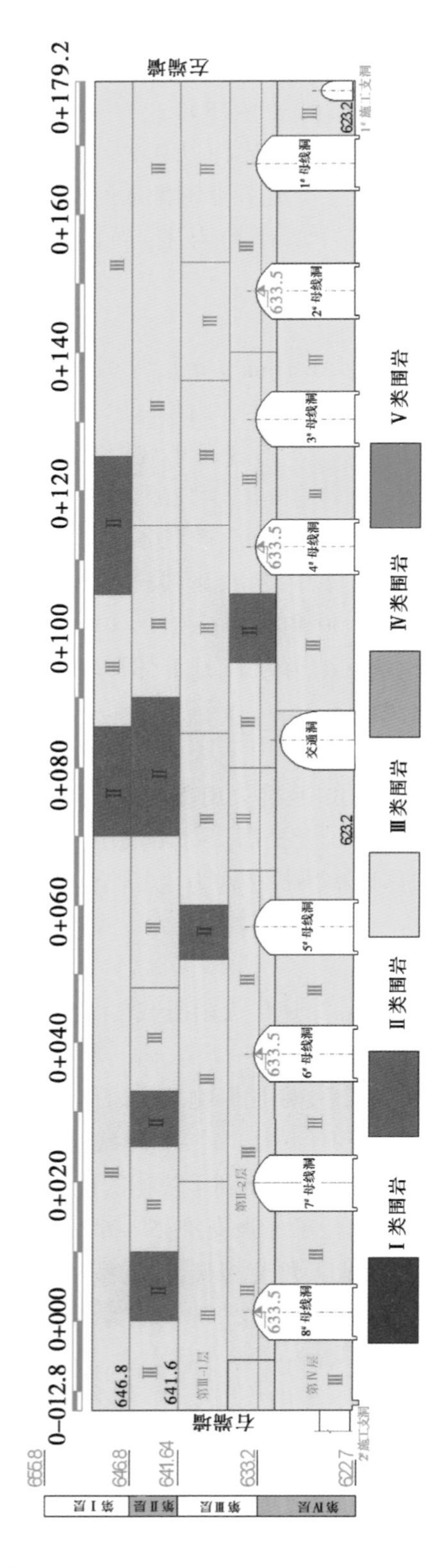

图 5-6　主变室上游边墙围岩分类

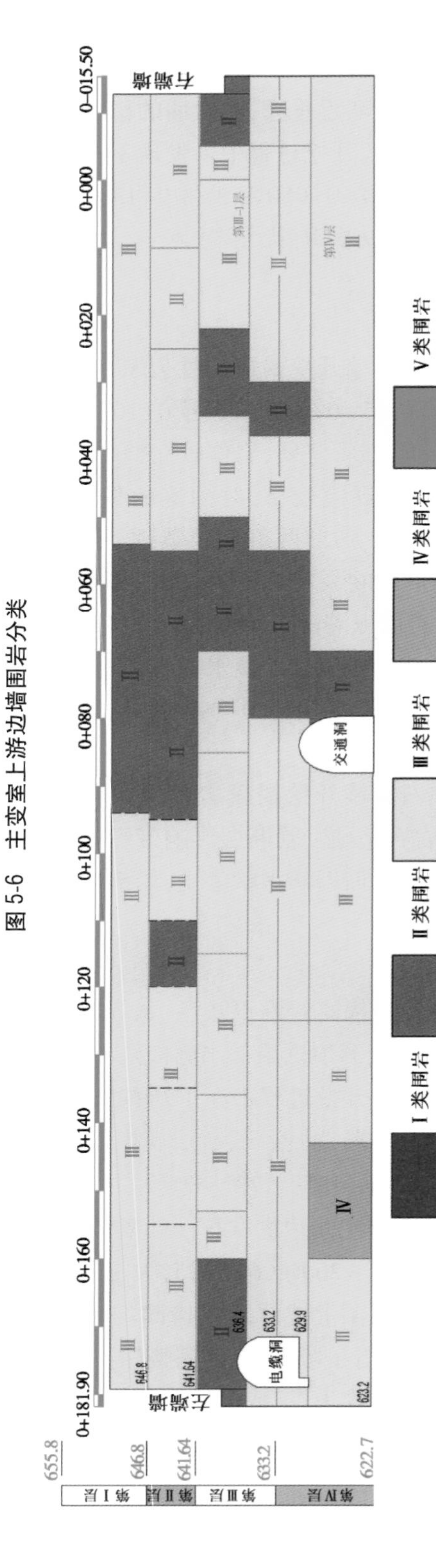

图 5-7　主变室下游边墙围岩分类

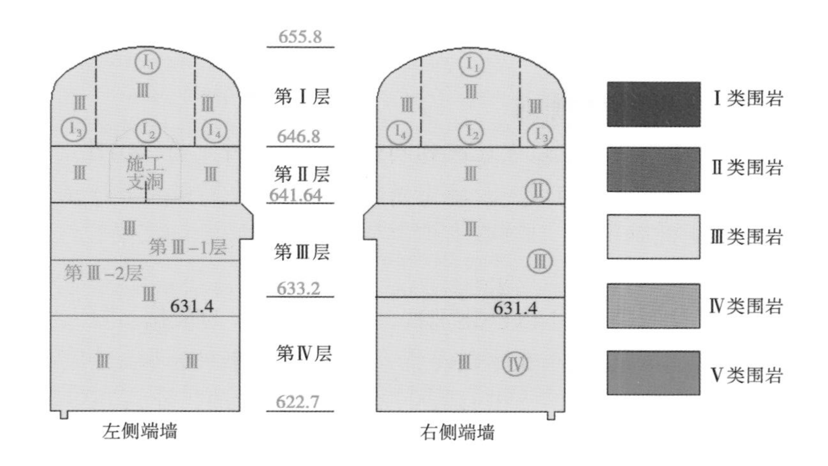

图 5-8 主变室左右端墙围岩分类

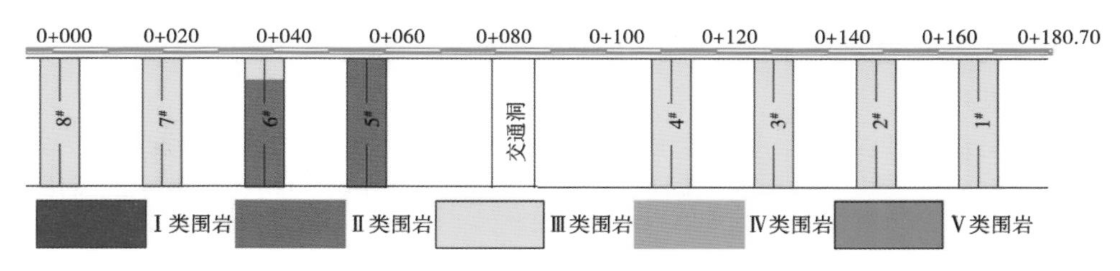

图 5-9 母线洞围岩分类

5.2 地下洞群稳定设计思路

5.2.1 设计方法及思路

设计利用工程类比法、二维有限元法、三维有限差分法等技术手段，对地下厂房洞室群围岩稳定进行综合分析，经过比较论证，在新奥法的基础上最终提出了整体挂网喷混凝土加锚杆支护、局部型钢喷混凝土加锚杆支护的设计思想，最终确定支护方案。

本工程设计过程中运用传统的二维有限元计算方法和 FLAC3D 三维计算方法，建立地下洞室施工过程计算机模拟的数学模型，对整个施工过程进行模拟计算。采用不同的计算方法(FEM 法和 FLAC 法)，求出施工过程各时期的围岩变形、应力及塑形区，并在理论上分析其合理性；根据现场开挖情况、监测数据反馈动态优化支护设计；采用 Phase2 计算二维围岩稳定情况，同时与三维计算结果进行对比；采用 Unwedge 软件分析节理面形成的楔形体稳定情况。FLAC3D 又称三维快速拉格朗日法，是一种基于三维显式有限差分法的数值分析方法。这种算法可以准确地模拟材料的屈服、塑性流动、软化及大变形。尤其在材料的弹塑性分析、大变形分析及模拟施工过程等领域有独到的优点。

5.2.2 工程类比法

5.2.2.1 工程类比法的方法和原则

工程类比设计方法通常分直接类比法和间接类比法两种。直接类比法一般根据围岩地质条件、洞室埋深、洞室形状与尺寸及施工条件等，将设计工程与上述条件基本相同的已建工程进行对比，由此确定洞室形状、支护类型和支护参数。间接类比法一般是根据现行规范，按照围岩分类确定各种参数。

工程类比法的设计原则是：①以已建工程的经验和实践为依据，进行综合分析比较，要搞清所设计工程的基本条件，不能生搬硬套；②分清围岩破坏是属于整体稳定性问题还是局部稳定性问题；③最终确定的支护参数要接受监控设计的指导，必要时进行修正。

5.2.2.2 洞室间距的选择

厂房三大洞室根据运行需要采用平行布置时，洞室间距往往影响到围岩的稳定性。对于圆形洞室，从弹性力学观点出发，洞室间距大于 3 倍洞跨为宜。工程实例表明，多数工程达不到此要求，但都安全运行多年，并未出现问题。

1. 直接类比法

地下洞室从 20 世纪开始广泛运用，鉴于施工难度和经济要求，洞室布置均较为紧凑，本书收集了国内外影响力较大的不同地质下地下工程岩壁宽度与相邻洞室平均跨度的关系，如表 2-1 所示。

从表 2-1 可知，洞室间岩体厚度小于 1 倍或大于 2 倍相邻洞室平均宽度的很少，大部分为 1~1.5 倍。CCS 水电站主厂房与主变室之间的岩壁厚度为 24 m，为相邻洞室平均跨度的 1.03 倍。与同等大规模的地下洞室群相比岩壁厚度较小，在借鉴相似工程经验进行支护设计的基础上，还需进行三维洞室群开挖支护围岩稳定复核计算分析，以分析其规律性和独特性，找出岩壁的稳定特征，以便进行优化设计。

2. 间接类比法

依据《水电站厂房设计规范》(SL 266—2001)，洞室间岩体厚度应不小于相邻洞室平均宽度的 1~1.5 倍。国内外有关单位对岩体厚度的规定如下：

(1)铁道部规定：坚硬岩石，2 倍毛跨；中等岩石，2.5~3.0 倍毛跨；松弛岩石，4 倍毛跨。

(2)工程兵规定：坚硬岩石，2.0~2.5 倍毛跨。

(3)日本规定：1.0~4.0 倍毛跨。

(4)美国规定：不小于洞高或洞跨两者的大值。

(5)印度规定：不小于两洞宽总和的 50% 至 1 倍。在 CCS 水电站洞室间距设计时受多方因素限制间距受限。

5.2.3 国内外洞室支护经验研究

5.2.3.1 锚杆长度经验取值

(1)除可能发生的应力产生的破坏，由爆破引起的岩体破坏和松弛也应该得到考虑。

根据《实用岩石力学》经验,爆破破坏在洞周附近的岩体中可能会延伸1.5~3.0 m。同时,在《实用岩石力学》还指出,一般情况下,岩石锚杆应该超出超应力材料的边界2~3 m。Barton经过长期的工程研究,1980年给出了以下经验公式:

$$L = \frac{2 + 0.15B}{ESR} \tag{5-1}$$

式中:L为锚杆长度;B为洞室的开挖跨度;ESR为开挖支护比。

最大不支护跨度为

$$B_{max} = 2ESRQ^{0.4} \tag{5-2}$$

式中:Q为岩体质量参数。

洞顶的永久支护压力P_{roof}为

$$P_{roof} = \frac{2\sqrt{J_n}\,Q^{\frac{1}{3}}}{3J_r} \tag{5-3}$$

式中: J_n为节理组数; J_r为节理粗糙度数值。

根据洞室的类别,Barton建议ESR取值如表5-2所示。

表5-2　*ESR*值的选取

类别	开挖类型	*ESR*
A	临时采矿巷道	3~5
B	永久采矿巷道,水电输水隧道,平洞、竖井和大型开挖工程的导洞	1.6
C	蓄水室、水处理厂、非等级公路和地铁隧洞、调压室、交通隧洞	1.3
D	电站、大的公路和铁路隧洞、防空洞、进出口段	1.0
E	地下核电站、火车站、体育与公共设施、工厂	0.8

(2)1989年,Barton根据经验结果绘制了一系列的曲线,对于地下工程,拟合这些曲线,这些关系式可以简化,如表5-3所示。

表5-3　洞室支护关系式简化

部位	支护类型	支护参数(m)	说明
顶拱	锚杆	$L = 2 + 0.15B$	S为锚杆间距, $S < \frac{1}{2}L$
	锚索	$L = 0.4B$	
边墙	锚杆	$L = 2 + 0.15H$	H为洞室高度, $S < \frac{1}{2}L$
	锚索	$L = 0.35H$	

(3)通过对国内外大型地下洞室支护设计资料的调研收集,统计得表5-4所示地下厂房喷锚支护工程实例。

表 5-4　地下厂房喷锚支护工程实例

序号	电站名称	国名	厂房尺寸 长×宽×高 (m×m×m)	岩石及地质情况	喷锚支护类型及参数						
					使用部位	类型	锚杆长度(m)	间排距(m)	锚杆直径(mm)	预应力值(×10 kN)	衬砌或喷混凝土厚度 δ(cm)
1	小浪底	中国	251.1×24.6×61.5	硅质砂岩、硅细质砂岩	顶拱 边墙	张拉锚杆 锚索+锚杆	6~8 6~10	3.0×3.0 3.0×3.0	32 32	/1 500	挂网喷混凝土 $\delta=20$
2	白山	中国	121.5×25×54	花岗岩,有三组断层、四组节理	顶拱 边墙	砂浆锚杆	3.5~4.5 2.5~3.5	1.5×1.5 1.5×1.5	25 22		挂网喷混凝土 $\delta=15$
3	二滩	中国	296×31.2×72.5	正长岩、蚀变玄武岩	顶拱 边墙	砂浆锚杆 锚索+锚杆	4/8 25/10	1.5 3/1.5	28/28	145~175	挂网喷混凝土 $\delta=20$
4	十三陵	中国	145×23×46.6	角砾岩	顶拱 边墙	砂浆锚杆 锚索+锚杆	5/3 15/8	1.5 3×9/1.5×1.5	28/28	60	顶拱混凝土衬砌边墙挂网喷混凝土 $\delta=15$
5	喜撰山	日本	60.4×25.7×49.6	砂质板岩	顶拱 边墙	预应力锚杆	5~15	3 m^2/根	27	10~40	顶拱混凝土衬砌边墙挂网喷混凝土
6	丘吉尔瀑布	加拿大	300×25×50	花岗岩及片麻岩	顶拱 边墙	张拉锚杆	4.5~7.5 4.5~6	1.5 2.1	34.9 25	12~20 12	挂网喷混凝土
7	买加	加拿大	237×24.4×44.2	石英片麻岩	顶拱 边墙	灌浆锚杆	6~7 6	1.5 1.5	25 25		顶拱喷混凝土 $\delta=10$
8	拉格郎德Ⅱ级	加拿大	483×26×47	花岗片麻岩	顶拱 边墙	张拉锚杆	6.1 6.1	2.1 2.1	34.9 25	20.4 9.1	顶拱挂网喷混凝土
9	保罗—阿丰索-Ⅳ	巴西	210×24×54	花岗岩、混合岩、云母片麻岩	顶拱 边墙	张拉锚杆	9.0 9.0	1.5 1.5	32 32	22.5 22.5	挂网喷混凝土 $\delta=10\sim15$
10	狄诺维克	英国	180.3×24.5×52.2	板岩	顶拱 边墙		12/3.7	6/2		120/20	挂网喷混凝土
11	本川	日本	96×23.3×45.4	砂质黑色片岩,夹有石英脉	顶拱 边墙	锚索+锚杆	3/20 13/10		25 21.8		顶拱混凝土衬砌边墙喷混凝土
12	瓦尔德克-Ⅱ	德国	106×34×54	砂岩页岩夹层、节理发育	顶拱 边墙	预应力锚杆 锚索+锚杆	6 23/4	1.0 3×4/2×2		12 170/12	挂网喷混凝土
13	马吉尔湖	意大利	220×21×59	片岩	顶拱 边墙	锚索+锚杆	30~15/5,3	10,2.2×8/5,4.4×8			顶拱混凝土衬砌边墙喷混凝土
14	北地山	美国	100×23×40	片麻岩、石英岩	顶拱 边墙	预应力锚杆	10.7/7.6 6.2/4.9	1.5 1.5	25.4	9.1	挂网喷混凝土 $\delta=10.2$
15	今市	日本	107×33.5×48.5	硅质砂岩、砂板岩	顶拱 边墙	预应力锚杆	15.10 5	2.0 2.0	29 29	39.5 21.1	挂网喷混凝土 $\delta=24$
16	CCS 水电站	厄瓜多尔	218×27.5×46.8	凝灰岩,有四组节理	顶拱 边墙	垫板锚杆+预应力锚杆	6/8	2	25 28		挂网喷混凝土 $\delta=20、10$

5.2.3.2　洞室支护规范

根据《锚杆喷射混凝土支护技术规范》(GB 50086—2001)表 4.1.2-1 可知,对于跨度大于 25 m 的洞室没有经验取值。

根据《锚杆喷射混凝土支护技术规范》(GB 50086—2001)表 5.3.3(见表 5-5)可知,对于埋深 50~300 m 的地下洞室,隧道Ⅲ类围岩,隧洞周边允许位移相对值为 0.20%~0.50%。

表 5-5　隧洞周边容许位移相对值(%)

围岩级别	埋深		
	<50	50~300	>300
Ⅲ	0.10~0.30	0.20~0.50	0.40~1.20
Ⅳ	0.15~0.50	0.40~1.20	0.80~2.00
Ⅴ	0.20~0.80	0.60~1.60	1.00~3.00

注:1. 周边位移相对值是指两测点间实测位移累计值与两测点间距离之比。两测点间位移值也称收敛值。
2. 脆性围岩取表中较小值,塑性围岩取表中较大值。
3. 本表适用于高跨比 0.8~1.2 的下列地下工程:
Ⅲ级围岩跨度不大于 20 m;
Ⅳ级围岩跨度不大于 15 m;
Ⅴ级围岩跨度不大于 10 m。
4. Ⅰ、Ⅱ级围岩中进行量测的地下工程,以及Ⅲ、Ⅳ、Ⅴ级围岩中在表注 3 范围之外的地下工程,应根据实测数据的综合分析或工程类比法确定允许值。

5.2.3.3　锚杆锚固长度

为保证锚杆的正常使用,除锚杆不能被拉断外,也不能被拉出。

1. 水泥结石体与锚杆之间的锚固长度计算

水泥浆与锚杆的黏结强度标准值见表 5-6。

表 5-6　水泥浆与锚杆的黏结强度标准值

类型	黏结强度标准值(MPa)
水泥结石体与螺纹钢筋之间	2.0~3.0

注:1. 黏结长度小于 6 m。
2. 水泥结石体抗压强度标准值不小于 30 MPa。

水泥结石体与锚杆之间的锚固长度为

$$L = \frac{KN_t}{\pi D q_r} \tag{5-4}$$

式中:L 为锚固段长度,mm;N_t 为锚杆轴向拉力设计值,kN;K 为安全系数;D 为锚固体直径,mm;q_r 为水泥浆与锚杆的黏结强度设计值,MPa。

2. 水泥结石体与岩石之间的锚固长度计算

水泥结石体与岩石的黏结强度标准值见表 5-7。

表 5-7　水泥结石体与岩石的黏结强度标准值

岩石种类	岩石单轴饱和抗压强度(MPa)	黏结强度标准值(MPa)
硬岩	>60	1.5~3.0
中硬岩	30~60	1.0~1.5
软岩	5~30	0.3~1.0

注:黏结长度小于 6 m。

水泥结石体与岩石之间的锚固长度计算公式同式(5-4)。

5.2.4　计算分析软件

结合工程特点,在对整体稳定分析时采用三维有限差分软件 FLAC3D,局部采用二维有限元 Phase2 及刚体平衡法的 Unwedge 软件。其中,FLAC3D 程序建立在拉格朗日算法基础上,特别适合模拟大变形和扭曲。FLAC3D 采用显式算法来获得模型全部运动方程(包括内变量)的时间步长解,从而可以追踪材料的渐进破坏和垮落,这对研究工程地质问题非常重要。三维有限差分软件 FLAC3D 主要基于 Mohr-Coulomb(莫尔-库仑)塑性模型(简称 M-C 模型),同时根据地应力资料进行地应力场的反演。

5.2.4.1　Mohr-Coulomb(莫尔-库仑)塑性模型

Mohr-Coulomb 塑性模型通常用于描述土体和岩石的剪切破坏。模型的破坏包络线与 Mohr-Coulomb 强度准则(剪切屈服函数)及拉破坏准则(拉屈服函数)相对应。

1. 增量弹性定律

运行 Mohr-Coulomb 模型的过程中,用到了主应力 σ_1、σ_2 和 σ_3,以及平面外应力 σ_{zz}。主应力和主应力的方向可以通过应力张量分量得出,且排序如下(压应力为负):

$$\sigma_1 \leqslant \sigma_2 \leqslant \sigma_3 \tag{5-5}$$

对应的主应变增量 Δe_1、Δe_2 和 Δe_3 分解如下:

$$\Delta e_i = \Delta e_i^e + \Delta e_i^p \quad (i = 1,3) \tag{5-6}$$

式(5-6)中,上标 e 和 p 分别指代弹性部分和塑性部分,且在弹性变形阶段,塑性应变不为零。根据主应力和主应变,虎克定律的增量表达式如下:

$$\left.\begin{aligned}\Delta\sigma_1 &= \alpha_1\Delta e_1^e + \alpha_2(\Delta e_2^e + \Delta e_3^e)\\ \Delta\sigma_2 &= \alpha_1\Delta e_2^e + \alpha_2(\Delta e_1^e + \Delta e_3^e)\\ \Delta\sigma_3 &= \alpha_1\Delta e_3^e + \alpha_2(\Delta e_1^e + \Delta e_2^e)\end{aligned}\right\} \tag{5-7}$$

式中,$\alpha_1 = K + 4G/3$;$\alpha_2 = K - 2G/3$。

2. 屈服函数

根据式(5-5)的排序,破坏准则在平面 (σ_1,σ_3) 中进行了描述,如图 5-10 所示。

由 Mohr-Coulomb 屈服函数可以得到点 A 到点 B 的破坏包络线为

$$f^s = \sigma_1 - \sigma_3 N_\varphi - 2c\sqrt{N_\varphi} \tag{5-8}$$

B 点到 C 点的拉破坏函数为

$$f^t = \sigma^t - \sigma_3 \tag{5-9}$$

式中：φ 为内摩擦角；c 为黏聚力；σ^t 为抗拉强度。

$$N_\varphi = \frac{1 + \sin\varphi}{1 - \sin\varphi} \tag{5-10}$$

注意到在剪切屈服函数中只有最大主应力和最小主应力起作用，中间主应力不起作用。对于内摩擦角 $\varphi \neq 0$ 的材料，它的抗拉强度不能超过 $\sigma^t_{\max}$，公式如下：

$$\sigma^t_{\max} = \frac{c}{\tan\varphi} \tag{5-11}$$

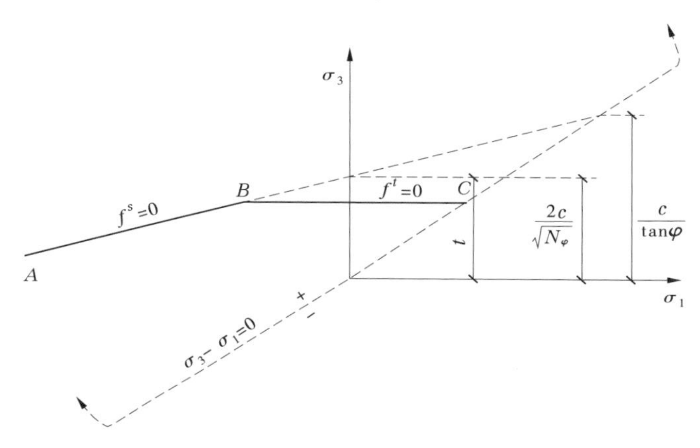

图 5-10　Mohr-Coulomb 强度准则

5.2.4.2　地应力场反演分析方法

采用多元回归分析方法对地下厂房进行三维地应力场反演，并考虑下述六种初始的基本因素：①自重应力状态；②东西向水平均匀挤压构造运动；③南北向水平均匀挤压构造运动；④水平面内的均匀剪切构造运动；⑤东西向垂直平面内的竖直均匀剪切构造运动；⑥南北向垂直平面内的竖直均匀剪切构造运动。

根据多元回归法原理，将地应力回归计算值 $\hat{\sigma}_k$ 作为因变量，把数值计算求得的自重应力场和各分项因素下的构造应力场相应于实测点处的应力计算值 σ_k^i 作为自变量，则回归方程的形式为

$$\hat{\sigma}_k = \sum_{i=1}^{n} L_i \sigma_k^i \tag{5-12}$$

式中：k 为观测点的序号；$\hat{\sigma}_k$ 为第 k 个观测点的回归计算值；L_i 为相应于自变量的回归系数；σ_k^i 为相应应力分量计算值的单列矩阵；n 为包括自重和构造应力的分项荷载模式数。

假定有 m 个观测点，则最小二乘法的残差平方和为

$$S_{残} = \sum_{k=1}^{m} \sum_{j=1}^{6} \left[\sigma_{jk}^{*} - \sum_{i=1}^{n} L_i \sigma_{jk}^i\right]^2 \tag{5-13}$$

式中：σ_{jk}^{*} 为 k 观测点 j 应力分量的观测值；σ_{jk}^i 为 i 分项荷载模式下 k 观测点 j 应力分量的数值计算值；j 为应力分量，$j=1\sim6$，分别对应于 6 个应力分量。

根据最小二乘法原理，使得 $S_{残}$ 为最小值的法方程式为

$$\begin{bmatrix} \sum_{k=1}^{m}\sum_{j=1}^{6}(\sigma_{jk}^{i})^{2} & \sum_{k=1}^{m}\sum_{j=1}^{6}\sigma_{jk}^{1}\sigma_{jk}^{2} & \cdots & \sum_{k=1}^{m}\sum_{j=1}^{6}\sigma_{jk}^{1}\sigma_{jk}^{n} \\ & \sum_{k=1}^{m}\sum_{j=1}^{6}(\sigma_{jk}^{i})^{2} & \cdots & \sum_{k=1}^{m}\sum_{j=1}^{6}\sigma_{jk}^{2}\sigma_{jk}^{n} \\ \text{对称} & & \ddots & \vdots \\ & \text{对称} & & \sum_{k=1}^{m}\sum_{j=1}^{6}(\sigma_{jk}^{i})^{2} \end{bmatrix} \begin{bmatrix} L_1 \\ L_2 \\ L_3 \\ L_4 \end{bmatrix} = \begin{bmatrix} \sum_{k=1}^{m}\sum_{j=1}^{6}\sigma_{jk}^{*}\sigma_{jk}^{1} \\ \sum_{k=1}^{m}\sum_{j=1}^{6}\sigma_{jk}^{*}\sigma_{jk}^{2} \\ \vdots \\ \sum_{k=1}^{m}\sum_{j=1}^{6}\sigma_{jk}^{*}\sigma_{jk}^{n} \end{bmatrix} \tag{5-14}$$

解此方程组,得到 n 个待定回归系数 $L=(L_1,L_2,\cdots,L_n)^{\mathrm{T}}$,则计算域内任一点 p 的回归地应力,可由该点各分项荷载模式下数值计算应力值叠加而得:

$$\sigma_{jp}=\sum_{i=1}^{n}L_i\sigma_{jp}^{i} \tag{5-15}$$

由于各分项子构造应力之间是相容的,其中一个因素的引入必然造成其余因素的退化,因此还需要计算复相关系数和偏相关系数等,并通过对回归方程和回归系数进行显著性检验,将不显著因素从回归因子中剔除。

5.3 主厂房、主变洞及母线洞

5.3.1 基本概况

厂房与主变洞采用两列式布置,厂房布置在主变洞的上游侧;母线洞采用 1 机 1 洞,垂直主厂房布置;高压电缆洞位于主变洞左侧与主变洞下游侧墙相接;尾水洞采用 8 机 1 洞布置,8 条尾水支洞汇入 1 条主洞,厂内尾水闸门布置在主变洞内,厂外尾水闸门布置在尾水洞出口。

主厂房尺寸为 212.0 m×26.0 m×46.8 m(长×宽×高),主变洞尺寸为 192.0 m×19.0 m×33.8 m(长×宽×高),主厂房与主变室之间岩壁厚度为 24 m。

洞室呈现大跨度、近距离、纵横交错的现象,洞室开挖空间干扰大,因而应力、应变规律复杂,围岩稳定问题突出。

5.3.2 主要存在问题

CCS 水电站设计是在意大利 ELC 公司完成的概念设计基础上进行的概念设计优化、基本设计及详细设计。由于国际工程的特殊性,CCS 水电站地下洞室群布置紧凑,一定程度上节省开挖量、减少电缆长度、减少施工工期,但是就 CCS 水电站洞室群的布置特点而言,围岩同时存在以下主要问题:

(1)主厂房与主变室间距为 24 m,为主厂房与主变室平均跨度的 1.03 倍。《水电站厂房设计规范》(SL 266—2001)指出岩壁的宽度不宜小于相邻洞室的平均开挖宽度的1~1.5倍。国内外同等大规模的地下洞室群,主厂房与主变室之间岩壁厚度为相邻两个大洞室平均跨度的1.1~1.4倍,因此主厂房与主变室之间存在薄岩壁问题。根据Hoek分析,当岩壁长度为两个相邻洞室较大高度的一半时,岩壁将全部进入超应力状态,极容易进入张拉破坏状态。

(2)CCS水电站8条母线洞洞子间距为18.5 m。母线洞跨度8.2 m,母线洞之间的岩壁只有10.3 m厚,小于母线洞跨度的1.5倍,因此母线洞之间也存在薄岩壁问题。

(3)CCS水电站8条尾水洞洞子轴间距为18.5 m。与母线洞水平向错开1.3 m,与母线洞竖向间距7.15 m,小于母线洞跨度的1.5倍,因此母线洞与尾水洞之间也存在薄岩壁问题。

由于主厂房和主变室之间,即母线洞纵向本身就存在薄岩壁问题,而母线洞横向及竖向之间又存在薄岩壁问题,这样构成三向薄岩壁问题,加剧了主厂房与主变室之间围岩的破坏性。薄岩壁必然带来塑性区贯通、围岩变形加大、围岩失稳等问题。如果过多采用锚索、预应力锚杆等又会影响施工工期。

针对以上问题,必须采取有利的支护措施来解决地下洞室群薄岩壁特别是母线洞薄岩壁稳定关键技术问题。在施工支护措施之后如何判断支护措施的合理性,亦成为地下洞室群支护的关键性问题。

5.3.3　计算分析基本资料

5.3.3.1　岩石(体)物理力学参数

主要物理力学参数取值见表5-8、表5-9。

表5-8　岩(石)体力学参数取值

岩性	干密度(g/cm^3)	岩石饱和抗压强度(MPa)	抗拉强度(MPa)	软化系数	抗剪断强度		弹性模量($\times10^3$ MPa)	泊松比μ
					φ(°)	c(MPa)		
火山凝灰岩(Ⅱ)	2.66	85~100	3~7	0.93	50	1.5~2.0	17	0.21
火山凝灰岩(Ⅲ)	2.64	70~85	3~7	0.90	45	0.9~1.2	14	0.23

表5-9　Hoek-Brown经验判据岩(石)体计算参数取值

围岩类型	σ_{ci}(MPa)	GSI	m_i	m_b	s	a	D
Ⅱ	85	65	15	4.024	0.017 9	0.502 0	0.1
Ⅲ	75	55	15	2.763	0.056 71	0.504 0	0.1

注:σ_{ci}为完整岩石的单轴抗压强度;GSI为Hoek-Brown地质强度指标;m_i为完整岩石的Hoek-Brown常数;m_b为岩体的Hoek-Brown常数;s、a为取决于岩体特征的参数,$s=\exp\left(\frac{GSI-100}{9-3D}\right)$,$a=\frac{1}{2}+\frac{1}{6}(e^{-GSI/15}-e^{-20/3})$;$D$为岩体扰动及损伤系数。

根据厂房区域主要物理力学参数取值表，洞室群开挖过程中围岩参数主要考虑3种情况，Ⅱ、Ⅲ类围岩黏结力同时分别取大值、中值、小值，如表5-10所示。

表5-10 计算参数

岩性	抗剪断强度				弹性模量($\times10^3$ MPa)	泊松比μ
	φ(°)	c(MPa)				
		大值	中值	小值		
火山凝灰岩(Ⅱ)	50	2.0	1.85	1.5	17	0.21
火山凝灰岩(Ⅲ)	45	1.2	1.05	0.9	14	0.23

注：计算附图选中值情况。

5.3.3.2 地应力资料

为了确定本地区的应力状态，前期在多个钻孔中进行了地应力测试，见表5-11。现今构造应力场为近水平方向。

表5-11 钻孔地应力测试成果

测点位置			应力大小		
孔号	高程(m)	孔深(m)	σ_1(MPa)	σ_2(MPa)	σ_3(MPa)
SCM7	639.33	100	8	4	2
SCM8	874.58	220	8	5.5	3
SCM9	834.85	150	8	5.5	3
SCE1	1 284.07	300	9.5	6	3.5

经过地质专家研究分析，认为钻孔SCM7重力方向应力为2 MPa、SCM8和SCM9为3 MPa远远小于γh(h为孔深，γ为密度)，结果部分不可用。在目前没有新地应力资料的情况下，认为重力方向应力为钻孔点所在的γh。将修改后的钻孔点应力运用于地应力场的反演分析中。岩石单轴饱和抗压强度与最大主应力的比值大于4，为低地应力场。

5.3.3.3 计算依据

(1)CCS-001-2008招标文件CCS水电站。

(2)美国《混凝土结构设计规范》(ACI 318M-08)。

(3)美国《水工钢筋混凝土结构强度设计规范》(EM 1110-2-2104)。

(4)美国《水电站厂房结构设计规范》(EM 1110-2-3001)。

(5)《钢筋混凝土变形和平面碳素钢筋标准规范》(A 615/A 615M-04)。

(6)基本设计报告 第八卷。

(7)主合同及合同附件。

5.3.4 FLAC3D洞群三维稳定分析

地下洞群三维稳定分析经历比较漫长的时间，从基本设计到详细设计不断调整模型，最终根据施工期揭示的地质信息重新更新了计算模型，优化了支护参数(见图5-11～

图5-14）。

整体分析模型包含主厂房、主变室、母线洞、尾水支洞、施工支洞、排水廊道及部分进厂交通洞段等。

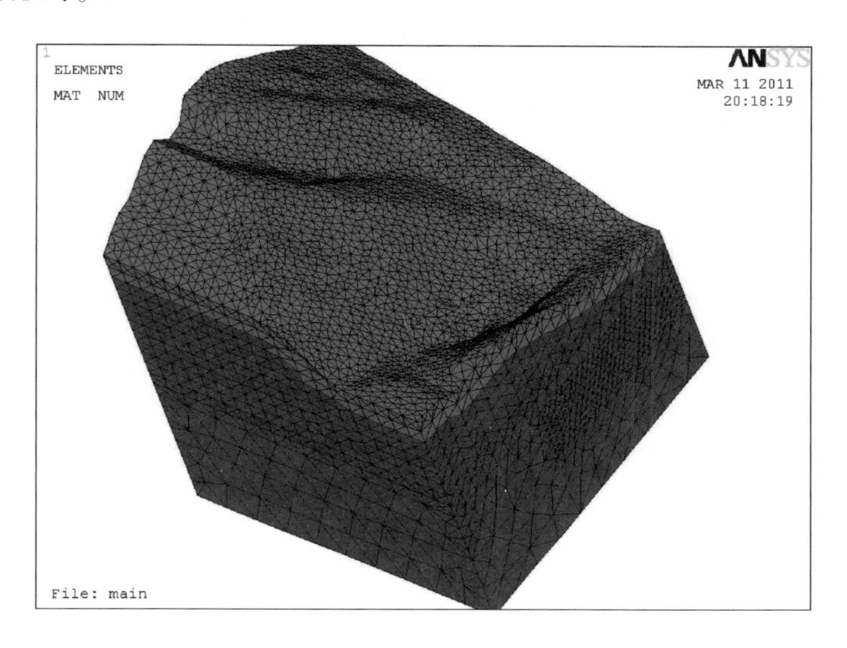

图5-11　地下洞室计算模型

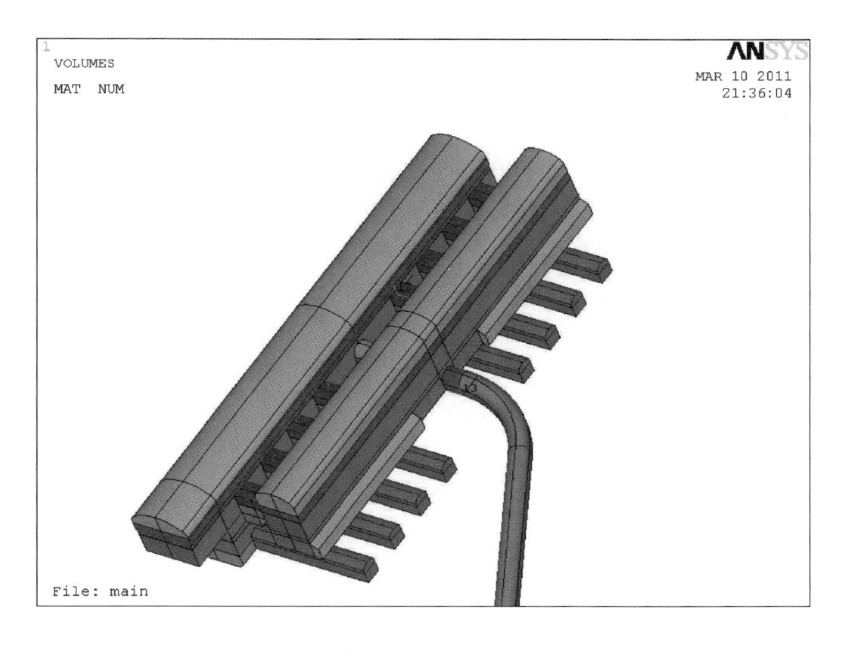

图5-12　基本设计及详细设计阶段地下洞室开挖模型

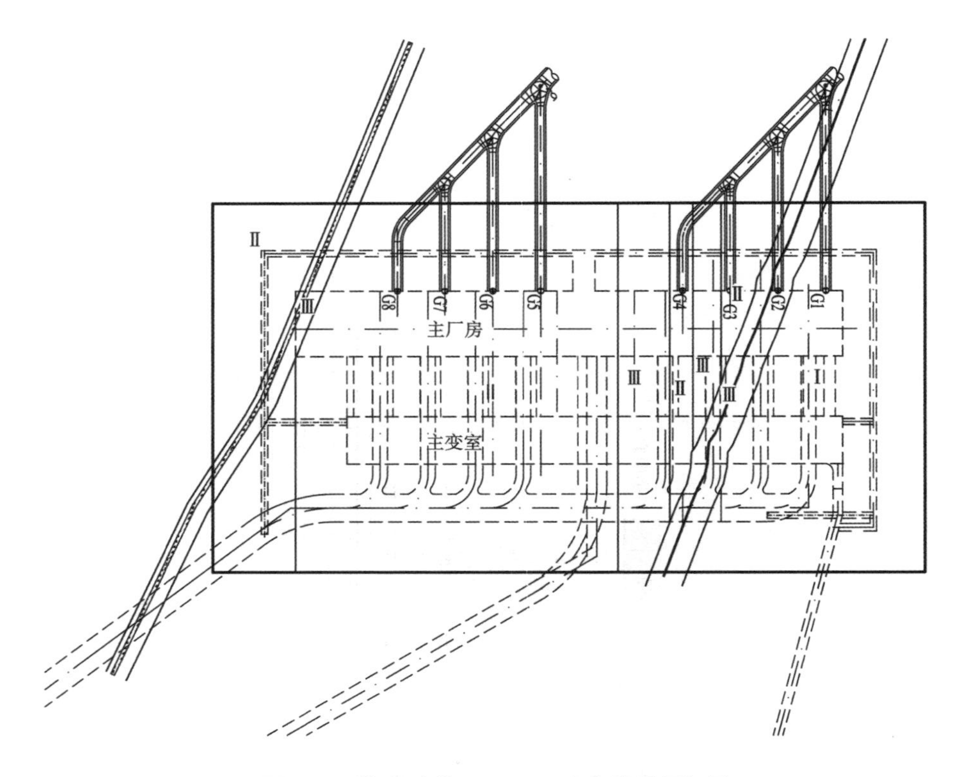

图 5-13　施工阶段 642.00 m 高程地质平切图

图 5-14　施工阶段调整模型

根据现场实际施工情况，对本次开挖步进行了调整，见表 5-12。

表 5-12　洞室开挖步信息

开挖步	开挖洞室	开挖部位
1	进厂交通洞	1
2		2
3		3
4	施工支洞	2#
5		1#
6		3#
7	主厂房	第一层
8	主变室	第一层
9	底导洞	主变室
10	母线洞	4#、5#
11		2#、7#
12		1#、3#、6#、8#
13	排水廊道	1#
14		2#
15	备用机组	上游
16	主厂房	第二层
17	主变室	第二层
18	主厂房	第三层
19	主变室	第三层
20	高压电缆洞	1 条
21	主厂房	第四层
22	主变室	第四层
23	主厂房	第五层
24	主厂房	第六层
25	进水管	8 条
26	尾水洞	4#、5#
27		2#、7#
28		1#、3#、6#、8#

根据施工步模拟围岩开挖支护分析。根据Ⅱ、Ⅲ类围岩的分布情况，1#、3#、8#机组段塑性区深度图、位移图如图 5-15～图 5-22 所示。

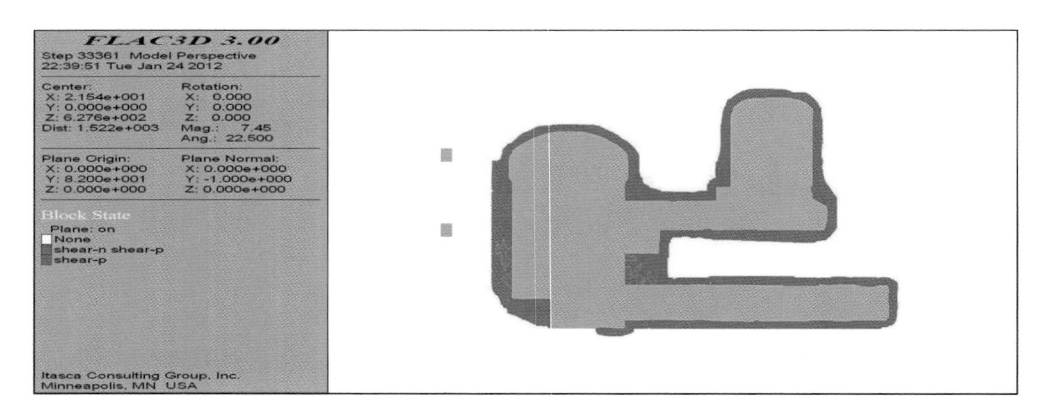

图 5-15　开挖完成后 1#机组段塑性区深度图

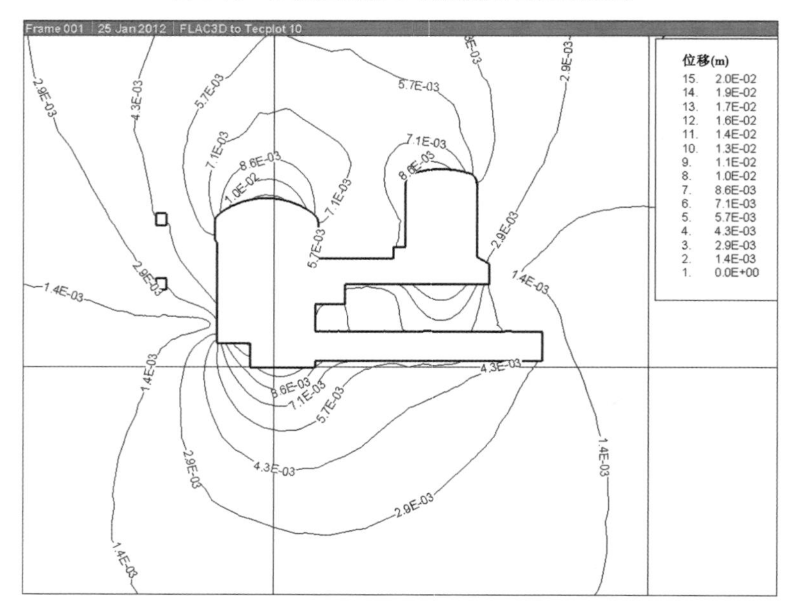

图 5-16　开挖完成后 1#机组段位移图

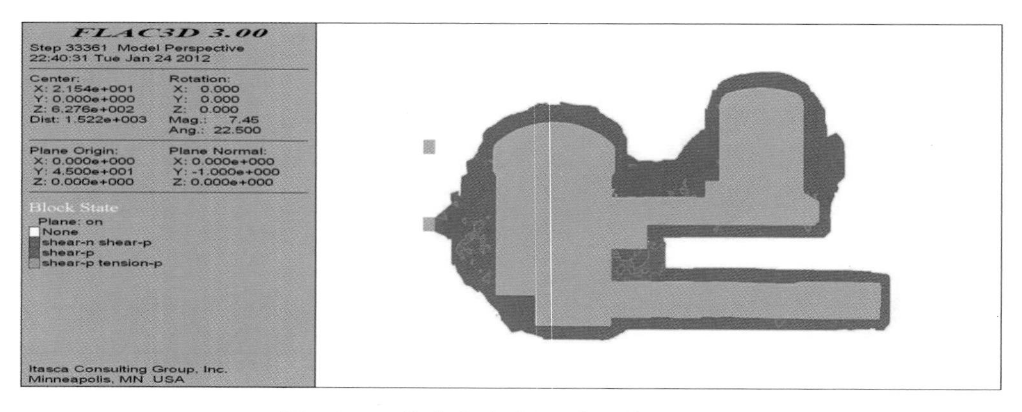

图 5-17　开挖完成后 3#机组段塑性区深度图

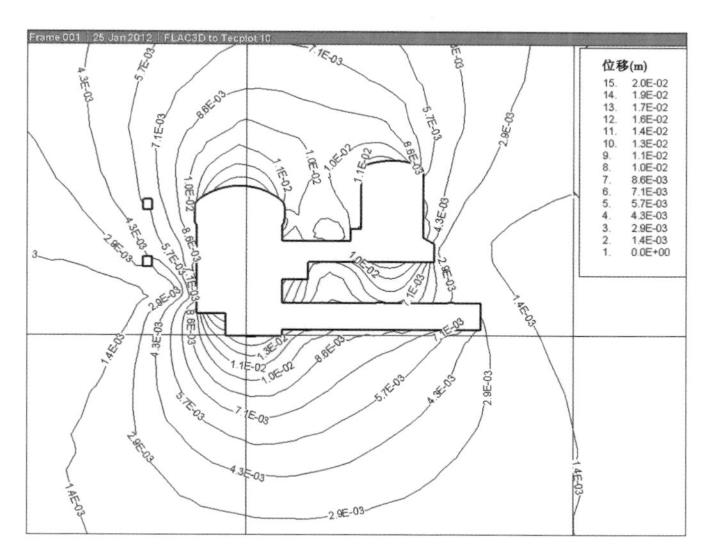

图 5-18　开挖完成后 3#机组段位移图

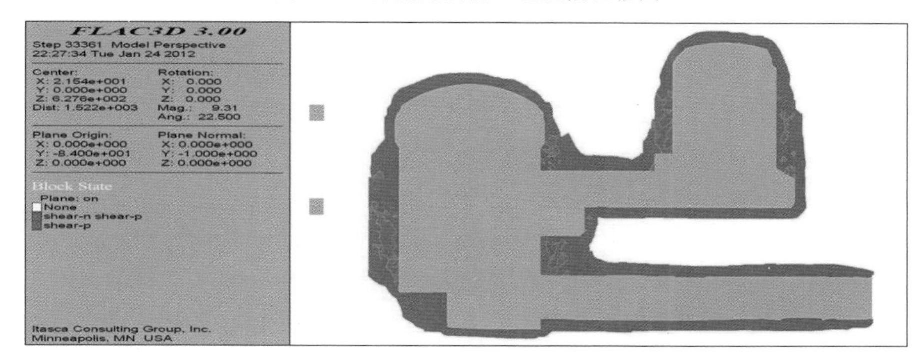

图 5-19　开挖完成后 8#机组段塑性区深度图

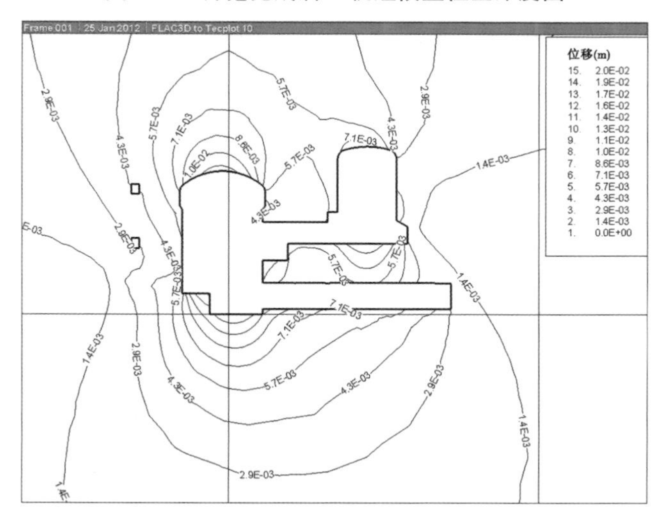

图 5-20　开挖完成后 8#机组段位移图

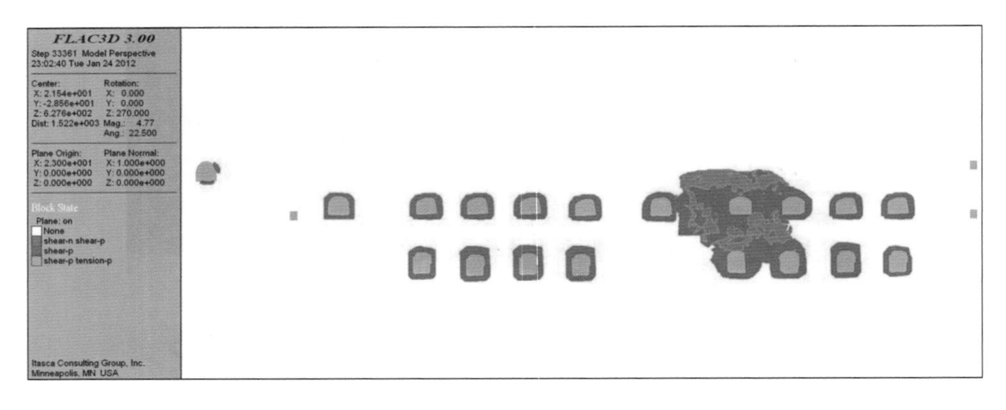

图 5-21　开挖完成后 $X=23$ 方向塑性区深度图

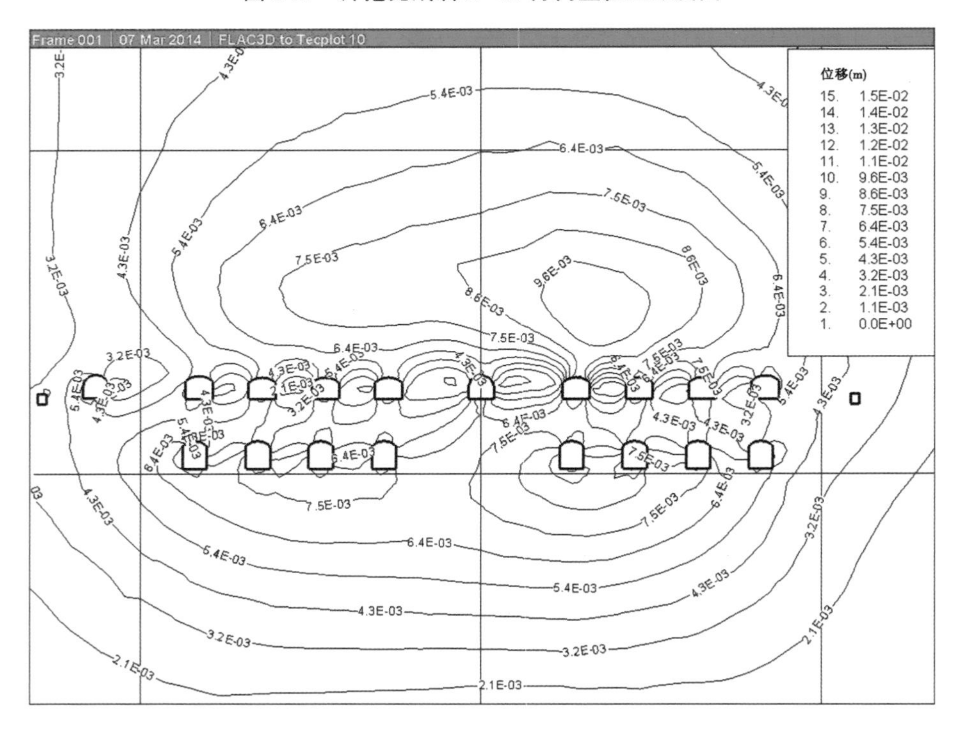

图 5-22　开挖完成后 $X=23$ 方向位移图

根据分析，计算结果统计如表 5-13～表 5-15 所示。

表 5-13　主厂房与主变室洞周塑性区列表（中值情况）

围岩类别	部位	主厂房塑性区(m)				主变室塑性区(m)		
		上游中部边墙	顶拱	岩壁吊车梁	下游边墙	上游边墙	顶拱	下游边墙
Ⅱ类	8#机组	4～6	2～3	5～8	8～10	3～4	2～3	3～6
Ⅱ类	7#机组	4～6	2～3	5～8	8～10	3～4	2～3	3～6
Ⅱ类	6#机组	4～6	2～3	5～8	8～10	3～4	2～3	3～6
Ⅱ类	5#机组	4～6	2～3	5～8	8～10	3～4	2～3	3～6

续表 5-13

围岩类别	部位	主厂房塑性区(m)				主变室塑性区(m)		
		上游中部边墙	顶拱	岩壁吊车梁	下游边墙	上游边墙	顶拱	下游边墙
Ⅲ类	进厂交通洞	3~6	2~3	5~8	2~8	3~8	2~3	3~4
Ⅲ类	4#机组	6~9	3~4	5~6	贯通	贯通	3~5	3~6
Ⅲ类	3#机组	6~9	4~5	2~3	贯通	贯通	3~4	3~6
Ⅱ类	2#机组	5~6	2~3	5~8	8~10	1.5~3.0	2~3	2~6
Ⅱ类	1#机组	4~6	2~3	3~6	8~10	1.5~3.0	1.5~3.0	1.5~3.0

表 5-14 主厂房与主变室洞周位移列表(中值情况)

围岩类别	部位	主厂房总位移(mm)				主变室总位移(mm)		
		上游边墙	顶拱	岩壁吊车梁	下游边墙	上游边墙	顶拱	下游边墙
Ⅱ类	8#机组	4.3~7.1	8.6~10.0	4.3~5.7	4.3~5.7	5.7~7.1	5.7~7.1	3~4.3
Ⅱ类	7#机组	4.3~5.7	10~11	4.3~5.7	4.3~5.7	5.7~7.1	7.1~8.6	3~4.3
Ⅱ类	6#机组	4.3~7.1	11~12	5.7~7.1	5.7~7.1	5.7~7.1	7.1~8.6	3~4.3
Ⅱ类	5#机组	4.3~7.1	10~12	4.3~7.1	4.3~5.7	7.1~8.6	8.6~10	3~5.7
Ⅲ类	进厂交通洞	5.7~7.1	10~14	6~8.6	5.7~8.6	6~8.6	8.6~10	4~6
Ⅲ类	4#机组	7.1~10.0	13~14	8.6~10	10~11	10~11	10~11	5.7~7.1
Ⅲ类	3#机组	7.1~10.0	12~13	8.6~10	8.6~10	10~11	8.6~11	5.7~7.1
Ⅱ类	2#机组	5.7~7.1	11~13	7.1~8.6	5.7~7.1	7.1~8.6	8.6~10	3~5.7
Ⅱ类	1#机组	4~6	10~11	5.7~7.1	5.7~7.1	7.1~8.6	7.1~8.6	3~5.7

表 5-15 母线洞洞周塑性区列表(中值情况)

围岩类别	部位	母线洞塑性区			
		主厂房下游边墙(m)	中间(m)	主变室上游边墙(m)	说明
Ⅱ类	8#机组	6~8	2~3	3~5	
Ⅱ类	7#机组	6~8	2~3	3~5	
Ⅱ类	6#机组	6~8	2~3	3~5	
Ⅱ类	5#机组	6~8	2~3	2~3	
Ⅲ类	进厂交通洞	6~8	2~3	6~8	
Ⅲ类	4#机组	8~9	9~15	15~19	贯通
Ⅲ类	3#机组	8~9	8~9	8~9	贯通
Ⅱ类	2#机组	6~8	2~3	2~3	
Ⅱ类	1#机组	6	2~3	2~3	

分析得到支护参数,如表5-16所示。

表5-16　Ⅱ、Ⅲ类围岩锚杆支护列表

洞室	部位	Ⅱ类围岩		Ⅲ类围岩	
		设计锚杆长度(m)	设计锚杆直径(mm)	设计锚杆长度(m)	设计锚杆直径(mm)
主厂房	顶拱	6	25	8	28
	上游边墙	6	25	9	28
	上游边墙中部	9	28	10	28
	下游边墙	6、9	28	12	36
主变室	顶拱	6	25	8	28
	上游边墙	6、9	28	12	36
	下游边墙	6、9、12	25、36、28	9、10、12	28

5.3.5　Phase2二维喷混凝土分析

Phase2软件分析中,模型采用常应力场进行地应力模拟。分Ⅱ类和Ⅲ类围岩均质体进行主厂房和主变室喷混凝土安全系数分析(见图5-23~图5-26)。

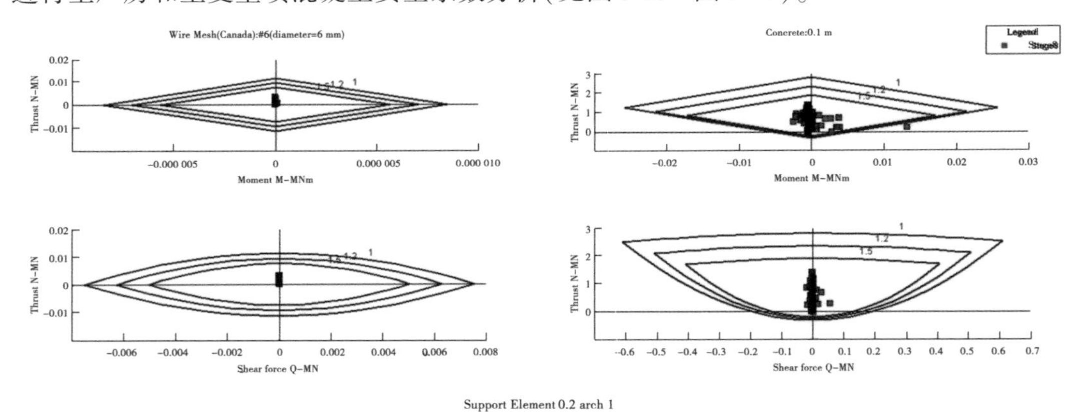

图5-23　Ⅱ类围岩主厂房和主变室顶拱喷混凝土安全系数

根据以上分析,洞周变形小于13 mm,洞室上下游边墙中部10 mm左右,最大的变形出现在厂房底部。锚杆ϕ25轴力小于0.1 MN,ϕ28轴力小于0.2 MN,500 kN预应力锚杆ϕ36轴力小于0.55 MN,锚杆均未出现屈服。主厂房和主变室喷混凝土安全系数整体大于1.5,局部尖角出现开裂。

主厂房顶部0.2 m的单层钢筋网喷混凝土、主变室顶部0.15 m的单层钢筋网喷混凝土、边墙0.10 m的单层钢筋网喷混凝土能满足支护安全度要求,同时各支护锚杆亦能满足安全要求。

根据以上分析,洞周变形小于15 mm,洞室上下游边墙中部12 mm左右,最大的变形

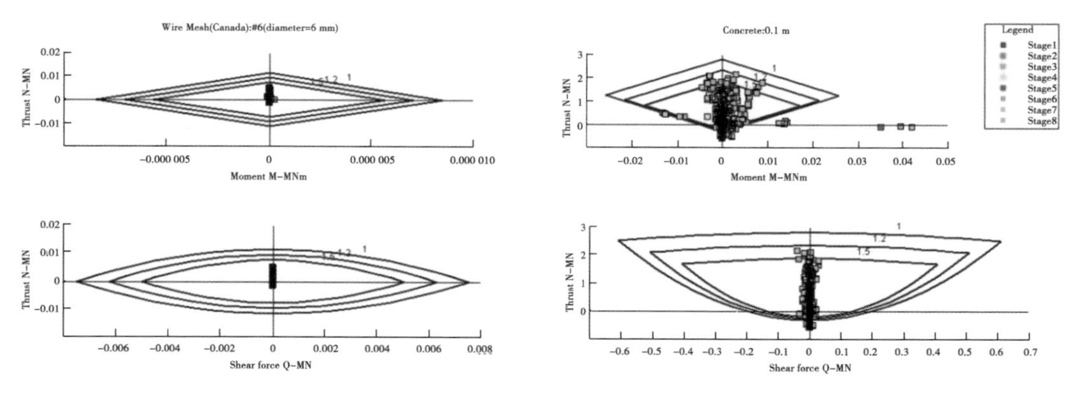

Support Element 0.1 thin

图 5-24　Ⅱ类围岩主厂房和主变室边墙喷混凝土安全系数

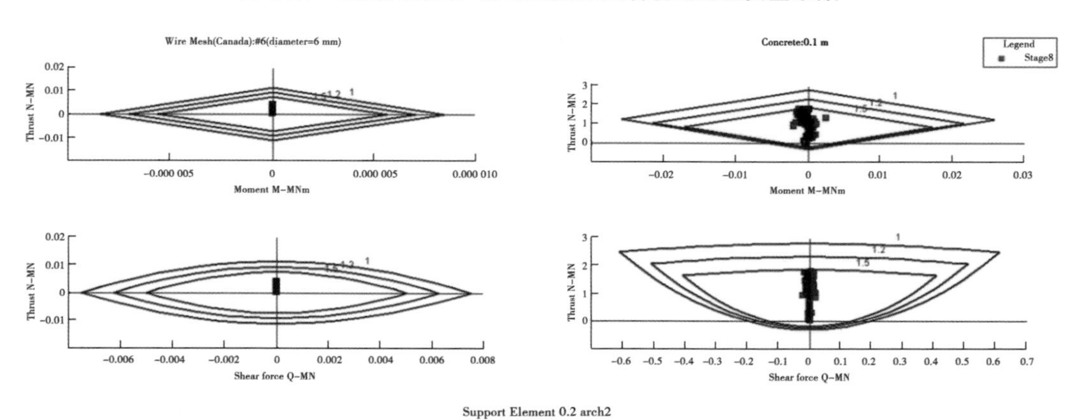

Support Element 0.2 arch2

图 5-25　Ⅲ类围岩主厂房和主变室顶拱喷混凝土安全系数

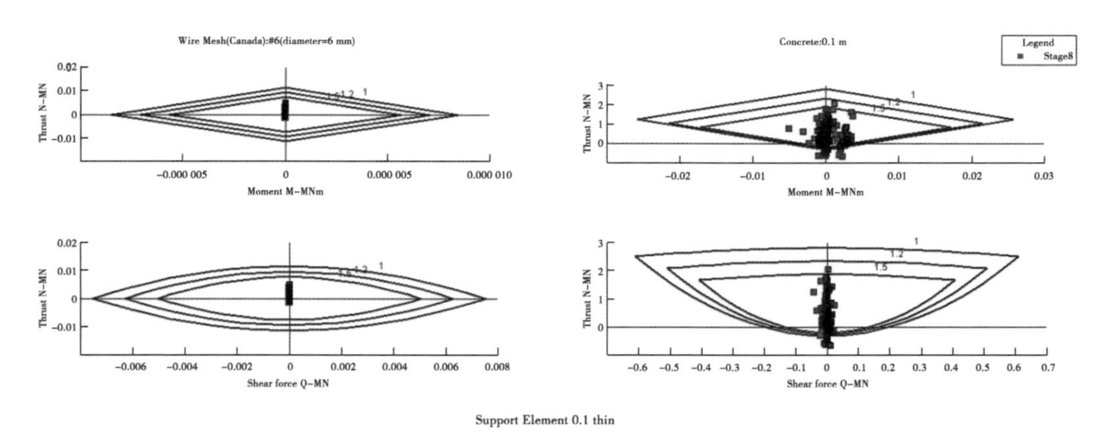

Support Element 0.1 thin

图 5-26　Ⅲ类围岩主厂房和主变室边墙喷混凝土安全系数

出现在厂房底部。锚杆ϕ 28 轴力小于 0.1 MN，ϕ 32 轴力小于 0.1 MN，500 kN 预应力锚杆ϕ 36 轴力小于 0.55 MN，锚杆均未出现屈服。主厂房和主变室喷混凝土安全系数整体大于1.5,局部尖角出现开裂。

5.3.6 Unwedge 楔形体

在楔形体支护分析中,结构面(简称J)黏结力为0.5 t/m²,摩擦角为29°;断层(简称F)黏结力为0,摩擦角为22°。采用加拿大Rocscience公司的Unwedge模块软件,建立在刚体极限平衡原理上。根据现场揭示的结构面进行最不利楔形体组合,分别得到厂房、主变室现场开挖揭露实际存在的主要楔形体。

5.3.6.1 主厂房楔形体

根据厂房下游边墙开挖揭露地质情况,在0+093~0+102发育三条结构面,分别是:①240°∠50°(J1);②160°∠78°(J2);③50°~60°∠10°~15°(J3),三者在该区域内相互组合形成楔形体(见表5-17)。

表5-17 主厂房楔形体列表

支护参数	补打锚杆(临时施工)	Φ25@2.0×2.0 L=6.0 m(10根)	说明
	系统锚杆(后期施工)	Φ28@1.5×1.5 L=9.0 m	
安全系数	临时工况	1.601>1.5	补打锚杆
	正常工况	2.57>2	补打锚杆+系统锚杆
	地震工况	1.846>1.3	补打锚杆+系统锚杆, 同时水平考虑0.3W

注:W为自重,下同。

5.3.6.2 主变室楔形体

根据主变室下游边墙开挖揭露地质情况,在下游0+020~0+046发育三条结构面,分别是:①140°∠70°(F);②240°∠60°(J2);③50°~60°∠10°~15°(J3),三者在该区域内相互组合形成楔形体(见表5-18)。

表5-18 主变室楔形体CT-W1列表

支护参数	补打锚杆(临时施工)	Φ28@1.5×1.5 L=9.0 m(40根)	说明
	系统锚杆(后期施工)	Φ28@1.5×1.5 L=9.0 m	
安全系数	正常工况	3.025>2	补打锚杆+系统锚杆
	地震工况	2.211>1.3	补打锚杆+系统锚杆, 同时水平考虑0.3W

(1)主变室楔形体CT-W2在下游0+083~0+102,结构面组合:①235°∠71°(J),下游墙0+083;②170°∠74°(F),下游墙0+102;③60°∠15°(见表5-19)。

表 5-19　主变室楔形体 CT-W2 列表

支护参数	补打锚杆(临时施工)	ϕ28@2.0×2.0 L=8.0 m(15 根)	说明
	系统锚杆(后期施工)	ϕ25@2.0×2.0 L=6.0 m	
安全系数	正常工况	5.896>2	补打锚杆+系统锚杆
	地震工况	4.497>1.3	补打锚杆+系统锚杆,同时水平考虑 0.3W

(2)主变室楔形体 CT-W3 在下游 0+110~0+124。结构面组合:①235°∠78°(J),下游墙 0+110;②180°∠70°(J),下游墙 0+124;③60°∠15°两组结构面进行试算(见表 5-20)。

表 5-20　主变室楔形体 CT-W3 列表

支护参数	补打锚杆(临时施工)	ϕ28@1.5×1.5 L=9.0 m	说明
	系统锚杆(后期施工)	ϕ28@1.5×1.5 L=9.0 m	
安全系数	正常工况	11.654>2	补打锚杆+系统锚杆
	地震工况	8.966>1.3	补打锚杆+系统锚杆,同时水平考虑 0.3W

5.3.7　母线洞稳定分析

5.3.7.1　FLAC3D 计算分析结果

FLAC3D 计算分析结果见表 5-21。

表 5-21　母线洞洞周塑性区列表(中值情况)

围岩类别	部位	母线洞塑性区			
		主厂房下游边墙(m)	中间(m)	主变室上游边墙(m)	说明
Ⅱ类	8#机组	6~8	2~3	3~5	
Ⅱ类	7#机组	6~8	2~3	3~5	
Ⅱ类	6#机组	6~8	2~3	3~5	
Ⅱ类	5#机组	6~8	2~3	2~3	
Ⅲ类	进厂交通洞	6~8	2~3	6~8	
Ⅲ类	4#机组	8~9	9~15	15~19	贯通
Ⅲ类	3#机组	8~9	8~9	8~9	贯通
Ⅱ类	2#机组	6~8	2~3	2~3	
Ⅱ类	1#机组	6	2~3	2~3	

根据以上分析结果，锚杆长度在塑性深度的基础上加 2～3 m。通过工程经验类比及根据数值分析结果，母线洞为重点及难点支护对象，母线洞最大开挖断面为 8.2 m×7.7 m（宽×高）（中间断面）、8.2 m×10.95 m（宽×高）（靠近主变室侧断面）、8.2 m×13.20 m（宽×高）（靠近主厂房侧断面），无法进行长锚杆的施工，因此设计时采用ϕ 28@1.5 m，L=6 m 加 0.2 m 厚 I16@0.7～1.0 m 钢拱架喷混凝土的柔性支护方式。

5.3.7.2 Phase2 分析

考虑到母线洞所处位置的特殊性，为安全起见，设计时母线洞围岩条件考虑为Ⅲ类围岩。母线洞支护采用ϕ 28@1.5×1.5，L=6.0 m 锚杆及 0.2 m 钢拱架喷混凝土，其中 A、B 断面采用钢拱架 I16@0.7 m，C 断面采用钢拱架 I16@0.5 m。计算模型及结果分别如图 5-27～图 5-29 所示。

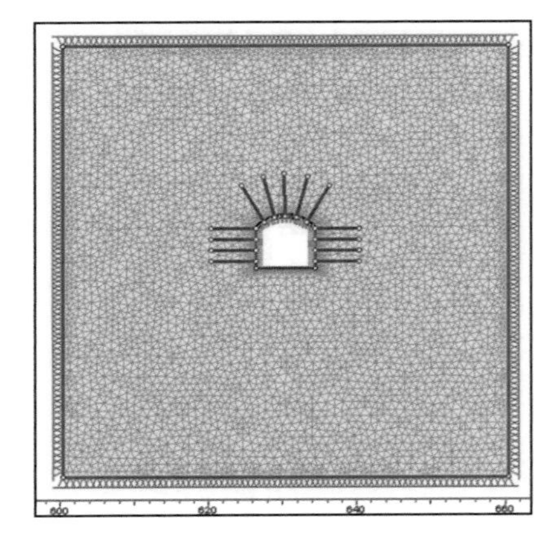

图 5-27　母线洞中间断面计算模型 A

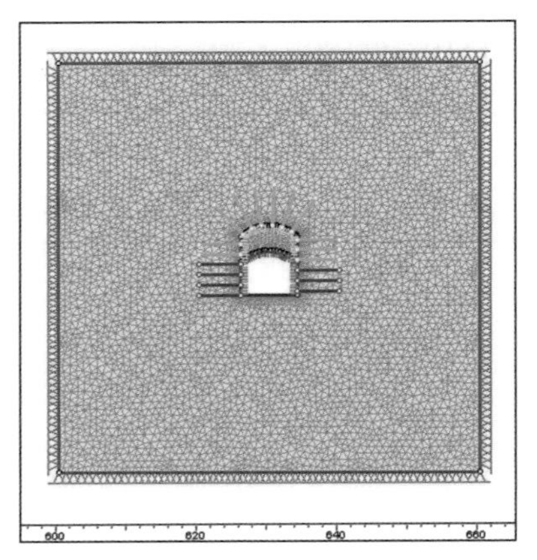

图 5-28　母线洞靠主变室侧断面计算模型 B

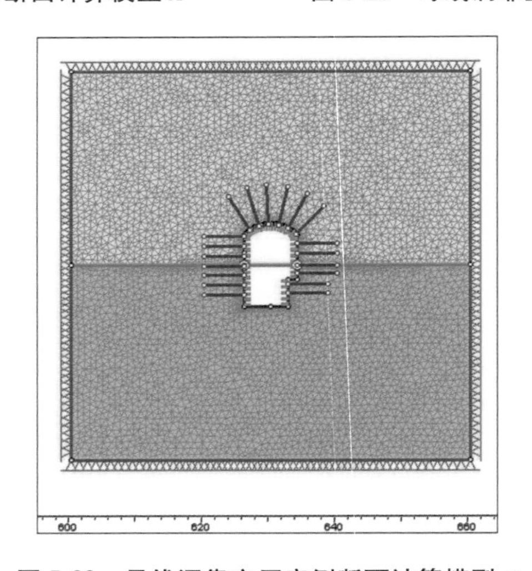

图 5-29　母线洞靠主厂房侧断面计算模型 C

母线洞靠近主变室侧及靠近主厂房侧断面均考虑为两步开挖，中间断面为一步开挖。根据图 5-30～图 5-32 可知，母线洞钢拱架及喷混凝土安全系数大部分大于 1.2，局部尖角部位喷混凝土安全系数小于 1.2，不影响洞的整体稳定。由此可见，母线洞采用钢拱架喷混凝土加锚杆的初期支护方式能够满足设计要求。

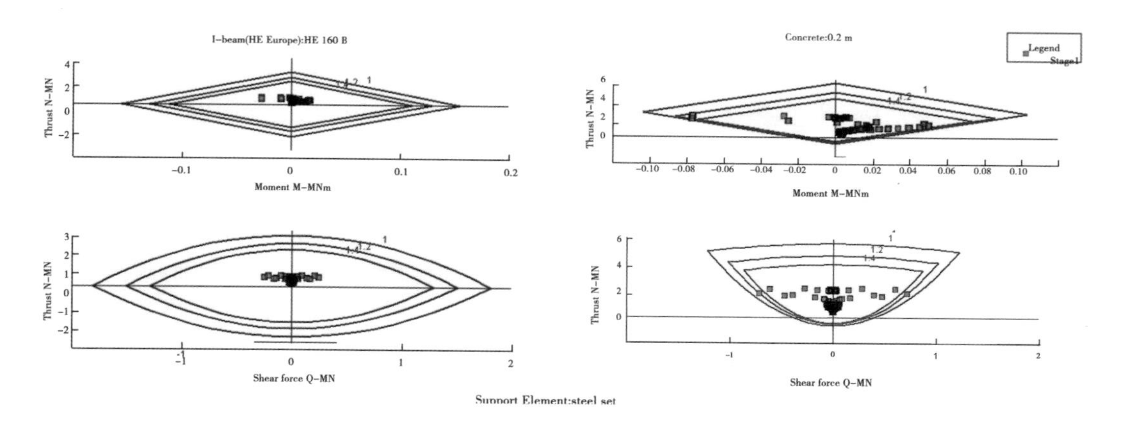

图 5-30　母线洞中间断面 A 钢拱架喷混凝土安全系数

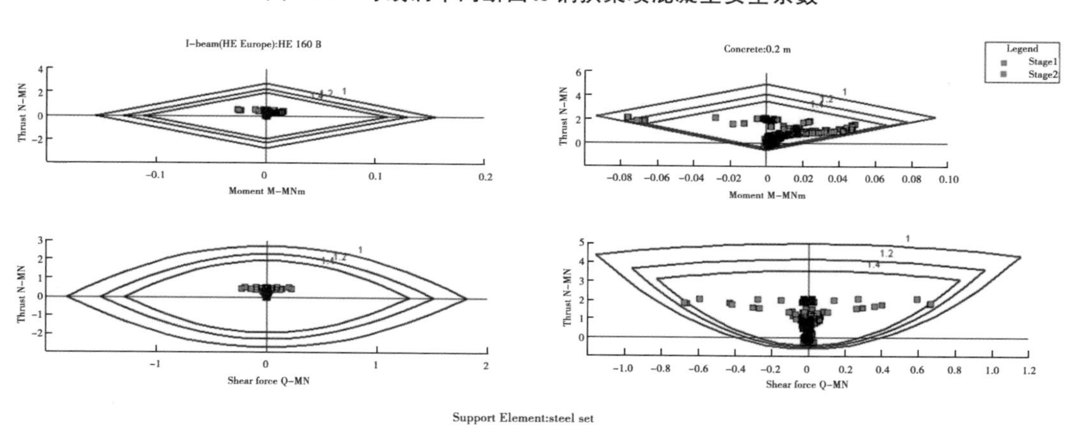

图 5-31　母线洞靠近主变室侧断面 B 钢拱架喷混凝土安全系数

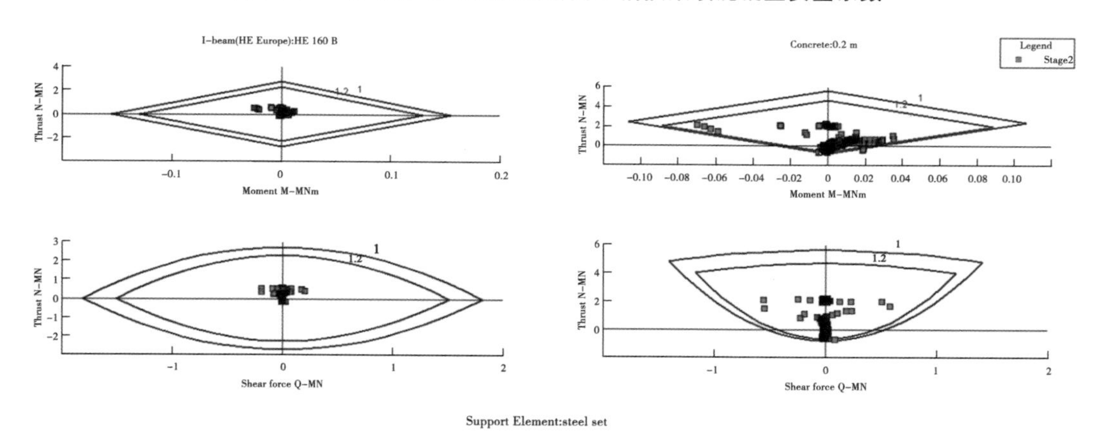

图 5-32　母线洞靠近主厂房侧断面 C 钢拱架喷混凝土安全系数

5.3.7.3 二次衬砌支护分析

由于母线洞处于主厂房与主变室两个大洞室之间,间距仅为 24 m。经母线洞围岩稳定分析计算,该部位塑性区较大,且受母线洞洞径限制,支护锚杆长度受限,故母线洞全洞段都按Ⅲ类围岩设计,在喷锚支护的基础上,增加钢拱架支撑,且采用 0.4 m 厚钢筋混凝土衬砌。

二次衬砌采用 SAP2000 结构分析程序,该程序为按照美国 CSI 设计的最通用的结构有限元分析软件,广泛地运用于诸如桥梁、大坝、工业与民用建筑等土木行业领域。

衬砌三维计算模型如图 5-33 所示。

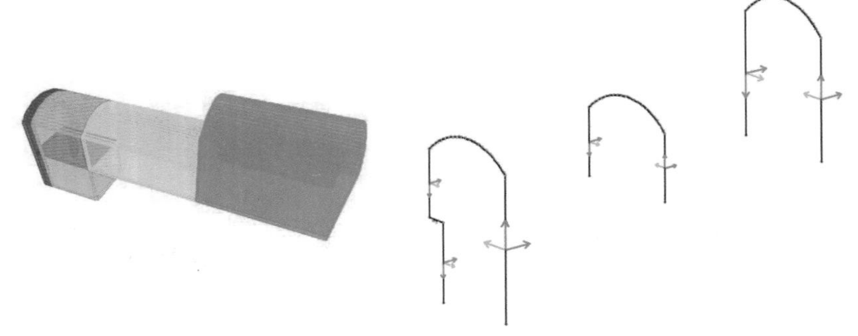

图 5-33 衬砌三维计算模型

1. 围岩压力

考虑隧道的覆盖层厚度,使用 Bierbaumer 理论进行围岩竖直及边界荷载计算。图 5-34 为隧道荷载示意图。

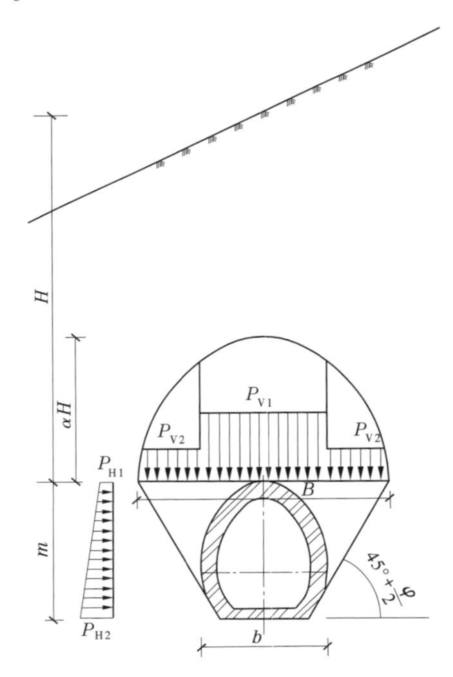

图 5-34 隧道荷载示意图

隧道承受的重力高度 h 与 H 成一定的比例。荷载宽度 B 按下式进行估计：

$$B = 2 \times \left[\frac{b}{2} + m \cdot \tan\left(45^\circ - \frac{\varphi}{2}\right)\right] \tag{5-16}$$

α 为隧道覆盖层厚度的比例系数，按照如下规范计算：

当 $H \leqslant 5B$ 时

$$\alpha = 1 - \frac{\tan\varphi \cdot \tan^2\left(45^\circ - \frac{\varphi}{2}\right) H}{b + 2m\tan\left(45^\circ - \frac{\varphi}{2}\right)} \tag{5-17}$$

当 $H>5B$ 时

$$\alpha = \tan^4\left(45^\circ - \frac{\varphi}{2}\right) \tag{5-18}$$

竖向荷载 P_{V1} 按下式计算：

$$P_{V1} = \gamma \cdot \alpha \cdot H \tag{5-19}$$

作用于隧道边界上的水平荷载与竖向荷载 P_{V2} 存在一个从隧道底部起 $45^\circ + \frac{\varphi}{2}$ 的映射关系。边界荷载为梯形分布，数值按下式计算：

$$B_\gamma = \frac{1}{2}(B - b) \tag{5-20}$$

隧道顶部荷重按照抛物线方程进行定义：

$$W_{(x)} = -\alpha x^2 + P_{V1} \tag{5-21}$$

$$\alpha = \frac{P_{V1} \times 4}{B^2} \tag{5-22}$$

$$W_{(x)} = -\frac{P_{V1} \times 4}{B^2} x^2 + P_{V1} \tag{5-23}$$

计算 $x = (b + B_p)/2$ 时的平均高度，此点的数值为 P_{V2}：

$$P_{V2(x)} = -\frac{P_{V1} \times 4}{B^2} \cdot \left(\frac{b + B_\gamma}{2}\right)^2 + P_{V1} \tag{5-24}$$

边界荷载按照三角形进行分布，数值按如下方法进行计算：

$$P_{H1} = P_{V2}\tan^2\left(45^\circ - \frac{\varphi}{2}\right) \tag{5-25}$$

$$P_{H2} = (P_{V2} + \gamma \cdot m)\tan^2\left(45^\circ - \frac{\varphi}{2}\right) \tag{5-26}$$

2. 弹簧单元

为模拟支护单元抵抗围岩竖向和水平向荷载产生变形时围岩的作用，在支护单元周边设置 gap 弹簧。岩石对尾水洞衬砌的约束作用简化为一个受压弹簧。

此弹簧仅在受压状态时作用，能够降低围岩的刚度。顶拱弹簧刚度按下列公式计算：

$$k = \frac{E}{[Req(1 + \mu)]} \tag{5-27}$$

$$Req = \frac{1}{2}\sqrt{\frac{4A}{\pi}} \tag{5-28}$$

式中:E 为围岩的弹性模量,MPa;Req 为等效半径,m;A 为断面面积,m^2;μ 为泊松比。

侧墙和底板弹簧刚度按下式计算:

$$k = \frac{E}{B \times (1 - \mu^2)} \tag{5-29}$$

式中:E 为围岩的弹性模量,MPa;B 为隧道宽度,m;μ 为泊松比,取 0.2。

3. 地震反应谱

对于母线洞的整体结构,采用反应谱法进行地震分析。根据科云贝利函号 SHC-CCS-DD-A1-DE-V215-2012-578 的分析,采用根据调蓄水库试验分析得到的厂房反应谱函数,并把此函数导入 SAP2000 中得到地震影响下的结构反应。

地震分析方法:之后的分析考虑为岩石/土对于一个给定信号的一维波传播反映。

一般而言,地震分析方法假定为以下几步:

在波的传播计算中,根据调蓄水库地震研究,综合加速度记录数据假定为地面输入信号;再使用 SHAKE 91 软件进行波传播计算,以便评估厂房的加速度水平。

在厂房高程获得的数据记录以单自由度体系形式表达,每个地震(基本运行地震、最大运行地震)的阻尼均为 5%。

1)数值模型

为了使用 SHAKE 91 软件进行波传播分析,需要对地质模型进行离散分析。竖直剖面被离散为几个子层。子层系统信息描述按表 5-22 所示,且到厂房中部的深度为 300 m,洞室谱分析至 37 层的顶部。EPT 报告的输入运动假定反映了岩石出露点的运动。因此,它适用于强风化岩层的顶部。

表 5-22　数值模型离散化描述

地层	高度(m)	子高度(m)	子层数	层号
覆盖层	15	5	3	1 ~3
强风化	50	5	10	4 ~13
弱风化	260	10	26	14 ~39
微风化	/			40

2)地震分析结果

在表 5-23 所示参数都界定出来后,就可以得到反应谱曲线。抗震计算通过导入此曲线进入计算软件来定义反应谱(见图 5-35、图 5-36)。

表 5-23　设计反应谱值

地震	$a_0(T_0=0)$ (g)	$a_b(T_a-T_b)$ (g)	T_a (s)	T_b(s)
OBE	0.10	0.29	0.10	0.31
MDE	0.13	0.38	0.08	0.35

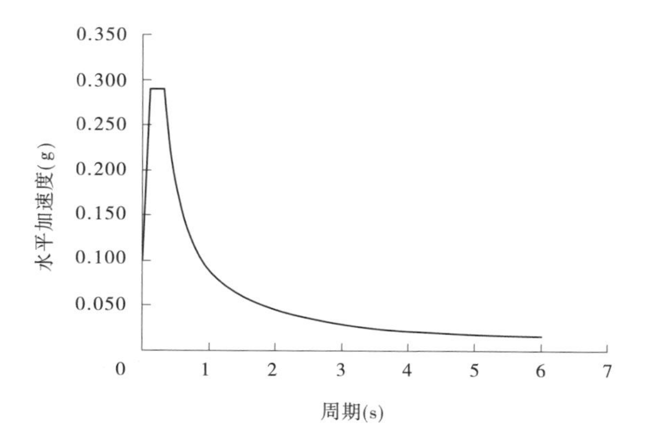

图 5-35　OBE 工况反应谱

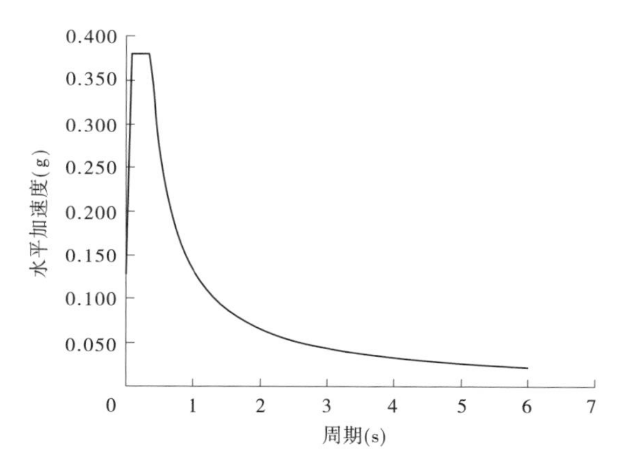

图 5-36　MDE 工况反应谱

4. 外水压力

根据厂房排水系统的布置，排水系统设置两道防线：一道为沿着主厂房及主变室周边上下设置两层排水廊道，另一道为厂房、主变顶拱及边墙布置系统排水孔ϕ 50@ 6.0 m，L=6.0 m。母线洞位于主厂房与主变室之间，高程为 623.20~633.65 m，主变室侧母线洞顶层排水孔高程 634.98 m，厂房侧母线洞顶层排水孔高程 633.50 m。由于厂房侧断面只有 8 m 长，主变室侧断面 3.2 m 长，此两断面分别有厂房及主变室作为排水通道，故 623.50 m 以上高程不考虑外水压力。根据现场情况及排水措施综合考虑，母线洞中间断面外水压力水头考虑至洞顶，厂房侧断面高程在 623.50 m 以下，折减系数考虑为 0.5。

5. 拱肩抗剪分析

根据 SAP2000 结构计算结果，对拱肩部分根据 ACI 318M-08 进行核算，得出表 5-24 所示结果。

表 5-24 拱肩抗剪分析结果

断面	非地震工况最大剪力 V_u (kN)	地震工况 V_u(kN)	最大剪力部位	混凝土抗剪(kN) $\phi V_c = \phi 0.17 \times \lambda \sqrt{f'_c} b_w d$	箍筋单肢Φ 20@ 200钢筋抗剪(kN) $\phi V_s = \phi \frac{A_v f_{yt} d}{s}$	$\phi(V_c + V_s) \geq V_u$
C—C	344.15	344.38	右拱肩 0.4 m	236	0.75×314.2×420×0.35/0.2 =173.2	满足
A—A	359.00	360.27	左、右拱肩 0.4 m	236	0.75×314.2×420×0.35/0.2 =173.2	满足
B—B	281.91	281.91	左、右拱肩 0.4 m	236	0.75×314.2×420×0.35/0.2 =173.2	满足

6. 断面配筋结果

断面配筋结果见表 5-25。

表 5-25 断面配筋结果

断面	列项	左拱肩	右拱肩	左边墙	右边墙
A—A(中间断面)	钢筋型号	Φ 22@ 200 mm	Φ 22@ 200 mm	Φ 22@ 200 mm	Φ 22@ 200 mm
	配筋面积 A_s(mm²)	1 900	1 900	1 900	1 900
B—B(主变室侧断面)	钢筋型号	Φ 25@ 200 mm	Φ 25@ 200 mm	Φ 25@ 200 mm	Φ 25@ 200 mm
	配筋面积 A_s(mm²)	2 454	2 454	2 454	2 454
C—C(主厂房侧断面)	钢筋型号	Φ 22@ 200 mm	Φ 25@ 200 mm、Φ 22@ 200 mm	Φ 22@ 200 mm	Φ 25@ 200 mm、Φ 22@ 200 mm
	配筋面积 A_s(mm²)	1 900	4 354	1 900	4 354

5.4 尾水洞

5.4.1 基本概况

尾水洞布置采用 8 机 1 洞,水流由 8 条尾水支洞汇入 1 条尾水主洞后进入下游河道。尾水支洞采用城门形断面,位于主厂房的下游边墙的底部部位。洞子开挖尺寸 7.30 m×8.65 m(宽×高),长 60.5 m,8 条支洞分别与主洞垂直相交。尾水主洞洞径开挖尺寸为

13.3 m，轴线 315°过渡到 278°，采用马蹄形断面，纵坡 i=0.00 和 i=0.001 363，出口开挖高程 597.60 m，全长约 764.84 m。

8 条尾水支洞和 1 条主洞的开挖和支护设计分为 3 部分：第一部分为 FLAC3D 的应力应变分析；第二部分为楔形体分析；第三部分为 Phase2 的挂网喷混凝土分析。由于喷混凝土厚度较薄，为保证计算的精度，FLAC3D 很难模拟喷混凝土，因此选择 Phase2 来分析。

尾水洞洞身段桩号 0+000～0+837.44，长 837.44 m，最大埋深 280 m、最小埋深 32 m。围岩主要为 Misahualli 凝灰岩，致密坚硬，块状结构。桩号 0+000～0+131 段以Ⅱ类围岩为主，岩体基本稳定；桩号 0+131～0+241 段受陡倾角断层的影响，岩体较破碎，岩体呈次块状—镶嵌结构，围岩以Ⅲ类为主；桩号 0+241～0+711 段，围岩以Ⅱ类为主，岩体结构呈块状—次块状，局部受断层影响，围岩呈Ⅲ类；桩号 0+711～0+783 段，埋深较小，受风化卸荷裂隙切割影响，岩体呈次块状结构，沿裂隙面多有渗水—滴水现象，围岩类别为Ⅲ类；桩号 0+783～0+837.44 段为出口段，长 50 m，受风化卸荷影响强烈，岩体破碎，以Ⅳ类围岩为主。考虑尾水洞过水时流水的冲刷风化作用，该洞段进行全断面支护。

5.4.2　FLAC3D 三维稳定分析

采用 Mohr-Coulomb 模型破坏准则，通过塑性区及计算位移，确定锚杆支护类型、直径、长度、间距参数。为保证计算的快速性，FLAC3D 模型不模拟断面分层开挖，简化为全断面开挖（见表 5-26）。全断面计算更为保守，能够满足设计要求。

表 5-26　全断面开挖

开挖步	尾水洞	锚杆支护
1	0+526.67～0+789.03	支护
2	0+495.36～0+526.67	—
3	0+233.92～0+495.36	支护
4	0+047.5～0+233.92	支护
5	4#和 5 #尾水支洞	支护
6	2#和 7#尾水支洞	支护
7	1#、3#、6#、8#尾水支洞	支护

基于有限差分法的 FLAC3D 数值计算软件用于 8 条尾水支洞和 1 条主洞的开挖支护分析。采用笛卡儿坐标系统，设置厂房中心线和进厂交通洞的中心线交点为 XY 平面的坐标原点，从 8#机组中心线指向 1#机组中心线为 Y 轴正向，垂直于厂房机组中心线指向主变室为 X 轴正向，从底部竖直指向顶部为 Z 轴正向，X 方向 300 m，Y 方向 700 m，Z 轴从地面指向 480.00 m 高程。所有的这些信息构成 FLAC3D 模型，模型细节见图 5-37、图 5-38。模型单元为四面体单元，模型单元数为 419 580，节点数为 72 759。

5.4.2.1　地应力条件和边界条件

本书使用自重场进行应力应变分析，获得最终地应力场后，将进行三维地下洞室开挖

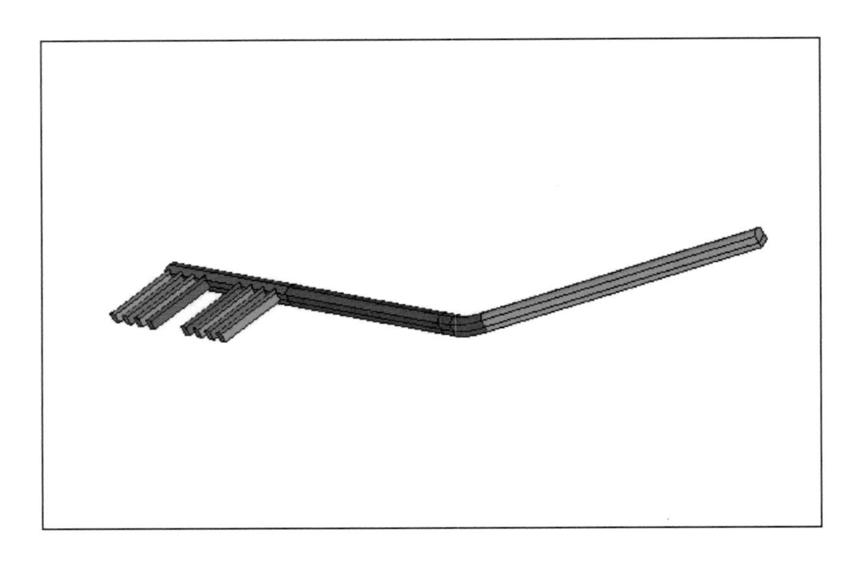

图 5-37　尾水支洞及主洞三维模型(一)

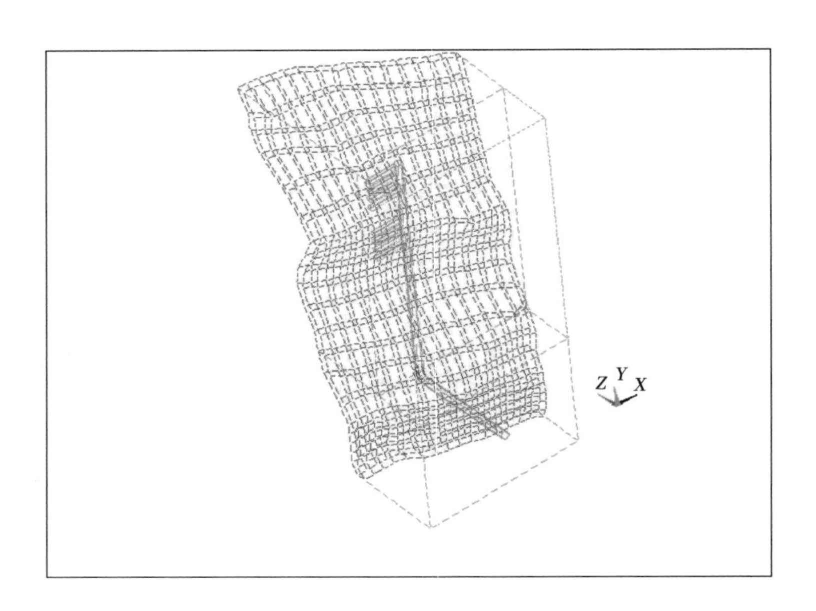

图 5-38　尾水支洞及主洞三维模型(二)

及支护分析。Z 轴底部进行全约束，X 方向两侧均进行法向约束即 $X=0$ m 和 $X=300$ m 侧，Y 方向两侧均进行法向约束即 $Y=100$ m 和 $Y=-600$ m 侧。

5.4.2.2　**Ⅱ类围岩分析**

根据图 5-39～图 5-46 可以看出，总位移小于 3.5 mm，岩石塑性区小于 2 m。

Ⅱ类围岩锚杆轴向力见表 5-27。

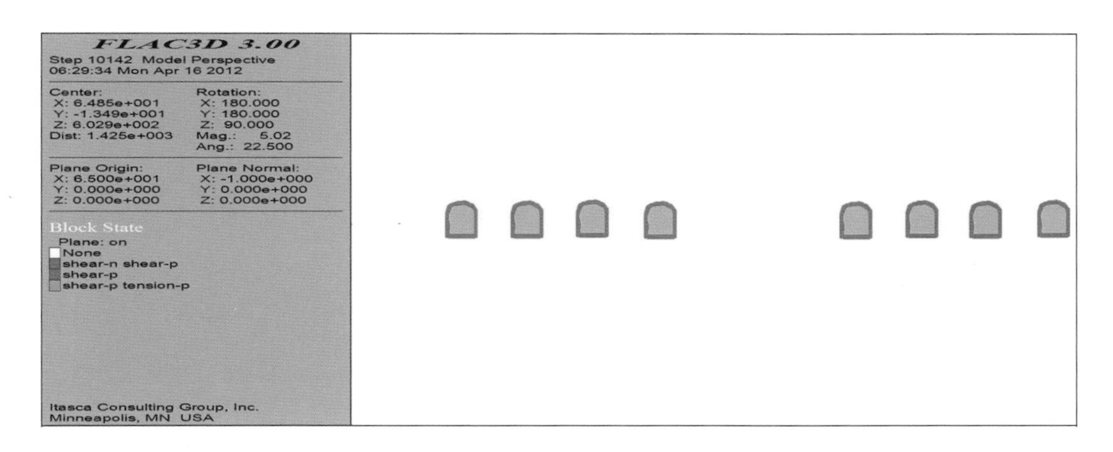

图 5-39　$X=65$ m 剖面塑性区

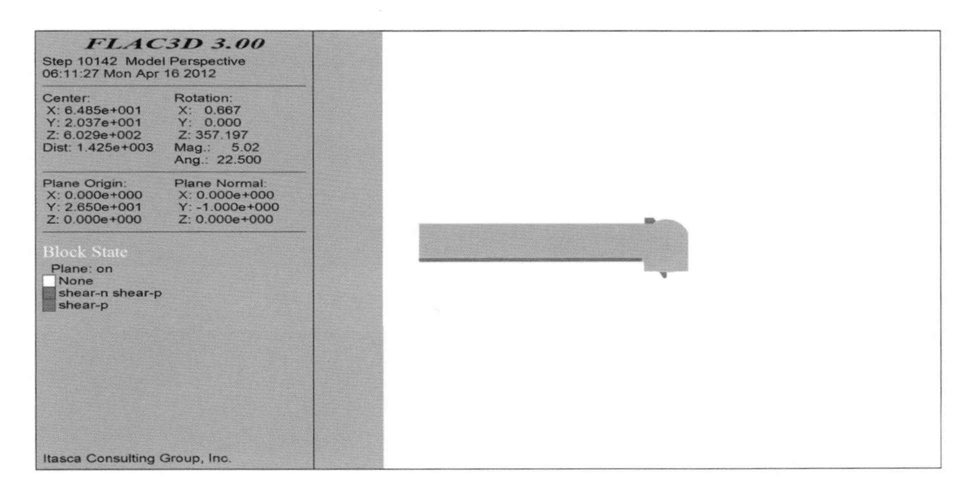

图 5-40　$Y=26.5$ m(4#机)剖面塑性区

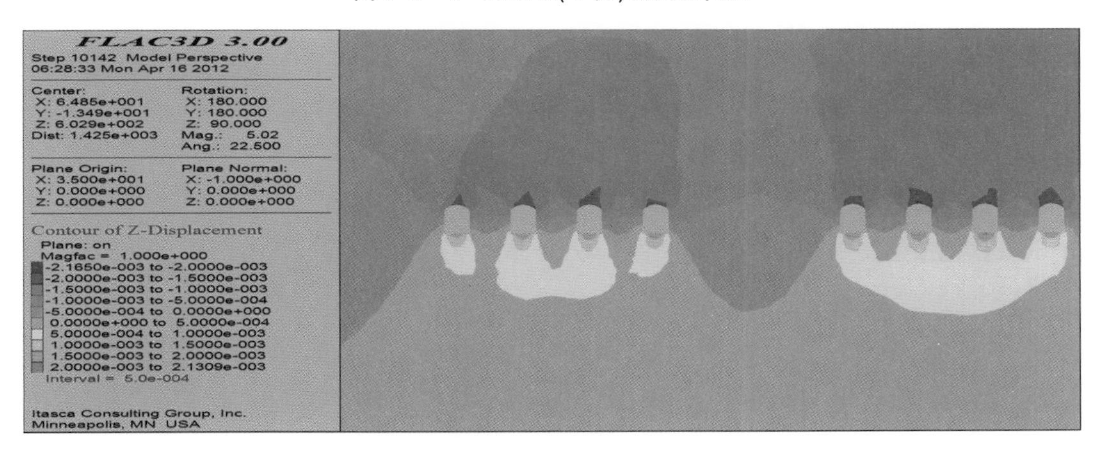

图 5-41　$X=35$ m 剖面处竖直位移

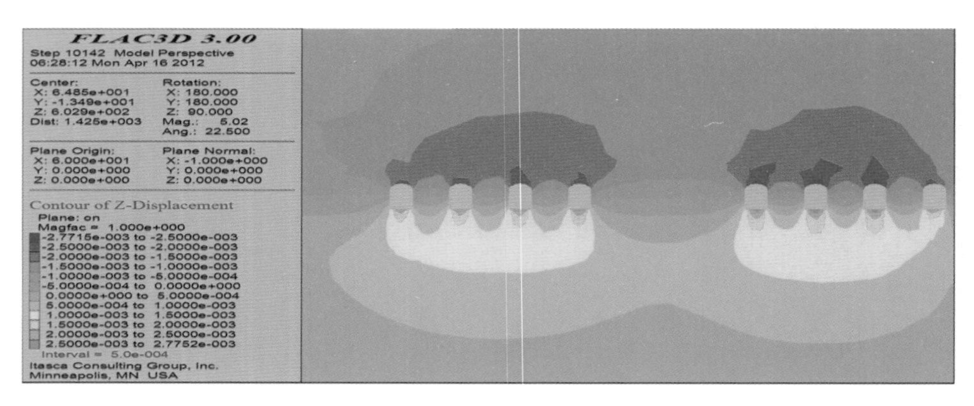

图 5-42　$X=60$ m 剖面处竖直位移

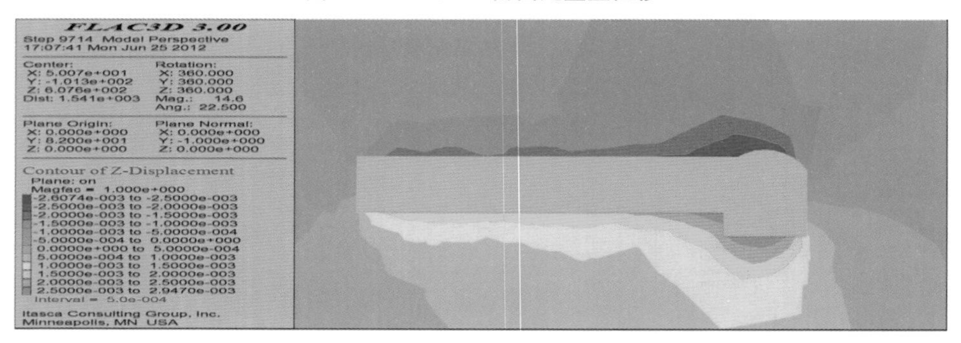

图 5-43　$Y=82$ m(1#机)剖面处竖直位移

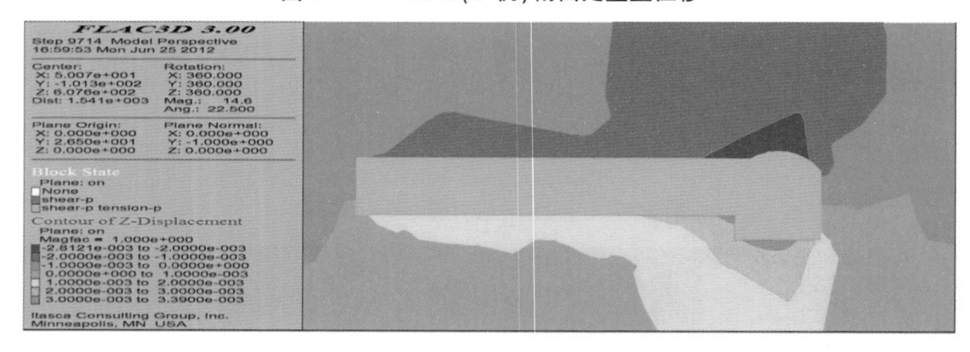

图 5-44　$Y=26.5$ m(4#机)剖面处竖直位移

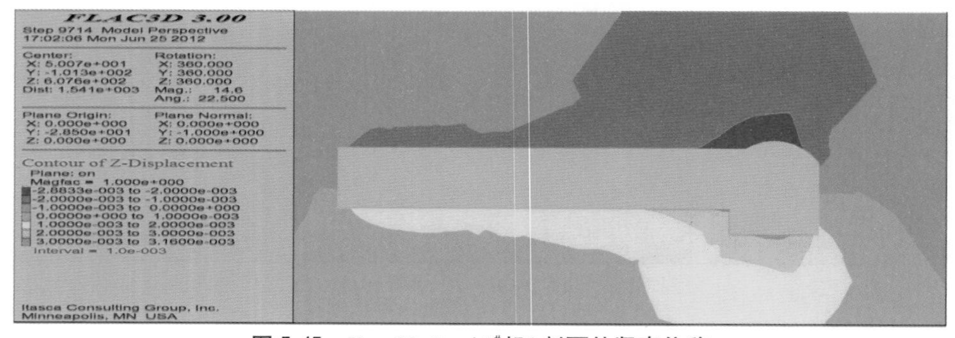

图 5-45　$Y=-28.5$ m(5#机)剖面处竖直位移

图 5-46　$Y=-84$ m(8#机)剖面处竖直位移

表 5-27　Ⅱ类围岩锚杆轴向力

计算步	分组	长度(m)	部位	锚杆直径(mm)	计算步						
					1	2	3	4	5	6	7
					锚杆轴向力(kN)						
1	1	6	顶拱	25	49.69	50.31	51.13	51.11	51.10	51.10	51.90
	2	6	边墙	25	16.31	20.41	20.82	20.84	20.84	20.83	20.83
2		6	顶拱	25							
		6	边墙	25							
3	3	6	顶拱	25			67.51	67.43	67.36	67.34	67.35
	4	6	边墙	25			31.84	33.19	33.28	33.37	33.65
4	5	6	顶拱	25				92.15	119.70	120.20	121.40
	5	6	交叉部位	25				92.15	119.70	130.20	146.62
	6	6	边墙	25				47.69	59.91	77.12	87.16
5	7	3	顶拱	25					112.10	111.70	111.20
	8	3	边墙	25					37.92	38.96	40.31
6	9	3	顶拱	25						88.64	88.24
	10	3	边墙	25						35.98	38.46
7	11	3	顶拱	25							104.60
	12	3	边墙	25							41.10

与第一节主厂房处分析类似,ϕ25 的锚杆允许轴力为 137 kN,ϕ28 的锚杆允许轴力为 172 kN。因此,对主洞和支洞采用ϕ25 的锚杆,主洞及支洞交叉部分采用ϕ28 的锚杆进行支护。

5.4.2.3　Ⅲ类围岩分析

根据图 5-47~图 5-53 可以看出,总位移小于 5 mm,岩石塑性区小于 2 m。

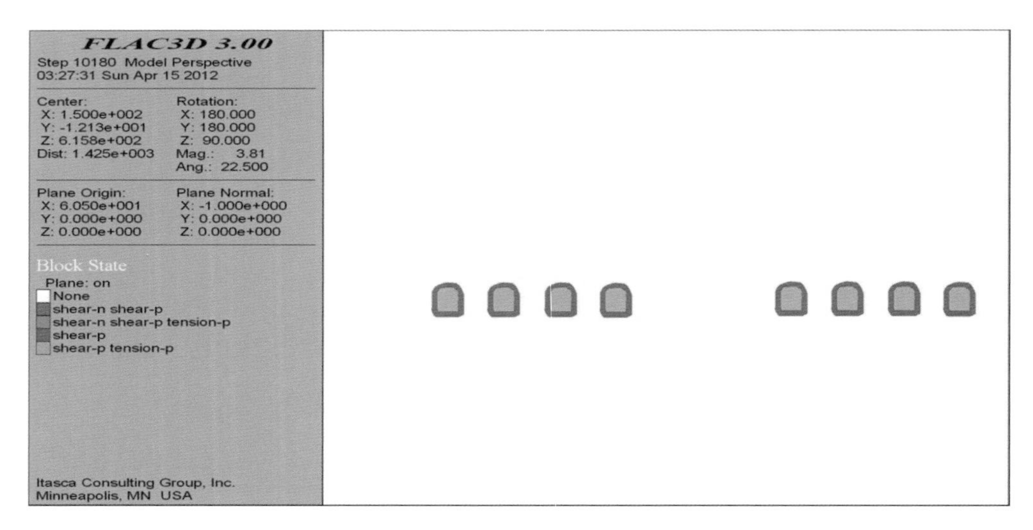

图 5-47　$X=65$ m 剖面处塑性区

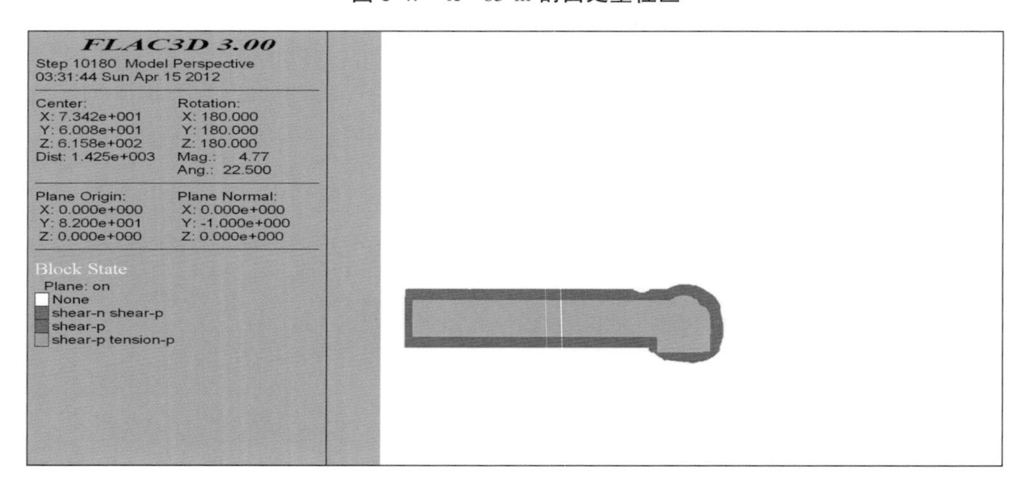

图 5-48　$Y=84$ m(1#机)剖面处塑性区

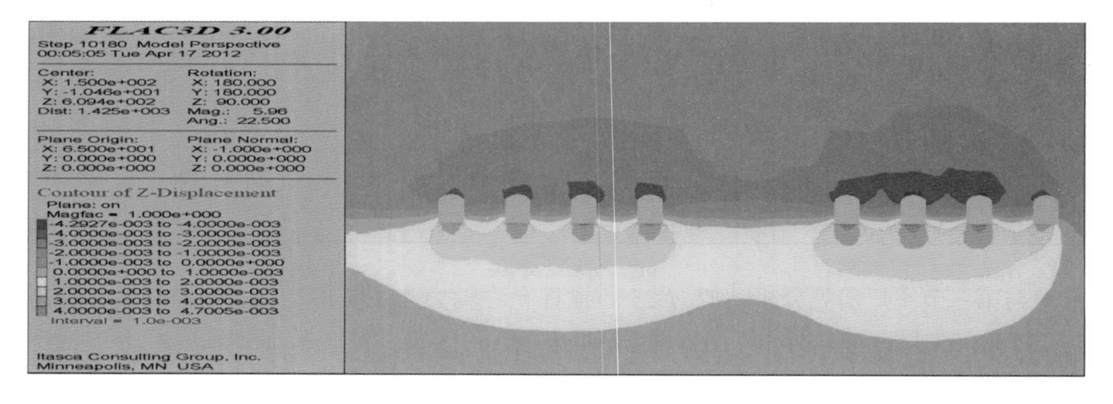

图 5-49　$X=65$ m 剖面处竖直位移

图 5-50　$Y=82$ m(1#机)剖面处竖直位移

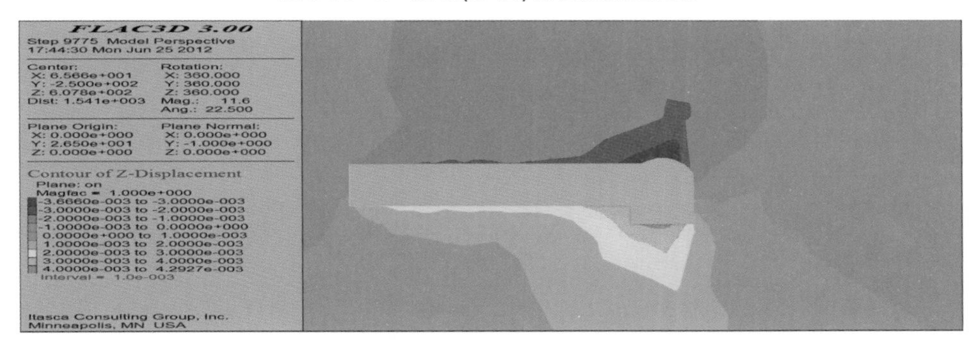

图 5-51　$Y=26.5$ m(4#机)剖面处竖直位移

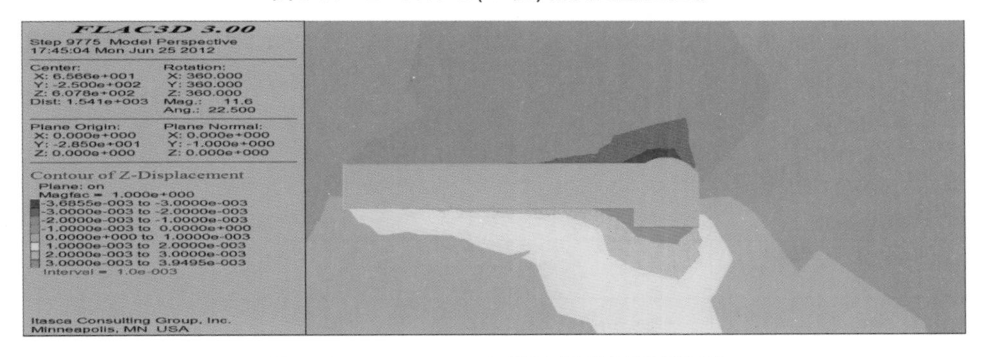

图 5-52　$Y=-28.5$ m(5#机)剖面处竖直位移

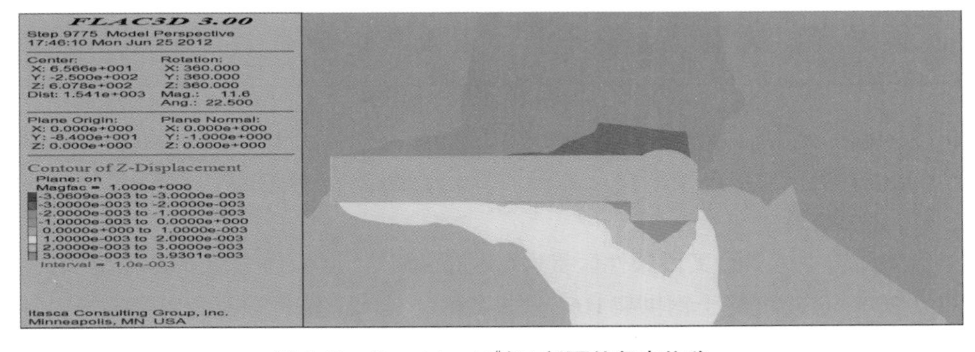

图 5-53　$Y=-84$ m(8#机)剖面处竖直位移

Ⅲ类围岩锚杆轴向力见表 5-28。

表 5-28　Ⅲ类围岩锚杆轴向力

计算步	分组	长度(m)	部位	锚杆直径(mm)	计算步 1	2	3	4	5	6	7
					锚杆轴向力(kN)						
1	1	6	顶拱	25	58. 35	58. 87	60. 65	60. 73	60. 73	60. 72	60. 72
	2	6	边墙	25	22. 65	26. 25	28. 18	28. 18	28. 18	28. 18	28. 18
2	—	6	顶拱	25							
	—	6	边墙	25							
3	3	6	顶拱	25			80. 54	80. 45	80. 47	80. 49	80. 50
	4	6	边墙	25			63. 48	72. 96	73. 53	74. 13	76. 04
4	5	6	顶拱	25				114. 6	118. 8	115. 2	118. 60
	5	6	交叉部位					114. 6	148. 8	185. 2	218. 60
	6	6	边墙	25				132. 9	132. 5	132. 9	132. 80
	6	6	交叉部位					132. 9	177. 5	188. 9	215. 80
5	7	3	顶拱	25					136. 4	136. 2	136. 60
	7	3	交叉部位						138. 4	139. 2	138. 60
	8	3	边墙	25					117. 8	124. 9	133. 70
6	9	3	顶拱	25						117. 8	117. 20
	10	3	边墙	25						127. 4	153. 80
7	11	3	顶拱	25							136. 60
	12	3	边墙	25							127. 20

ϕ 25 的锚杆允许轴力为 137 kN，ϕ 28 的锚杆允许轴力为 172 kN。因此，对主洞和支洞采用ϕ 25 的锚杆，主洞及支洞交叉部分采用ϕ 32 的锚杆进行支护。

5. 4. 2. 4　分析结果

尾水支洞与主厂房交叉段塑性区贯通(见图 5-54)。至厂房边墙 5. 5 m 范围内，尾水支洞布设 200 mm 喷混凝土钢拱架 I16，钢拱架间距 1. 0 m，锚杆顶拱为对穿锚杆以加强交叉段。

塑性区是不连续的，塑性区及变形数据如表 5-29～表 5-32 所示。

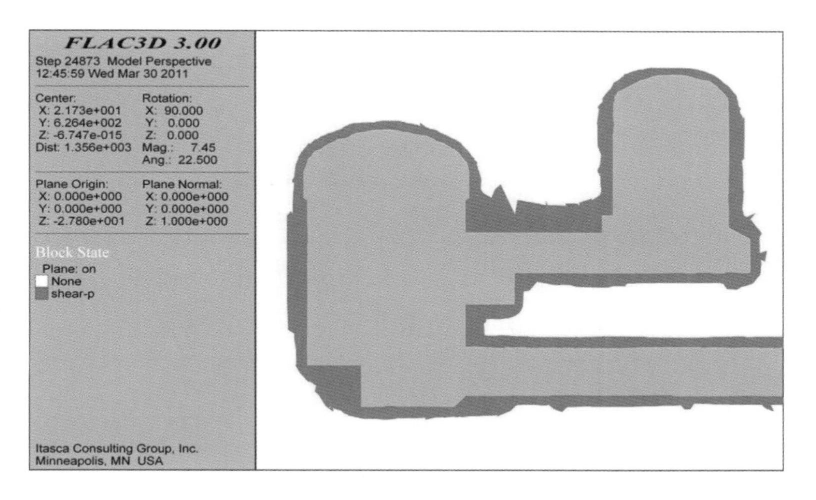

图 5-54　$Z=-27.8$ m 尾水支洞与主厂房交叉段塑性区

表 5-29　支洞及主洞塑性区深度

围岩类别	部位	塑性区深度(m)		
		顶拱	左侧墙	右侧墙
Ⅱ	主洞	0~2	0~2	0~2
	支洞	0~0.5	0~0.5	0~0.5
Ⅲ	主洞	0~2	0~2	0~2
	支洞	0~2	0~2	0~2

注:塑性区不连续,因此“~”符号作为一个塑性区深度范围使用。

表 5-30　支洞及主洞变形

围岩类别	主洞(mm)			支洞(mm)		
	顶拱	左侧墙	右侧墙	顶拱	左侧墙	右侧墙
Ⅱ	3.5	1	1	3.5	2	2
Ⅲ	5	1	1	5	2	2

表 5-31　Ⅱ类围岩支护参数

洞室	部位	塑性区深度(m)	锚杆直径(mm)	锚固长度(m)	锚杆长度(m)	设计长度(m)	设计直径(mm)
主洞	顶拱	2	25	2.18	4.18	4.5	25
	侧墙	2	25	2.18	4.18	4.5	25
主洞	顶拱	0~0.5	25	2.18	2.18~2.68	3	25
	侧墙	0~0.5	25	2.18	2.18~2.68	3	25
支洞与主洞交叉口	全部	2	25	2.18	4.18	6	28
支洞与厂房交叉口	顶拱	贯通	25	2.18	7	7	25

表 5-32　Ⅲ类围岩支护参数

洞室	部位	塑性区深度(m)	锚杆直径(mm)	锚固长度(m)	锚杆长度(m)	设计长度(m)	设计直径(mm)
主洞	顶拱	2	25	2.18	4.18	6	25
	侧墙	2	25	2.18	4.18	6	25
主洞	顶拱	2	25	2.18	4.18	4.5	25
	侧墙	2	25	2.18	4.18	4.5	25
支洞与主洞交叉口	全部	2	25	2.18	4.18	9	32

5.4.3　Unwedge 楔形体分析

根据厂房区开挖揭露情况，对工区开挖揭露结构面进行统计（见图 5-55），可知厂房工区出露结构面主要有四组：

（1）140°～170°∠75°～85°，整体平直粗糙，充填 1～2 mm 钙膜或闭合无充填，延伸 3～10 m，局部大于 10 m，平均 0.5～1 条/m，约占工区节理总数的 60%。

（2）230°～260°∠75°～80°，整体平直粗糙，充填硬性物质，厚度多小于 1 mm，延伸 3～10 m，局部大于 10 m，平均 0.2～0.5 条/m，约占工区节理总数的 30%。

（3）320°～340°∠80°～90°，该组结构面零星发育，平直粗糙，延伸短，闭合无充填。

（4）50°～60°∠10°～15°，该组结构面局部发育，延伸较长，大于 20 m，充填 1～2 cm 方解石脉，平直粗糙，平均 1～1.5 条/m。

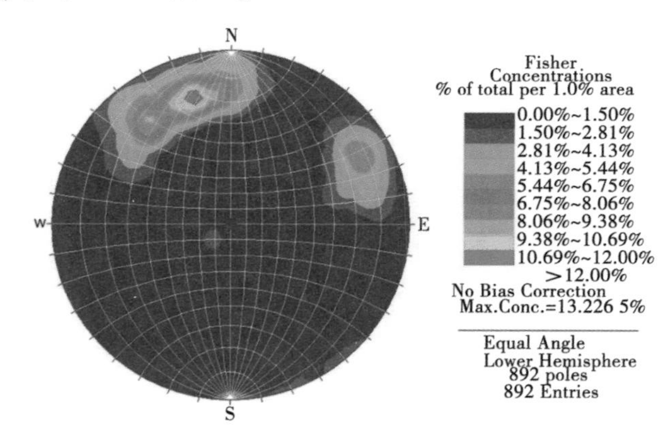

图 5-55　节理裂隙统计云图

5.4.3.1　支洞

支洞楔形体支护简要表见表 5-33。

表 5-33　支洞楔形体支护简要表

楔形体编号	喷混凝土	锚杆	未支护安全系数	支护安全系数
1	—	—	稳定	稳定
3	0.1 m	ϕ25@1.5 m×1.5 m,L=3.0 m	0.849	846.772
4	0.1 m	ϕ25@1.5 m×1.5 m,L=3.0 m	21.632	842.911
6	0.1 m	ϕ25@1.5 m×1.5 m,L=3.0 m	0.149	13.328
8	0.1 m	ϕ25@1.5 m×1.5 m,L=3.0 m	0	361.348

5.4.3.2　主洞

主洞楔形体支护简要表见表 5-34。

表 5-34　主洞楔形体支护简要表

楔形体编号	喷混凝土	锚杆	未支护安全系数	支护安全系数
1	—	—	稳定	稳定
2	0.1 m	ϕ25@1.5 m×1.5 m,L=4.5 m	0.313	4.514
6	0.1 m	ϕ25@1.5 m×1.5 m,L=4.5 m	0.149	1 814.222
7	0.1 m	ϕ25@1.5 m×1.5 m,L=4.5 m	3.144	34.227
8	0.1 m	ϕ25@1.5 m×1.5 m,L=4.5 m	0	17.666

5.4.4　Phase2 喷混凝土分析

5.4.4.1　支洞分析

1. Ⅱ类围岩

经过 Phase2 分析,开挖完成后总位移小于 4 mm(见图 5-56),岩石锚杆的轴力小于 137 kN,塑性区深度小于 0.5 m。钢筋网安全系数大于 1.5。喷混凝土安全系数大部分大于 1.5,局部尖角部位小于 1.5(见图 5-57)。众所周知,喷混凝土没有问题,局部出现裂缝,这是允许的;同时,设计有衬砌作为最终支护。

2. Ⅲ类围岩

经过 Phase2 分析,开挖完成后总位移小于 6 mm(见图 5-58),岩石锚杆的轴力小于 137 kN,塑性区深度小于 0.5 m(见图 5-59)。钢拱架安全系数大于 1.5。喷混凝土安全系数大部分大于 1.5,局部尖角部位小于 1.5(见图 5-60)。众所周知,喷混凝土没有问题,局部出现裂缝,这是允许的;同时,设计有衬砌作为最终支护。

5.4.4.2　主洞分析

1. Ⅱ类围岩

开挖完成后总位移小于 4 mm(见图 5-61),岩石锚杆的轴力小于 137 kN,塑性区深度

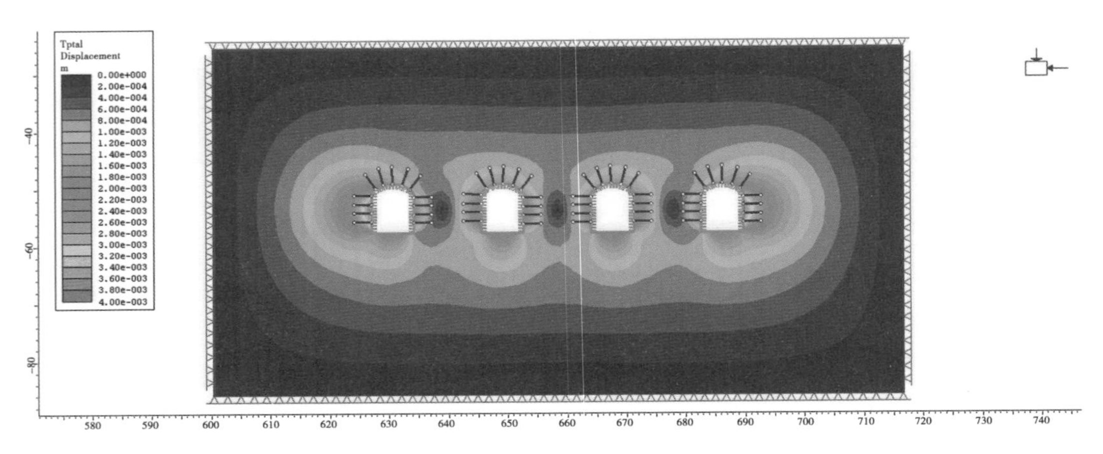

图 5-56　支洞位移云图

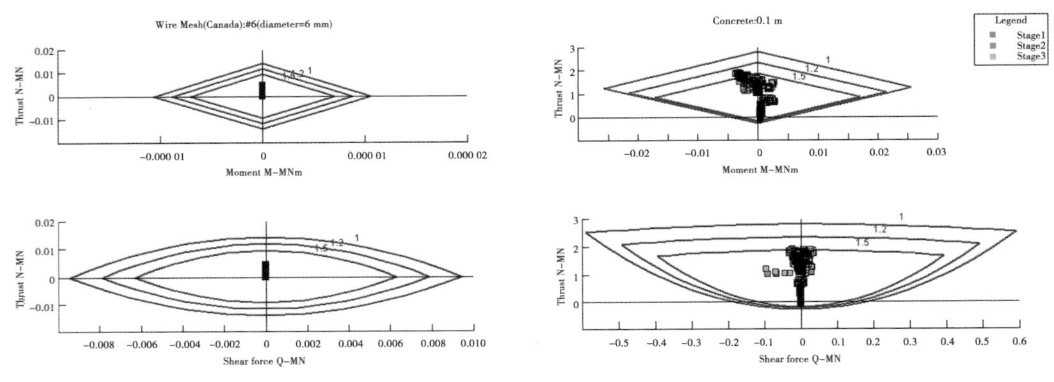

图 5-57　喷混凝土和钢筋网安全系数

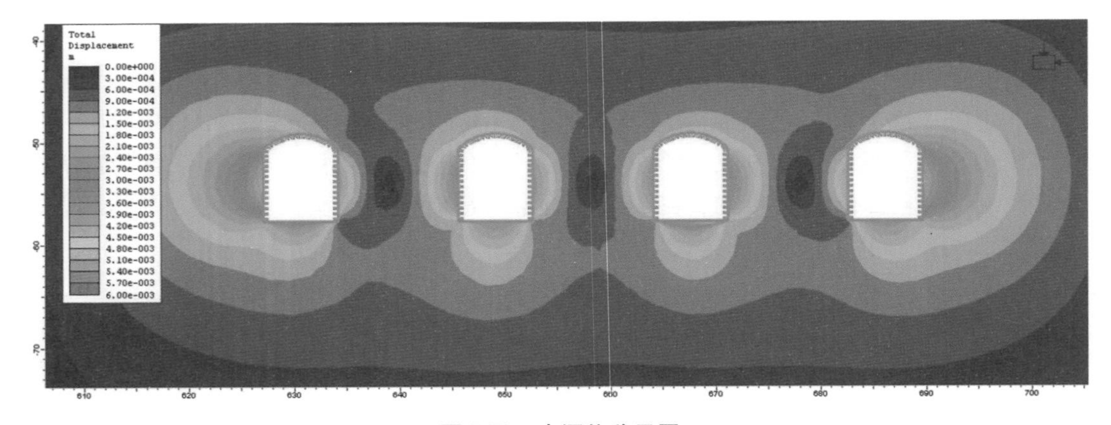

图 5-58　支洞位移云图

小于 0.5 m，钢筋网喷混凝土安全系数大于 1.5（见图 5-62）；强度系数小于 1 的深度较浅（见图 5-63）；同时，设计有衬砌作为最终支护。

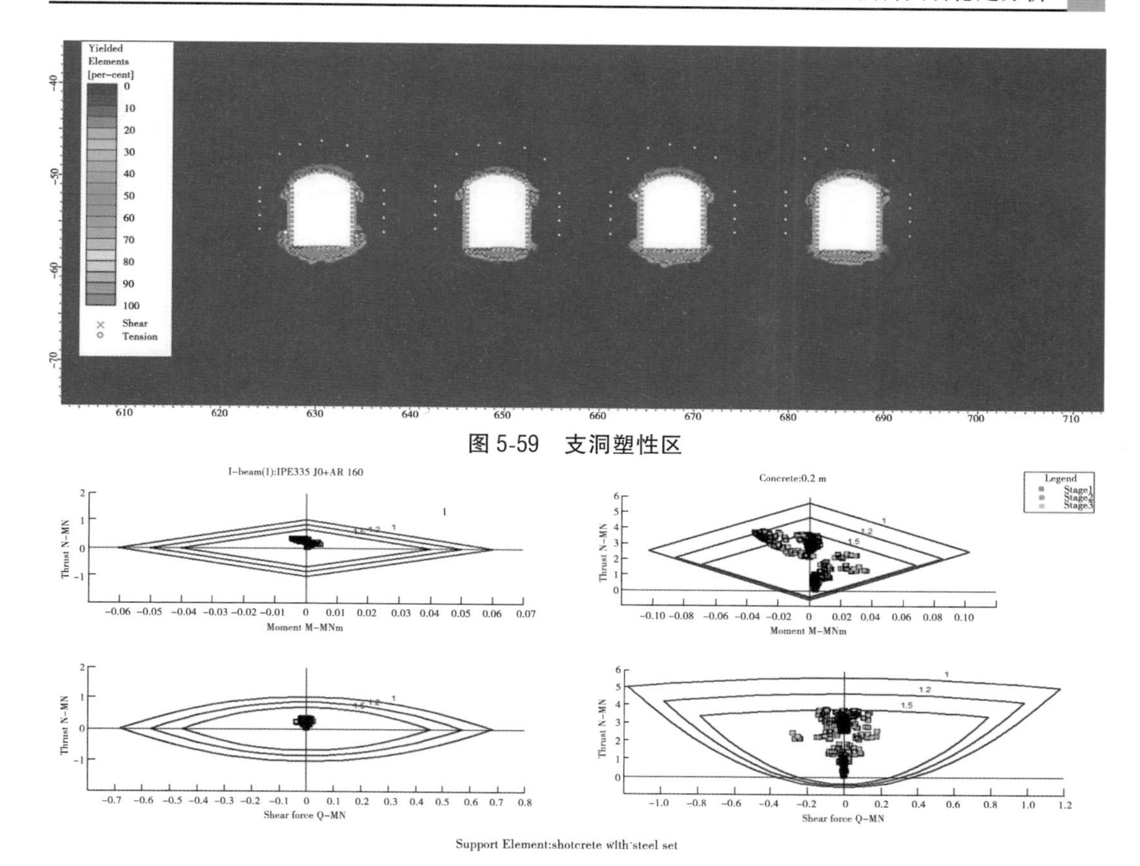

图 5-59　支洞塑性区

图 5-60　喷混凝土和钢筋网安全系数

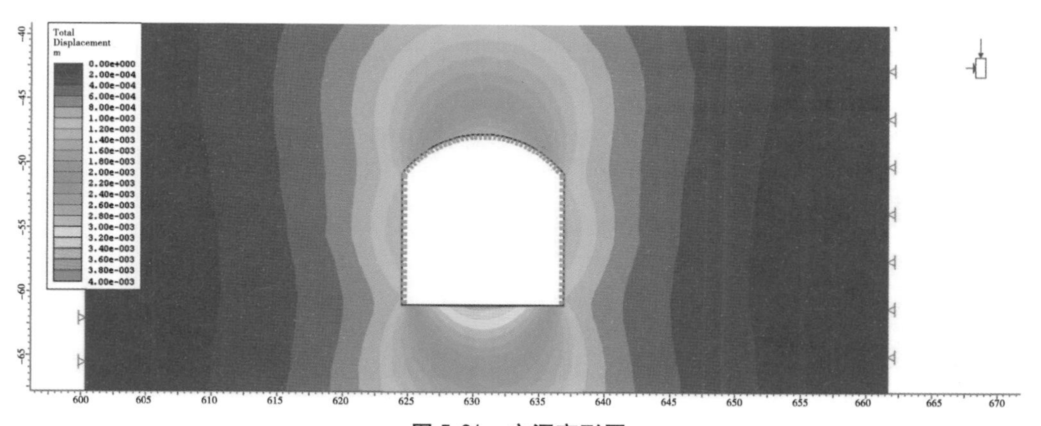

图 5-61　主洞变形图

2. Ⅲ类围岩

开挖完成后总位移小于 5 mm(见图 5-64),岩石锚杆的轴力小于 137 kN,塑性区深度小于 0.5 m。钢筋网喷混凝土安全系数大于 1.5(见图 5-65)。强度系数小于 1 的深度较浅(见图 5-66),第三主应力未出现大的拉应力(见图 5-67);同时,设计有衬砌作为最终支护。

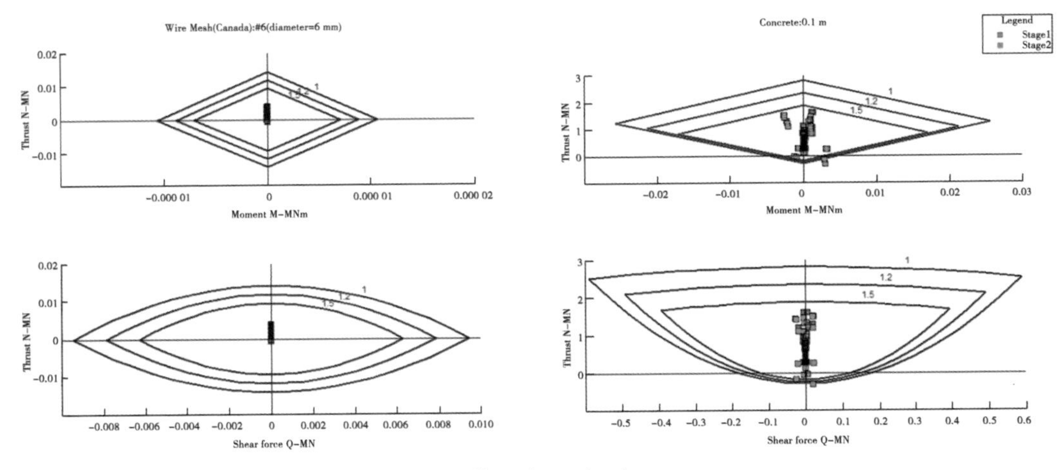

图 5-62　喷混凝土和钢筋网安全系数

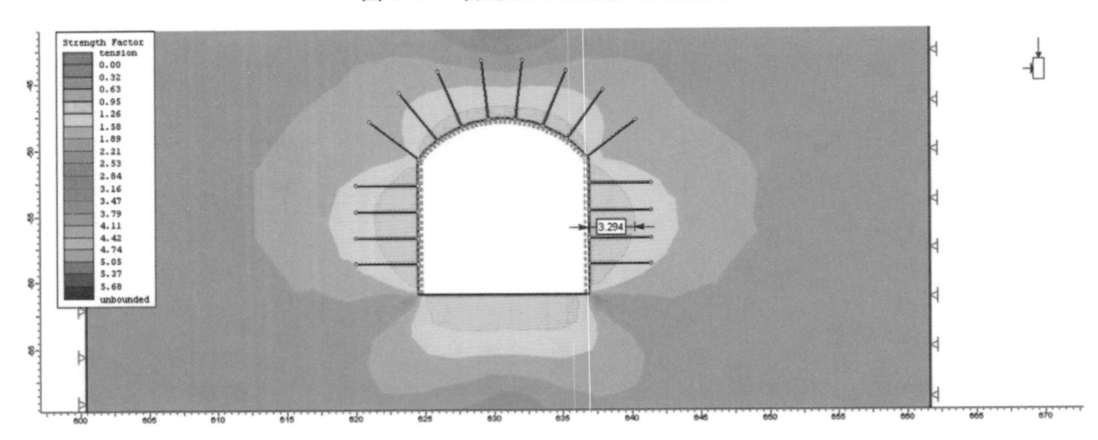

图 5-63　主洞强度系数

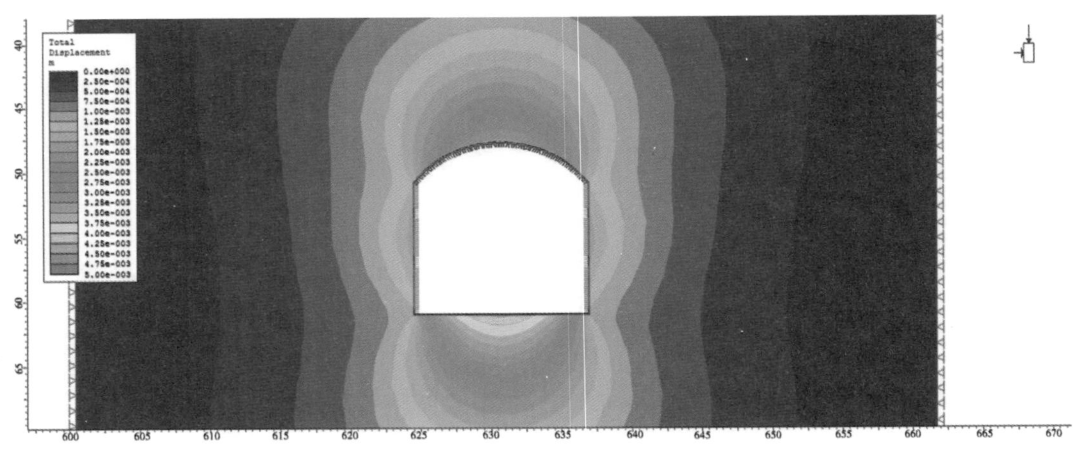

图 5-64　Ⅲ类围岩主洞变形图

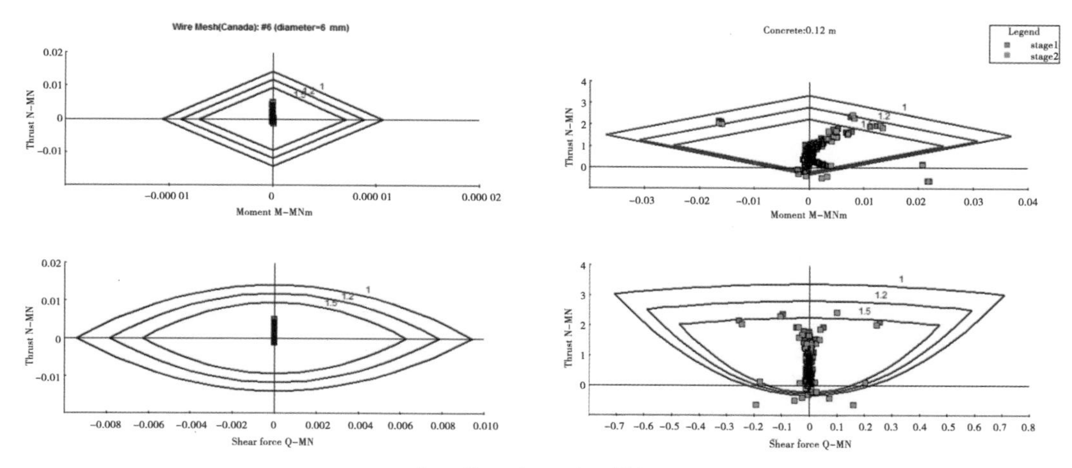

图 5-65　喷混凝土和钢筋网安全系数

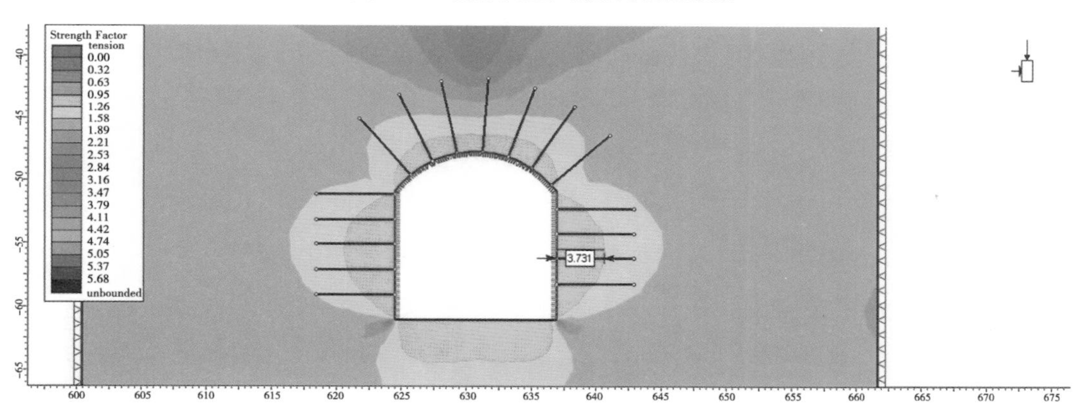

图 5-66　主洞强度系数

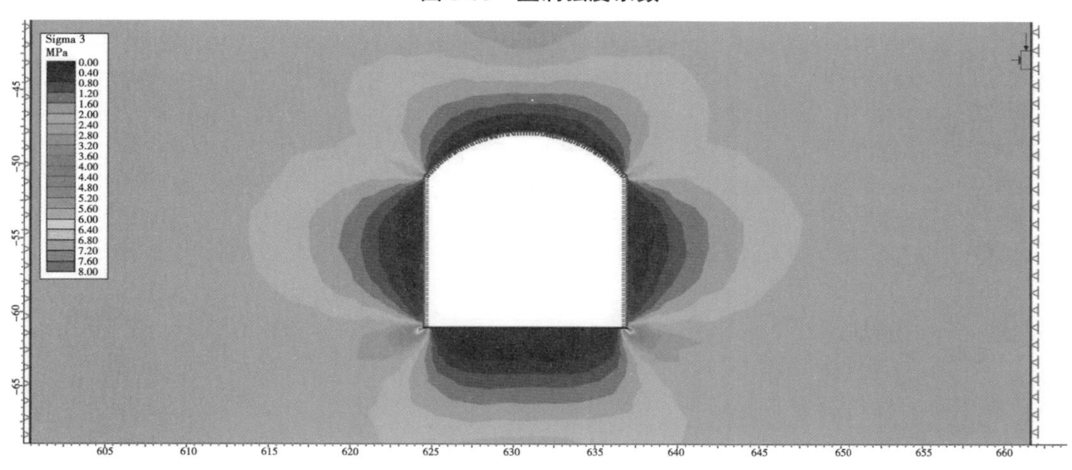

图 5-67　主洞第三主应力

3. Ⅳ类围岩

开挖完成后总位移小于 8 mm(见图 5-68),岩石锚杆的轴力小于 137 kN,塑性区深度小于 3 m。第三主应力未出现大的拉应力(见图 5-69),强度系数小于 1 的深度较浅(见图 5-70)。钢拱架喷混凝土安全系数大于 1.5(见图 5-71)。

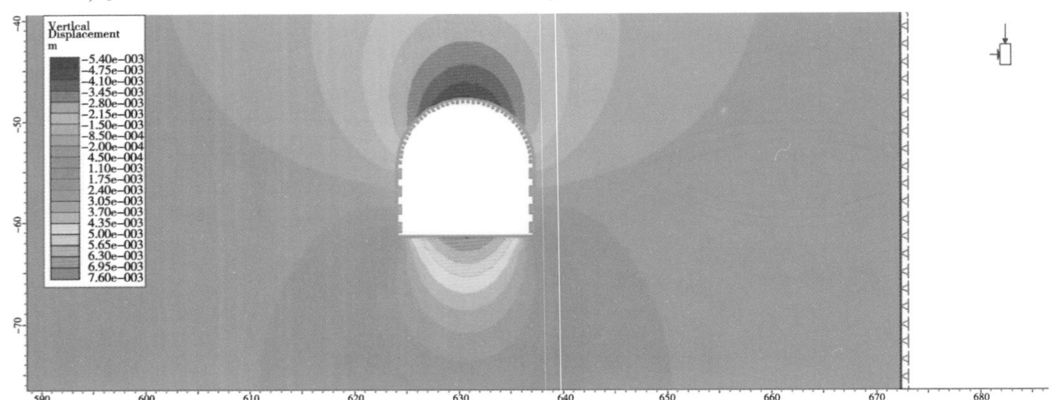

图 5-68 主洞竖向位移

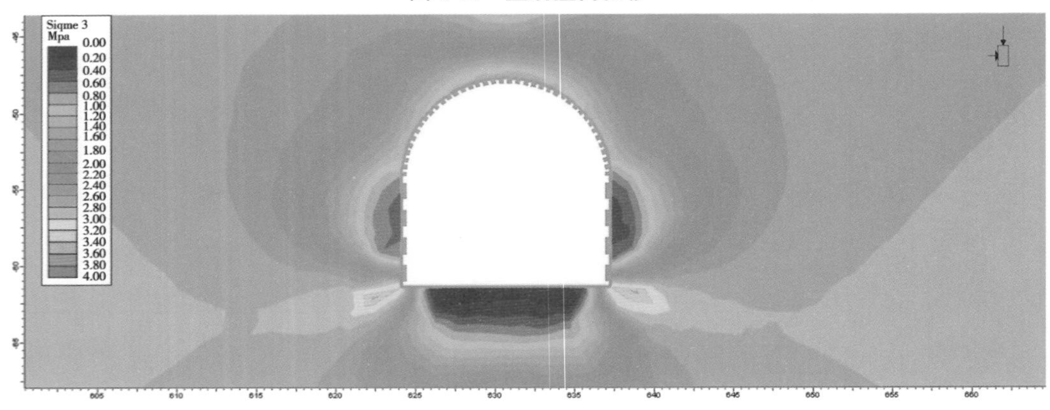

图 5-69 主洞第三主应力

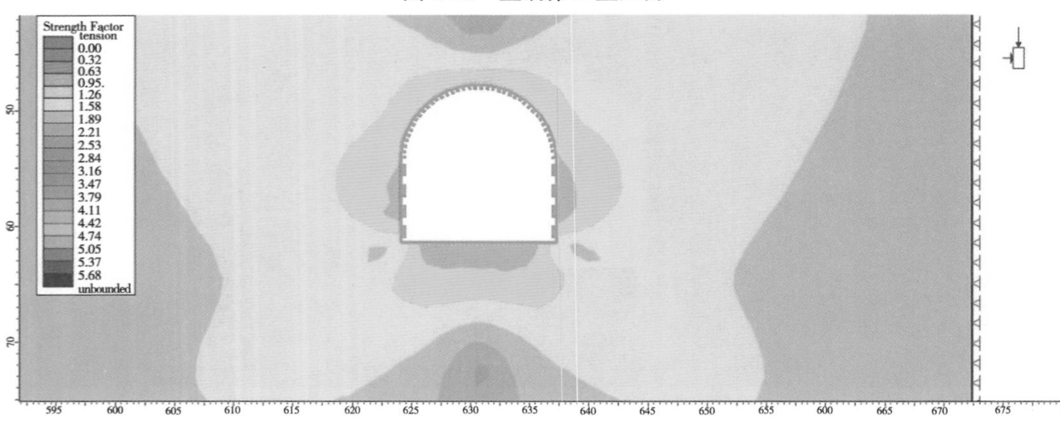

图 5-70 主洞强度系数

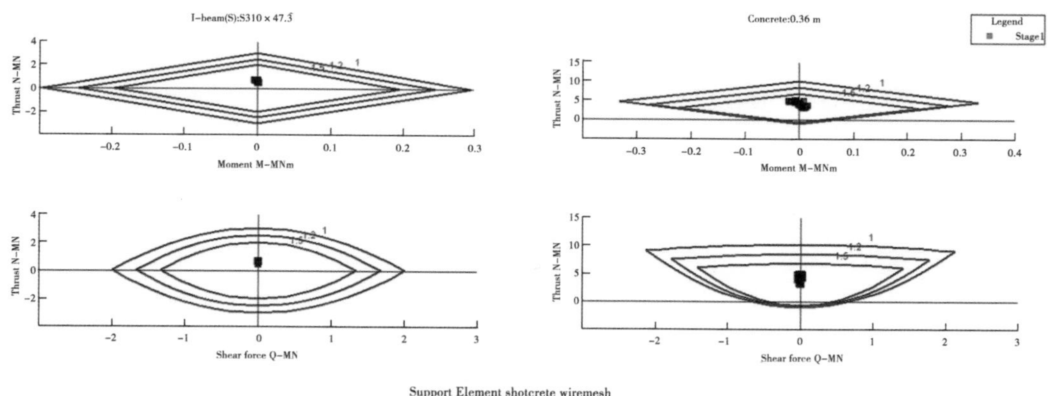

图 5-71　喷混凝土和钢筋网安全系数

5.4.5　尾水洞二次衬砌结构分析

由于 8 条尾水支洞处于主厂房下游、主变室底部，距离 8 条母线洞较近，所有的尾水支洞衬砌结构分析边界条件都按Ⅲ类围岩考虑。

计算分析建立在 SAP2000 结构分析程序上，该程序为按照美国 CSI 设计的最通用的结构有限元分析软件，广泛地运用于诸如桥梁、大坝、工业与民用建筑等土木领域。

5.4.5.1　Modal 分析模型

尾水支洞顶部布设了很多管路，混凝土厚度是 0.6~2.05 m，为变值，为方便结构分析进行简化，顶拱简化为 0.6 m，与边墙厚度一致。支洞、主洞计算模型分别见图 5-72、图 5-73。

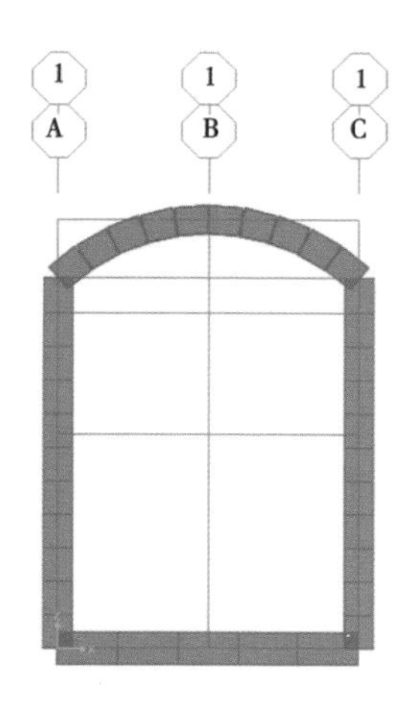

图 5-72　支洞计算模型

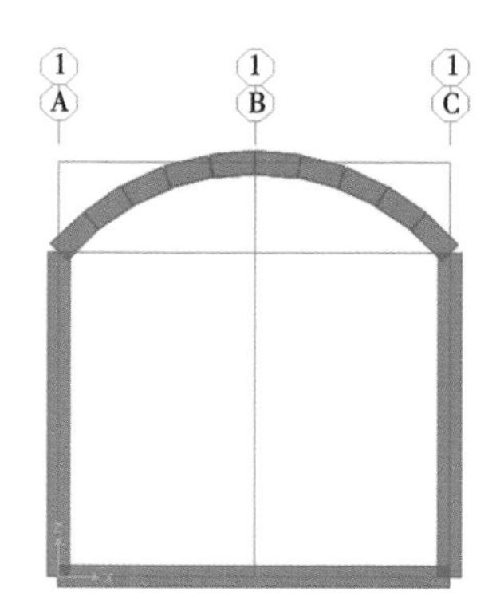

图 5-73　主洞计算模型

尾水洞 S0+233.92~S0+798.03 的 B—B 断面，过流断面为自由流，为满足过流断面的糙率要求，沿过水周边设计混凝土结构，且顶拱围岩、边墙及底部混凝土均设计了排水管以降低外水压力。B—B 断面尾水主洞顶部围岩、边墙混凝土均设计排水孔，ϕ 48@ 4.0 m×4.0 m，L=6.0 m，底板混凝土内设置排水管ϕ 48@ 3.0 m×3.0 m，L=0.4 m。弹簧单元及地震反应谱施加参数与母线洞衬砌类似，此处不再赘述。

5.4.5.2 荷载计算

1. 外水压力

根据厂房排水系统的布置，排水系统设置两道防线：一道为沿着主厂房及主变室周边上下设置两层排水廊道；另外一道为厂房、主变顶拱及边墙布置系统排水孔。

尾水支洞位于主厂房与主变室之间、主变室和母线洞底部，高程在 600.50~610.45 m。为减小尾水支洞的外水压力，尾水支洞顶部设置排水孔ϕ 48@ 1.5 m×3.0 m，L=4.5 m，侧墙设置ϕ 48@ 1.5 m×3.0 m，L=3.0 m，底部混凝土内设置排水管ϕ 48@ 1.5 m×3.0 m。在考虑尾水支洞的排水孔对外水压力的折减效果下，尾水支洞的外水压力从 623.50 m 至尾水支洞底部 600.50 m，折减系数考虑为 0.5。尾水支洞外水压力简图见图 5-74。

全衬砌段 E—E 和 C—C 断面，尾水主洞顶部、侧墙均设置排水孔，ϕ 48@ 3.0 m×3.0 m，L=6.0 m，底板混凝土内设置排水管ϕ 48@ 3.0 m×3.0 m。尾水主洞已经远离厂房和主变室的影响，外水压力水头考虑为从洞顶至洞底，折减系数为 0.5。尾水主洞外水压力简图见图 5-75。

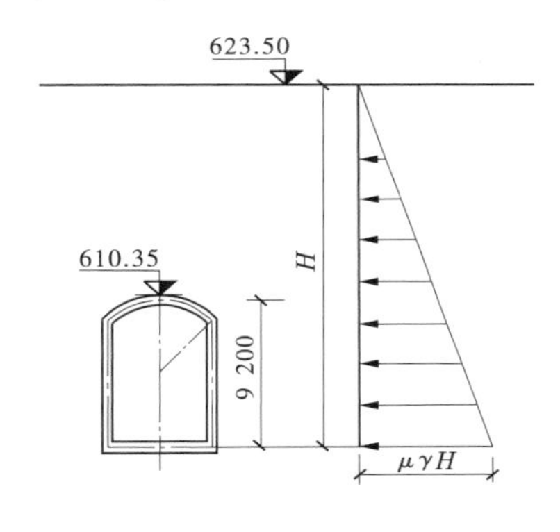

图 5-74 尾水支洞外水压力简图

（单位：高程，m；尺寸，mm）

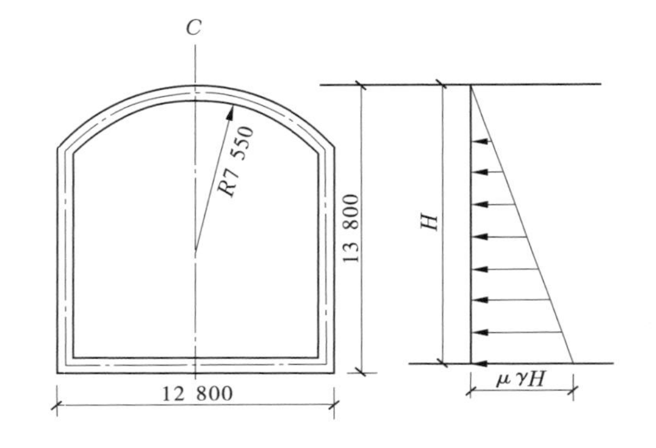

图 5-75 尾水主洞外水压力简图

（单位：高程，m；尺寸，mm）

外水压力为

$$P=\mu\cdot\gamma\cdot H$$

式中：μ 为排水有效系数，即折减系数，尾水支洞为 0.5、尾水主洞为 0.5；γ 为水重度，取 10 kN/m^3；H 为水位点到顶拱的高度。

2. 内水压力

根据尾水洞水力学计算书，尾水支洞最高水位 607.40 m，最低水位为无水位；尾水主洞内最高水位 607.52 m，最低水位为无水位。

尾水主洞均为无压流，故内水压力均为静水压力。

尾水支洞分为压气工况和非压气工况。尾水支洞非压气工况时，相应的尾水位为 606.49 m，内水压力均为静水压力；考虑尾水支洞内压气荷载时，相应的尾水位为 607.40

m,水面以上至尾水槽顶板之间施加气压0.135 MPa,水面以下按620.90 m水位施加静水压力。

3. 设备荷载

尾水支洞顶部及侧壁内部布置有管路,尾水支洞底板上放置有冷却器,沿尾水支洞中心线对称布置,每个冷却器由3个单片机组成。每个冷却器质量为1 603.871 kg,通过4个支座锚固在底板上,支座间距为1.4 m×3.0 m。尾水支洞顶部设计有吊钩轨道,用以起吊尾水冷却器进行安装、检修等,尾水支洞顶部对称布置,单侧有锚固钢板,单侧起吊质量为1 603.871 kg。考虑冷却器支座荷载为集中荷载作用在底板上,起吊锚固点荷载为集中荷载作用在顶部混凝土上,将荷载输入SAP2000模型中进行结构分析。

4. 围岩压力

使用Bierbaumer理论进行围岩竖直及边界荷载计算,考虑隧道的覆盖层厚度。

5. 活荷载

为保证尾水洞混凝土顶拱和围岩的紧密接触以便顶拱围岩压力顺利传递至衬砌结构上,尾水洞顶部混凝土衬砌中需要回填灌浆,考虑顶部回填灌浆压力为0.2 MPa,该荷载仅在施工期作用。

为保证洞口围岩的稳定,尾水主洞洞口S0+798.03~S0+837.44设计有固结灌浆孔ϕ40@3.0 m×3.0 m,L=6.0 m,灌浆压力0.5~1.5 MPa,具体灌浆压力由现场试验确定。此荷载作用在围岩上,对衬砌结构分析时不考虑。

5.4.5.3　工况组合

对于混凝土衬砌设计,本荷载组合来源于美国陆军工程师团《岩石隧洞与竖井工程与设计手册》(EM 1110-2-2901)第九章,再者由于尾水洞是水工钢筋混凝土结构,根据《水工钢筋混凝土结构强度设计》(EM 1110-2-2104),需要考虑水力系数$H_f=1.3$。根据尾水洞的施工、运行和检修情况,衬砌结构主要有以下四种工况:

(1)施工工况,荷载为结构自重+围岩荷载+回填灌浆荷载。

(2)运行工况,荷载为结构自重+围岩荷载+内水压力+外水压力。

(3)检修工况, 荷载为结构自重+围岩荷载+外水压力。

(4)特殊工况,运行工况+地震工况。

根据上述分析,非地震工况共有3种荷载组合,分别为:

(1)$U=1.3\times(1.1D+1.2R+1.2G_P)$;

(2)$U=1.3\times(1.1D+1.2R+1.4E_W+1.4I_W)$;

(3)$U=1.3\times(1.1D+1.2R+1.4E_W)$。

地震工况共有2种荷载组合,分别为:

(1)$U=0.75\times[1.3\times(1.1D+1.2R+1.4E_W+1.4I_W+1.4E_O)]$;

(2)$U=0.75\times[1.3\times(1.1D+1.0R+1.0E_W+1.0I_W+1.0E_M)]$。

上面公式中:U为荷载极限状态下荷载组合;D为衬砌自重;R为围岩荷载;G_P为灌浆压力;E_W为外水荷载;I_W为内水荷载;E_O为基本设计工况运行地震函数;E_M为最大设计工况运行地震函数。

5.4.5.4 计算结果

1. 变形验算

经分析,梁单元模拟的衬砌变形均比面单元模拟的结果大,须根据美国《混凝土结构设计规范》(ACI 318M-08)的 9.5 节"挠度控制"进行变形验算。验算墙厚时,尾水支洞最小厚度为 $\frac{m}{21}=0.47$ m (m 为洞高),尾水主洞最小厚度为 $\frac{m}{21}=0.66$ m,故尾水支洞和尾水主洞壁厚均能满足变形要求。

2. 配筋计算

尾水支洞主要配筋面积统计、尾水主洞主要配筋面积统计分别见表 5-35 和表 5-36。

表 5-35 尾水支洞主要配筋面积统计

断面	列项	顶拱	左、右拱肩(2 m 范围内)	左、右边墙	左、右边墙底部(2 m 范围内)	底板端部	底板中部
A—A	钢筋型号	Φ20@ 150	Φ20@ 150、Φ25@ 150	Φ28@ 150	Φ20@ 150、Φ28@ 150	Φ28@ 150	Φ20@ 150
	实际配筋面积 A_s(mm²)	2 095	5 370	4 107	6 640	4 107	2 095
	计算最大配筋面积(mm²)	1 465	4 835	3 373	5 013	3 537	1 758

表 5-36 尾水主洞主要配筋面积统计

断面	列项	顶拱	左、右拱肩(2 m 范围内)	左、右边墙	左、右边墙底部(2 m 范围内)	底板端部	底板中部
E—E	钢筋型号	Φ22@ 150	Φ20@ 150、Φ22@ 150	Φ22@ 150	Φ22@ 150、Φ28@ 150	Φ22@ 150、Φ28@ 150	Φ28@ 150
	实际配筋面积 A_s(mm²)	2 535	4 631	2 535	6 642	6 642	4 107
	计算最大配筋面积(mm²)	2 133	4 040	2 133	6 582	6 410	4 110
C—C	钢筋型号	Φ25@ 150	Φ25@ 150、Φ22@ 150	Φ22@ 150	Φ22@ 150、Φ32@ 150	Φ22@ 150、Φ32@ 150	Φ32@ 150
	实际配筋面积 A_s(mm²)	3 274	5 809	2 535	7 899	7 899	5 364
	计算最大配筋面积(mm²)	2 824	5 643	2 263	7 323	6 771	4 252

鼻坎水平及竖直向配筋均为Φ18@ 200。

3. 抗剪分析

抗剪分析见表 5-37。

表 5-37　抗剪分析

断面	部位	范围(m)	箍筋直径(mm)	抗剪钢筋间距(m)
A′—A′ /A—A	顶拱拱脚下部	1	20	0.28
A′—A′ /A—A	边墙底部	2	20	0.10
A′—A′/ A—A	底板端部	1	20	0.06
E—E	顶拱拱脚	2	20	0.51
E—E	边墙底部	2	20	0.12
E—E	底板端部	1	20	0.10
C—C	顶拱拱脚	2	20	0.27
C—C	边墙底部	2	20	0.10
C—C	底板端部	1	20	0.06

5.4.6　8#尾水支洞衬砌结构分析

根据现场施工情况，8#尾水支洞在开挖的过程中按照Ⅱ类围岩支护尺寸进行开挖，但是开挖揭示的地质围岩为Ⅲ类。Ⅱ类围岩初期支护尺寸为 100 mm 的喷混凝土，Ⅲ类围岩初期支护尺寸为 200 mm 的钢拱架喷混凝土，在保证尾水支洞净尺寸断面不变的情况下，就造成 8#尾水支洞衬砌结构在边墙部位减少了 100 mm，即边墙由初始的 600 mm 变为 500 mm。由于尾水支洞边墙混凝土内埋管较多，混凝土厚度减薄对结构受力不利。本书将使用 ANSYS 软件对 8#尾水支洞衬砌及结构进行计算和分析。

5.4.6.1　基本参数

本计算书在尾水洞衬砌结构计算书的基础上进行补充，故计算参数包括混凝土参数、钢筋参数、荷载计算、弹簧参数等均省略，详见说明书 ID-CDM-CIV-V-F-6004。计算工况选择最不利工况，即检修工况，荷载组合为结构自重+围岩荷载+外水压力：

$$U = 1.3 \times (1.1D + 1.2R + 1.4E_W)$$

使用 ANSYS 软件对 8#尾水支洞结构进行计算与分析。

尾水支洞顶拱和边墙的管路详见图纸 ID-EQM-MEC-P-F-0041～0048。为简化分析过程，选择最不利断面进行分析。

5.4.6.2　尾水支洞底板 0.7 m、侧墙 0.5 m

尾水支洞底板 0.7 m、侧墙 0.5 m 时使用 ANSYS 软件分析结果见图 5-76～图 5-84。

5.4.6.3　尾水支洞底板 1.2 m、侧墙 0.5 m

尾水支洞底板 1.2 m、侧墙 0.5 m 时使用 ANSYS 软件分析结果见图 5-85～图 5-93。

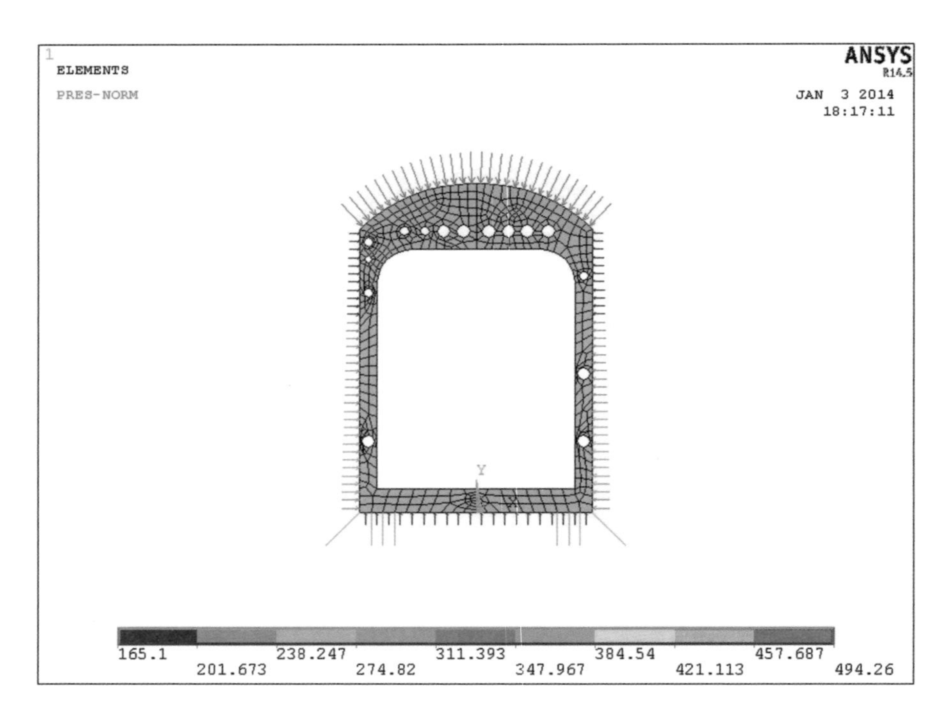

图 5-76　尾水支洞底板 0.7 m、侧墙 0.5 m 时荷载　（单位：kN）

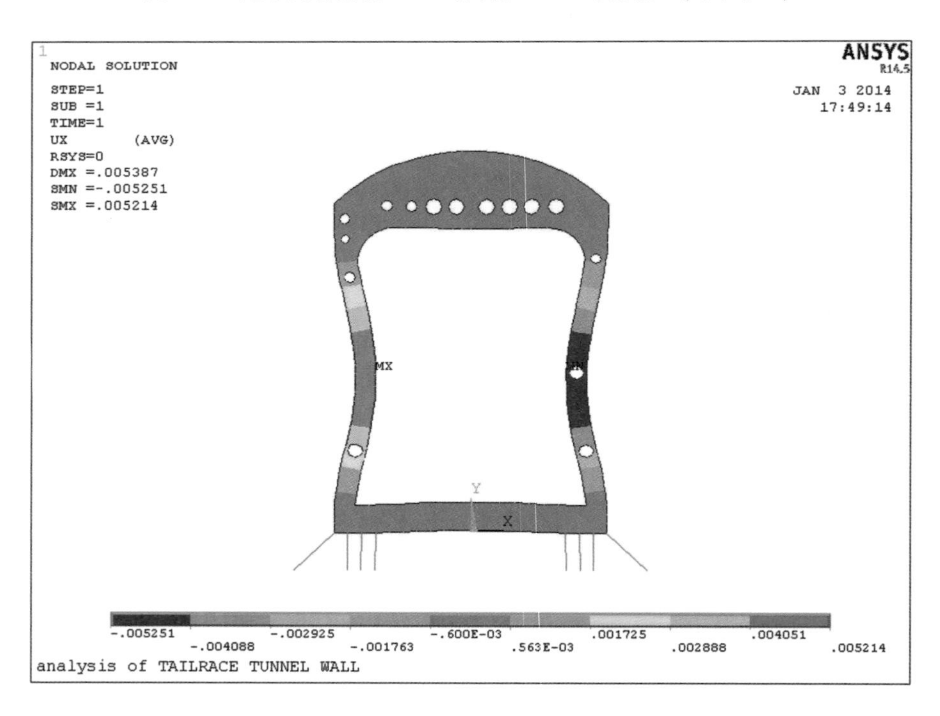

图 5-77　尾水支洞底板 0.7 m、侧墙 0.5 m 时 X 方向位移　（单位：m）

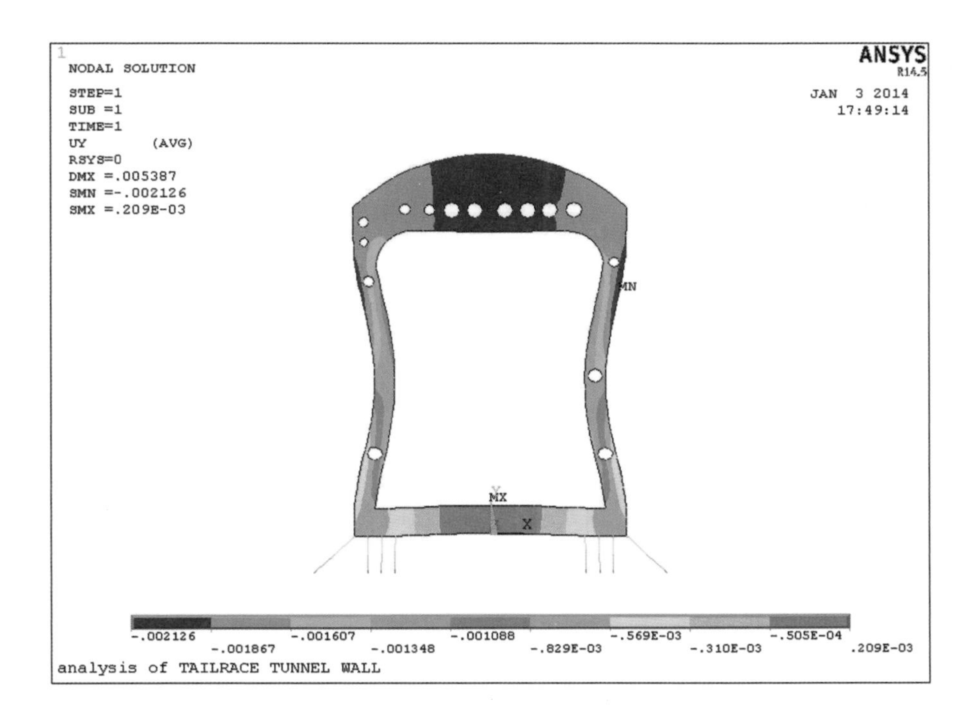

图 5-78　尾水支洞底板 0.7 m、侧墙 0.5 m 时 Y 方向位移　(单位:m)

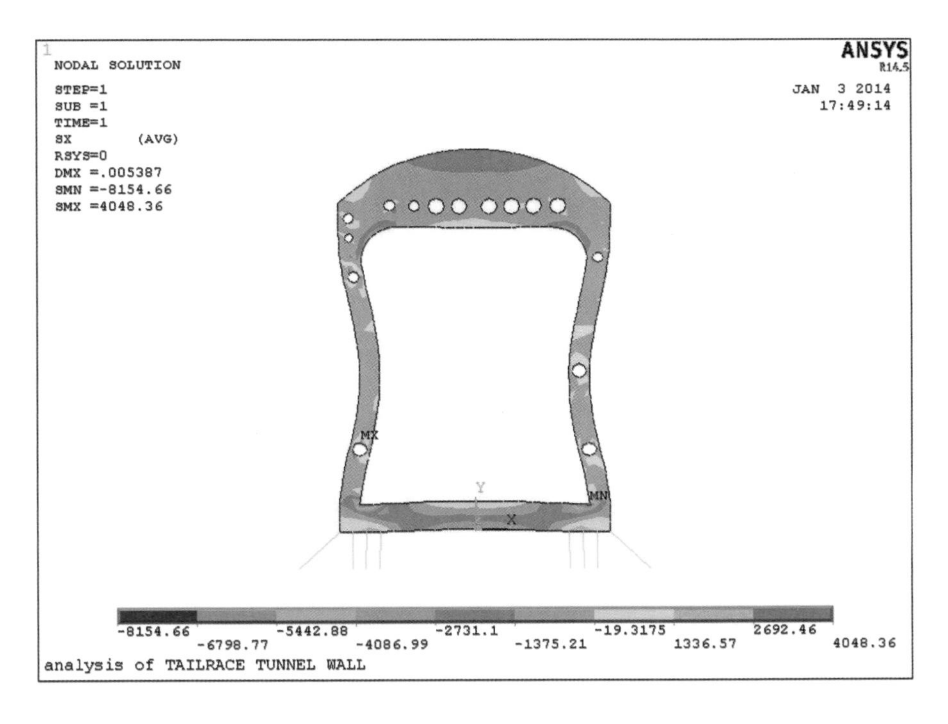

图 5-79　尾水支洞底板 0.7 m、侧墙 0.5 m 时 X 方向应力　(拉正压负)(单位:kPa)

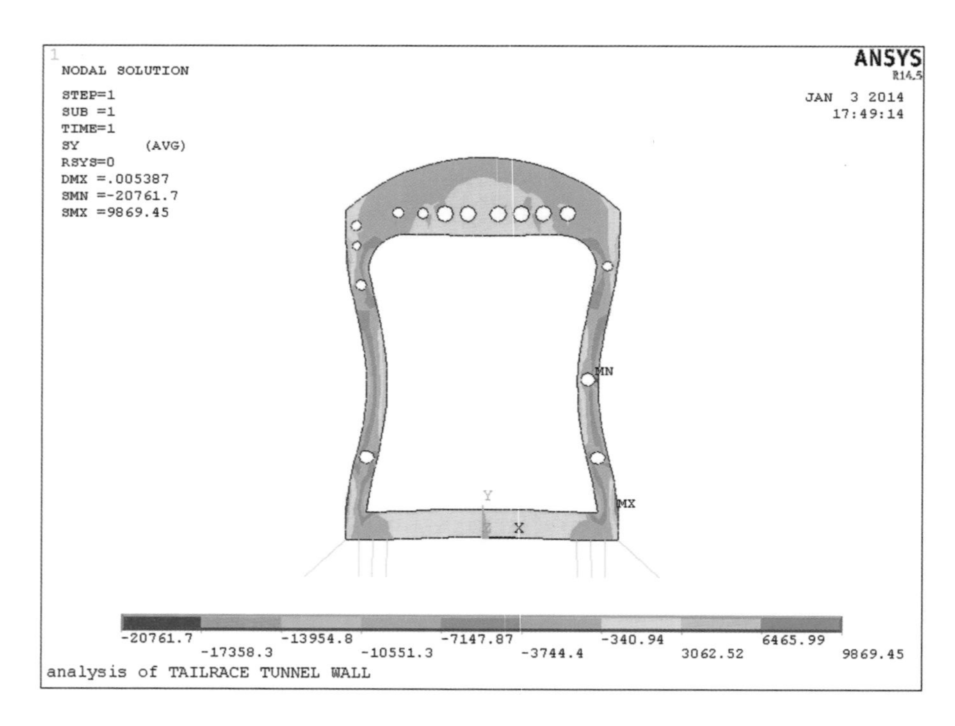

图 5-80 尾水支洞底板 0.7 m、侧墙 0.5 m 时 Y 方向应力 （拉正压负）（单位：kPa）

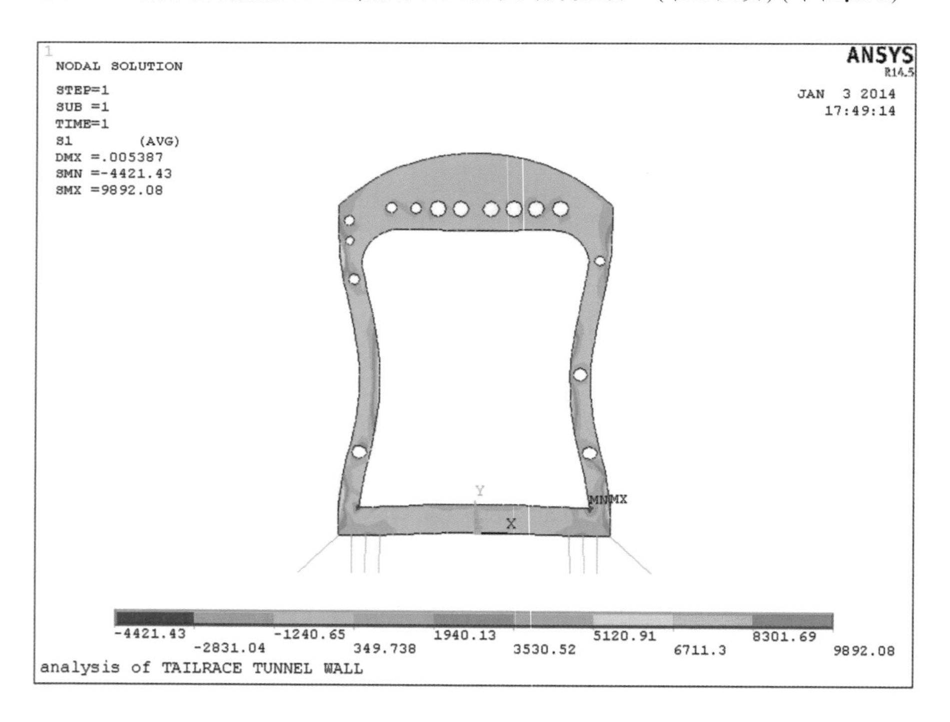

图 5-81 尾水支洞底板 0.7 m、侧墙 0.5 m 时第一主应力 （拉正压负）（单位：kPa）

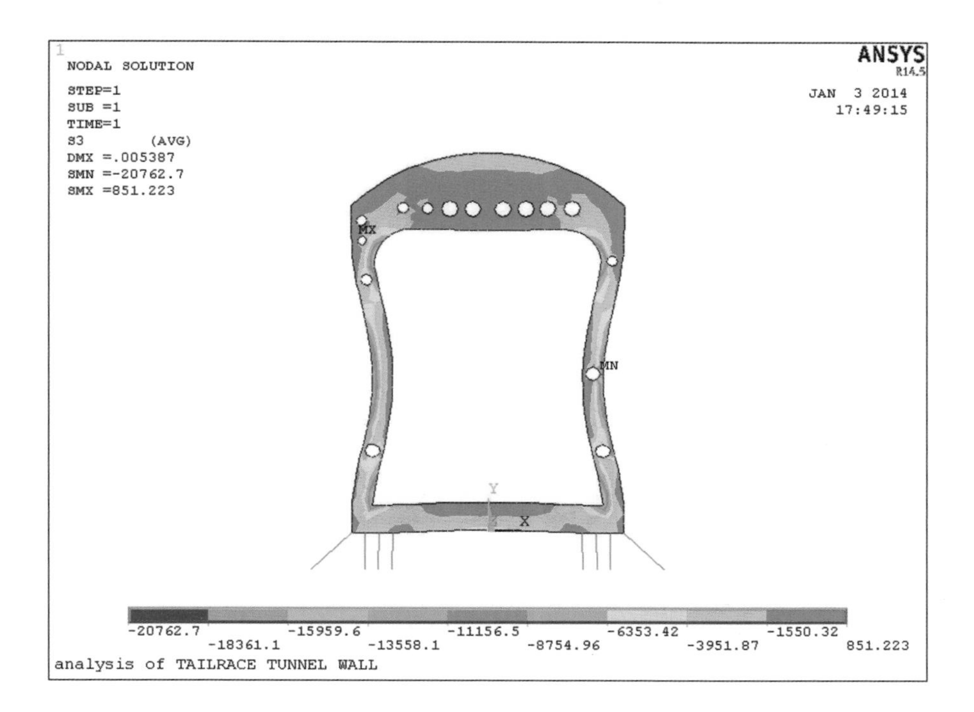

图 5-82　尾水支洞底板 0.7 m、侧墙 0.5 m 时第三主应力　(拉正压负)(单位:kPa)

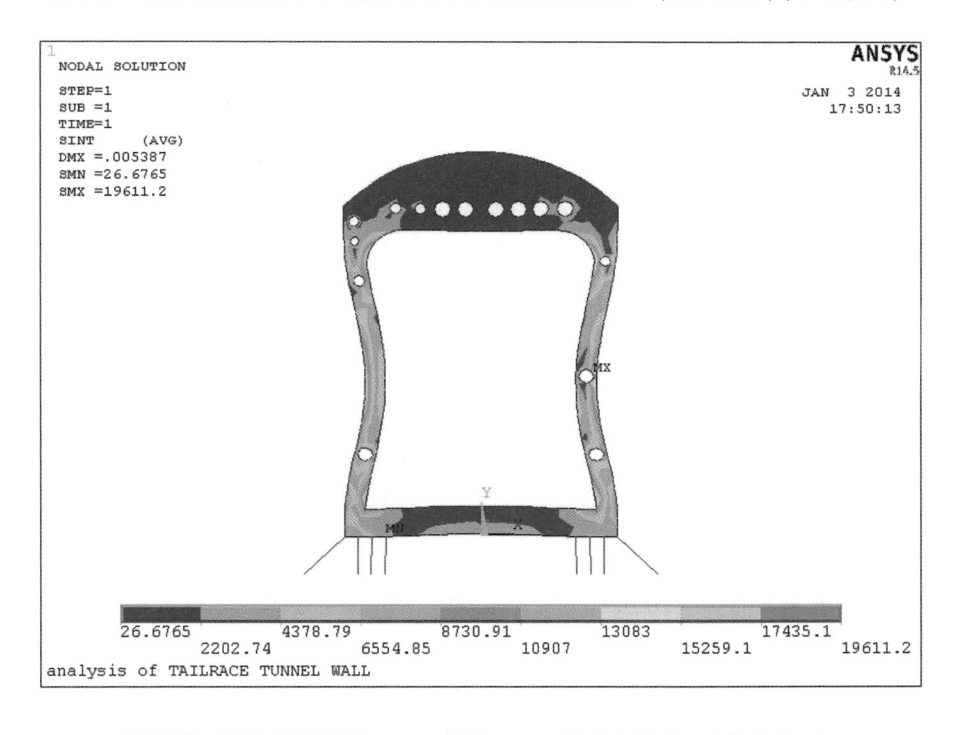

图 5-83　尾水支洞底板 0.7 m、侧墙 0.5 m 时应力强度　(单位:kPa)

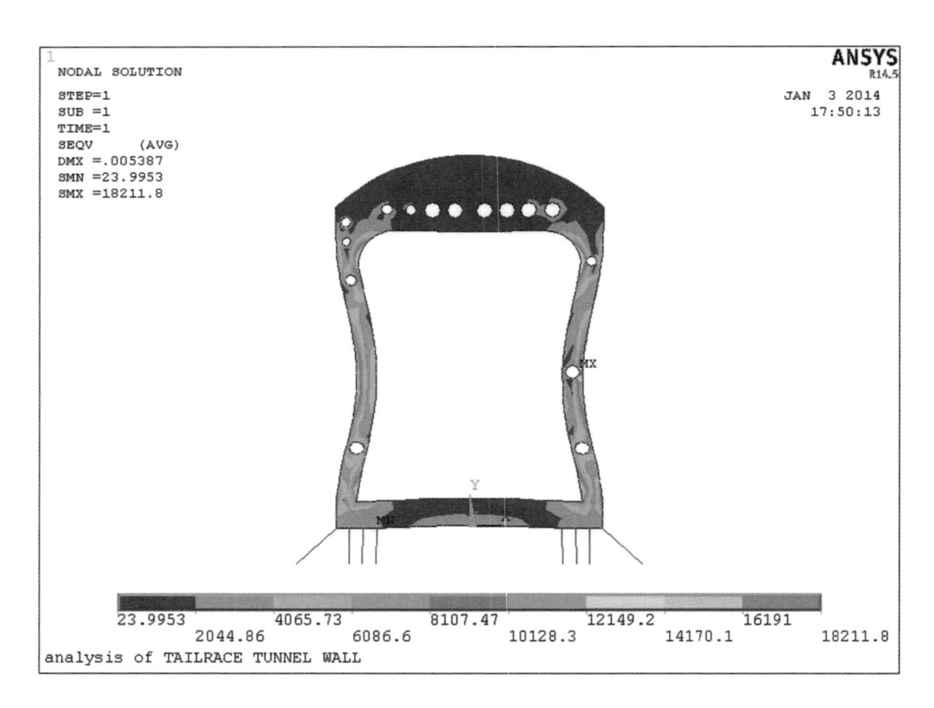

图 5-84 尾水支洞底板 0.7 m、侧墙 0.5 m 时 Mises 应力 （单位:kPa）

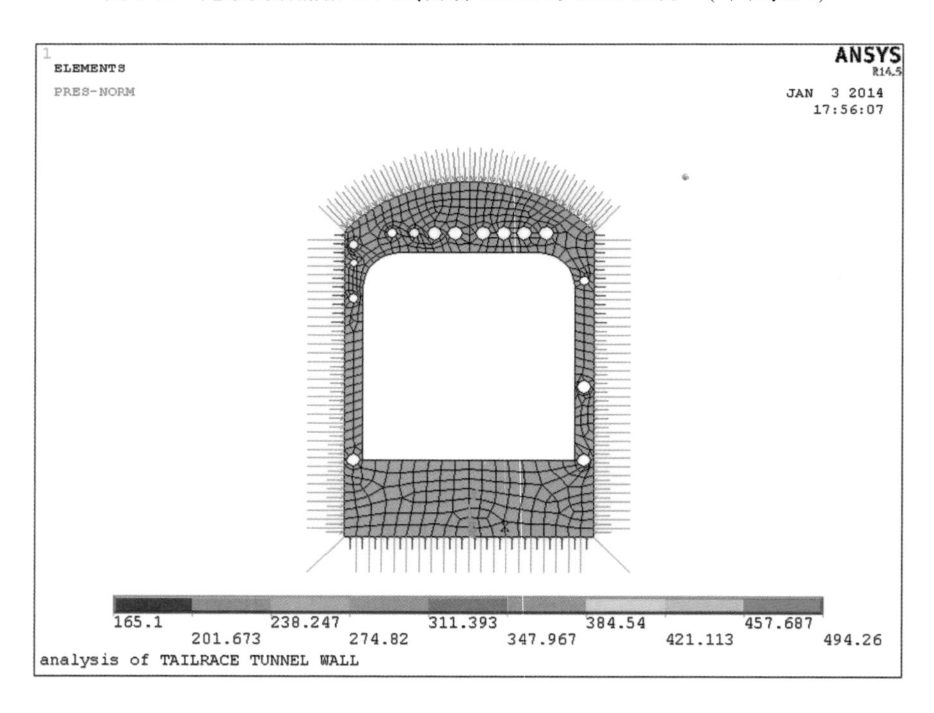

图 5-85 尾水支洞底板 1.2 m、侧墙 0.5 m 时荷载 （单位:kN）

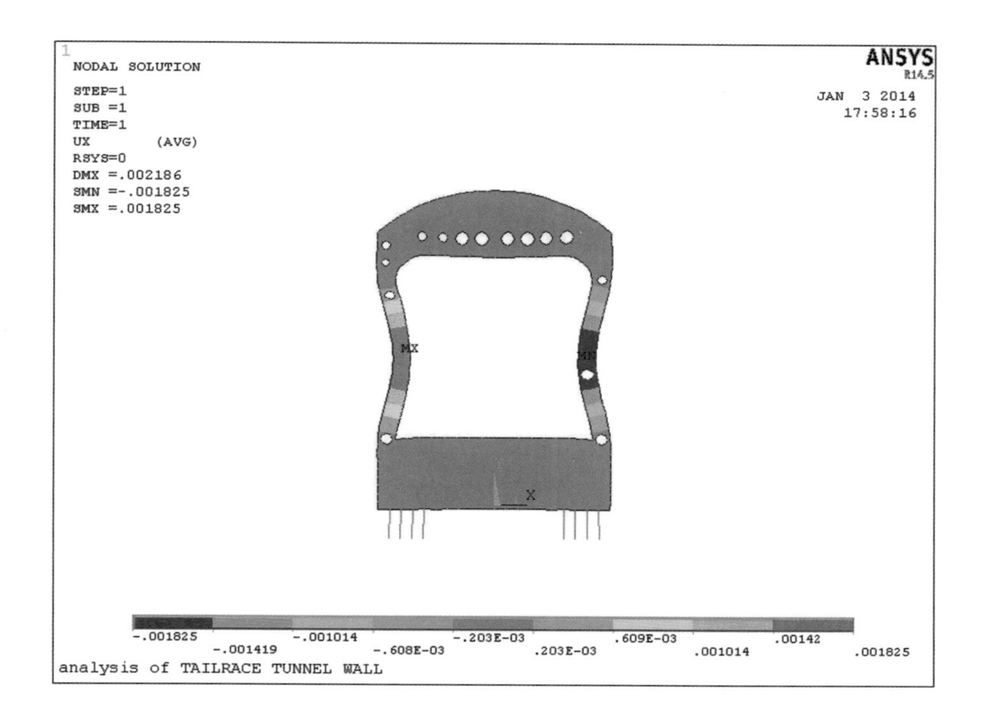

图 5-86　尾水支洞底板 1.2 m、侧墙 0.5 m 时 X 方向位移　(单位:m)

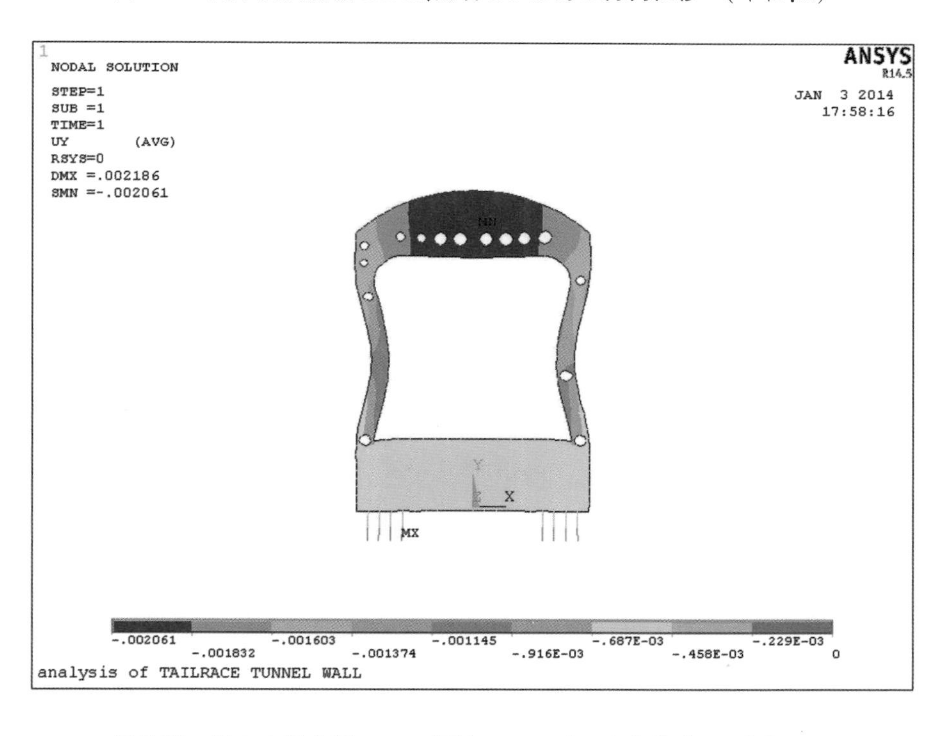

图 5-87　尾水支洞底板 1.2 m、侧墙 0.5 m 时 Y 方向位移　(单位:m)

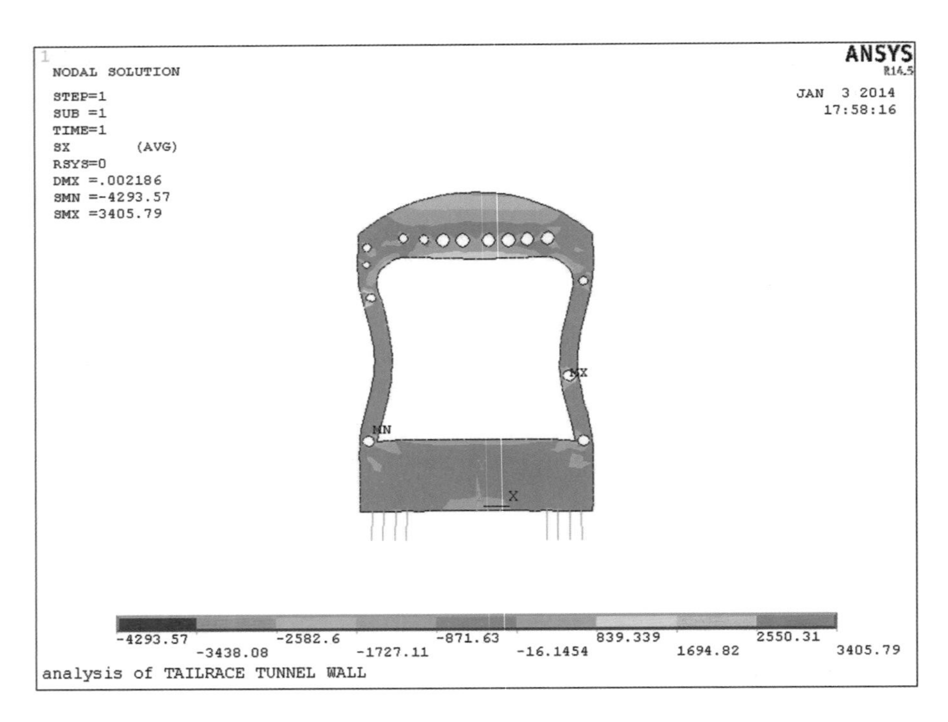

图 5-88 尾水支洞底板 1.2 m、侧墙 0.5 m 时 X 方向应力 (单位:kPa)

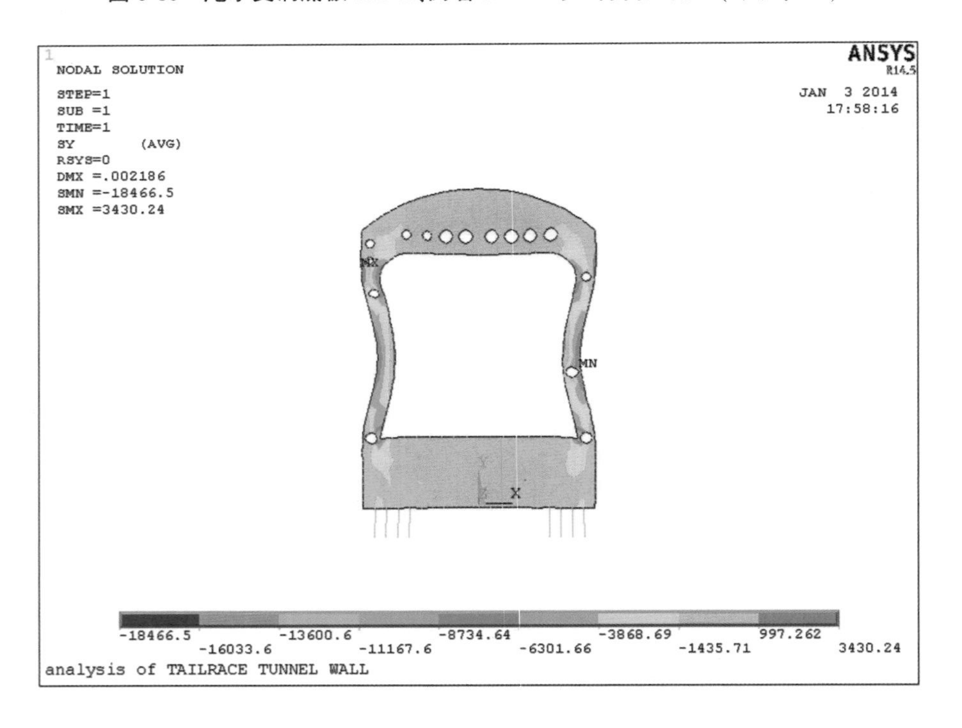

图 5-89 尾水支洞底板 1.2 m、侧墙 0.5 m 时 Y 方向应力 (单位:kPa)

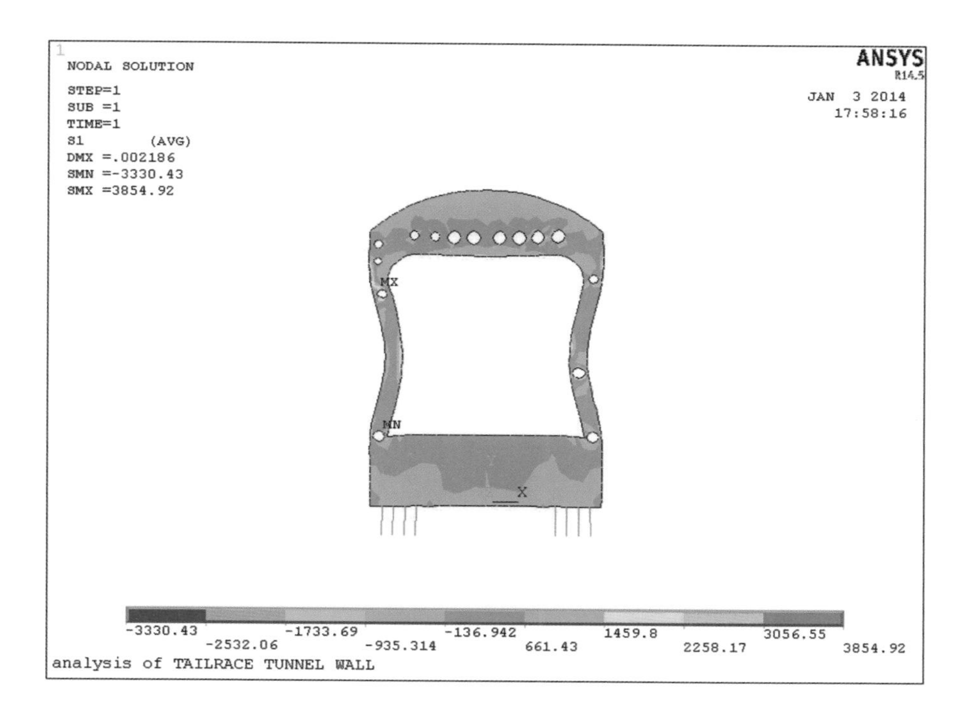

图 5-90　尾水支洞底板 1.2 m、侧墙 0.5 m 时第一主应力　(单位:kPa)

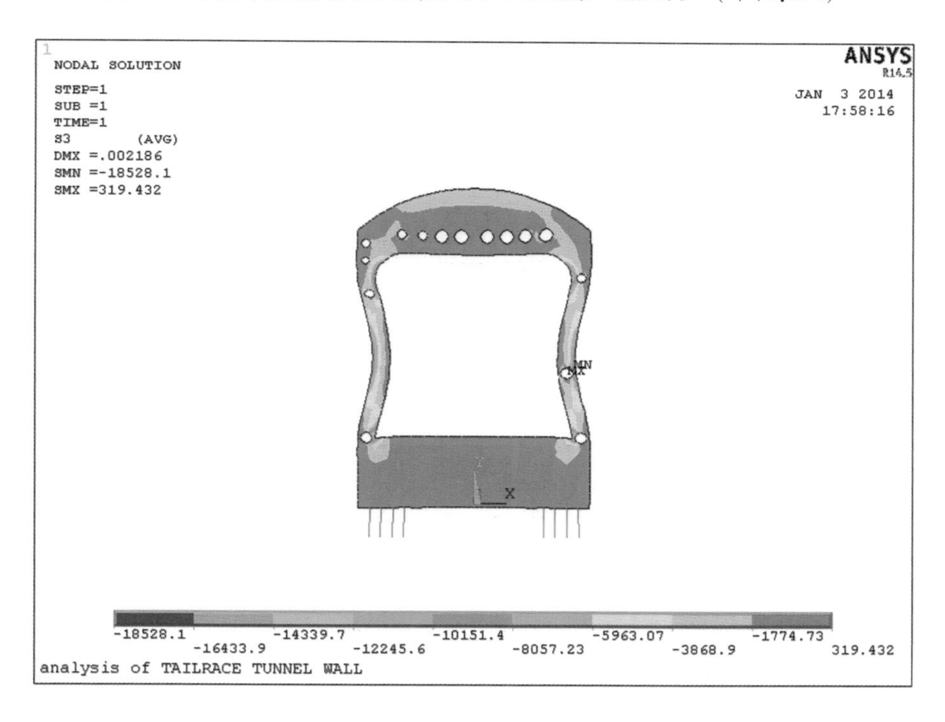

图 5-91　尾水支洞底板 1.2 m、侧墙 0.5 m 时第三主应力　(单位:kPa)

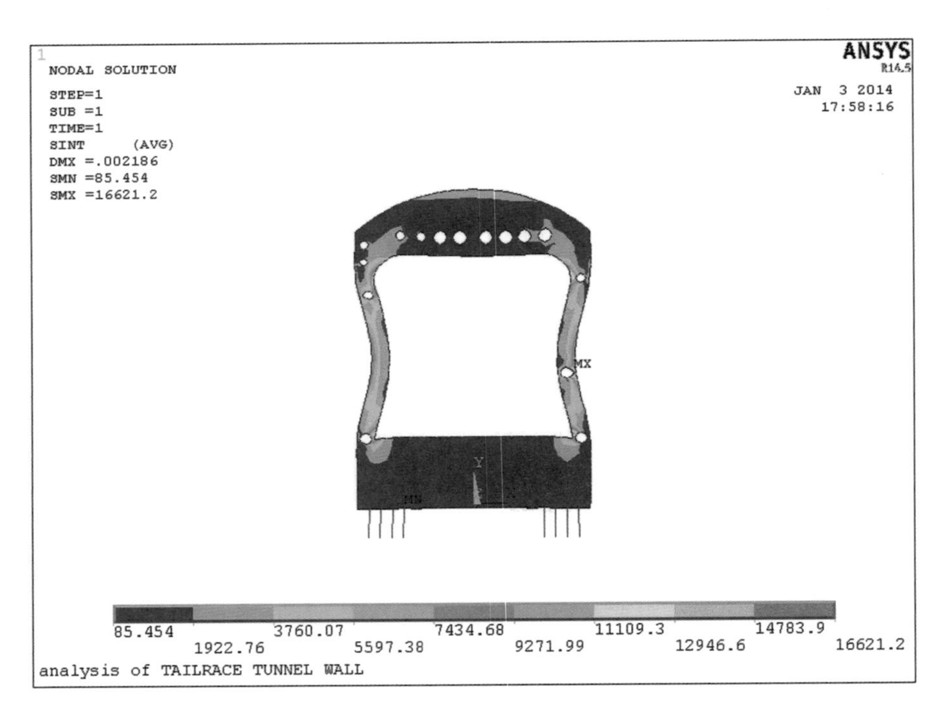

图 5-92 尾水支洞底板 1.2 m、侧墙 0.5 m 时应力强度 （单位：kPa）

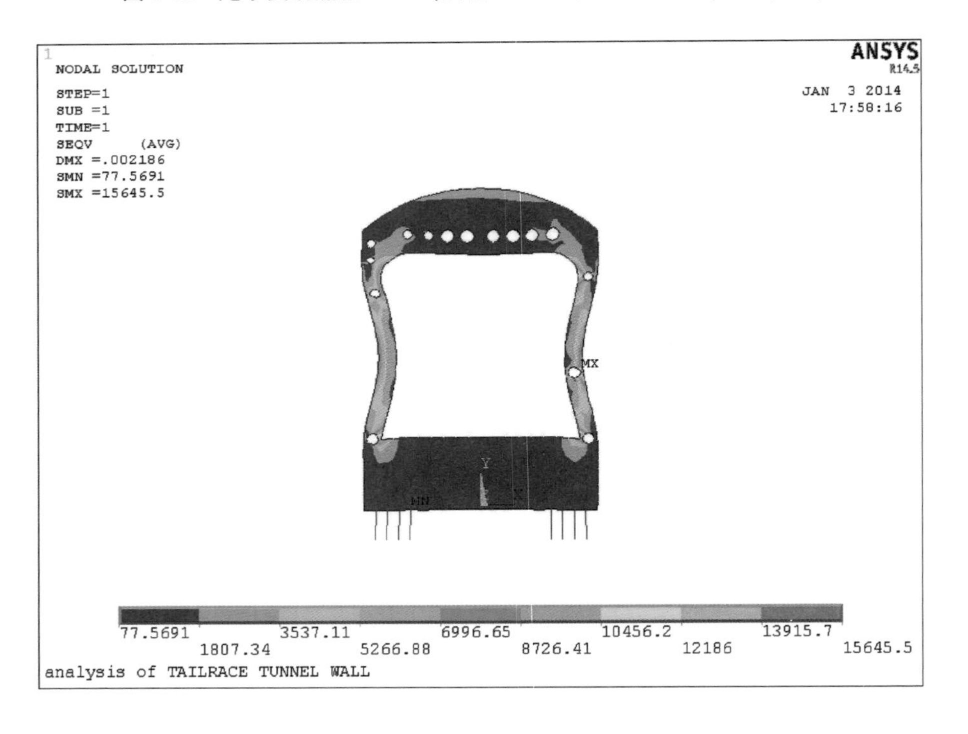

图 5-93 尾水支洞底板 1.2 m、侧墙 0.5 m 时 Mises 应力 （单位：kPa）

5.4.6.4　尾水支洞底板 0.7 m、侧墙 0.5 m，考虑钢管

尾水支洞底板 0.7 m、侧墙 0.5 m，考虑钢管时使用 ANSYS 软件分析结果见图 5-94～图 5-102。

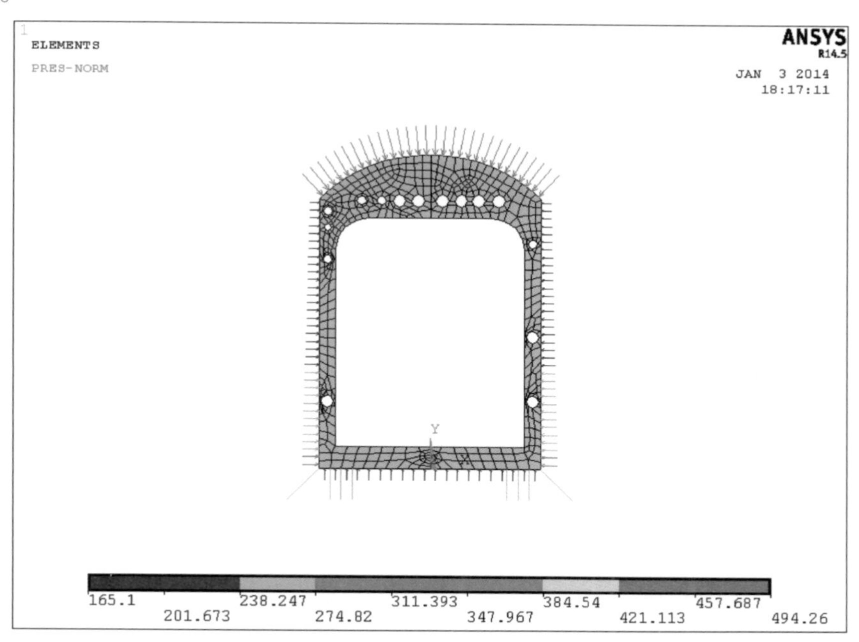

图 5-94　尾水支洞底板 0.7 m、侧墙 0.5 m，考虑钢管时荷载　（单位：kN）

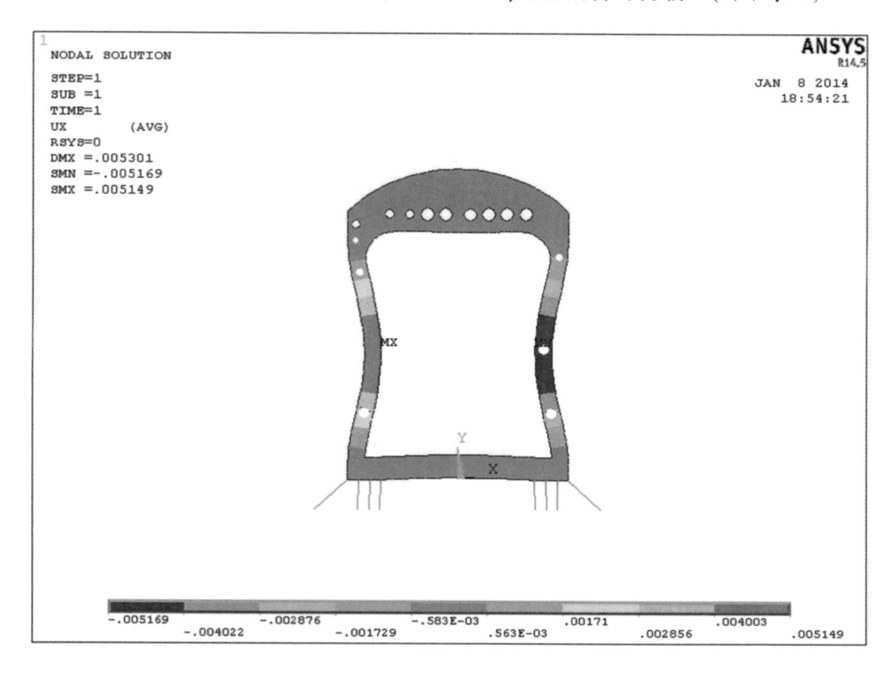

图 5-95　尾水支洞底板 0.7 m、侧墙 0.5 m，考虑钢管时 X 方向位移　（单位：m）

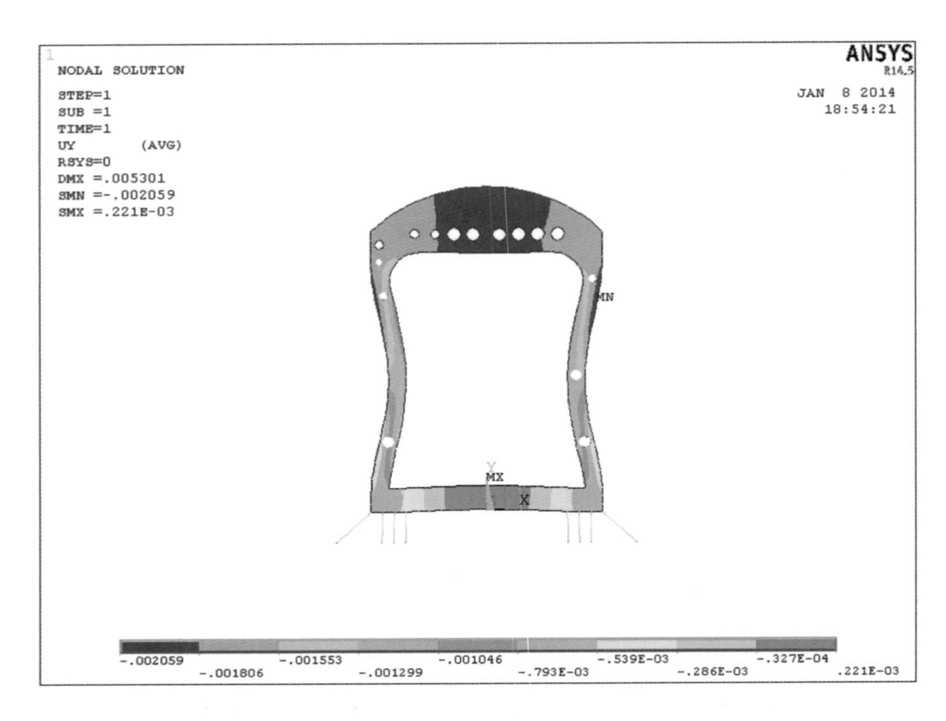

图 5-96 尾水支洞底板 0.7 m、侧墙 0.5 m，考虑钢管时 Y 方向位移 （单位：m）

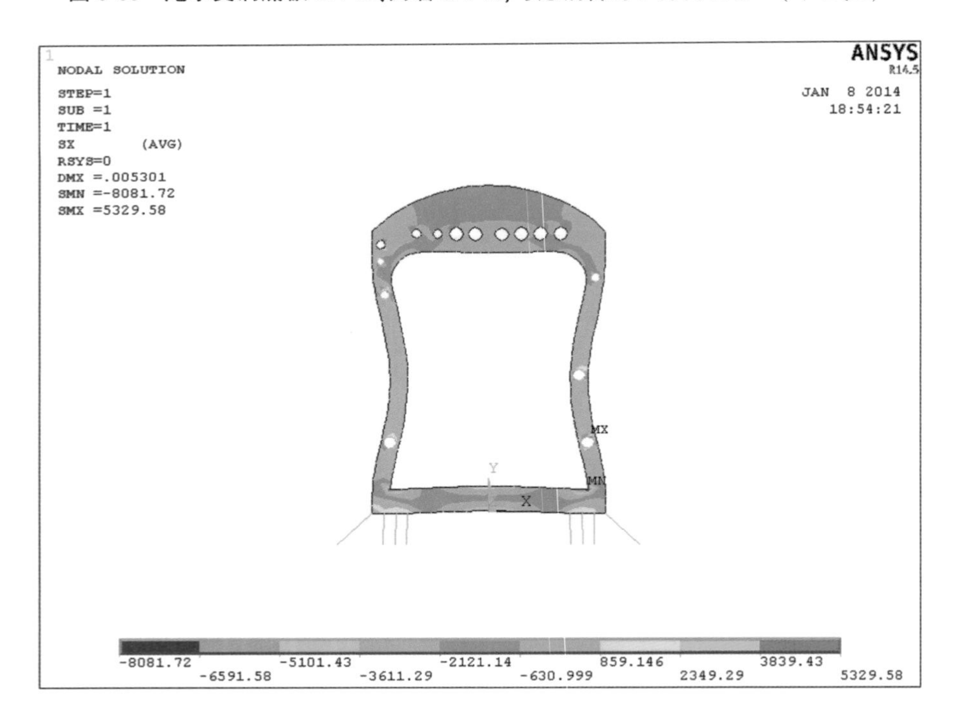

图 5-97 尾水支洞底板 0.7 m、侧墙 0.5 m，考虑钢管时 X 方向应力 （单位：kPa）

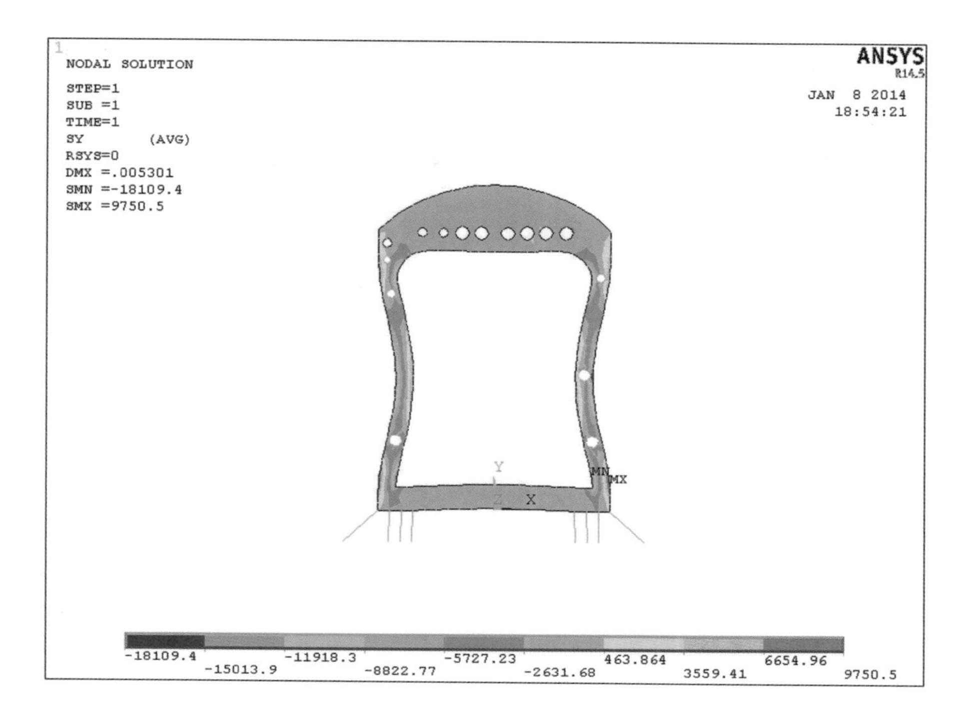

图 5-98　尾水支洞底板 0.7 m、侧墙 0.5 m，考虑钢管时 Y 方向应力　（单位：kPa）

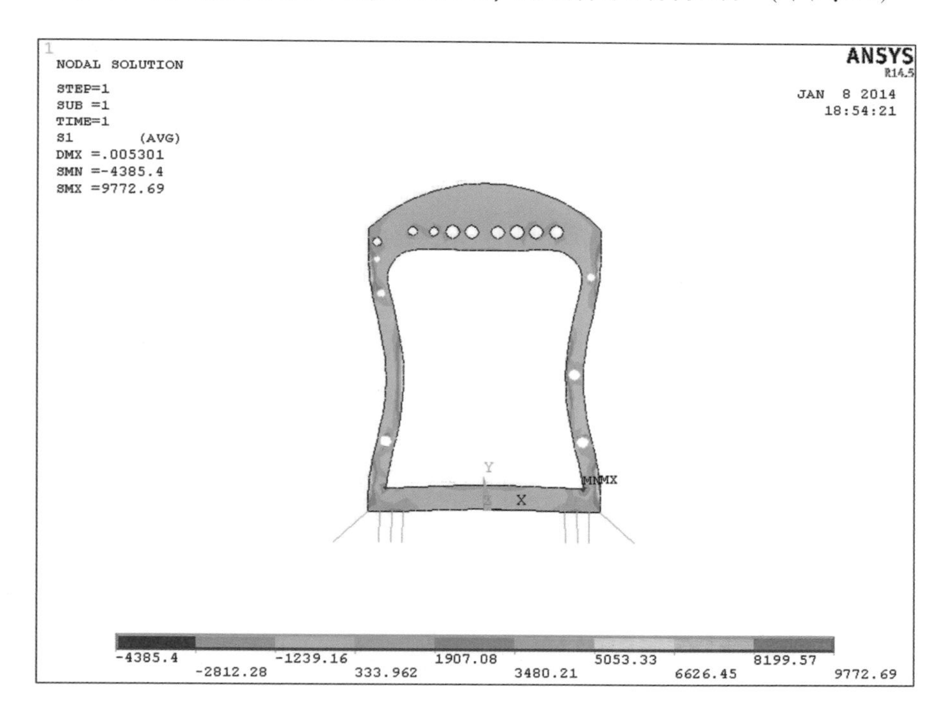

图 5-99　尾水支洞底板 0.7 m、侧墙 0.5 m，考虑钢管时第一主应力　（单位：kPa）

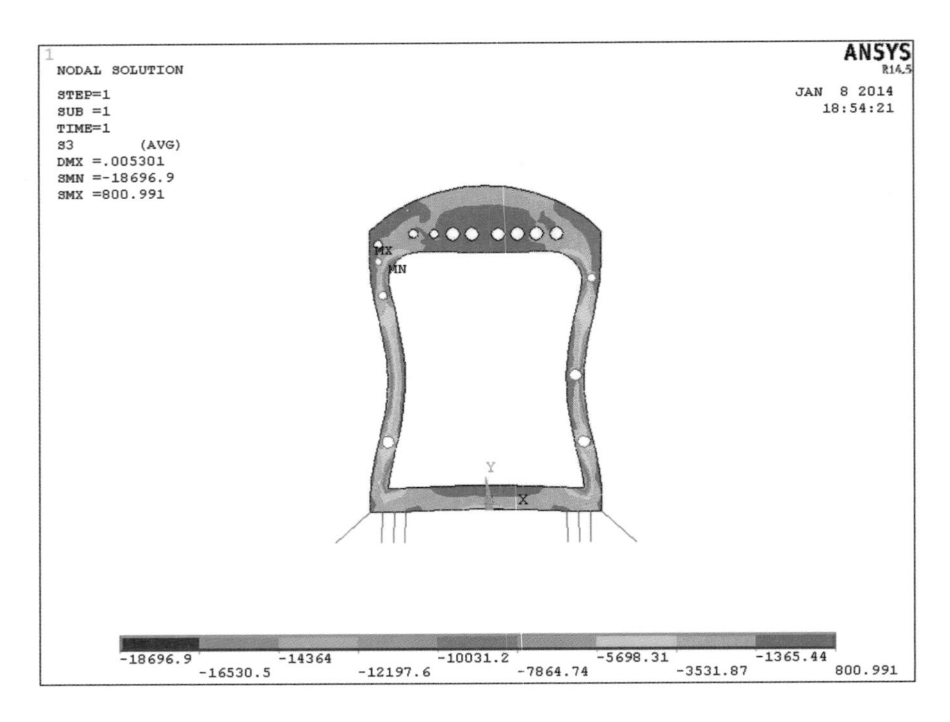

图 5-100 尾水支洞底板 0.7 m、侧墙 0.5 m，考虑钢管时第三主应力 （单位：kPa）

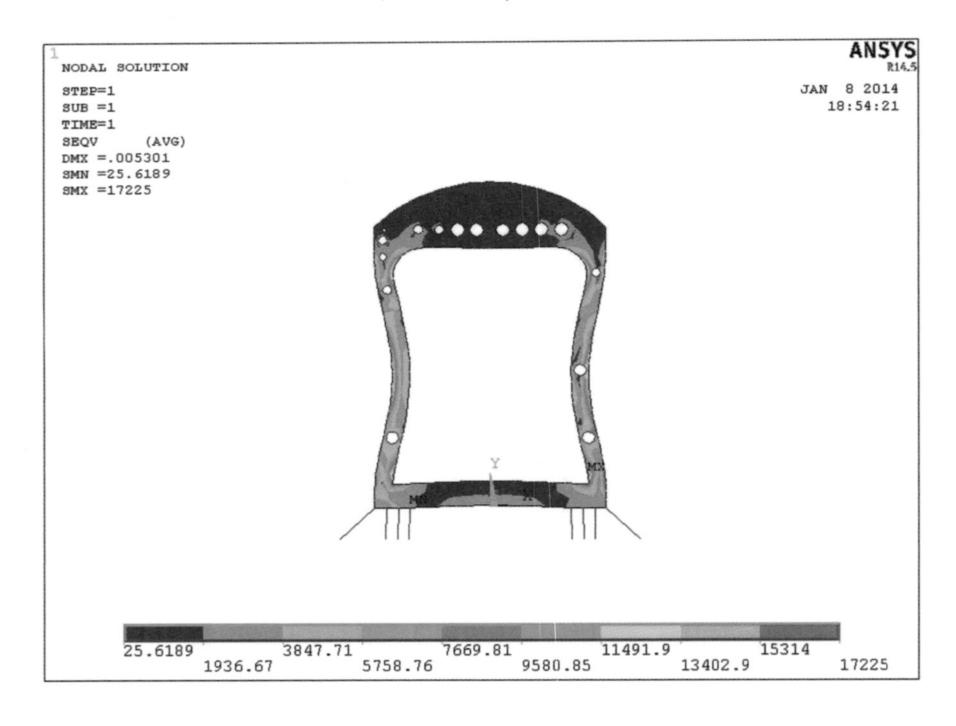

图 5-101 尾水支洞底板 0.7 m、侧墙 0.5 m，考虑钢管时应力强度 （单位：kPa）

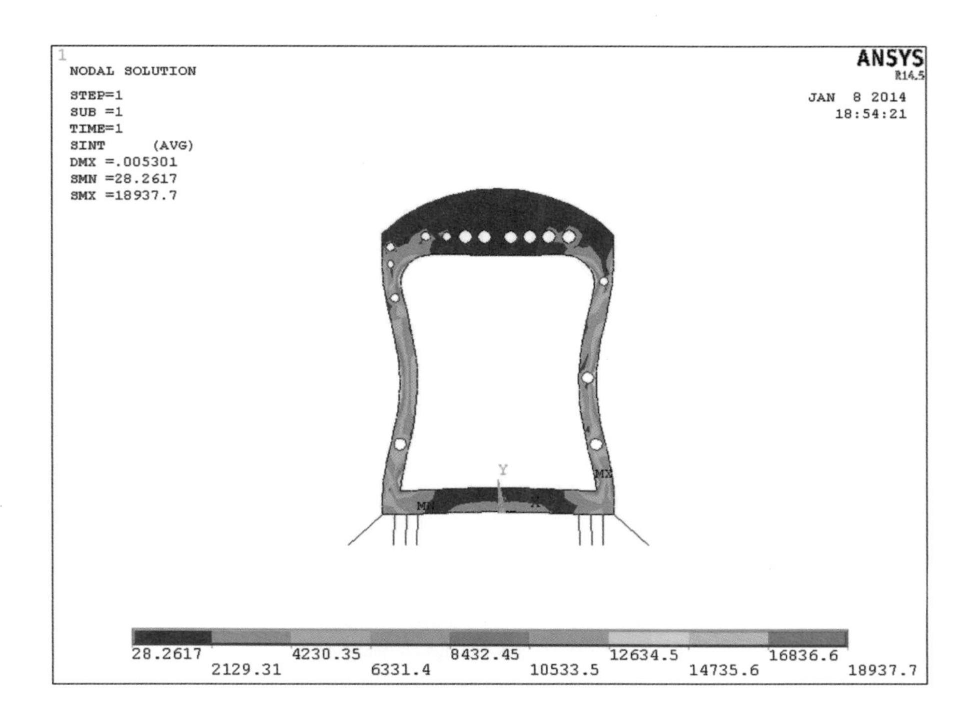

图 5-102　尾水支洞底板 0.7 m、侧墙 0.5 m，考虑钢管时 Mises 应力　（单位：kPa）

5.4.6.5　结论

根据以上计算结果，最大 Y 向应力发生在边墙到底板的拐角外侧，为 6.46～9.86 MPa，平均值为 8 160 kPa，范围在边墙到底板的拐角外侧 0.2 m 以内，此部分每米长度范围受力为 8 160×0.2×1＝1 632(kN)，尾水支洞侧墙钢筋采用φ36@150，钢筋能够提供的力为 $420\times\pi\times0.018^2\times0.65\times1\ 000=277$(kN)，则需要每米范围内钢筋根数为 1 632/277＝5.89(根)，即φ36@150 能够满足要求。

埋在 8# 尾水支洞边墙中部的管子为 P30 及 P31，型号为φ 355.6 mm×8 mm，因此 355.6+2×50+2×36＝527.60(mm)>500 mm。如果φ36@150 钢筋沿钢管两侧布设，则截面尺寸无法满足保护层厚度，难以施工。

边墙钢管附近应力为 3.062～6.465 MPa，平均值为 4 786 kPa，范围在边墙到底板的拐角外侧 0.2 m 以内，此部分每米长度范围受力为 4 786×0.2×1＝953(kN)，尾水支洞侧墙钢筋采用 2φ22@150，单根钢筋能够提供的力为 $420\times\pi\times0.011^2\times0.65\times1\ 000=104$(kN)，则需要每米范围内钢筋根数为 953/104＝9.16(根)，即 2φ22@150 能够满足要求。

355.6+2×50+2×22＝499.6(mm)<500 mm。这种情况下保护层厚度能够满足要求，但是施工要保证质量，以便钢管、钢筋及混凝土能够整体受力。

混凝土第一主应力及第三主应力均能满足要求，为提高混凝土的安全裕度，将 8# 尾水支洞混凝土从 28 MPa 提高至 32 MPa。

5.5 高压电缆洞

高压电缆洞洞身长约490.45 m，桩号D0+000.00～D0+490.45，坡度$i=0.003\ 61$。高压电缆洞采用城门洞形。D0+000.00～D0+025.00段为Ⅳ类围岩，设有钢拱架支护，开挖尺寸为4.50 m×7.36 m（宽×高）；D0+025.00～D0+040.00段为Ⅲ类围岩，开挖尺寸为4.20 m×7.26 m（宽×高）；D0+040.00～D0+490.45段为Ⅱ类围岩，此间也可能会出现Ⅲ类围岩，开挖尺寸为4.20 m×7.26 m（宽×高）。

5.5.1 Phase2开挖支护分析

5.5.1.1 Ⅱ类围岩

经过Phase2分析，开挖完成后总位移小于3 mm(见图5-103)。钢筋网安全系数大于1.5。喷混凝土安全系数大部分大于1.5，满足安全稳定要求(见图5-104)。

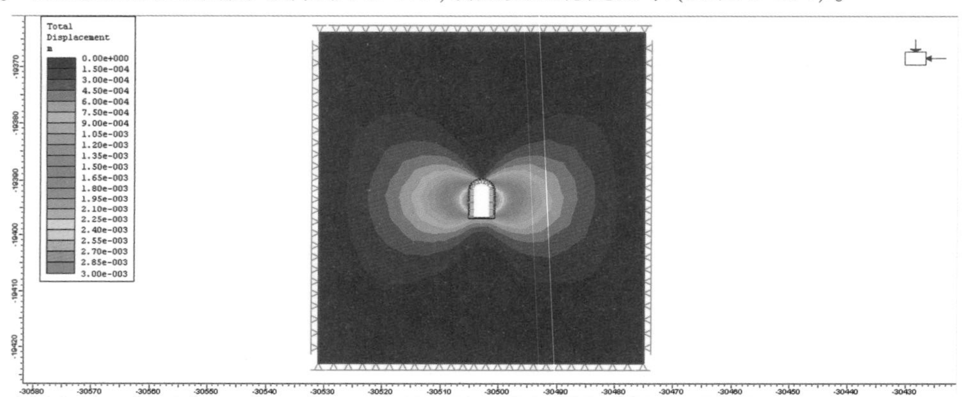

图5-103 位移云图

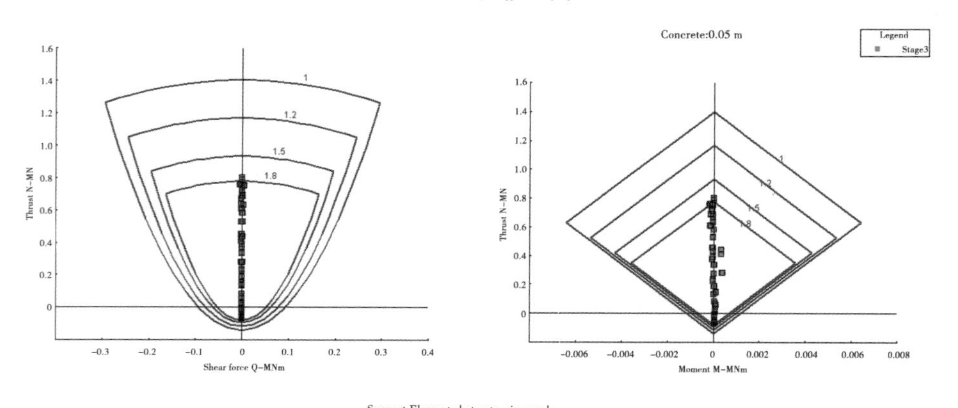

图5-104 喷混凝土和钢筋网安全系数

5.5.1.2　Ⅲ类围岩

经过 Phase2 分析，开挖完成后总位移小于 4 mm（见图 5-105），岩石锚杆的轴力小于 133 kN，塑性区深度小于 0.5 m（见图 5-106）。喷混凝土安全系数大部分大于 1.5，满足安全稳定要求（见图 5-107）。

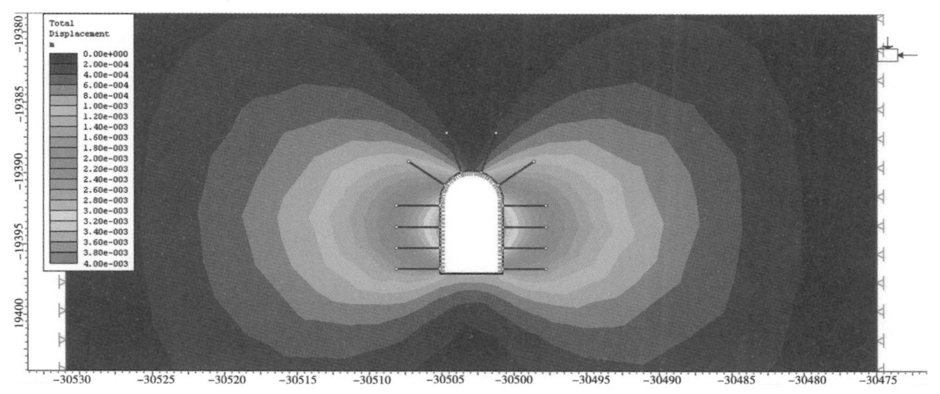

图 5-105　位移云图

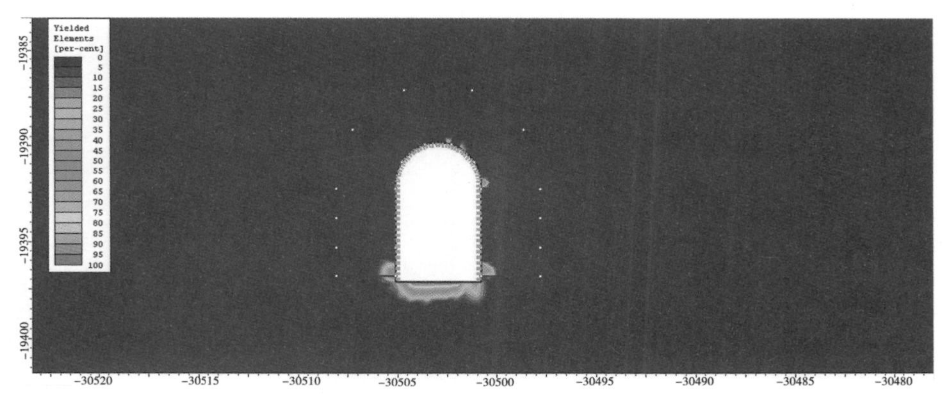

图 5-106　塑性区

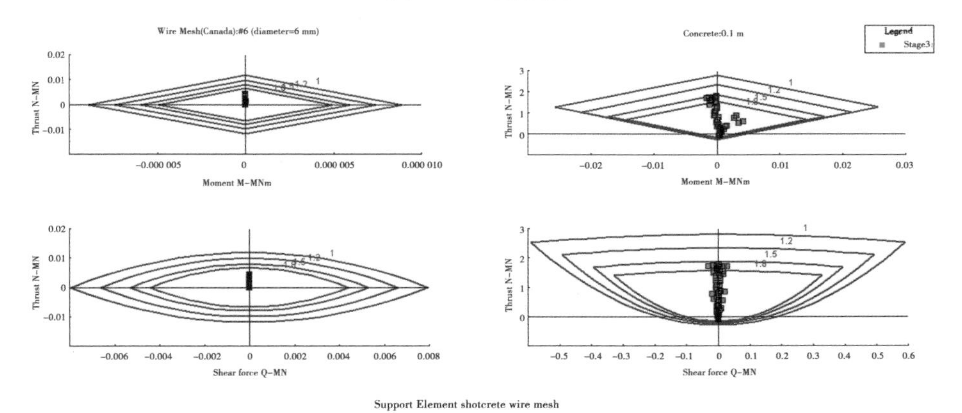

图 5-107　喷混凝土和钢筋网安全系数

5.5.1.3 Ⅳ类围岩

经过 Phase2 分析,开挖完成后总位移小于 7 mm(见图 5-108),岩石锚杆的轴力小于 133 kN,塑性区深度小于 0.8 m(见图 5-109)。喷混凝土钢拱架安全系数大部分大于 1.5,局部尖角部位小于 1.5,但大于 1.2,满足安全稳定要求(见图 5-110)。

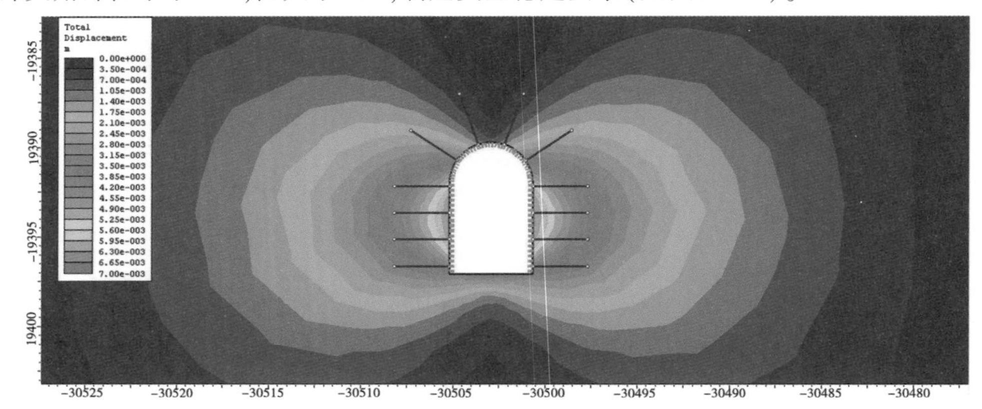

图 5-108　位移云图

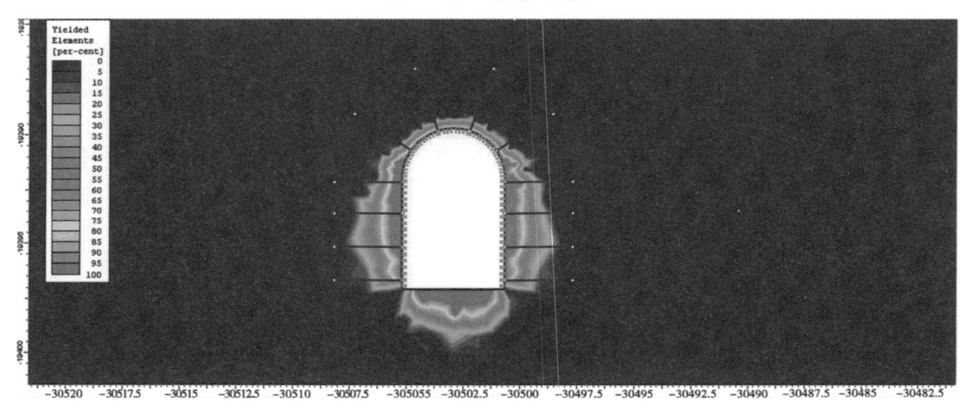

图 5-109　塑性区

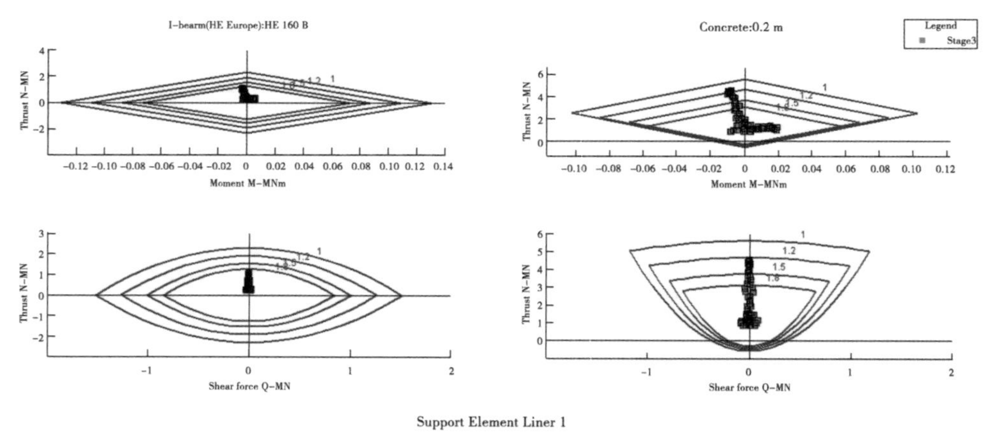

图 5-110　喷混凝土和钢筋网安全系数

5.5.2　高压电缆洞二次衬砌结构分析

计算分析建立在 SAP2000 结构分析程序上，该程序为按照美国 CSI 设计的最通用的结构有限元分析软件，广泛地运用于诸如桥梁、大坝、工业与民用建筑等土木领域。

5.5.2.1　Modal 分析模型

衬砌段衬砌厚度为 0.35 m，底板混凝土厚度为 0.86 m；洞外明拱段侧墙厚度为 0.5 m，电缆廊道底板厚度为 0.7 m。明拱段、洞身段计算模型分别见图 5-111、图 5-112。

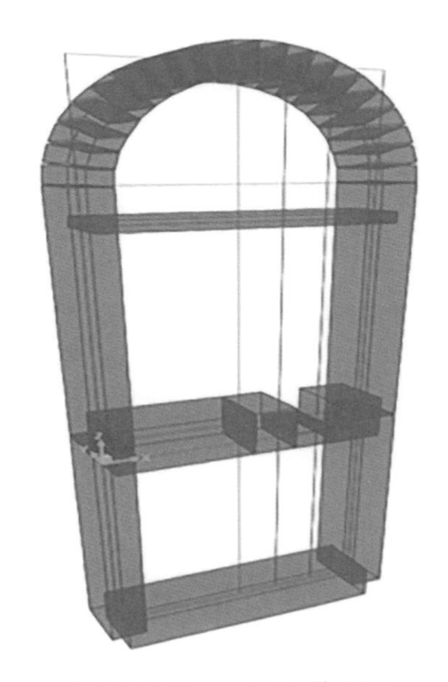

图 5-111　明拱段计算模型

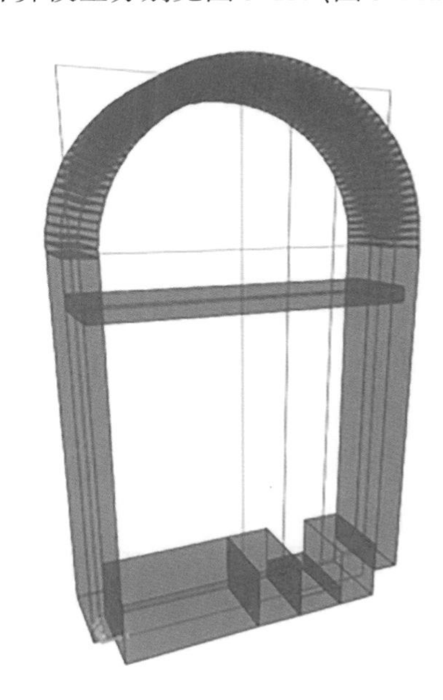

图 5-112　洞身段计算模型

5.5.2.2　弹簧单元

为模拟支护单元抵抗围岩竖向荷载和水平向荷载产生变形时围岩的作用，在支护单元周边设置 gap 弹簧。岩石对高压电缆洞衬砌的约束作用简化为一个受压弹簧。

此弹簧仅仅在受压状态时作用，能够降低围岩的刚度。顶拱弹簧刚度按下列公式计算：

$$k = \frac{E}{[Req \cdot (1 + \mu)]}$$

$$Req = \frac{1}{2}\sqrt{\frac{4A}{\pi}}$$

侧墙和底板弹簧刚度按下式进行计算：

$$k = \frac{E}{B \times (1 - \mu^2)}$$

5.5.2.3　地震反应谱

对于高压电缆洞的整体结构采用反应谱法进行地震分析。根据科云贝利函号 SHC-CCS-DD-A1-DE-V215-2012-578 的分析，采用根据调蓄水库试验分析得到的厂房反应谱函数,并把此函数导入 SAP2000 中得到地震影响下的结构反应。

1. 地震分析方法

地震分析方法:之后的分析考虑为岩石/土对于一个给定信号的一维波传播反映。

一般而言,地震分析方法假定为以下几步:

(1)在波的传播计算中,根据调蓄水库地震研究,综合加速度记录数据假定为地面输入信号。使用 SHAKE 91 软件进行波传播计算,以便评估厂房的加速度水平。

(2)在厂房高程获得的数据记录以单自由度体系形式表达,每个地震(基本运行地震、最大运行地震)的阻尼均为 5%。

2. 数值模型

为了使用 SHAKE 软件进行波传播分析,需要对地质模型进行离散分析。竖直剖面被离散为几个子层。子层系统信息描述如表 5-38 所示,且到厂房中部的深度为 300 m,洞室谱分析为至 37 层的顶部。EPT 报告的输入运动假定反映了岩石出露点的运动。因此,它适用于强风化岩层的顶部。

表 5-38 子层系统信息描述

地层	高度(m)	子高度(m)	子层数	层号
覆盖层	15	5	3	1 ~3
强风化	50	5	10	4 ~13
弱风化	260	10	26	14 ~39
微风化	厚度			40

3. 地震分析结果

地震设计反应谱值见表 5-39。

表 5-39 地震设计反应谱值

地震	$a_0(T_0=0)$ (g)	$a_b(T_a-T_b)$ (g)	T_a(s)	T_b(s)
OBE	0.10	0.29	0.10	0.31
MDE	0.13	0.38	0.08	0.35

在表 5-39 所示参数都界定出来后,就可以得到反应谱曲线。抗震计算通过导入此曲线进入计算软件来定义反应谱(见图 5-113、图 5-114)。

5.5.2.4 荷载计算

1. 外水压力

根据高压电缆洞排水系统的布置,设置排水孔作为排水系统,因此外水压力水头考虑至洞顶,并考虑 0.5 的水压力折减系数。

外水压力计算公式为

$$P=\mu\cdot\gamma\cdot h$$

式中符号意义同前。

外水压力简图见图 5-115。

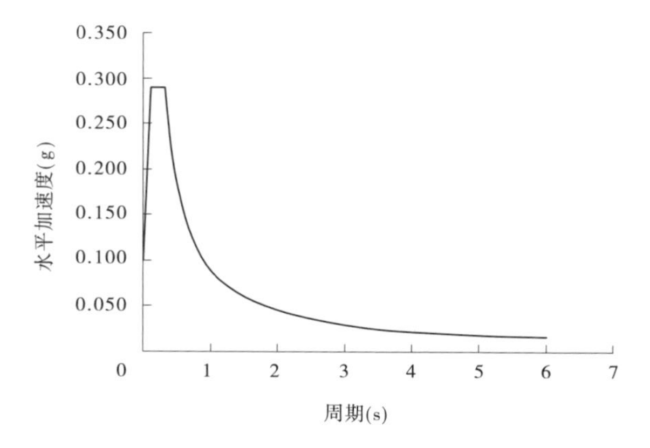

图 5-113　OBE 工况反应谱

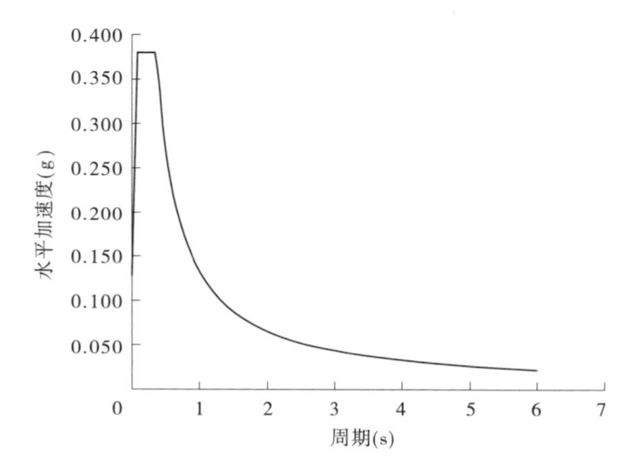

图 5-114　MDE 工况反应谱

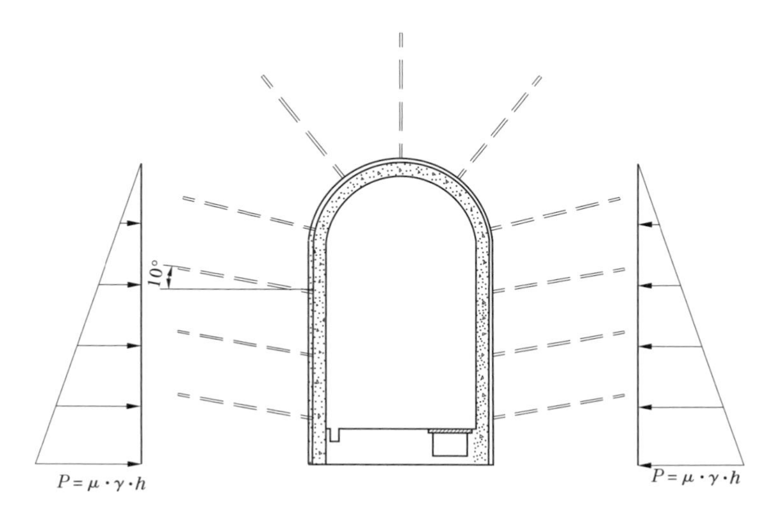

图 5-115　外水压力简图

2. 通风压强荷载

电缆洞上层通风道是负压,压强为 1 100 Pa。

3. 灌浆压力荷载

衬砌顶拱进行回填灌浆,灌浆压力按照 200 kPa 考虑。

4. 围岩压力

考虑隧道的覆盖层厚度,使用 Bierbaumer 理论进行围岩竖直及边界荷载计算。图 5-116 为隧道荷载示意图。

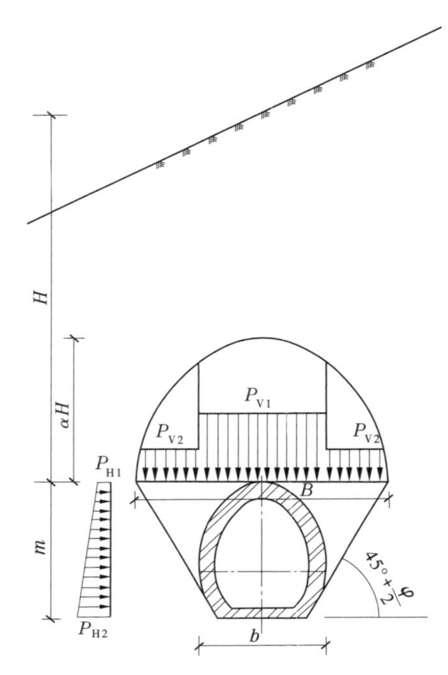

图 5-116　隧道荷载示意图

隧道承受的重力高度 h 与 H 成一定的比例。荷载宽度 B 按下式进行估计:

$$B = 2 \times \left[\frac{b}{2} + m\tan\left(45^\circ - \frac{\varphi}{2}\right)\right]$$

α 为隧道覆盖层厚度的比例系数,按照如下相应公式计算:

当 $H \leqslant 5B$ 时

$$\alpha = 1 - \frac{\tan\varphi \cdot \tan^2\left(45^\circ - \frac{\varphi}{2}\right)H}{b + 2m\tan\left(45^\circ - \frac{\varphi}{2}\right)}$$

当 $H>5B$ 时

$$\alpha = \tan^4\left(45^\circ - \frac{\varphi}{2}\right)$$

竖向荷载 P_{V1} 按下式计算:

$$P_{V1}=\gamma\cdot\alpha\cdot H$$

作用于隧道边界上的水平荷载与竖向荷载 P_{V2} 存在一个从隧道底部起 $45°+\frac{\varphi}{2}$ 的映射关系。边界荷载为梯形分布,数值按下式计算:

$$B_{\gamma}=\frac{1}{2}(B-b)$$

隧道顶部荷重按照抛物线方程进行定义:

$$W_{(x)}=-\alpha x^2+P_{V1}$$

$$\alpha=\frac{P_{V1}\times 4}{B^2}$$

$$W_{(x)}=-\frac{P_{V1}\times 4}{B^2}x^2+P_{V1}$$

计算 $x=(b+B_p)/2$ 时的平均高度,此点的数值为 P_{V2}:

$$P_{V2(x)}=-\frac{P_{V1}\times 4}{B^2}\cdot\left(\frac{b+B_{\gamma}}{2}\right)^2+P_{V1}$$

边界荷载按照三角形进行分布,数值按如下方法进行计算:

$$P_{H1}=P_{V2}\tan^2\left(45°-\frac{\varphi}{2}\right)$$

$$P_{H2}=(P_{V2}+\gamma\cdot m)\tan^2\left(45°-\frac{\varphi}{2}\right)$$

5. 土压力

洞口明拱在施工完之后考虑洞外填土,填土高程达到洞外边坡的第一级马道高度,即明拱上方填土厚度 2.90 m。考虑到使用期边坡滑塌物有可能堆积在洞顶填土上,因此在填土的基础上增加 1 m 的填土荷载作为塌落物荷载考虑,图 5-117 为土压力计算简图。

$$P_V=\gamma\cdot h \tag{5-30}$$

$$P_h=\gamma\cdot h\cdot K_a \tag{5-31}$$

$$K_a=\tan^2(45°-\frac{\varphi}{2}) \tag{5-32}$$

式中:P_V 为洞顶竖向土压力;P_h 为侧向土压力;K_a 为主动土压力系数;φ 为土体的内摩擦角,即 38°;γ 为覆盖层土体浮容重,即 10 kN/m^3。

6. 通风设备荷载

高压电缆洞用作通风通道,总共布置 4 台风机,2 台布置在顶层楼板、2 台布置在中间楼板,考虑每台设备 5 600 N(见图 5-118)。

7. 活荷载

各层板的均布活荷载按照 4 kN/m^2 考虑。

5.5.2.5　工况组合

对于混凝土衬砌设计,本荷载组合来源于 EM 1110-2-2901 第九章,再者由于高压电

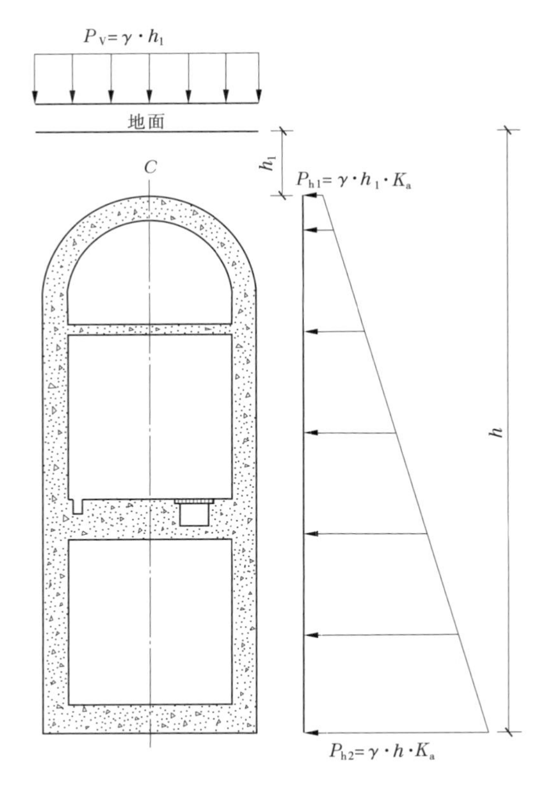

图 5-117　土压力计算简图

缆洞是水工钢筋混凝土结构，根据 EM 1110－2－2104，需要考虑水力系数 $H_f=1.3$。根据高压电缆洞的施工、运行和检修情况，衬砌结构主要有以下 4 种工况：

(1)施工工况，荷载为结构自重+围岩荷载+回填灌浆荷载。

(2)运行工况，荷载为结构自重+围岩荷载+内水压力+外水压力。

(3)检修工况，荷载为结构自重+围岩荷载+外水压力。

(4)特殊工况，运行工况+地震工况。

根据上述分析，非地震工况共有 3 种荷载组合，分别为：

(1) $U=1.3\times(1.1D+1.2R+1.2G_P)$；

(2) $U=1.3\times(1.1D+1.2R+1.4E_W+1.4I_W)$；

(3) $U=1.3\times(1.1D+1.2R+1.4E_W)$。

地震工况共有 2 种荷载组合，分别为：

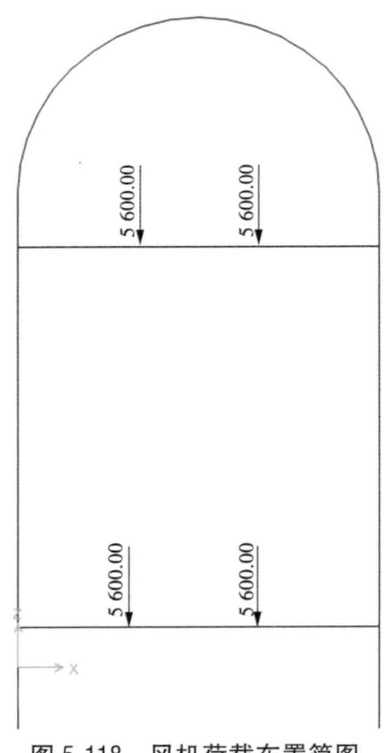

图 5-118　风机荷载布置简图

(1) $U=0.75\times[1.3\times(1.1D+1.2R+1.4E_W+1.4I_W+1.4E_O)]$；

(2) $U=0.75\times[1.3\times(1.1D+1.0R+1.0E_W+1.0I_W+1.0E_M)]$。

上面各式中符号意义同前。

5.5.2.6　计算结果

高压电缆洞主要配筋面积统计见表 5-40。

表 5-40　高压电缆洞主要配筋面积统计

项目	明拱段	洞身段
顶拱	Φ20 @ 200	Φ22 @ 200
	$A_s=1\ 571\ \text{mm}^2$	$A_s=1\ 901\ \text{mm}^2$
边墙	Φ28 @ 200	Φ28 @ 200
	$A_s=3\ 079\ \text{mm}^2$	$A_s=3\ 079\ \text{mm}^2$
电缆洞底板	Φ22 @ 200	Φ28 @ 200
	$A_s=1\ 901\ \text{mm}^2$	$A_s=3\ 079\ \text{mm}^2$
电缆廊道底板		Φ28@ 200/Φ14 @ 200
		$A_s=3\ 849\ \text{mm}^2$
隔板	Φ25 @ 200/Φ22@ 200	
	$A_s=4\ 355\ \text{mm}^2$	

5.6　进厂交通洞

5.6.1　基本概况

进厂交通洞长度为 487. 90 m，纵向坡度 $i=0.048\ 6$、0. 014 4、0. 007 7。最大埋深为 246 m。它穿过主变室的中部，与安装间发电机层的下游侧连接。连接处高程为 623. 50 m。断面为城门洞形，有 8. 7 m×8. 5 m（宽×高）、8. 50 m×7. 9 m（宽×高）、7. 7 m×7. 5 m（宽×高）三种断面，交通洞入口高程 626. 51 m。

进厂交通洞从 2010 年开始设计到 2012 年 7 月批复，共报批 A0～A6—B0～B1 达 9 个版本。A6 版本前都是意大利 ELC 公司审批，后来改为墨西哥 ASOC 工程咨询公司审批，中间过程十分艰辛，包括分析方法、软件、思路均被颠覆了好几次。由于进厂交通洞施工图设计走在整个 CCS 水电站施工图设计的前端，很多分析思路、软件要求、审批要求都没有达到一个明晰的程度，都是个人在一版一版的过程中不断摸索总结出来的。

本隧洞的设计前期采用国内的规范如《铁路隧道设计规范》《水工隧洞设计规范》等，计算软件也是采用手算和理正岩土工具箱。但是监理一直未认可。后来经过多方研究合

同及与监理沟通，最终根据 Hoek-Brown 经验准则和理论方程计算交通洞的塑性区，通过 ANSYS 和 Phase2 认证和补充。

通过计算，研究交通洞的支护形式以便确定样式、长度、间距及支护参数。

5.6.2 地质条件

洞室在 Misahualli 地层中，紧密和坚硬，子块状结构。根据周围岩石类编写标准，0+045.00~0+487.90 段主要是Ⅱ类围岩，作为整体基本是稳定的。0+000.00~0+045.00 段为Ⅲ类围岩，稳定性较差。岩(石)体力学参数取值见表 5-41。

表 5-41 岩(石)体力学参数取值

岩性	干密度 (g/cm^3)	岩石饱和抗压强度 (MPa)	抗拉强度 (MPa)	软化系数	抗剪断强度		弹性模量 (×10^3 MPa)	泊松比 μ	单位弹性抗力系数 k_0(kg/cm^3)	固化系数	m_i	GSI
					φ (°)	c (MPa)						
火山凝灰岩	2.66	80~90	3~7	0.90	50	1.1	17	0.21	40~50	8~10	15~18	50~60

5.6.3 洞身稳定分析

假定隧洞岩石是各项异性，计算不考虑节理结构面的影响。

(1)塑性半径 r_p 按照 Hoek-Brown 经验准则计算简图见图 5-119(参考 Dr Evert Hoek 的《实用岩石力学》)。

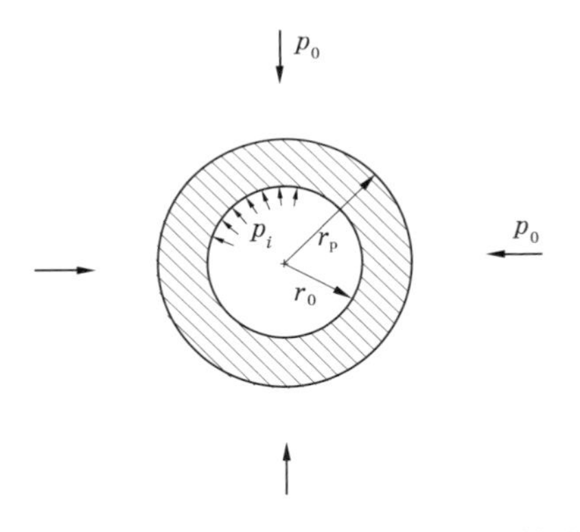

图 5-119 Hoek-Brown 经验准则计算简图

(2)ANSYS 计算模型。

ANSYS 考虑自重作为初始地应力场进行三维分析。在分析中，采用 D-P 模型作为岩石的屈服准则，并采用弹塑性有限方法来分析计算。对于地下洞室结构，在岩石周围应力重分布是受限的。在 3 倍的范围内应力变化低于 10%，5 倍范围内基本低于 3%。因此，基本来说，采用 3 倍洞周模型能够满足要求；岩体采用 solid45 单元；8 节点六面体单元，shell63 为衬砌单元；底部固端约束，顶部自由，边侧法向约束。ANSYS 中压负拉正。

(3)Phase2 计算。

Phase2 使用常应力场进行平面分析。根据钻孔应力，有限元模型初始应力 σ_1 为 8 MPa、σ_2 为 5.5 MPa、σ_3 为 3 MPa。Phase2 中应力压正拉负。

Phase2 采用 Mohr-Coulomb 强度准则，3 节点三角形单元，3 倍洞周尺寸作为计算边界，各边界法向约束。

(4)一般来说，锚杆长度要超过边界超应力区的 2~3 m。除考虑可能的应力引起的破坏，岩体由于爆破带来的破坏和松散也要考虑。经验显示爆破破坏区可能在洞周延伸 1.5~3.0 m。为保证锚杆的正常使用，锚杆既不能张拉破坏也不能被拔出破坏。

锚杆与砂浆的锚固剂砂浆与岩体的锚固与第 4 章类似，此处不再赘述。

5.6.3.1　H-B 经验准则

$$\sigma_{cm}=\frac{2c'\cos\varphi'}{1-\sin\varphi'}=\frac{2\times1.1\times\cos50°}{1-\sin50°}=6.04(\mathrm{MPa})$$

式中：σ_{cm} 为岩体单轴抗压强度，MPa；c'为黏结力，MPa；φ'为内摩擦角。

$$\kappa=\frac{1+\sin\varphi'}{1-\sin\varphi'}=\frac{1+\sin50°}{1-\sin50°}=7.55$$

$$P_{cr}=\frac{2P_0-\sigma_{cm}}{1+\kappa}=\frac{2\times5.5-6.04}{1+7.55}=0.58(\mathrm{MPa})$$

$$\mu_{ie}=\frac{r_0(1+\mu)}{E_m}(P_0-P_i)=\frac{4.25\times(1+0.21)}{17\,000}\times(5.5-0)=1.66\times10^{-3}(\mathrm{m})$$

$$r_p=r_0\left\{\frac{2\times[P_0(\kappa-1)+\sigma_{cm}]}{(1+\kappa)[(\kappa-1)P_i+\sigma_{cm}]}\right\}^{\frac{1}{\kappa-1}}$$

$$=4.25\times\left\{\frac{2\times[5.5\times(7.55-1)+6.04]}{(1+7.55)\times[(7.55-1)\times0+6.04]}\right\}^{\frac{1}{7.55-1}}=4.57(\mathrm{m})$$

$$\mu_{ip}=\frac{r_0(1+\mu)}{E}\left[2(1-\mu)(P_0-P_{cr})\left(\frac{r_p}{r_0}\right)^2-(1-2\mu)(P_0-P_i)\right]$$

$$=\frac{4.25\times(1+0.21)}{17\,000}\times\left[2\times(1-0.21)\times(5.5-0.58)\times\left(\frac{4.57}{4.25}\right)^2-\right.$$

$$\left.(1-2\times0.21)\times(5.5-0)\right]=1.75\times10^{-3}(\mathrm{m})$$

式中：P_0 为静水状态的压力，MPa；P_{cr} 为临界应力；P_i 为支护应力，MPa；μ 为泊松比；r_p 为塑性半径 m；r_0 为洞室半径 m；μ_{ie} 为弹性位移；μ_{ip} 为塑性状态总位移。

根据以上计算，在无支护情况下，塑性半径是 4.57 m，因此塑性区深度为 $r_p-r_0=$ 0.32 m。

5.6.3.2　ANSYS 稳定计算

ANSYS 稳定计算模型见图 5-120。

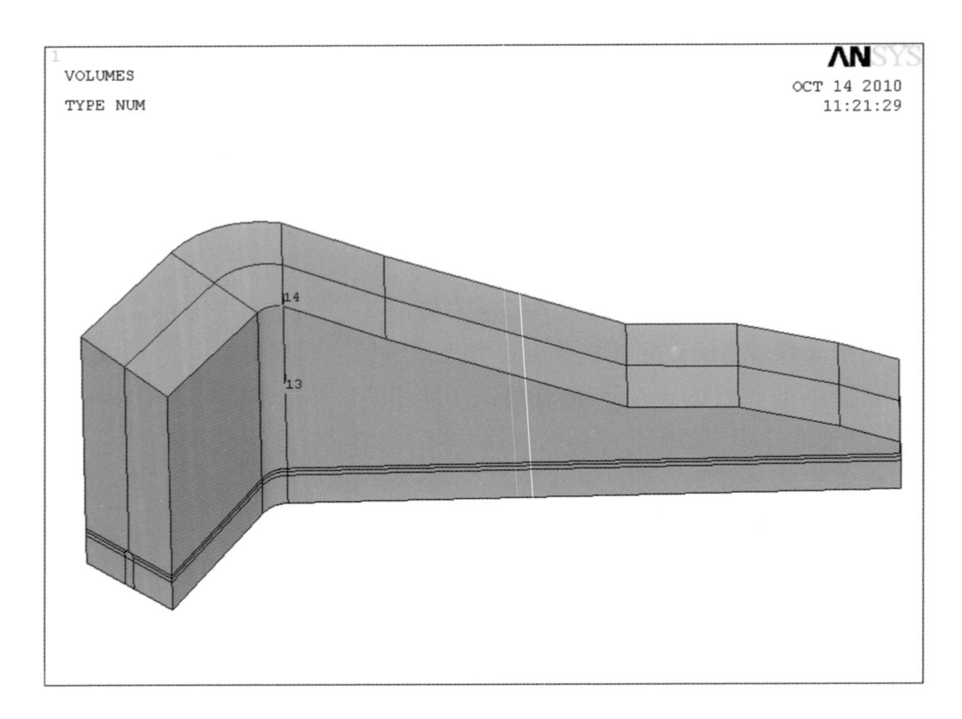

图 5-120　ANSYS 稳定计算模型

主要考虑为表 5-42 所示计算步。

表 5-42　开挖计算步

荷载步	部位	说明
1	初始状态	自重
2	0+045. 00 ~0+160. 00	开挖
3	0+160. 00 ~ 0+240. 00	开挖
4	0+240. 00 ~ 0+384. 96	开挖
5	0+384. 96 ~ 0+436. 70	开挖
6	0+436. 90 ~ 0+465. 70	开挖
7	0+465. 90 ~ 0+487. 90	开挖

ANSYS 稳定计算分析结果见图 5-121~图 5-123。

5.6.3.3　Phase2 稳定计算

Phase2 稳定计算分析结果见图 5-124~图 5-126。

进厂交通洞的顶拱屈服深度为 1.50 m,边墙屈服区 1.0 m,最大位移 3.6 mm。最大轴力 60 kN。

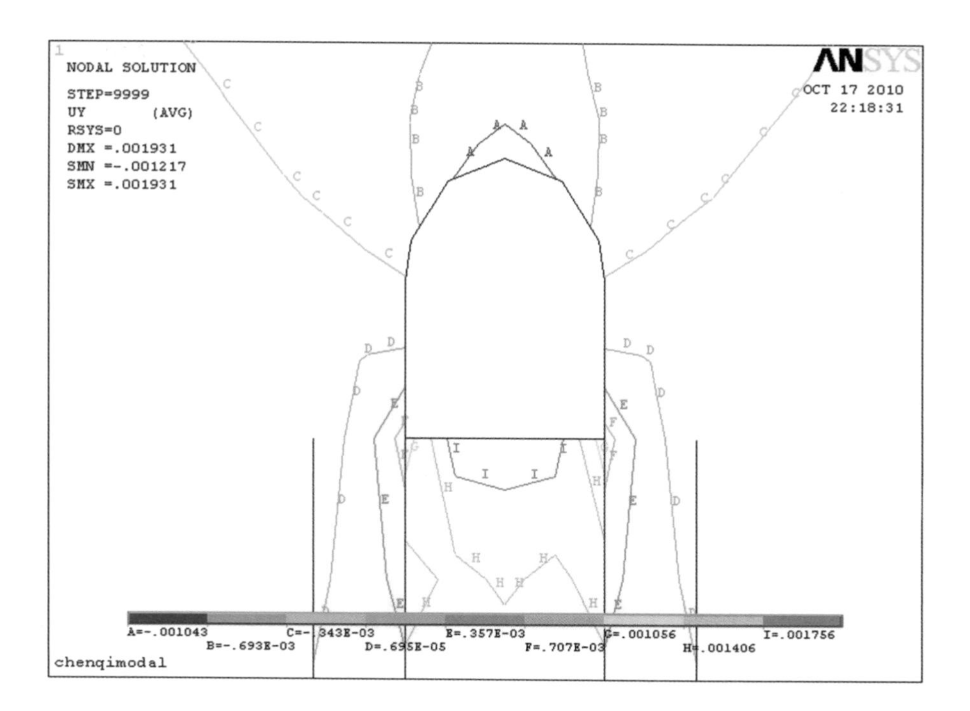

图 5-121　第六步断面净位移　(单位:m)

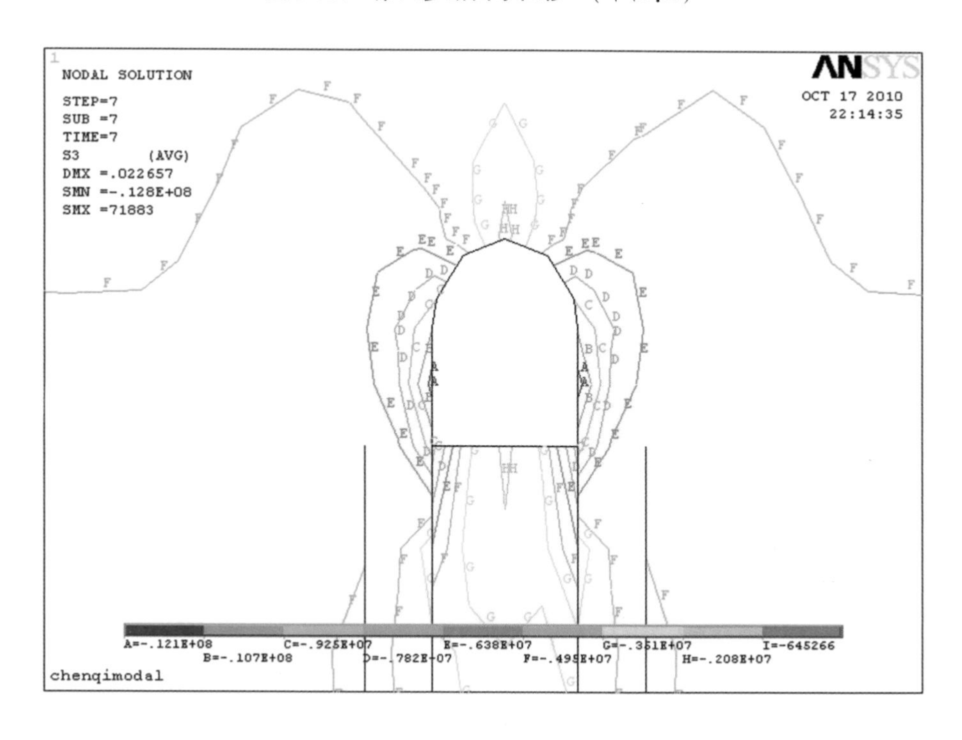

图 5-122　第六步断面第三主应力　(单位:Pa)

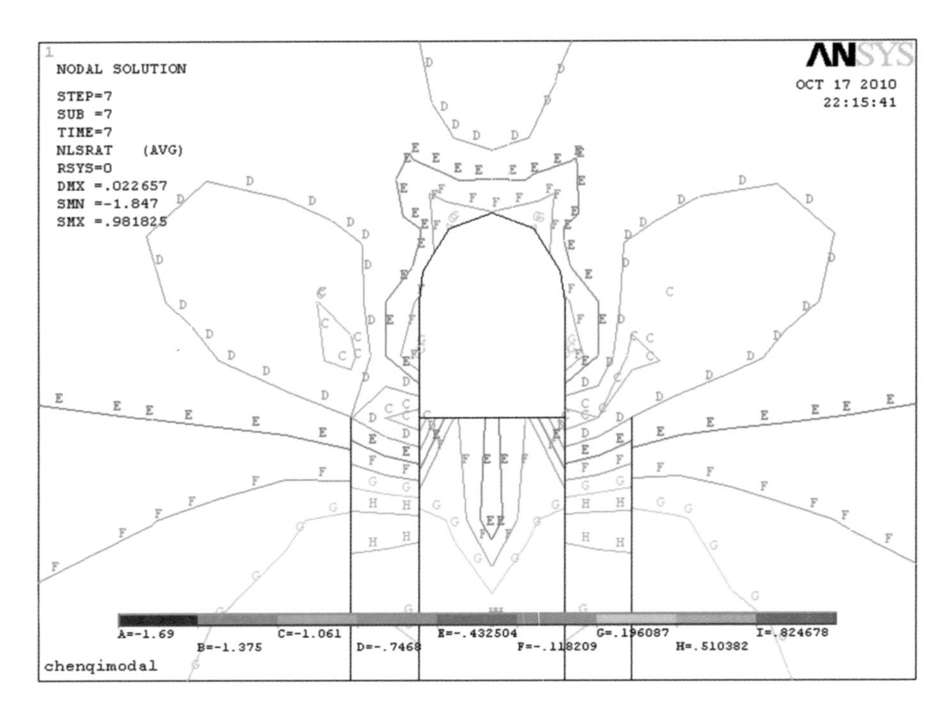

图 5-123　应力强度系数

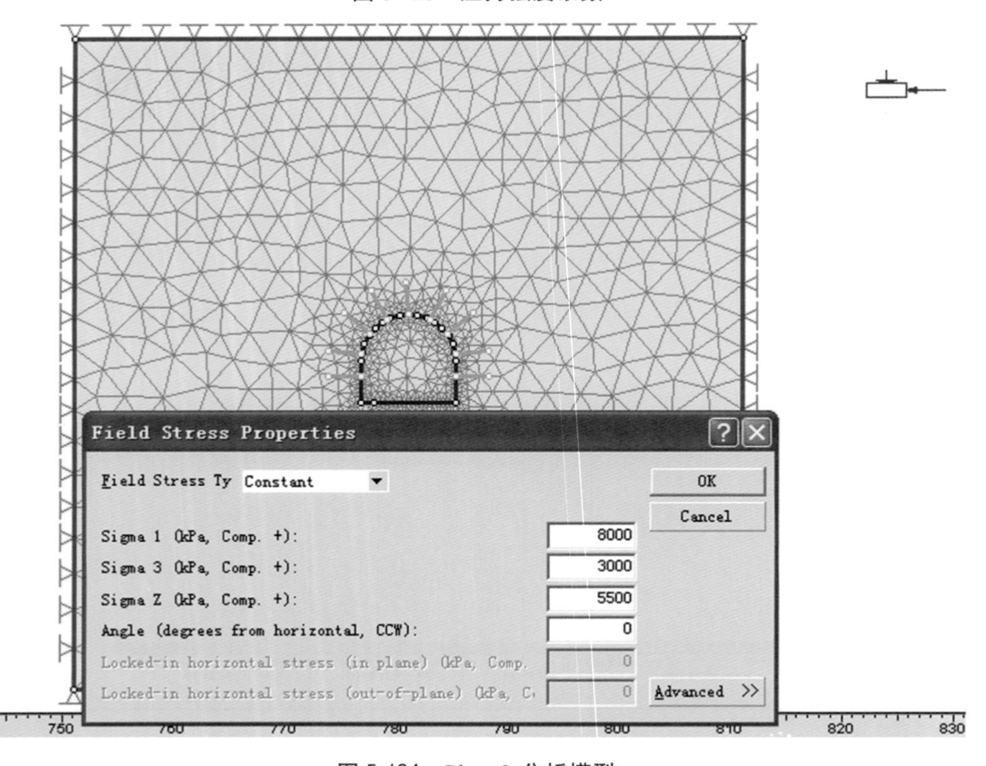

图 5-124　Phase2 分析模型

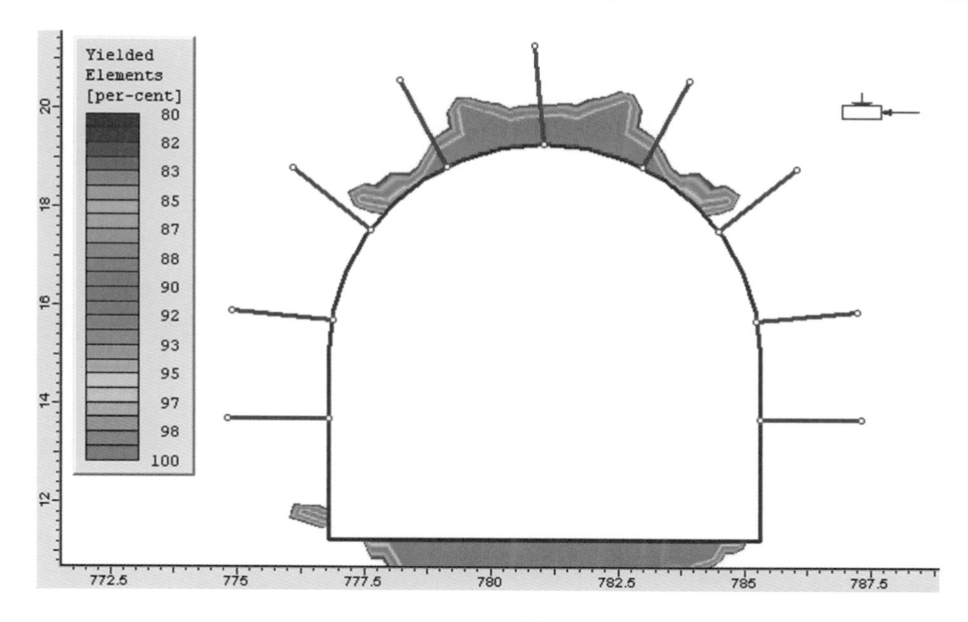

图 5-125　屈服区

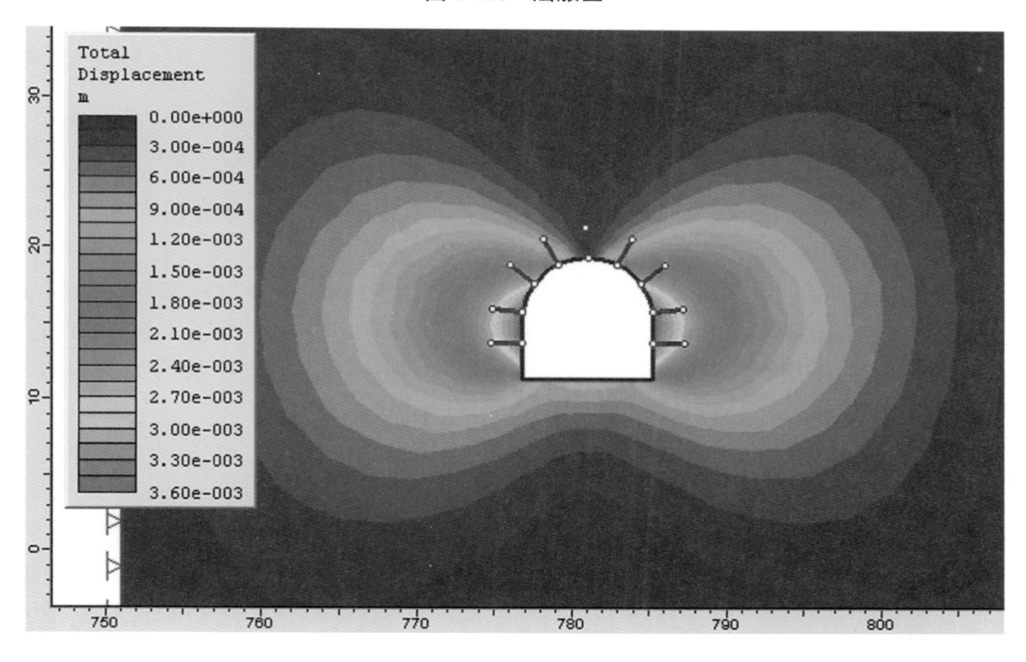

图 5-126　总位移

5.6.3.4　计算结果

根据分析 Hoek-Brown 经验准则的塑性区是 0.5 m，ANSYS 分析为 0.2 m，但 Phase2 常应力场下达到 1.5 m。Hoek-Brown 经验准则和 ANSYS 分析结果一致，但是自重条件下 ANSYS 无法反映实际情况，只能作为参考。Hoek-Brown 经验准则没有考虑主应力和洞轴线的关系，因此与 Phase2 分析不一致。

5.6.3.5 锚固参数

1. 锚固直径

对于水工结构，参考 EM 1110-2-2104 得：

$$\phi S_n \geqslant H_f U_r$$

$$U_r = 1.4D + 1.7L$$

$$H_f = 1.65$$

$$0.9 \times 420 \times \pi \times 11^2 \geqslant 1.65 \times 1.4 \times 60，即\ 143.6\ kN \geqslant 138.60\ kN$$

式中：ϕ 为标准强度折减系数，取 0.9；S_n 为标准强度；U_r 为荷载极限状态下组合系数。

根据 Phase2 计算，最大轴力为 60 kN，考虑安全系数 $H_f = 1.65$，锚杆的承载力为 138.60 kN，因此选Φ 22 作为支护参数。

2. 锚杆长度

根据 Hoek-Brown 经验判据、ANSYS 和 Phase2 分析结果，最大塑性区为 1.5 m。

锚杆和砂浆之间的锚固长度为

$$L = \frac{KN_t}{\pi D q_r} = \frac{1.65 \times 60 \times 1.4}{3.14 \times 0.022 \times 0.8 \times 2.0} = 1.25(\mathrm{m})$$

式中：L 为锚固长度，mm；N_t 为锚杆轴力设计值，kN；K 为安全系数；D 为锚固直径 mm；q_r 为砂浆和锚杆之间的黏结力，MPa；

砂浆和岩体的锚固长度为

$$L = \frac{KN_t}{\pi D q_s} = \frac{1.65 \times 60 \times 1.4}{3.14 \times 0.045 \times 0.8 \times 1.5} = 0.82(\mathrm{m})$$

式中：L 为锚固长度，mm；N_t 为锚杆轴力设计值，kN；K 为安全系数；D 为锚固直径，mm；q_s 为砂浆和岩体之间的黏结力，MPa。

通过锚杆和砂浆、砂浆和岩体的黏结计算，$L_2 = 1.5 + \max(0.82、1.25) = 2.75(\mathrm{m})$，2.75 m 锚固长度能满足要求，考虑爆破施工影响，锚杆会超过超应力区 1.5~3.0 m。因此Ⅱ类围岩，锚杆采用Φ 22@ 2.0 m×3.0 m，$L = 3$ m。能够提供的支护抗力为 $P_i = 0.9 \times 420 \times \pi \times 11^2/2/3/1.65 = 14\ 514(\mathrm{N/m^2}) = 14.5\ \mathrm{kN/m^2}$。

5.6.4 洞口稳定分析

5.6.4.1 型钢喷混凝土支护原理

在较弱的围岩中，为保证支护的有效性和及时性，洞室、洞口及交叉部位一般采用钢拱架喷混凝土初期支护。但是混凝土与钢拱架如何受力、各自承担的荷载百分比及安全系数从未量化过，一直是设计工作者不曾深入研究的领域。引入 E. HOEK 等编写的隧洞初期支护的相关分析方法，并在此基础上进行拓展研究。

型钢喷混凝土一般考虑为梁单元，与围岩相互作用以限制围岩的变形。图 5-127 中 b 为喷混凝土的计算断面宽度，由 n 榀型钢和 n 单元喷混凝土组成，单元间距 $S = b/n$。因此，图 5-127 可以考虑为一个等效宽度 b 和等效厚度 t_{eq}。型钢假定对称分布在喷混凝土内，因此型钢和喷混凝土的中心轴是一致的。本处假定壳单元为弹性受力并参考 Carranza-Torres 和 Diederichs 研究的复合衬砌的机制分析。图 5-127 中 M_{st} 为型钢的弯矩，N_{st} 为型钢的轴力；M_{sh} 为喷混凝土壳单元的弯矩，N_{sh} 为喷混凝土壳单元的轴力。

1. 等效断面计算

对于型钢，可压缩系数 D_{st} 和可弯曲系数 K_{st} 为

$$D_{st}=\frac{E_{st}A_{st}}{1-\mu_{st}^2} \tag{5-33}$$

$$K_{st}=\frac{E_{st}I_{st}}{1-\mu_{st}^2} \tag{5-34}$$

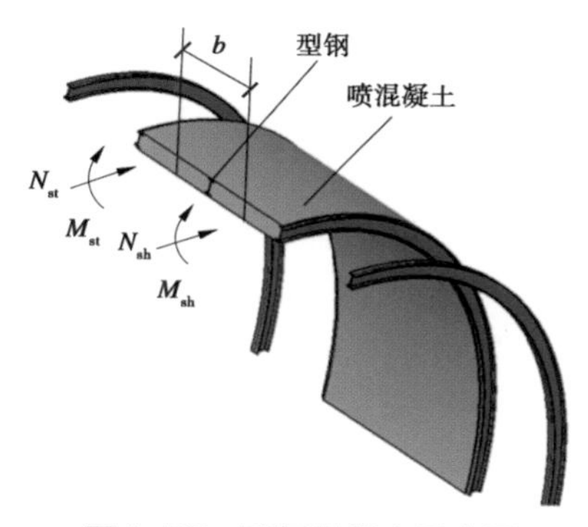

图 5-127　型钢混凝土示意图

式中：E_{st} 为型钢的杨氏模量；A_{st} 为每榀型钢的截面面积；I_{st} 为每榀型钢的惯性矩；μ_{st} 为型钢的泊松比。

对于喷混凝土壳单元，可压缩系数 D_{sh} 和可弯曲系数 K_{sh} 为

$$D_{sh}=\frac{E_{sh}A_{sh}}{1-\mu_{st}^2} \tag{5-35}$$

$$K_{sh}=\frac{E_{sh}I_{sh}}{1-\mu_{sh}^2} \tag{5-36}$$

式中：E_{sh} 为喷混凝土的杨氏模量；A_{sh} 为每片喷混凝土单元的截面面积，$A_{sh}=s\cdot t_{sh}$，s 为喷混凝土的单元间距，t_{sh} 为喷混凝土厚度；I_{sh} 为每片喷混凝土单元的惯性矩，$I_{sh}=(s\cdot t_{sh}^3)/12$；$\mu_{sh}$ 为喷混凝土的泊松比。

因此，复合衬砌的等效压缩系数和弯曲系数为

$$D_{eq}=n(D_{st}+D_{sh}) \tag{5-37}$$

$$K_{eq}=n(K_{st}+K_{sh}) \tag{5-38}$$

在宽度 b 内，t_{eq} 为等效厚度，E_{eq} 为等效模量，因此等效压缩系数和弯曲系数又可以表示为

$$D_{eq}=bt_{eq}E_{eq} \tag{5-39}$$

$$K_{eq}=bt_{eq}^3E_{eq} \tag{5-40}$$

由此可以得出变量 t_{eq} 和 E_{eq} 为

$$t_{eq}=\sqrt{\frac{12K_{eq}}{D_{eq}}} \tag{5-41}$$

$$E_{eq}=\frac{D_{eq}}{bt_{eq}} \tag{5-42}$$

2. 支护极限承载力计算

为了检测型钢和喷混凝土的诱导应力是否在允许范围内，需要示意出弯矩图、剪力图、轴力图。

弯矩—轴力承载力计算：

$$\frac{\sigma_{max}}{F_S}=\frac{N}{A}+\frac{Mt}{2I} \tag{5-43}$$

$$\frac{\sigma_{min}}{F_S}=\frac{N}{A}-\frac{Mt}{2I} \tag{5-44}$$

式中：N 为喷混凝土支护的轴力；M 为喷混凝土支护的弯矩；A 为喷混凝土支护的截面面积；I 为喷混凝土支护的惯性矩；F_S 为安全系数；t 为喷混凝土支护厚度；σ_{max} 为最大受压应力；σ_{min} 为最大受拉应力。

式(5-43)、式(5-44)中，$M=0$ 时，最大及最小的允许轴力为

$$N_{max}=\frac{A\sigma_{max}}{F_S} \tag{5-45}$$

$$N_{min}=\frac{A\sigma_{min}}{F_S} \tag{5-46}$$

当拉力和压力同时出现破坏时，弯矩为最大弯矩，消掉式(5-43)和式(5-44)后得到：

$$M_{max}=\pm\left(\frac{\sigma_{max}-\sigma_{min}}{F_S}\right)\frac{I}{t} \tag{5-47}$$

$$N_{cr}=\frac{A(\sigma_{max}+\sigma_{min})}{2F_S} \tag{5-48}$$

剪力—轴力极限能力计算：

$$\sigma_{max}=\frac{N}{A} \tag{5-49}$$

$$\tau_{max}=\frac{3Q}{2A} \tag{5-50}$$

式中：Q 为喷混凝土支护的剪力；τ_{max} 为喷混凝土支护的最大剪应力。

$$\sigma_{1,3}=\frac{\sigma_{max}}{2}\pm\sqrt{\left(\frac{\sigma_{max}}{2}\right)^2+\tau_{max}^2} \tag{5-51}$$

$$F_S=\frac{\sigma_c}{\sigma_1}=\frac{\sigma_t}{\sigma_3} \tag{5-52}$$

式中：σ_c 为允许的最大极限压应力；σ_t 为允许的最大极限拉应力。

受压破坏时：

$$N=\frac{\sigma_c A}{F_S}-\frac{9Q^2F_S}{4\sigma_c A} \tag{5-53}$$

受拉破坏时：

$$N=\frac{\sigma_t A}{F_S}-\frac{9Q^2F_S}{4\sigma_t A} \tag{5-54}$$

当受压和受拉同时出现时，在特定的安全系数 F_S 下，剪力的极限值 Q_{cr} 为

$$Q_{cr}=\pm\frac{A}{F_S}\sqrt{-\frac{4\sigma_c\sigma_t}{9}} \tag{5-55}$$

式中：σ_t 为负。

型钢及喷混凝土壳单元分配计算。

通过数值分析和等效复合衬砌的概念获得了弯矩、剪力和轴力，为了更明确地分析型钢和喷混凝土壳单元的单独贡献，有必要重新分配这些弯矩、剪力、轴力。在等效单元中重新分配后的型钢弯矩为

$$M_{st} = \frac{MK_{st}}{n(K_{st} + K_{sh})} \tag{5-56}$$

$$M_{sh} = \frac{MK_{sh}}{n(K_{st} + K_{sh})} \tag{5-57}$$

型钢轴力为

$$N_{st} = \frac{ND_{st}}{n(D_{st} + D_{sh})} + \frac{M(D_{sh}K_{st} - D_{st}K_{sh})}{nR(D_{st} + D_{sh})(K_{st} + K_{sh})} \tag{5-58}$$

喷混凝土壳单元轴力为

$$N_{st} = \frac{ND_{sh}}{n(D_{st} + D_{sh})} + \frac{M(D_{sh}K_{st} - D_{st}K_{sh})}{nR(D_{st} + D_{sh})(K_{st} + K_{sh})} \tag{5-59}$$

型钢剪力为

$$Q_{st} = \frac{QK_{st}}{n(K_{st} + K_{sh})} \tag{5-60}$$

喷混凝土壳单元剪力为

$$Q_{sh} = \frac{QK_{sh}}{n(K_{st} + K_{sh})} \tag{5-61}$$

5.6.4.2　洞口型钢支护

进厂交通洞洞口5 m范围内围岩为Ⅳ类，采用直接进洞的方式，初期支护采取0.2 m后喷混凝土加型钢I16@0.5~1.0 m的形式。根据分析，进厂交通洞初期支护中型钢承担的荷载百分比为37.53%，喷混凝土承担的荷载百分比为62.47%。根据分析可知，绝大部分荷载由喷混凝土承担，因此隧洞施工时喷护厚度必须达到要求才能起到型钢混凝土的整体作用。型钢及喷混凝土安全系数均在1.5以内。

5.6.5　进厂交通洞衬砌结构分析

进厂交通洞衬砌结构分析也是采用SAP2000软件，分析思路与第4章类似。

需要说明的是，厂房周边布设的渗压计监测资料显示外水压力小于0.1 MPa，交通洞洞周布设的排水孔现场基本没有水，结合围岩情况，外水压力折减系数考虑为0.2。其他荷载计算参考第4章。

根据SAP2000分析结果，洞口桩号0+000.0~0+045.0部分0.4 m厚二次衬砌纵向钢筋最大截面面积为2 134 mm^2，而对于桩号0+384.96~0+444.90及0+463.90~0+487.90部分0.4 m厚二次衬砌纵向钢筋最大截面面积为2 026 mm^2。因此，选用Φ22@150，面积为2 281 mm^2。

第6章

地下洞群开挖与喷锚支护设计

6.1　厂房、主变室及母线洞

6.1.1　主厂房喷锚支护设计

根据计算及经验分析，Ⅱ类围岩时喷混凝土：顶拱 0.2 m 厚喷混凝土单层挂网 Φ6@0.15 m×0.15 m；边墙 0.1 m 喷混凝土单层钢丝网 Φ6@0.15 m×0.15 m。Ⅲ类围岩时喷混凝土：顶拱 0.2 m 厚喷混凝土双层挂网 Φ6@0.15 m×0.15 m；边墙 0.1 m 喷混凝土单层钢丝网 Φ6@0.15 m×0.15 m。

主厂房锚杆支护参数如表 6-1 所示。

表 6-1　主厂房锚杆支护参数

洞室	部位	Ⅱ类围岩		Ⅲ类围岩	
		设计锚杆长度（m）	设计锚杆直径（mm）	设计锚杆长度（m）	设计锚杆直径（mm）
主厂房	顶拱	6.0	25	8.0	28
	上游边墙	6.0	25	9.0	28
	上游边墙中部	9.0	28	10.0	28
	下游边墙	6.0、9.0	28	12.0	36

具体为：Ⅱ类围岩主厂房顶拱 Φ25@2.0 m，L=6.0 m 砂浆锚杆；上下游岩锚梁附近上下 2 排 Φ28@4.0 m，L=9.0 m 砂浆锚杆；上下游边墙 Φ25@2.0 m，L=6.0 m 砂浆锚杆；上游中部边墙采用 Φ28@2.0 m，L=9.0 m 砂浆锚杆；与进厂交通洞、母线洞交叉口采用 300 kN Φ32，L=9.0 m 预应力锚杆进行锁口；与尾水洞交叉口除采用 300 kN Φ32，L=9.0 m 预应力锚杆进行锁口外，在厂房下游墙尾水洞顶部加设计 3 排 500 kN Φ36，L=12.0 m 预应力锚杆保护主厂房与尾水洞交叉口。

Ⅲ类围岩主厂房顶拱 Φ28@1.50 m，L=8.0 m 砂浆锚杆；上游岩锚梁附近上下各 3 排 Φ28@1.50 m，L=10.0 m 砂浆锚杆；下游岩锚梁附近上下各 2 排 500 kN Φ36@1.50 m，L=12.0 m 预应力锚杆；上游边墙 Φ28@1.50 m，L=9.0 m 砂浆锚杆；上游中部边墙采用 Φ28@1.50 m，L=12.0 m 砂浆锚杆；下游边墙母线洞及尾水洞附近采用 500 kN Φ36@1.50 m，L=12.00 m 预应力锚杆；与进厂交通洞、母线洞交叉口采用 300 kN Φ32，L=9.0 m 预应力锚杆进行锁口；与尾水洞交叉口除采用 300 kN Φ32，L=9.0 m 预应力锚杆进行锁口外，在厂房下游墙尾水洞顶部加设计 3 排 500 kN Φ36，L=12.0 m 预应力锚杆保护主厂房与尾水洞交叉口。

6.1.2　主变室喷锚支护设计

根据计算及经验分析，Ⅱ类围岩时喷混凝土：顶拱 0.15 m 厚喷混凝土单层挂网 Φ6@0.15 m×0.15 m；边墙 0.1 m 喷混凝土单层钢丝网 Φ6@0.15 m×0.15 m。Ⅲ类围岩时喷混凝土:顶拱 0.20 m 厚喷混凝土双层挂网ϕ6@0.15 m×0.15 m;边墙 0.1 m 喷混凝土单层钢丝网ϕ6@0.15 m×0.15 m。

主变室喷锚支护参数见表 6-2。

表 6-2 主变室喷锚支护参数

洞室	部位	Ⅱ类围岩		Ⅲ类围岩	
		设计锚杆长度(m)	设计锚杆直径(mm)	设计锚杆长度(m)	设计锚杆直径(mm)
主变室	顶拱	6.0	25	8.0	28
	上游边墙	6.0、9.0	28	12.0	36
	下游边墙	6.0、9.0、12.0	25、36、28	9.0、10.0、12.0	28

具体为:Ⅱ类围岩主变室顶拱ϕ25@2.0 m,L=6.0 m 砂浆锚杆;交通洞段上下游墙ϕ25@2.0 m,L=6.0 m 砂浆锚杆;母线洞及尾水洞段上游墙ϕ28@1.50 m,L=9.0 m 砂浆锚杆;尾水叠梁门薄弱部分顶部加设 3 排ϕ28@1.50 m,L=9.0 m 砂浆锚杆及 3 排 500 kN ϕ36@1.50 m,L=12.0 m 预应力锚杆共同拉住该悬挑岩体。

Ⅲ类围岩主变室顶拱ϕ28@1.50 m,L=8.0 m 砂浆锚杆;上下游墙ϕ28@1.50 m,L=9.0 m 砂浆锚杆;进厂交通洞、母线洞及尾水洞段上游墙 500 kN ϕ36@1.50 m,L=12.0 m 预应力锚杆;尾水叠梁门薄弱部分顶部加设 3 排ϕ32@1.50 m,L=10.0 m 砂浆锚杆及 3 排 500 kN ϕ36@1.50 m,L=12.0 m 预应力锚杆共同拉住该悬挑岩体。

6.1.3 母线洞喷锚支护设计

考虑到母线洞所处位置的特殊性,为安全起见,设计时母线洞围岩条件考虑为Ⅲ类围岩。母线洞靠主厂房及主变室侧断面采用ϕ28@1.5 m×1.5 m,L=9.0 m 锚杆,中间断面支护采用ϕ28@1.5 m×1.5 m,L=6.0 m 锚杆及 0.2 m 厚喷混凝土加钢拱架初期支护,其中靠主厂房及主变室侧断面采用钢拱架 I16@0.5 m,中间断面采用钢拱架 I16@0.7 m。

母线洞靠近主变室侧及靠近主厂房侧断面均考虑为两步开挖,中间断面为一步开挖。母线洞钢拱架及喷混凝土安全系数大部分大于 1.2,局部尖角部位喷混凝土安全系数小于 1.2,不影响洞子的整体稳定。考虑到母线洞的重要性,后期二次再采用 0.4 m 厚钢筋混凝土衬砌。

6.1.4 厂房洞群开挖技术要求

(1)在整个洞室群开挖过程中,小洞与大洞交叉处,小洞应先开挖至少深入大洞 2 m,例如,母线洞、备用机组应在岩壁座开挖之前完成开挖支护,包括母线洞、备用机组的锁口及喷锚支护。

(2)岩壁座开挖过程中,为保证岩壁座的整体性,应该控制爆破技术并预留保护层开挖。岩壁交界面的开挖应采用密孔打眼、隔孔装药、小药量严格控制的光面爆破技术。在岩壁座下层及邻近洞室爆破开挖时,应控制爆破。

（3）厂房与主变室之间的母线洞、尾水洞开挖应该采用小药量，短进尺开挖。特别是母线洞、尾水洞靠近厂房侧 10 m 范围内的鼻端部位。主厂房与主变室两个大洞开挖过程中应尽量保持同高程，以保证主厂房与主变室之间岩柱两侧应力释放协调性。

（4）厂房及主变室上游边墙的 1#、2#、3#通风道开挖应该严格控制药量，避免对厂房及主变室边墙的扰动。

（5）主变室叠梁门顶部扩挖部分应该采用小药量，短进尺开挖，保证扩挖部分斜角的围岩稳定。

（6）主变室及主厂房开挖过程中应该先中导洞后边槽开挖，减少爆破对边墙的影响。

6.2　尾水洞

6.2.1　尾水洞喷锚支护设计

（1）支洞Ⅱ类围岩的初期支护为Φ25@ 1.5 m×1.5 m，L=3.0 m 和 0.1 m 厚Φ6@ 0.15 m×0.15 m 钢筋网喷混凝土，Ⅲ类围岩的初期支护为Φ25@ 1.5 m×1.5 m，L=4.5 m 和 0.2 m 钢拱架喷混凝土（I16）钢拱架间距 1.0 m。

（2）主洞Ⅱ类围岩的初期支护为Φ25@ 2.0 m×2.0 m，L=4.5 m 和 0.1 m 厚Φ6@ 0.15 m×0.15m 钢筋网喷混凝土；Ⅲ类围岩的初期支护为Φ25@ 2.0 m×2.0 m，L=6.0 m，边墙 0.1 m 厚Φ6@ 0.15 m×0.15 m 钢筋网喷混凝土，顶拱 0.2 m 厚Φ6@ 0.15 m×0.15 m 钢筋网喷混凝土；Ⅳ类围岩的初期支护为Φ25@ 1.5 m×1.5 m，L=6.0 m 和 0.24 m 钢拱架喷混凝土（I20a）钢拱架间距 0.5 m。

6.2.2　尾水洞二次衬砌设计

8 条支洞的结构净尺寸为 5.7 m×5.7 m（宽×高）和 5.7 m×7.1 m（宽×高），支洞内部为方形；主洞的结构净尺寸为 11.40 m×12.4 m（宽×高），主洞内部均为城门洞形。尾水支洞衬砌侧墙厚度为 0.6 m，底板混凝土 0.7～2.1 m，顶拱衬砌 0.6～2.05 m。尾水主洞衬砌分为两种情况：支洞交叉部分及出口段 20 m 处采用全断面衬砌，洞壁厚度均为 0.7 m；中间为 U 形断面衬砌，顶拱无衬砌，侧壁、底板厚度均为 0.4 m，保证断面过水面的粗糙度要求。尾水主洞宽度大于 10 m，属于大断面过流隧洞。

为保证尾水主洞桩号 S0+233.92～S0+789.03 之间 U 形衬砌的运行安全，对初期支护的锚固形式进行调整。CCS 水电站隧洞锚杆支护均设计为带螺帽、垫片式的锚杆，并压住初期支护的钢筋网。在 U 形衬砌洞段支护锚杆端部再焊接一个 L 形弯钩压住衬砌内层钢筋对衬砌进行拉结作用。根据《美国混凝土结构建筑规范》（ACI 318-08）附录 D“混凝土的锚固”对支护锚杆进行抗拉和抗剪分析，已有支护锚杆Ⅱ类围岩Φ 25@ 2.0 m，L=4.5 m 和Ⅲ类围岩Φ 25@ 2.0 m，L=6.0 m 兼作围岩支护和衬砌锚固作用能满足设计要求。

6.3 高压电缆洞

6.3.1 高压电缆洞喷锚支护设计

Ⅱ类围岩的初期支护为随机锚杆ϕ25,L=3.0 m和0.05 m厚喷混凝土;Ⅲ类围岩的初期支护为系统锚杆ϕ25@1.5 m×1.5 m,L=3.0 m和0.1 m厚ϕ6@0.15 m×0.15 m钢筋网喷混凝土;Ⅳ类围岩的初期支护为系统锚杆ϕ25@1.5 m×1.5 m,L=3.0 m和0.2 m厚ϕ6@0.15 m×0.15 m钢拱架(I16间距0.5~1.0 m)钢筋网喷混凝土;Ⅴ类围岩的初期支护为系统土钉ϕ42@1.5 m×1.5 m,L=3.0 m和0.2 m厚ϕ6@0.15 m×0.15 m钢拱架(I16间距0.5 m)钢筋网喷混凝土。

6.3.2 高压电缆洞二次衬砌设计

高压电缆洞整体为城门洞形,衬砌分为两种形式:

(1)ST0+065.00~ST0+460.45,高压电缆洞的结构净尺寸为3.6 m×6.35 m(宽×高),内部分为上、下两层,上部为半圆形,为风道,下部为矩形,用于电缆敷设兼作厂房逃生通道,中间隔板厚0.20 m。风道不做二次衬砌,保持原有初期喷锚支护,下部矩形通道采用钢筋混凝土衬砌,衬砌厚度0.30 m,底板混凝土厚度0.86 m。

(2)其余洞段采用全断面衬砌,高压电缆洞的结构净尺寸为3.4 m×5.95 m(宽×高),内部分为上、下两层,上部为半圆形风道,下部为矩形,用于电缆敷设兼作厂房逃生通道,中间隔板厚度0.20 m。风道和电缆通道衬砌厚度均为0.35 m,底板混凝土厚度0.86 m。

电缆洞出口设置30 m长的明拱段,整体为城门洞形钢筋混凝土结构,净尺寸5.5 m×11.36 m(宽×高),分上、中、下三层布置,下层在地面以下,为电缆廊道,电缆出洞13 m后进入明拱段底层电缆廊道,通向出线场;上中层在地面以上,为通风风机房,上层为半圆形,中层为矩形,各层布置两台风机。

6.4 进厂交通洞

洞口0+000.00~0+045.00段围岩为Ⅲ类,其中前0+000.00~0+015.00段采用0.2 m厚钢拱架喷混凝土(I16@0.5~1.0 m),系统锚杆ϕ22@2.0 m×1.5 m,L=3 m,二次衬砌0.4 m钢筋混凝土;0+015.00~0+045.00段进厂交通洞Ⅱ类围岩采用0.1 m厚ϕ6@0.15 m×0.15 m钢筋网喷混凝土,系统锚杆ϕ22@2.0 m×3.0 m,L=3 m,二次衬砌0.4 m钢筋混凝土;0+384.96~0+444.90段采用0.1 m厚ϕ6@0.15 m×0.15 m钢筋网喷混凝土,系统锚杆ϕ22@2.0 m×3.0 m,L=3.0 m,二次衬砌0.4 m钢筋混凝土及0+463.90~0+487.90段采用0.2 m厚钢拱架喷混凝土(I16@0.5~1.0 m),系统锚杆ϕ22@2.0 m×1.5 m,L=3.0 m,二次衬砌0.4 m钢筋混凝土;剩余部位采用0.1 m厚ϕ6@0.15 m×0.15 m钢筋网喷混凝土,系统锚杆ϕ22@2.0 m×3.0 m,L=3 m,无二次衬砌。

第7章

地下厂房排水防潮设计

7.1　重要性

科学合理的地下厂房排水防潮设计能极大程度地阻断断层和间隙之间的地下水进入厂房,使地下厂房的工作环境保持干燥;同时可以避免或减少渗漏水给洞室围岩带来的腐蚀性和对电气设备带来的不利影响。地下厂房的排水及防潮设计关系到厂房的正常运行和工作人员的生命财产安全,因此必须进行科学合理设计。

7.2　设计原则

(1)查清地下水的类型、性质、渗流规律。

(2)避免在洞室壁后或支护背后形成堵水,造成净水压力,从而使洞壁或支护失稳破坏。

(3)地下厂房应设置厂外排水和厂内排水相结合系统,排水设计遵循"防排结合,以厂外排水为主,厂内排水为辅"的设计原则。

(4)充分利用各施工支洞与排水洞相结合的方式,形成完整封闭的排水系统。

(5)防潮隔墙与岩石面净距不小于30 cm,以利于防潮和通风。

7.3　系统排水

CCS地下厂房主要排水为厂房外系统排水,它通过PVC管道将围岩内渗水有组织地排至排水廊道,形成完善排水体系最终排至尾水洞。排水廊道宜满足分层设置,高层外排、低层内排的要求。

7.4　防潮设计

厂房内防潮设计主要是将洞室顶部渗水及围岩少量渗水通过排水孔、排水管网、排水沟等设施排出厂房外。

7.4.1　主厂房防潮设计

主厂房内防潮隔墙分布在发电机层、母线层及水轮机层。防潮隔墙采用实心混凝土

砖,水泥砂浆砌筑。发电机层靠近岩石的砖墙与铝板之间采用 20 mm 厚防水砂浆抹面。安装间及副安装间隔墙采用双面防水砂浆找平(见图 7-1)。

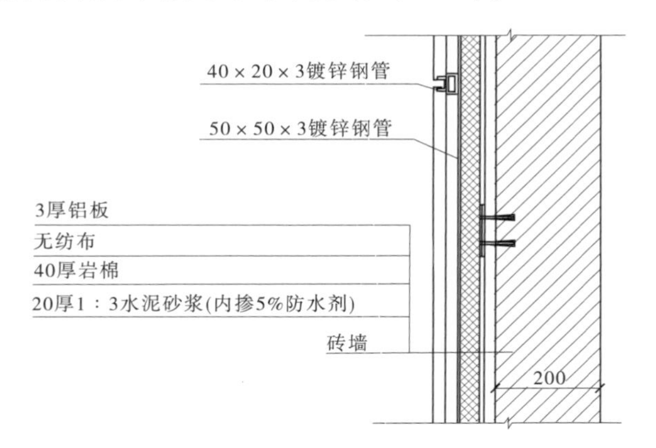

图 7-1　墙面防潮做法剖面图　(单位:mm)

洞室顶部渗水通过拱形彩钢板吊顶的纵坡排至主厂房吊车梁两侧的混凝土排水沟,排水沟内通过地漏及水管将渗水排至 623.50 m 层排水沟。623.50 m 层上游侧排水沟内的水通过地漏和排水管排至 608.00 m 层排水沟(见图 7-2),623.50 m 层下游侧排水沟内的水通过地漏和排水管排至 613.50 m 层排水沟之后通过两端的地漏和排水管排至 608.00 m 层(见图 7-3)。最终通过 608.00 m 层排水沟,经过两根排水横管排至集水井内。

7.4.2　主变洞防潮设计

GIS 层两侧防潮隔墙采用实心混凝土砖,水泥砂浆砌筑,内外涂抹 20 mm 厚防水砂浆。

将洞室顶部渗水通过拱形彩钢板吊顶的纵坡排至 GIS 吊车梁两侧的混凝土排水沟。排水沟内设置一定横坡及纵坡将水通过地漏及排水竖管沿着柱子排至 636.50 m 层的排水沟内。636.50 m 层上游侧排水沟经过横坡与纵坡汇集至地漏处通排水竖管连接至上游侧排水横管,最终排至排水廊道(见图 7-4);636.50 m 层下游侧排水沟经过横坡与纵坡汇集至地漏处通过排水竖管排至 623.50 m 层排水沟,最终排至两侧的排水廊道(见图 7-5)。排水沟穿越变形缝处通过柔性套管连接以防止水渗漏。

7.4.3　通风排潮运用

地下厂房共有 3 条可利用的对外进排风通道:一条是洞长约 495 m 的进厂交通洞,另一条是洞长约 530 m 的高压电缆出线洞,第三条是位于地下厂房右端的地质探洞,该探洞分别连接主厂房和主变洞,并用作主厂房、主变洞的排风排烟通道。考虑到电站室外相对湿度高达 90%,主厂房设计方案采用部分新风+空调方式,主变洞采用全通风方式。

经交通洞来自室外的新风,通过新风除湿机处理后送入主厂房安装间与安装间下层电气设备间排风混合后两边分流到发电机层,再经 8 条母线洞后排入主变洞拱顶排风道;

另一路新风直接由交通洞进入主变洞搬运廊道经设在各主变室的排风机排至主变洞拱顶

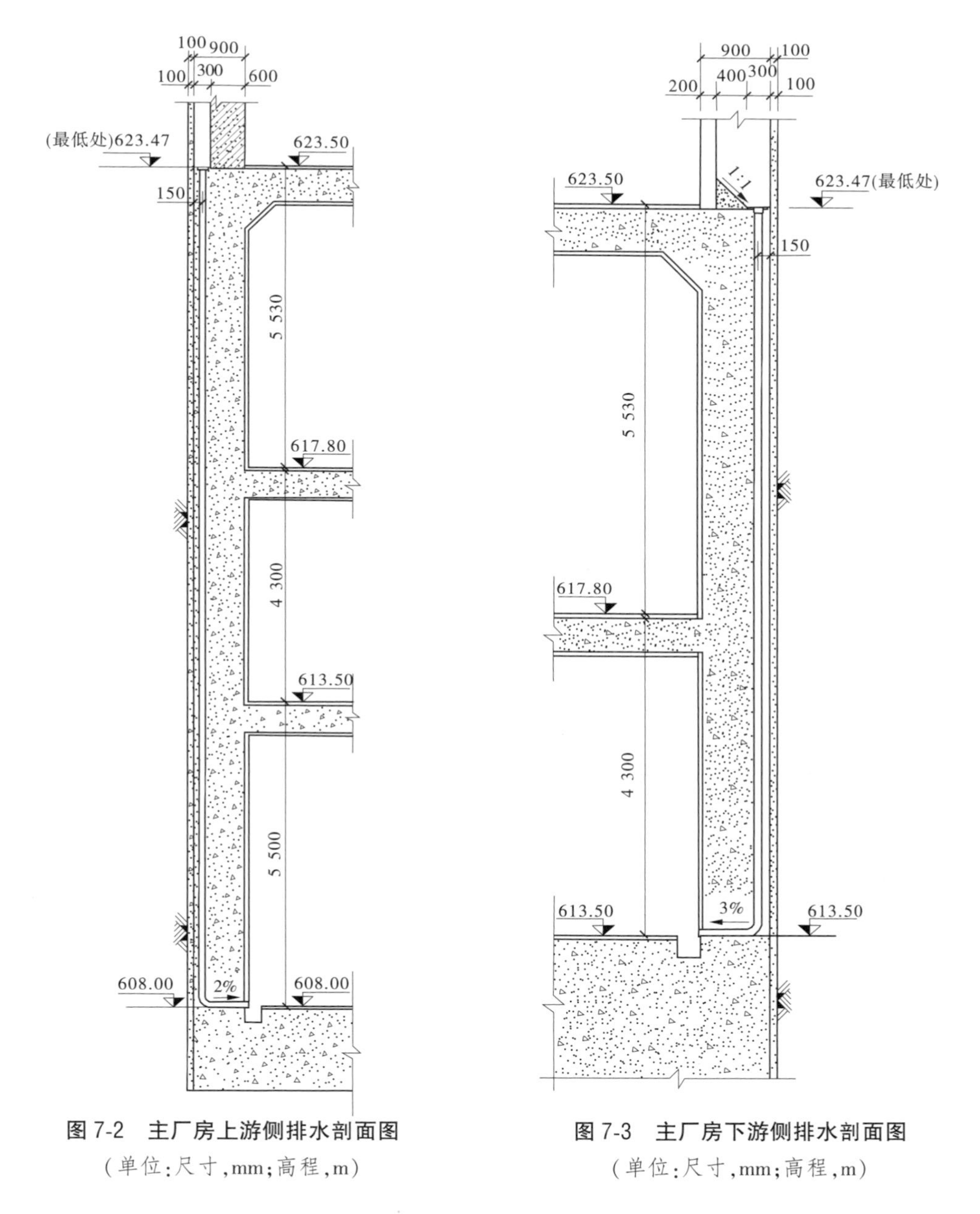

图 7-2　主厂房上游侧排水剖面图
（单位：尺寸，mm；高程，m）

图 7-3　主厂房下游侧排水剖面图
（单位：尺寸，mm；高程，m）

排风道。主变洞排风道与主厂房排风道分两个途径排出厂外：其一是敷设于高压电缆出线洞上部的专用排风道；其二是利用主厂房右端的地质探洞排至室外。

整个系统既能保证正常通风降温，又能使湿度符合规范要求，确保机电设备正常运行及人员舒适工作环境。

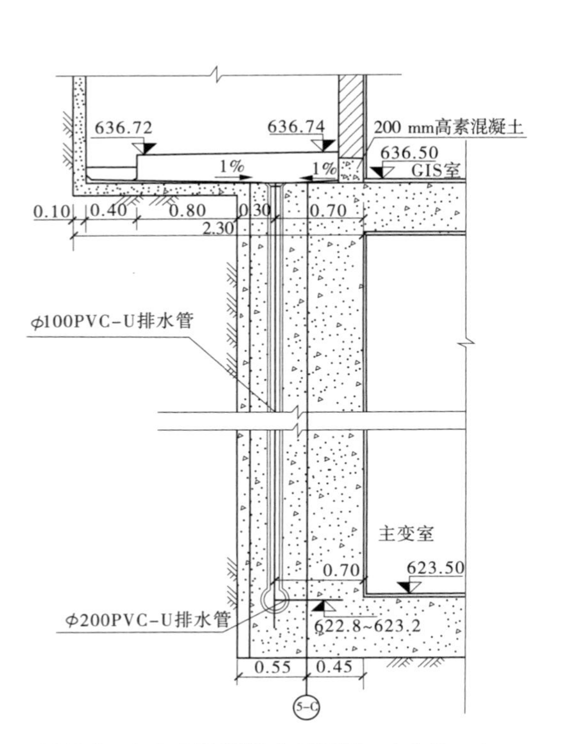

图 7-4　主变上游侧排水剖面图　(单位:m)

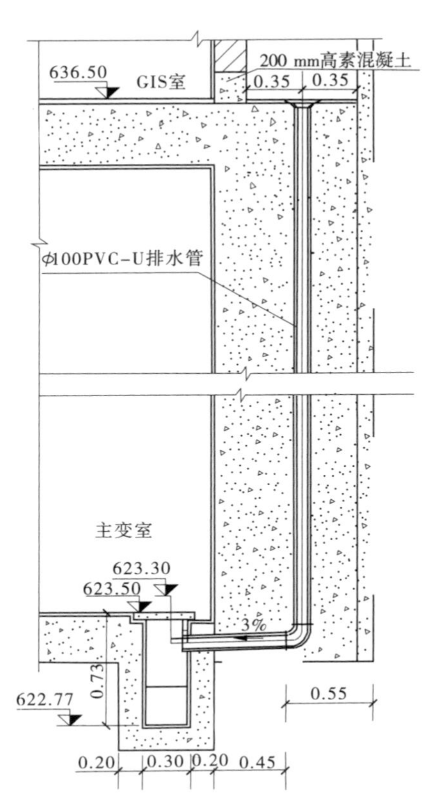

图 7-5　主变下游侧排水剖面图　(单位:m)

第 8 章

地下洞室安全监测与围岩稳定性评价

8.1　洞室群监测设计

为监测整个地下厂房的围岩稳定,保证电站的长期稳定运行情况,根据厂房洞室布置情况,主厂房及主变室在 ST0+005.00、ST0+086.00、ST0+148.00 桩号共布设了 36 套多点位移计、36 支锚杆应力计,编号为 BX1-01~36、RB1-01~36。结合现场开挖揭露地质情况补加 ST0+025.00、ST0+142.00 桩号多点位移计 BX1-40~45。

在主厂房及主变室之间交通洞的多点位移计及锚杆应力计编号为 BX1-37~39、RB1-37~39。

主厂房及主变室之间母线洞增加收敛点 CV1-40~CV1-57。

8.2　监测成果分析

2013 年 7 月,整个厂房系统包括主厂房、主变室、母线洞、尾水洞在内开挖基本完成。母线洞由于超喷较严重,在 2013 年 9~10 月,施工单位对母线洞初期支护超喷进行了凿除处理。该凿除处理对整个洞室群具有一定的干扰。因此,选取 2013 年 9~10 月的监测数据进行梳理并统计分析,以便分析母线洞超喷凿除处理对厂房整体稳定影响,同时分析厂房最终整体的稳定状态(见表 8-1~表 8-3)。

表 8-1　地下厂房围岩多点位移计位移

编号	部位	高程(m)	2013 年 9 月 3 日	2013 年 10 月 1 日	2013 年 10 月 30 日	2013 年 9~10 月变形速率(mm/d)	说明
			孔口累积位移(mm)				
BX1-01	主厂房 ST0+086.00	610.00	2.5	2.5	3.9	0	围岩无异常变形,围岩变形已经收敛
BX1-02		618.00	11.9	11.9	13.9	0	
BX1-03		636.00	4.7	4.7	5.7	0	
BX1-04		643.30	2.1	2.1	2.3	0	
BX1-05		646.80	0.8	0.8	0.9	0	
BX1-06		643.30	0.6	0.6	0.7	0	
BX1-07	交通洞上方	636.00	12.8	12.8	13.2	0	
BX1-08	主变室 SY0+086.00	643.78	5.2	5.2	5.3	0	
BX1-09		653.18	0.8	0.8	0.8	0	
BX1-10		655.80	0.6	0.6	0.7	0	
BX1-11		653.18	0.8	0.8	0.8	0	
BX1-12		643.78	10.8	10.8	11.5	0	

续表 8-1

编号	部位	高程（m）	2013 年 9 月 3 日	2013 年 10 月 1 日	2013 年 10 月 30 日	2013 年 9~10 月变形速率（mm/d）	说明
			孔口累积位移（mm）				
BX1-13	主厂房 ST0+148.00	610.00	0.3	0.3	1.3	0	围岩无异常变形，围岩变形已经收敛
BX1-14		618.00	14	14	15.8	0	
BX1-15		636.00	13.7	13.6	13.3	0	
BX1-16		643.30	7.4	7.4	8.0	0	
BX1-17		646.80	1.6	1.6	8.0	0	
BX1-18		643.30	1.7	1.7	1.9	0	
BX1-19	2#母线洞上方	636.00	40.7	41.5	42.7	0.03	
BX1-20	主变室 ST0+148.00	643.78	9.9	9.9	10.8	0	
BX1-21		653.18	1.8	1.8	1.9	0	
BX1-22		655.80	4	4.2	4.4	0.01	
BX1-23		653.18	5.5	5.6	5.8	0	
BX1-24		643.78	7.8	7.8	7.9	0	
BX1-25	主厂房 ST0+005.00	610.00	9.5	10	13.9	0	
BX1-26		618.00	36.2	36.5	39.2	0.02	
BX1-27		636.00	20.2	20.5	22.3	0.01	
BX1-28		643.30	0.7	0.7	1.1	0.01	
BX1-29		646.80	0.8	0.8	1.0	0	
BX1-30		643.30	0.8	0.8	1.0	0	
BX1-31	8#母线洞上方	636.00	0.7	0.7	0.6	0	
BX1-32	主变室 ST0+005.00	643.78	8.8	8.8	9.2	0	
BX1-33		653.18	2	2	2	0	
BX1-34		655.80	0.5	0.5	0.5	0	
BX1-35		653.18	1.4	1.4	1.5	0	
BX1-36		643.78	11.2	11.5	12.9	0.01	
BX1-40	主厂房 ST0+025.00	638.00	9.9	9.9	9.9	0	
BX1-41		646.80	0.9	0.9	1.3	0	
BX1-42		638.00	10	10	10.3	0	
BX1-43	主厂房 ST0+142.00	638.00	4.4	4.4	4.7	0	
BX1-44		646.80	3.2	3.2	4.6	0	
BX1-45		638.00	12.2	12.5	13.6	0.01	
BX1-37	进厂交通洞 0+475.00	627.00	3.1	3.2	3.9	0	
BX1-38		630.40	0.3	0.3	0.5	0	
BX1-39		627.00	8	8	8.7	0	

表8-2　地下厂房围岩锚杆应力计应力

编号	部位	高程(m)	2013年9月3日	2013年10月1日	2013年10月30日	2013年9~10月应力增量(MPa)	说明
			锚杆应力(MPa)				
RB1-01	主厂房 ST0+086.00	610.00	3.1	3.4	10.9	0.30	围岩无异常应力增量，锚杆应力未屈服，锚杆应力已经收敛
RB1-02		618.00	61	61.4	57.2	0.40	
RB1-03		636.00	-2.9	-2.8	-1.4	0.10	
RB1-04		643.30	2.4	2.6	1.7	0.20	
RB1-05		646.80	1.6	1.7	0.8	0.10	
RB1-06		643.30	4.2	4.1	1.7	-0.10	
RB1-07	交通洞上方	636.00	3.3	5.3	3.0	2.00	
RB1-08	主变室 ST0+086.00	643.78	36.9	32.4	5.6	-4.50	
RB1-09		653.18	8.2	8.2	3.7	0	
RB1-10		655.80	-3.7	-3.5	-1.7	0.20	
RB1-11		653.18	2.2	2.2	1.2	0	
RB1-12		643.78	9.4	9.4	4.9	0	
RB1-13	主厂房 ST0+148.00	610.00	11.4	11.8	13.7	0.40	
RB1-14		618.00	191.4	191.9	119.3	0.50	
RB1-15		636.00	234.5	234.6	147.1	0.10	
RB1-16		643.30	23.9	24.6	19.4	0.70	
RB1-17		646.80	-1.4	-1.5	-0.6	-0.10	
RB1-18		643.30	12	12.1	8.4	0.10	
RB1-19	2#母线洞上方	636.00	23.4	23.9	17.2	0.50	
RB1-20	主变室 ST0+148.00	643.78	32.3	32.2	20.8	-0.10	
RB1-21		653.18	-8.4	-8.6	-5.3	-0.20	
RB1-99		638.00	-3.6	-2.7	52.3	0.90	
RB1-100		646.80	17.6	18	12.6	0.40	
RB1-22		655.80	101.1	107.4	10.0	6.30	
RB1-23		653.18	19.3	19.8	20.8	0.50	
RB1-24		643.78	15.1	15	5.3	-0.10	
RB1-99		635.00	上游	—	5.3		
RB1-100		635.00	下游	—	14.7		

续表 8-2

编号	部位	高程(m)	2013年9月3日	2013年10月1日	2013年10月30日	2013年9~10月应力增量(MPa)	说明
			锚杆应力(MPa)				
RB1-25	厂房 ST0+005.00	610.00	17.1	18.6	23.7	1.50	围岩无异常应力增量，锚杆应力未屈服，锚杆应力已经收敛
RB1-26		618.00	97	96.8	58.0	-0.20	
RB1-27		636.00	8.9	8.7	4.9	-0.20	
RB1-28		643.30	35.3	35.3	18.1	0	
RB1-29		646.80	8.9	8.9	4.4	0	
RB1-30		643.30	77.5	77.4	38.6	-0.10	
RB1-31	8#母线洞上方	636.00	45.3	45.5	21.9	0.20	
RB1-32	主变室 ST0+005.00	643.78	8.4	8.5	3.7	0.10	
RB1-33		653.18	8.3	8.5	5.6	0.20	
RB1-34		655.80	8.1	8.2	7.2	0.10	
RB1-35		653.18	135.4	137	90.4	1.60	
RB1-36		643.78	106.7	109.3	73.6	2.60	
RB1-37	进厂交通洞 0+475.00	627.00	209.2	209.9	137.5	0.70	
RB1-38		630.40	57.6	57.5	33.4	-0.10	
RB1-39		627.00	8.9	8.9	7.7	0	

表 8-3　厂房与主变室之间收敛点结果

编号	桩号	2013年9月3日	2013年10月15日	2013年10月31日	2013年9~10月变形速率(mm/d)	说明
		收敛变形(mm)				
CV1-16~17	进厂交通洞 0+465.00	-13.22	-13.33	-13.44	-0.003	围岩无异常变形，围岩变形已经收敛
CV1-16~18		-4.16	-4.24	-4.15	-0.002	
CV1-17~18		-21.18	-21.52	-21.78	-0.008	
CV1-55~56	2#母线洞 ST0+034.50	-1.43	-2.42	-3.17	-0.024	
CV1-55~57		-0.01	-0.61	-1.36	-0.014	
CV1-56~57		-1.21	-0.73	-2.1	0.011	
CV1-46~47	8#母线洞 ST0+034.50	0.58	0.42	-0.08	-0.004	
CV1-46~48		0.04	-1.97	-1.42	-0.048	
CV1-47~48		-0.2	-0.88	-1.2	-0.016	

在施工过程中,根据现场情况,2#、8#母线洞 ST0+024.00 桩号于 2013 年 10 月 31 日恢复监测。2013 年 11 月 11 日在 1#、3#母线洞 ST0+024.00 桩号增设收敛监测点,2#母线洞钢拱架变形部位 ST0+031.00 桩号增加 1 组水平测线。母线洞恢复监测及补加监测数据结果如表 8-4、表 8-5 所示。

表 8-4　1#、2#、3#母线洞补加监测的收敛计结果

编号	钢拱架桩号	2013 年 11 月 11 日	2014 年 1 月 8 日	变形速率(mm/d)	说明
		收敛变形(mm)			
1-2	1#母线洞 ST0+024.00	0	-0.65	-0.011	围岩无异常变形,围岩变形已经收敛
1-3		0	-1.91	-0.033	
2-3		0	-1.74	-0.030	
1-2	3#母线洞 ST0+024.00	0	1.23	0.021	
1-3		0	-0.18	-0.003	
2-3		0	-1.14	-0.020	
2-3	2#母线洞 ST0+031.00	0	-0.55	-0.009	

表 8-5　2#、8#母线洞恢复监测的收敛计结果

编号	桩号	2013 年 10 月 31 日	2014 年 1 月 8 日	变形速率(mm/d)	说明
		收敛变形(mm)			
1-2	2#母线洞 ST0+024.00	0	0.41	0.006	围岩无异常变形,围岩变形已经收敛
1-3		0	0.62	0.009	
2-3		0	-0.85	-0.012	
1-2	8#母线洞 ST0+024.00	0	1.02	0.015	
1-3		0	-0.86	-0.012	
2-3		0	-0.76	-0.011	

根据表 8-1、表 8-2,现给出主厂房与主变室之间岩壁母线洞上方多点位移计及锚杆应力计的监测成果过程线,见图 8-1、图 8-2。

经过施工与监测数据点观测时间点的相关性分析,多点位移计所有的突变位移时间点与相邻部位岩石爆破、开挖等时间点紧密相关。由此可知受施工的影响,位移整体呈现阶梯状突变规律。

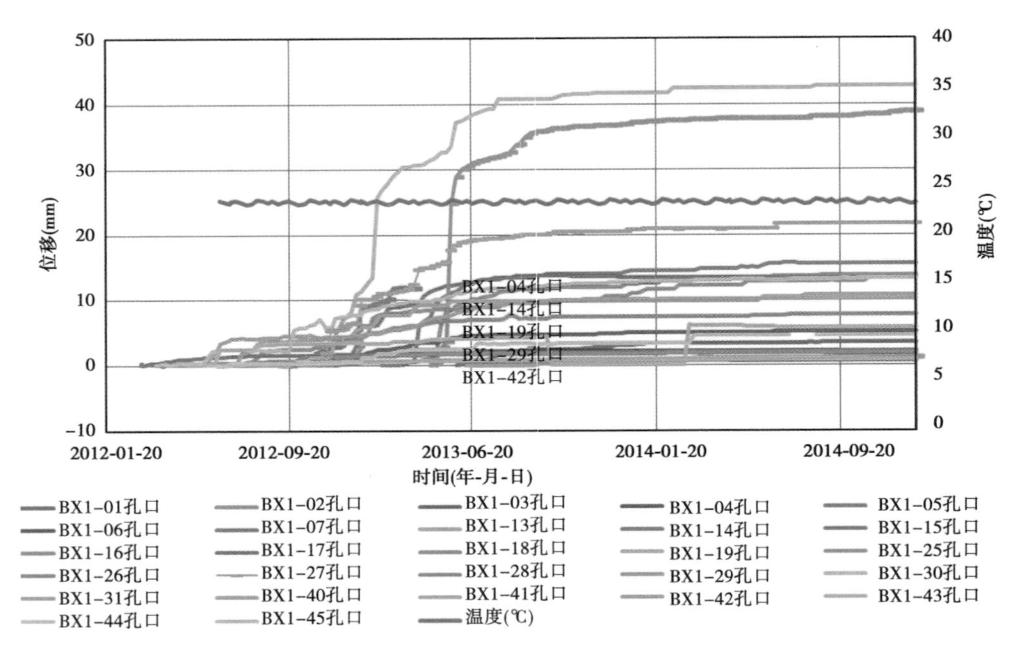

图 8-1 主厂房边墙部位围岩变形监测成果过程线

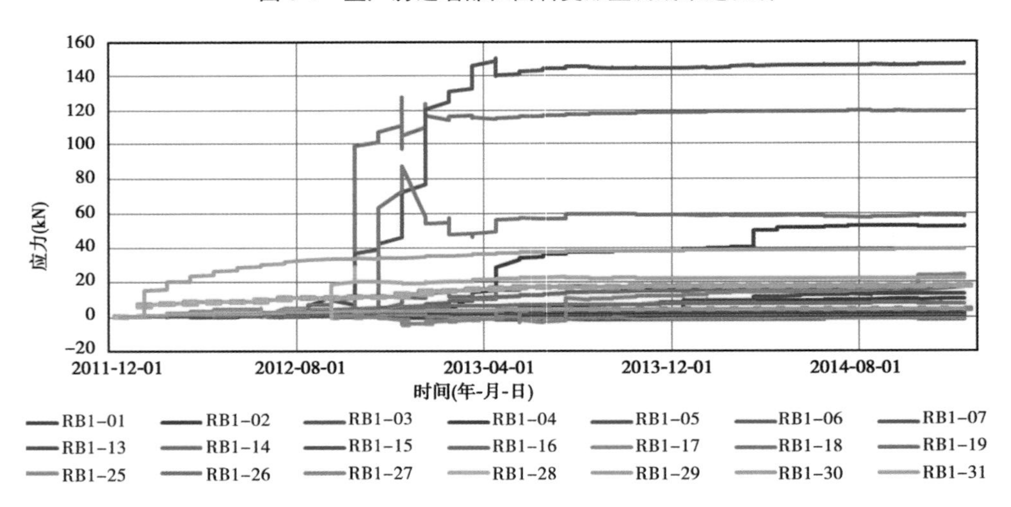

图 8-2 主厂房锚杆应力监测成果过程线

8.3 围岩允许变形控制标准

(1)根据《岩土锚杆与喷射混凝土支护工程技术规范》(GB 50086—2015),洞周允许相对收敛量见表 8-6。

表 8-6　洞周允许相对收敛量(%)

围岩类别	洞室埋深(m)		
	<50	50~300	300~500
Ⅲ	0.1~0.30	0.2~0.5	0.4~1.2
Ⅳ	0.15~0.5	0.4~1.2	0.8~2.0
Ⅴ	0.2~0.8	0.6~1.6	1.0~3.0

考虑到地下厂房为大跨度、高边墙,且该区又有断层分布,为保证安全,在任何部位的实测相对收敛量达到允许收敛量的70%时(主厂房 19~48 mm、主变室 13~33 mm),应立即采取措施加强支护。

(2)经验计算公式。

洞周可能的变形值 δ 如下:

顶拱中部

$$\delta_1 = 12\frac{b}{f^{1.5}} \quad (\mathrm{mm}) \tag{8-1}$$

边墙

$$\delta_2 = 4.5\frac{H^{1.5}}{f^2} \quad (\mathrm{mm}) \tag{8-2}$$

式中:f 为普氏岩石坚固系数,取 5;b 为洞室跨度,$b=27.5$ m;H 为边墙自拱脚至底板的高度,$H=40.3$ m,计算结果主厂房 $\delta_1=29.5$ mm、$\delta_2=46.05$ mm、主变室 $\delta_1=20$ mm、$\delta_2=27$ mm。

(3)综合三维计算结果,CCS 水电站地下厂房围岩变形最大值见表 8-7。

表 8-7　有限元计算围岩变形值　(单位:mm)

部位	顶拱	上游边墙	下游边墙	说明
主厂房	17	15	18	Ⅲ类围岩
主变室	12	14	12	Ⅲ类围岩

(4)现场控制标准。

根据以上分析,建议 CCS 水电站地下厂房洞室群区域围岩允许变形控制值见表 8-8。

表 8-8　围岩允许变形控制值

部位	允许实测收敛值(mm)	
	主厂房	主变室
顶拱	20~30	9~15
边墙	20~30	10~20

8.4 地下洞室围岩稳定性评价

根据表 8-1~8-5 可知,在 2013 年 9 月初至 9 月底,母线洞超喷混凝土处理期间及截至 2014 年 3 月监测数据,整个厂房系统围岩监测可以得到如下结论:

(1)主厂房和主变室 ST0+005.00、ST0+025.00、ST0+086.00、ST0+142.00、ST0+148.00 桩号围岩变形监测未见异常变形趋势,变形基本趋于平稳,锚杆应力监测未见异常应力增大,应力趋势基本平稳。通过对比可知,多点位移计监测位移 91%小于计算位移数值,92%的锚杆监测应力小于锚杆计算应力。因此,本工程支护措施合理,能够满足工程运用稳定要求。

(2)进厂交通洞 0+475.00 桩号围岩变形监测和锚杆应力监测未见异常,已经趋于平稳;进厂交通洞 0+465.00 桩号收敛变形监测未见异常,已经趋于平稳。钢板应力计和收敛计均小于计算值。

(3)1#、2#、3#及 8#母线洞收敛变形监测未见异常,已经趋于平稳。钢板应力计和收敛计均小于计算值。

根据上述监测结论可知,截至 2014 年 3 月,整个厂房系统围岩变形未见异常,已经趋于平稳。监测仪器数值与计算较为吻合,多点位移计主要表现为浅部位移,松动点位于浅部。支护结构基本合理。

2013 年 1 月 13 日,厂房 0+148.00 桩号主厂房下游边墙 635.90 m 高程处,多点位移计 BX1-19 孔口位移 19.89 mm,与 1 月 8 日相比增加了 6.49 mm,变形速率为 1.3 mm/d。2013 年 1 月 16 日,及时给出初步方案反馈至施工现场,要求主变室该部位停止施工,加强监测。因为开挖施工措施控制不力会形成或诱发次控制结构面,造成岩体破碎及深部松动。主变室 0+148.00 桩号停止爆破施工后,截至 2013 年 1 月 22 日,多点位移计 BX1-19 孔口位移累积达到 26.8 mm,周变量为 1.1 mm,各测点变形速率变缓。从整个变形曲线来看,BX1-19 多点位移计多次出现“一旦主变室相邻高程爆破,多点位移计位移值就出现突变,突变之后变形速率变缓”的情况,经过施工与监测数据点观测时间点的相关性分析,多点位移计所有的突变位移时间点与相邻部位岩石爆破、开挖等时间点紧密相关。由此可知,受施工的影响,位移整体呈现阶梯状突变规律。厂房 0+148.00 桩号下游边墙部位应力数值变化均较小、补充的厂房 0+142.00 桩号下游边墙 BX1-45 孔口位移 13.6 mm,位移和应力已经长期趋于稳定。由于 BX1-19 的位移较大、相邻部位又不大,还需对该部位的安全性进行长期观测和系统分析。

第 9 章

结构设计

9.1　设计原则及要求

CCS水电站为径流式电站，位于南美洲厄瓜多尔国北部Napo省与Sucumbios省交界处，该工程电站厂房为尾部式地下厂房，厂房开挖尺寸：长212 m、宽26 m、高46.8 m。安装8台冲击式水轮机组，总装机容量1 500 MW。

机组额定转速300 r/min，飞逸转速530 r/min，水轮机总重520 t，发电机总重795 t。最大静水头620.75 m，最小静水头604.90 m，配水环管进口断面直径2.2 m，配水环管材料采用Q500D，管壁厚30～60 mm。配水环管与外围混凝土共同承担水压力。初步拟定配水环管充水保压值为75%～85%最大净水头，剩余水头由配水环管和外围混凝土联合承担。

工程特点及主要问题如下：

(1)电站采用冲击式机组，缺乏相关的设计经验和参考资料。

(2)该水电站配水环管尺寸虽然不大，但承受的内水压力很高。

(3)原设计厂房全长192 m没有分缝，不满足规范要求。但分缝后配水环管外包混凝土过薄，需要研究大体积混凝土设置后浇带的可行性和采用两机一缝的可行性。

(4)机组转速高、设备重，需要对包含配水环管和外围混凝土在内的整个厂房结构进行自振特性计算，分析该电站的激振频率和共振现象。

(5)确定合理的配水环管保压值。

9.1.1　设计依据

(1)CCS-001-2008招标文件CCS水电站。

(2)美国《混凝土结构设计规范》(ACI 318M-08)。

(3)美国《水工钢筋混凝土结构强度设计规范》(EM 1110-2-2104)。

(4)美国《水电站厂房结构设计规范》(EM 1110-2-3001)。

(5)《钢筋混凝土变形和平面碳素钢筋标准规范》(A 615/A 615M-04)。

(6)标准建筑准则1997。

(7)基本设计报告。

(8)主合同及合同附件。

(9)厂房布置图。

(10)厂房开挖图。

9.1.2　工程地质

9.1.2.1　地层岩性

CCS水电站厂房的底板基本上都坐落在火山凝灰岩上，洞室以Ⅱ、Ⅲ类围岩为主，整体基本稳定，局部裂隙密集带存在不稳定块体及洞室开挖交叉面岩体稳定性差。

地下厂房区岩体物理力学基本参数建议值见表9-1,地下厂房区围岩分类见表9-2。

表9-1　地下厂房区岩体物理力学基本参数建议值

岩性	干密度(g/cm³)	岩石饱和抗压强度(MPa)	软化系数	抗剪断强度		变形模量(GPa)	泊松比 μ	单位弹性抗力系数(MPa/cm)
				φ (°)	c (MPa)			
Ⅱ	2.66	85~100	0.93	50	1.5~2.0	17	0.21	40~50
Ⅲ	2.64	70~85	0.90	45	0.9~1.2	14	0.23	20~25

表9-2　地下厂房区围岩分类

桩号	长度(m)	岩性	围岩的质量评分	围岩类别
0-032.8~0+092.2	125	块状结构	65~80	Ⅱ
0+092.2~0+112.2	20	次块状结构	45~55	Ⅲ
0+112.2~0+121.2	9	块状结构	70~80	Ⅱ
0+121.2~0+132.2	11	次块状结构	55~65	Ⅲ
0+132.2~0+179.2	47	块状结构	65~75	Ⅱ

9.1.2.2　地震

根据前期地震危险性分析结果,区内地震最大动峰值加速度为260 cm/s²,相应的地震烈度为Ⅷ度。

9.1.3　气象资料

年平均降雨量:3 275 mm。

年平均气温:19.8 ℃。

年内最高气温:29.9 ℃。

年内最低气温:10.5 ℃。

最大风速:35.4 m/s。

9.1.4　厂房尾水洞特征水位

9.1.4.1　尾水洞控制水位

613.03 m(P=0.01%,Q=10 700 m³/s)。

612.18 m(P=0.1%,Q=8 620 m³/s)。

611.51 m(P=0.5%,Q=7 220 m³/s)。

609.83 m(P=10%,Q=4 490 m³/s)。

608.82 m(Q=3 200 m³/s)。

607.26 m(Q=1 600 m³/s)。

正常尾水位:604.99 m(Q=326 m³/s)。

9.1.4.2 机组运行对尾水位的要求

1. 机组正常运行工况

正常运行工况是8台机组满发，且要求尾水洞水面净空高度1.0 m（鼻坎以下），此时要求尾水洞内为明流。

2. 机组非常运行工况

（1）下游河道水位在607.26~608.82 m（1 600~3 200 m^3/s）时，机组仍然发电，此时尾水洞内为明满流。

（2）机组安装高程到尾水池水面净空高度要求大于3.2 m。

9.1.5 材料特征参数

CCS水电站厂房结构一期混凝土抗压强度为28 MPa，二期混凝土抗压强度为30 MPa，配水环管、月牙肋板和加强环板材料采用Q500D钢板，混凝土和钢板的材料力学参数见表9-3。其中，混凝土弹性模量根据公式4 700$\sqrt{f_c'}$计算所得，抗拉强度根据公式$\sqrt{f_c'}/1.8$计算而来。

表9-3 混凝土、钢板的材料力学参数

序号	项目	一期混凝土	二期混凝土	Q500D钢板	G60钢筋
1	抗压强度f_c'（MPa）	28	32		
2	静弹性模量E（MPa）	24 870	26 587	200 000	200 000
3	动弹性模量$E_{动}$（MPa）	32 331	34 563	260 000	260 000
4	泊松比μ	0.167	0.167	0.3	0.3
5	重度γ（kN/m^3）	24	24	78.5	78.5
6	抗拉强度f_t（MPa）	2.94	3.14		
7	钢材屈服强度（MPa）			490	420

9.1.6 厂房结构布置

本工程电站厂房为尾部式地下厂房，厂房开挖尺寸：长212 m、宽26 m、高46.8 m。安装8台冲击式水轮机组，总装机容量1 500 MW。安装间左右侧各布置4台机组，采用两机一缝布置。沿厂房纵轴线方向总长为40.68 m，沿厂房上下游方向宽度为26.0 m，高度从建基面（▽596.50 m）至发电机层（▽623.50 m）高27.0 m，包括上下游边墙、底板、尾水机坑、配水环管外围混凝土、机墩风罩等。具体详见图9-1~图9-4。

9.1.7 计算公式、方法

9.1.7.1 混凝土受弯情况下配筋计算

对于梁和柱，按照EM 1110-2-2104附件D理论配置受轴力和弯矩的钢筋。

第一步：计算要求的名义强度M_n、P_n，为荷载下的弯矩和剪力。

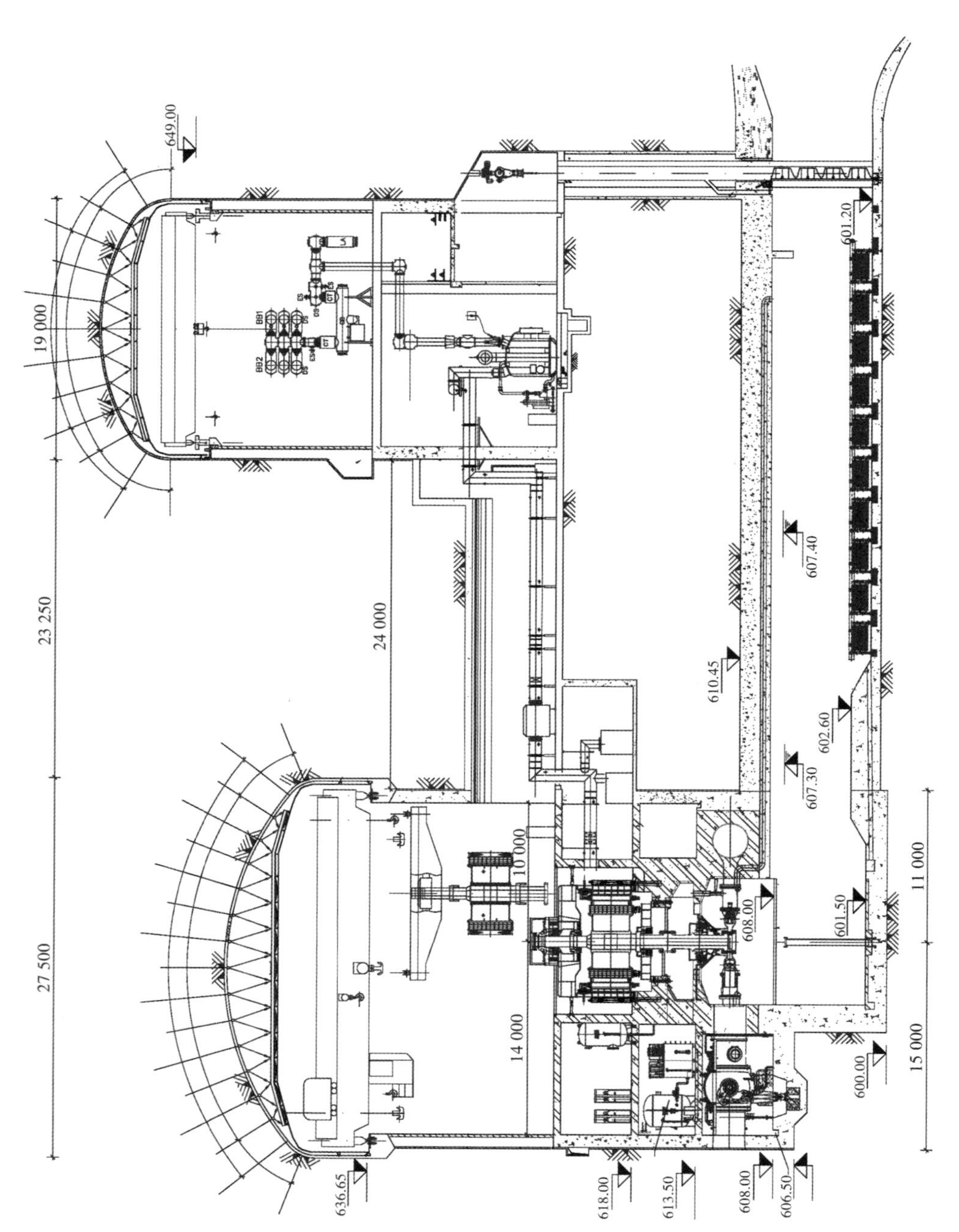

图 9-1　主厂房横剖面图　（单位：高程，m；尺寸，mm）

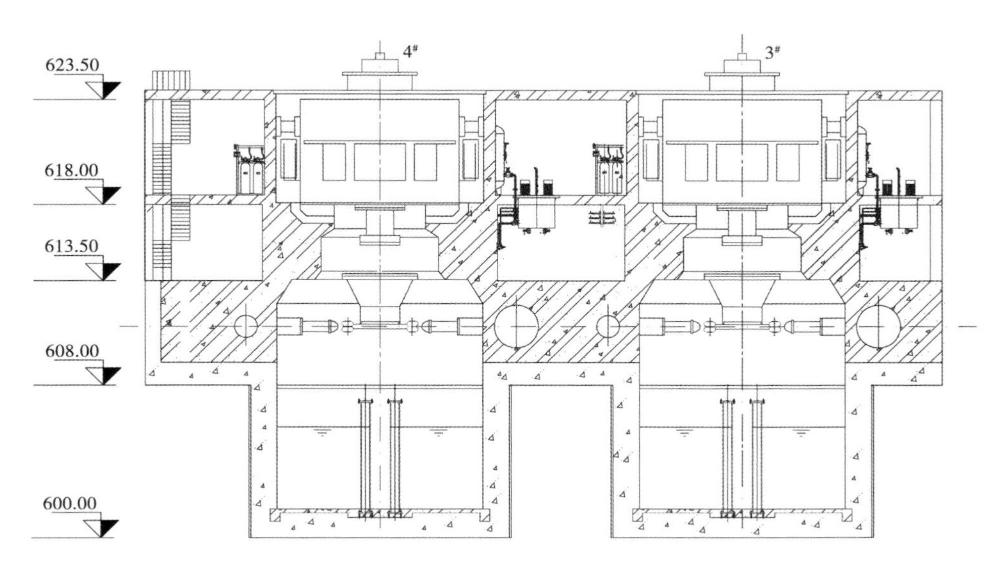

图 9-2　主厂房纵剖面图

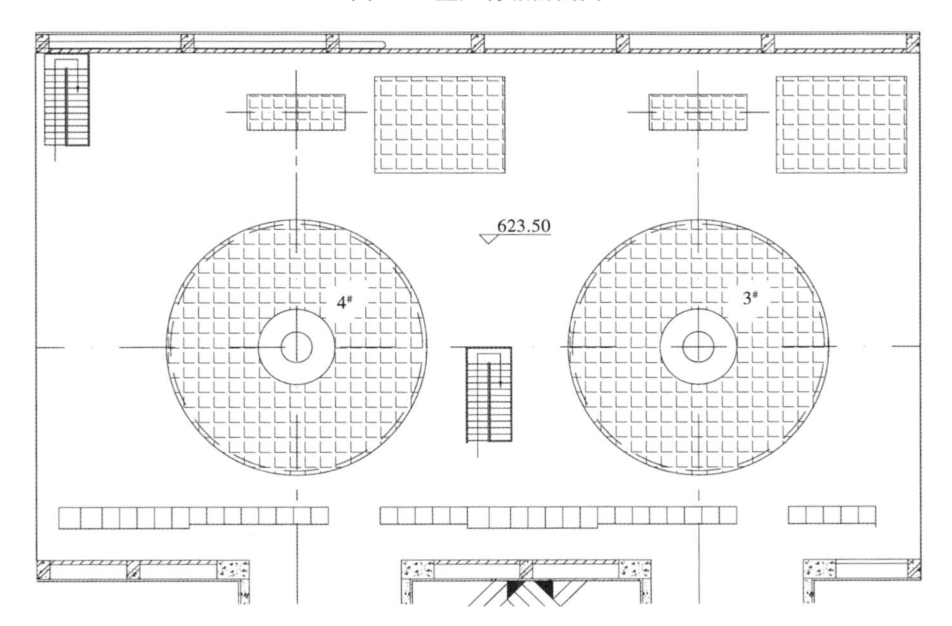

图 9-3　发电机层平面图

$$M_n = \frac{M_u}{\phi} \tag{9-1}$$

$$P_n = -\frac{P_u}{\phi} \tag{9-2}$$

其中，P_u 压为负、拉为正（SAP2000 结果）；P_n 压为正、拉为负（SAP2000 结果）。

第二步：计算 M_{ds} 以便校核尺寸，M_{ds} 为在特定配筋比时的极限弯矩值。

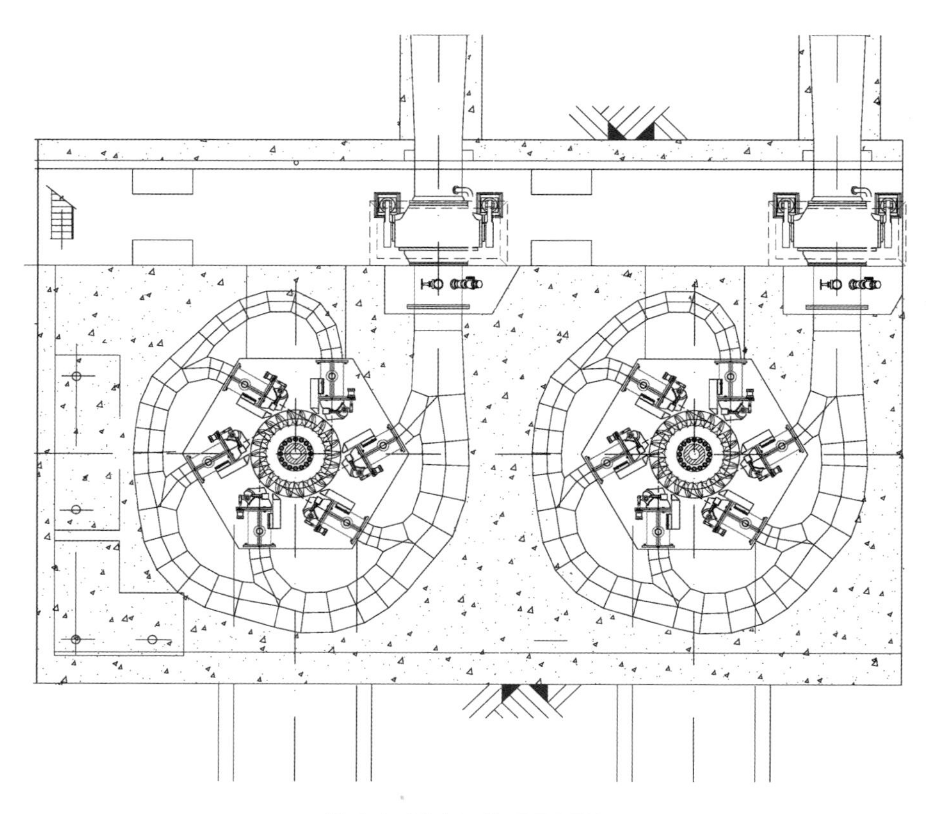

图 9-4 配水环管层平面图

$$M_{ds} = 0.85f'_c a_d b(d - a_d/2) - (d - h/2)P_n \tag{9-3}$$

其中

$$a_d = K_d d$$

$$K_d = \frac{\dfrac{\rho}{\rho_b}\beta_1 \varepsilon_c}{\varepsilon_c + \dfrac{f_y}{E_s}}$$

第三步：一面受弯和轴力荷载时的配筋计算式，当 $M_n < M_{ds}$ 时，用下式进行计算：

$$A_s = \frac{0.85f'_c K_u bd - P_n}{f_y} \tag{9-4}$$

其中，$K_u = 1 - \sqrt{1 - \dfrac{M_n + P_n(d - h/2)}{0.425f'_c bd^2}}$，如果 $K_u < 0$，则取 0。

9.1.7.2 混凝土受剪配筋计算

根据 ACI 318M-08，截面受剪的设计按如下考虑：

$$\phi V_n \geqslant V_u \tag{9-5}$$

$$V_n = V_c + V_s \tag{9-6}$$

式中：V_u 为考虑系数后的剪力；V_n 为名义剪力；ϕ 为应力折减系数，0.75；V_c 为混凝土剪力。

1. 混凝土的剪力 V_c

(1)对于承受剪力和弯矩的构件，根据 ACI 318M-08 中 11.2.1.1 条：

$$V_c = 0.17\lambda\sqrt{f'_c}b_w d \tag{9-7}$$

式中：$\sqrt{f'_c}$为混凝土抗压强度的平方根，MPa；d 为截面有效高度，mm；b_w 为截面宽度，mm；λ 为反映轻型混凝土折减的物理参数的修正系数，与同一抗压强度的常规混凝土相比，对于常规混凝土，$\lambda=1.0$。

(2)对于承受轴向受压的构件。

$$V_c = 0.17\times\left(1+\frac{N_u}{14A_g}\right)\lambda\sqrt{f'_c}b_w d \tag{9-8}$$

式中：N_u 为与 V_u 或 T_u 同时出现的截面法向上的考虑系数后轴力，压为正、拉为负；A_g 为混凝土截面的净面积，mm^2。

(3)对于混凝土墙，根据 ACI 318M-08 中 11.9.6 条，V_c 应为式(9-9)、式(9-10)两者的较小值

$$V_c = 0.27\sqrt{f'_c}hd + \frac{N_u d}{4l_w} \tag{9-9}$$

$$V_c = \left[0.05\sqrt{f'_c} + \frac{l_w\left(0.1\sqrt{f'_c}+0.2\frac{N_u}{l_w h}\right)}{\frac{M_u}{V_u}-\frac{l_w}{2}}\right]hd \tag{9-10}$$

式中：h 为截面高度，mm；l_w 为墙体整体长度；d 为墙受水平剪力作用的设计，$d=0.8l_w$。

2. 钢筋的剪力 V_s

$$V_s = \frac{A_v f_{yt} d}{s} \tag{9-11}$$

式中：f_{yt} 为对于考虑蠕变的有效系数；A_v 为截面箍筋面积；s 为截面箍筋间距。

注意：公式内的单位均为国际制单位：MPa、N、mm。

9.2 厂房下部结构设计

9.2.1 机组设备资料

9.2.1.1 配水环管各管节厚度

配水环管各管节厚度见图9-5。

9.2.1.2 发电机基础荷载

发电机基础荷载见表9-4，表9-4中为每个基础承受的荷载，其中定子基础板8个、下

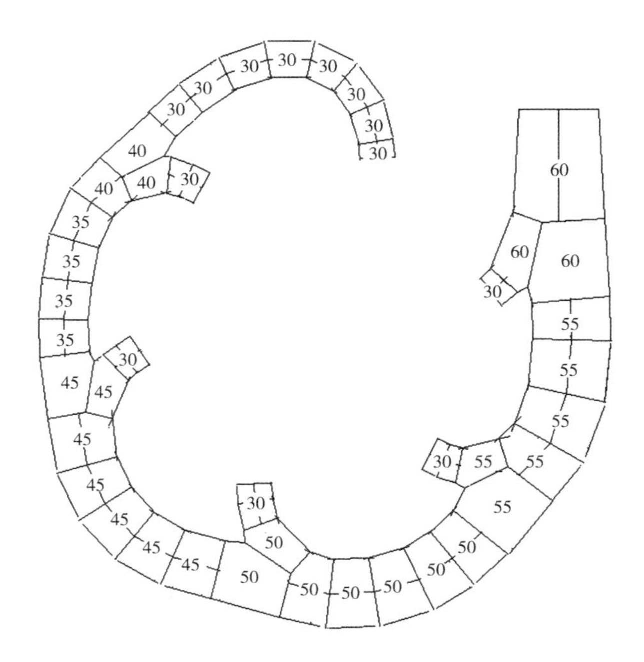

图 9-5　配水环管各管节厚度　（单位:mm）

机架基础板 6 个、上机架基础板 8 个。

表 9-4　发电机基础荷载　（单位:kN）

工况	上机架基础	定子基础			下机架基础		
	径向 R_1	垂直 V_2	径向 R_2	切向 T_2	垂直 V_3	径向 R_3	切向 T_3
额定运行	52	865	173	369	25	152	76
半数磁极短路	228	865	173	691	25	665	332
额定+地震	107	1 020	204	681	30	283	141

9.2.1.3　水轮机基础荷载

水轮机基础荷载见表 9-5、图 9-6。

表 9-5　水轮机基础荷载　（单位:kN）

荷载	荷载名称	正常工况	升压工况
F_1	配水环管进口锥段的水平作用力	6 220	7 106
F_2	配水环管支撑上的垂直作用力	154	294
F_3	单喷嘴运行时的最大水平径向力	689	—
F_4	配水环管出口法兰上的水平作用力	628	639
F_5	稳水栅支撑上的垂直作用力	1 169	1 169
F_6	轴承支撑法兰上的垂直作用力	147	147

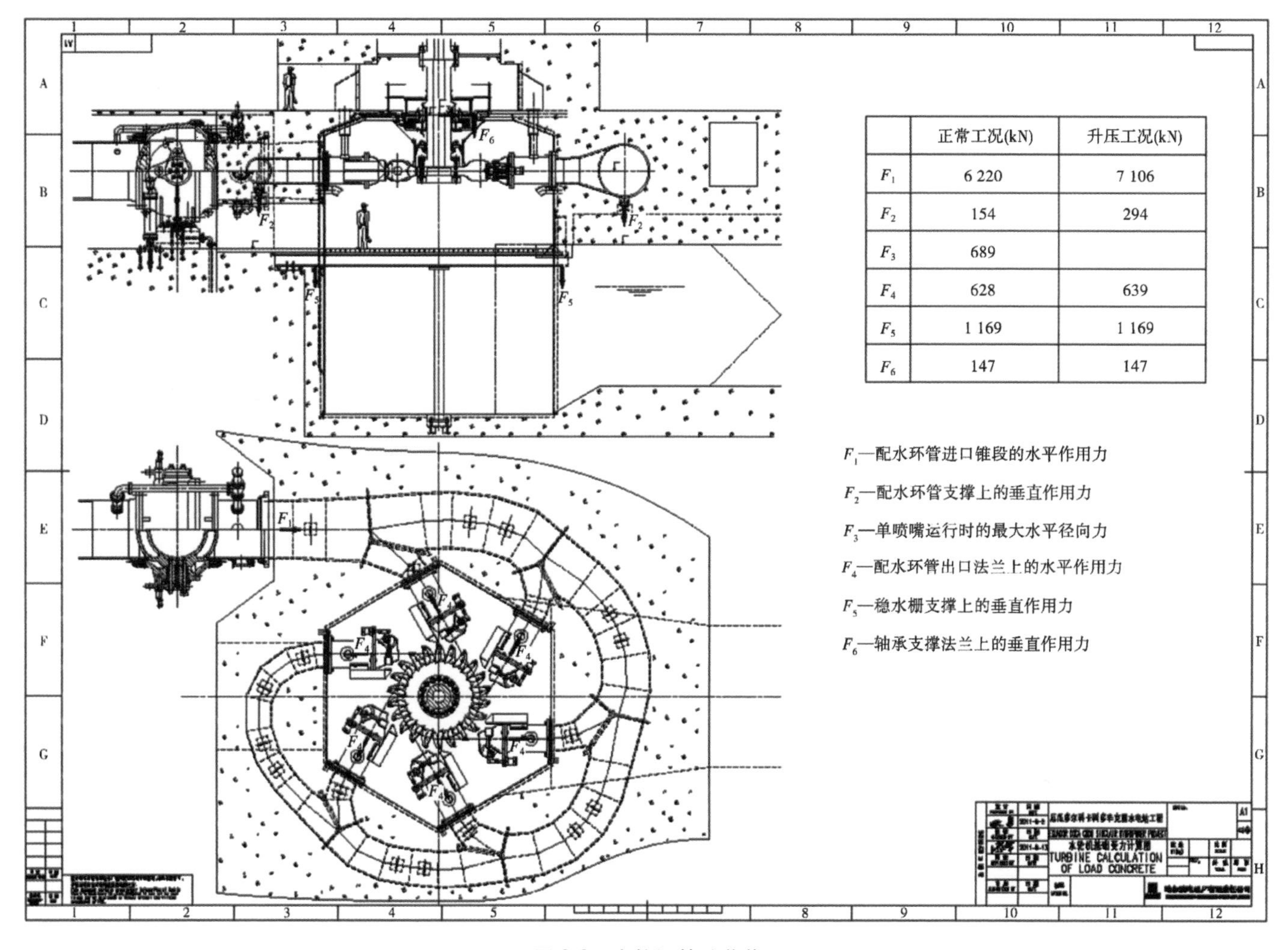

	正常工况(kN)	升压工况(kN)
F_1	6 220	7 106
F_2	154	294
F_3	689	
F_4	628	639
F_5	1 169	1 169
F_6	147	147

图 9-6　水轮机基础荷载

9.2.2 配水环管充水保压值优化分析

9.2.2.1 计算原则和假定

1. 计算原则

CCS 水电站配水环管为金属配水环管,采用充水保压的施工方法,金属配水环管和外围混凝土联合作用。计算遵循以下原则:充水保压值取最小静水压力的 75%~85%,剩余水头由配水环管与外围混凝土共同承担。此外,还承担机墩及水轮机层传来的全部垂直荷载。

2. 计算假定

(1)外围结构是一空间整体结构,为均质线弹性材料。

(2)机墩传来的荷载按活荷载考虑。

(3)不考虑温度荷载。

9.2.2.2 计算荷载与组合

ACI 318M-05 第 C.2.4 条规定:对于承受具有明确密度的流体重力及流体压力 F 的结构,荷载 F 的分项系数应该为 1.4,所有包括 L 的组合荷载都应该加上 F。

对于明确的流体压力,要求强度的公式应该为

$$U = 1.4D + 1.7L + 1.4F$$

当 D 和 L 使得 F 减小时,公式变为

$$U = 0.9D + 1.4F$$

式中:D 为永久荷载效应;L 为可变荷载效应;F 为流体压力。

1. 计算荷载

1)结构自重

根据上述规定,配水环管和混凝土自重荷载分项系数取 0.9,因此计算时配水环管重度为 78.5×0.9=70.65(kN/m^3),混凝土重度为 25×0.9=22.5(kN/m^3),属恒载。

2)楼面均布活荷载

运行期发电机层、母线层、水轮机层楼面荷载分别为 5 kN/m^2、5 kN/m^2 和 5 kN/m^2,属活荷载,荷载分项系数取 0.9。

3)机电设备荷载

发电机和水轮机基础荷载见表 9-4 和表 9-5,计算时取额定运行工况时对应的数值,荷载分项系数取 0.9。

4)内水压力

内水压力属于流体荷载。充水保压值取最小静水压力的 75%、80%和 85%三种情况,荷载分项系数取 1.4,则联合承载部分的内水压力为

$$q_1 = (750 - 604.9 \times 75\%) \times 10 \times 1.4 = 4\ 149(\text{kN/m}^2)$$

$$q_2 = (750 - 604.9 \times 80\%) \times 10 \times 1.4 = 3\ 725(\text{kN/m}^2)$$

$$q_3 = (750 - 604.9 \times 85\%) \times 10 \times 1.4 = 3\ 302(\text{kN/m}^2)$$

2. 荷载组合

计算方案和荷载组合见表 9-6。计算时机墩基础荷载和楼面活荷载还应乘以荷载分

项系数。

表 9-6 计算方案和荷载组合

计算方案			LC-1	LC-2	LC-3	LC-4
计算情况			满载	满载	满载	满载
保压值(m)			454	484	514	514
荷载	结构自重		√	√	√	√
	每块定子基础板(kN)	竖向	867×8	867×8	867×8	867×8
	每块下机架基础板(kN)	竖向	33×6	33×6	33×6	33×6
	楼面均布活荷载(kN/m^2)	发电机层	5	5	5	5
		母线层	5	5	5	5
		水轮机层	5	5	5	5
	尾水位(m)		606.49	606.49	606.49	606.49
	联合承载内压(MPa)(考虑分项系数后)		4.149	3.725	3.302	3#机组为0, 4#机组为3.302

9.2.2.3 计算模型

1. 计算范围

CCS水电站配水环管中6个喷嘴实际上与环管构成了5个岔管,结构非常复杂。配水环管外围混凝土结构不仅承受内水压力,而且承受上部结构传来的大部分荷载。由于采用两机一缝布置,为了更好地反映实际情况,计算时取主厂房3#和4#两个机组段作为计算分析对象。沿厂房纵轴线方向总长为40.68 m,沿厂房上下游方向宽度为26.0 m,高度从建基面(▽596.50 m)至发电机层(▽623.50 m)高27.0 m。

2. 坐标系

计算模型采用笛卡儿直角坐标系,其 X 轴为水平方向,沿厂房纵轴指向左端为正;Y 轴为竖直方向,向上为正;Z 轴为水平方向,指向下游为正;坐标系原点取在3#机组水轮机安装高程(▽611.10 m)与该机组轴线相交处。

3. 边界条件

在计算范围内,对配水环管及外围混凝土均按实际尺寸模拟。计算模型的底部施加全约束;上下游侧▽613.5 m(水轮机层)以下采用弹性连杆考虑围岩的约束作用,以上自由;两侧岩石开挖高程以下为法向约束,其余自由。

4. 计算模型

模型单元分为结构混凝土、配水环管、机井内衬和岩石四组。混凝土和岩石采用8节点六面体单元,个别区域采用四面体单元过渡;配水环管和机井内衬采用4节点平面板壳单元。整个计算模型共132 704个节点和123 095个单元。其中,结构混凝土105 995个单元,配水环管4 356个单元,机井内衬1 414个单元,岩石23 459个单元。部分网格图见图9-7、图9-8。

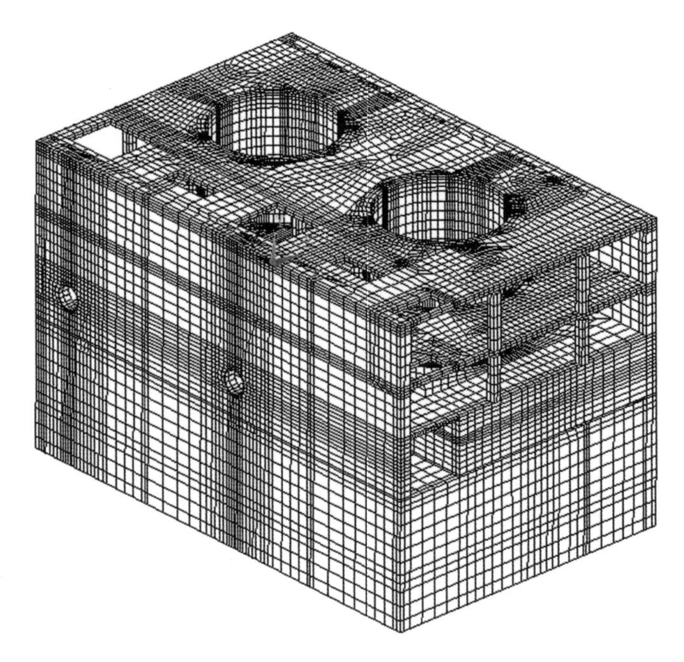

图 9-7　整体模型网格图

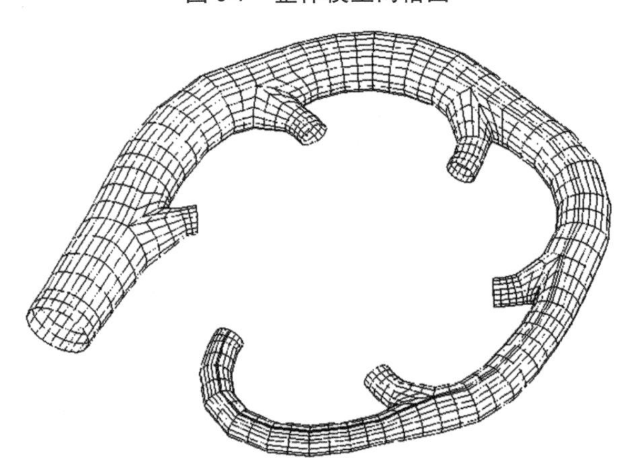

图 9-8　配水环管网格图

9.2.2.4　**配水环管外围混凝土应力**

图 9-9~图 9-14 直观反映了配水环管外围混凝土在各保压方案下超过混凝土抗拉强度(3.14 MPa)的范围(黑色部分)。断面编号及位置见图 9-15,断面特征点位置见图 9-16。

根据计算结果,整理 3 个保压方案 3#和 4#机组段配水环管外围混凝土 7 个典型断面的环向应力和水流向应力。

1. LC-1 方案混凝土应力

该方案保压值 4.537 MPa,配水环管与外围混凝土联合承担 4.149 MPa(考虑分项系数)内水压力。该方案是 4 个保压方案中配水环管与外围混凝土联合承载最大的方案,故混凝土的应力水平也是相对最高的。

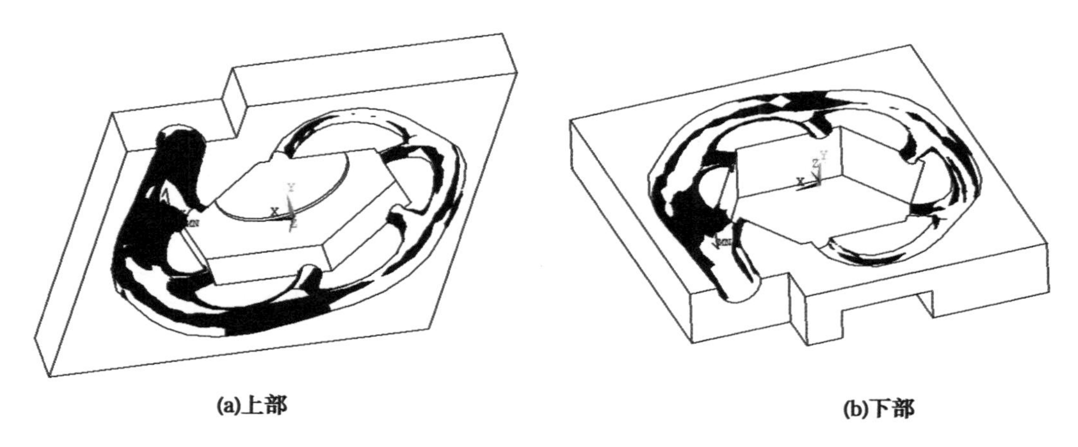

(a)上部　　(b)下部

图 9-9　LC-1 方案 $3^{\#}$机组配水环管外围混凝土第一主应力超过 3.14 MPa 的范围

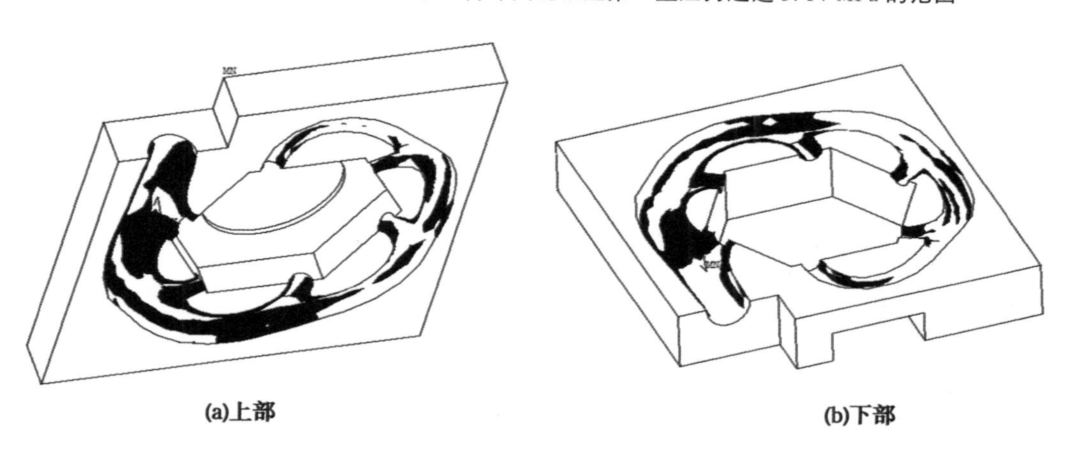

(a)上部　　(b)下部

图 9-10　LC-1 方案 $4^{\#}$机组配水环管外围混凝土第一主应力超过 3.14 MPa 的范围

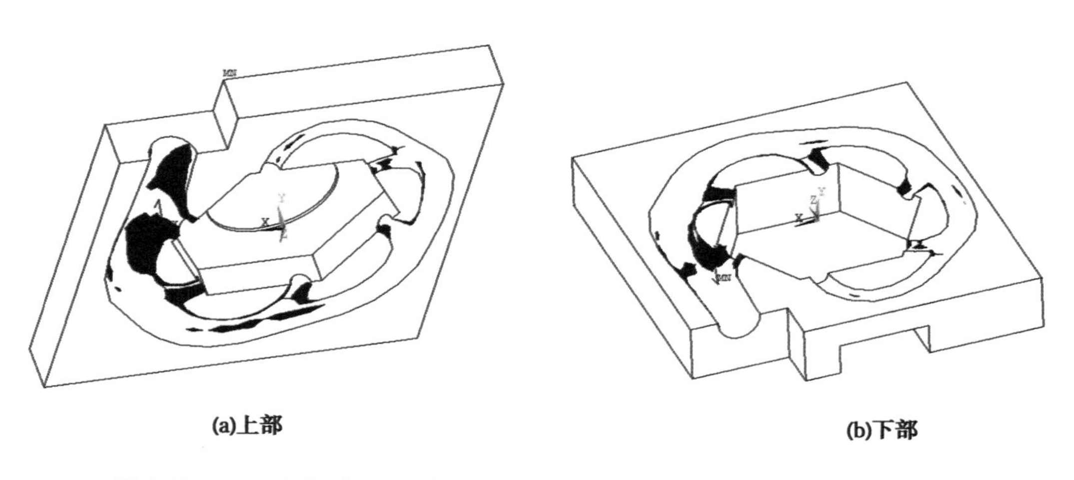

(a)上部　　(b)下部

图 9-11　LC-2 方案 $3^{\#}$机组配水环管外围混凝土第一主应力超过 3.14 MPa 的范围

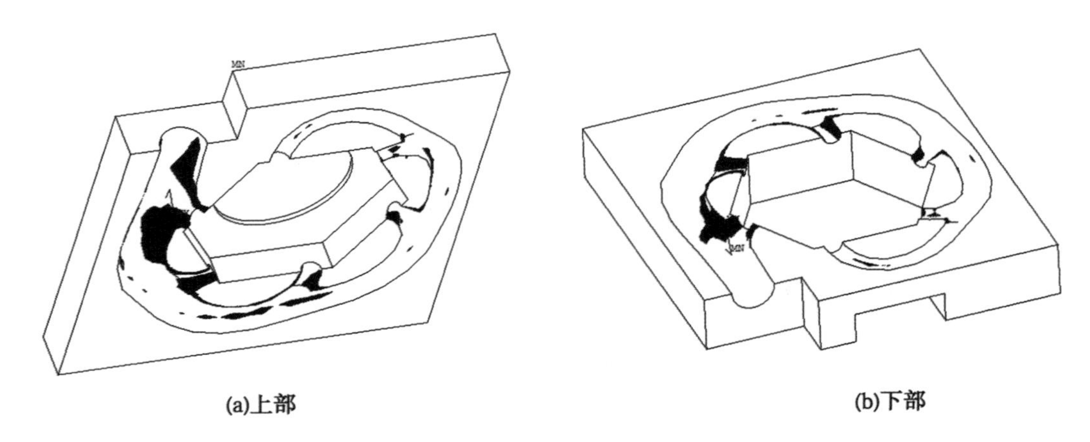

(a)上部　　(b)下部

图 9-12　LC-2 方案 4#机组配水环管外围混凝土第一主应力超过 3.14 MPa 的范围

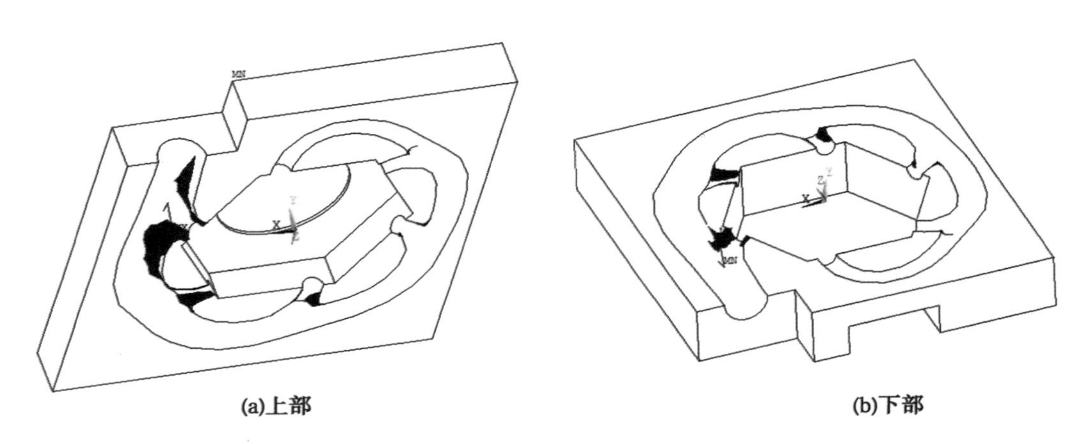

(a)上部　　(b)下部

图 9-13　LC-3 方案 3#机组配水环管外围混凝土第一主应力超过 3.14 MPa 的范围

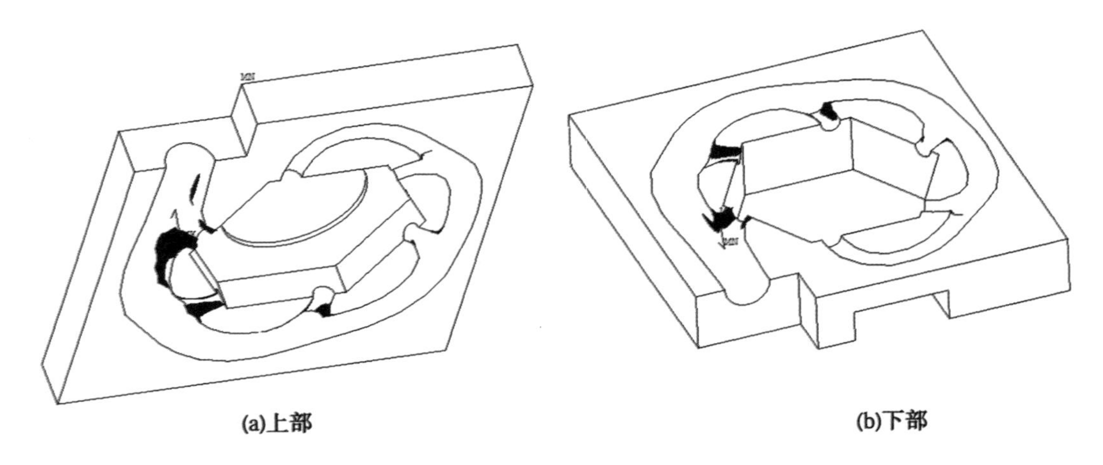

(a)上部　　(b)下部

图 9-14　LC-3 方案 4#机组配水环管外围混凝土第一主应力超过 3.14 MPa 的范围

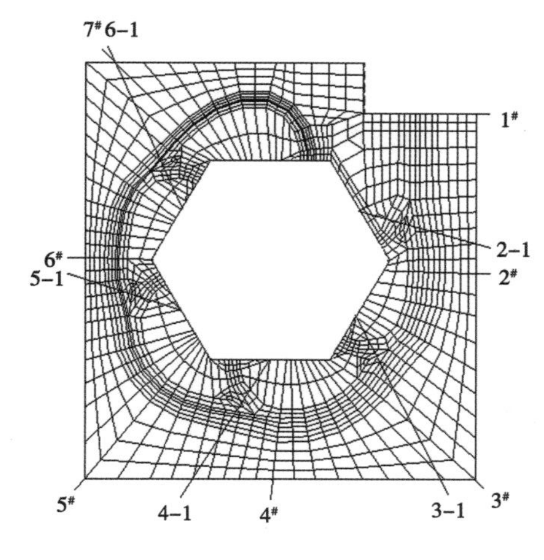

图 9-15　混凝土典型断面位置

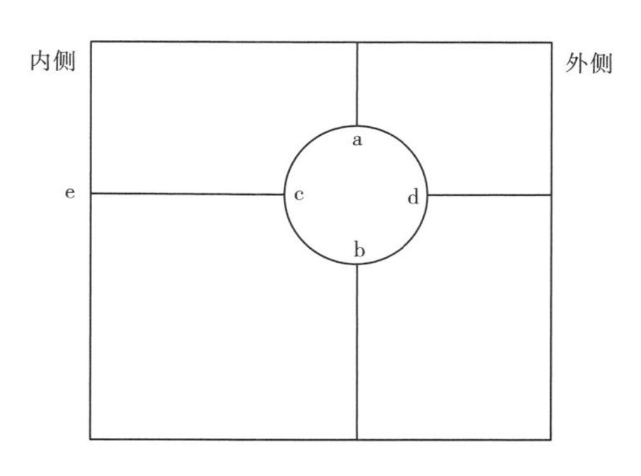

图 9-16　断面特征点位置

配水环管外围混凝土在内水压力和上部结构传来的荷载共同作用下,各断面环向拉应力较大,最大达到 4.06 MPa,出现在 3#机组 3#断面内侧腰部内缘。各断面顶部和底部内缘环向拉应力差别不大,内侧应力水平高于外侧,这是因为内侧混凝土厚度薄于外侧混凝土。从数值上看,2#~4#断面紧贴配水环管的混凝土内缘环向应力超过混凝土抗拉强度(3.14 MPa)。相比于环向应力,各断面水流向应力水平则低很多,最大拉应力 1.83 MPa,出现在 3#机组 1#断面上部边界。在内水压力作用下,各断面靠外侧水流向基本呈受拉状态,内侧基本呈受压状态(1#断面除外),水流向应力大小与管径大小没有直接联系。

虽然此方案下紧贴配水环管的混凝土内缘环向应力较大,但沿径向衰减较快,超过混凝土抗拉强度的范围并不大。从图 9-9 和图 9-10 可以看出,混凝土第一主应力超过 3.14 MPa 的范围主要集中在紧贴配水环管附近的区域,由此可以判断,混凝土开裂范围不会太大,不会过多削弱配水环管外围混凝土的整体性,对配水环管的稳定运行不会有很大影响。但值得注意的是,配水环管喷嘴周围混凝土可能开裂,对此处结构的耐久性有一定影响,此处的配筋应适当加强。

2. LC-2 方案混凝土应力

该方案保压值 4.840 MPa,配水环管与外围混凝土联合承担 3.725 MPa 内水压力(考虑分项系数),联合承载值约为 LC-1 方案的 90%。总体来看,该方案混凝土的应力水平低于 LC-1 方案。

在联合承担 3.725 MPa 内水压力的情况下,各断面环向拉应力依然较大,最大是 3.60 MPa,同样出现在 3#机 3#断面内侧腰部内缘,这与 LC-1 方案是一样的。由于是线弹性计算,该方案环向应力分布规律与 LC-1 方案类似,相同位置的应力值 LC-2 方案约是 LC-1 方案的 90%,这与 LC-2 方案的联合承载值约为 LC-1 方案的 90%是对应的。这种对应关系说明,配水环管外围混凝土环向应力主要与联合承载值大小有关。2#~4#断面紧贴配水环管的混凝土内缘环向应力超过了 3.14 MPa,此方案也不能避免紧贴配水环管的混凝土出现开裂情况。各断面水流向最大拉应力 1.77 MPa,同样出现在 3#机组 1#断面上部边界。水流向应力分布规律与 LC-1 方案类似。

LC-2 方案混凝土第一主应力超过 3.14 MPa 的区域位置与 LC-1 方案基本类似，只是范围有所减小，但配水环管喷嘴周围混凝土应力水平依然较高。总体来看，尽管此方案联合承载值约为 LC-1 方案的 90%，但可以预见其对减小混凝土开裂范围效果并不明显。

3. LC-3 方案混凝土应力

该方案保压值 5.142 MPa，配水环管与外围混凝土联合承担 3.302 MPa 内水压力（考虑分项系数），联合承载值约为 LC-1 的 80%。该方案混凝土的应力水平是三个方案中最低的。

在联合承担 3.302 MPa 内水压力的情况下，各断面环向拉应力最大值依然出现在 3#机组 3#断面内侧腰部内缘，最大值为 3.16 MPa，仅此断面紧贴配水环管的混凝土内缘环向应力大于 3.14 MPa，与 LC-1 方案、LC-2 方案相比大为减小。各断面水流向最大拉应力 1.72 MPa，同样出现在 3#机组 1#断面上部边界。

对比图 9-9、图 9-11 和图 9-13，LC-3 方案混凝土第一主应力超过 3.14 MPa 的区域远小于 LC-1 方案和 LC-2 方案，说明选取 85%的最小水头（514 m）作为保压值对减小混凝土开裂范围有明显效果。

9.2.2.5 3#机组检修、4#机组发电工况混凝土应力

1. LC-4 方案 3#机组混凝土应力

由于 3#机配水环管与外围混凝土仅承受了结构的自重和设备荷载，各断面环向多为压应力，数值很小；水流向应力有拉有压，但数值同样很小，因此对于配水环管外围混凝土结构设计来讲，检修工况不是其控制工况。

2. LC-4 方案 4#机组混凝土应力

CCS 水电站厂房两个机组段之间没有分缝，其相互之间的结构影响是值得关注的。LC-4 方案是单台机组发电工况，4#机组短路甩负荷，3#机组放空停机。

通过对比，可以看出两者区别不大，应力大小和分布规律十分接近，说明两个机组段之间的相互结构影响是很小的。从球阀层平面图（安装高程）可以看到，尽管厂房两个机组段之间没有分缝，但 1#机组和 2#机组配水环管之间混凝土最薄的位置也超过了 2.9 m，相比于配水环管管径，混凝土的厚度较大，这就是两个机组段配水环管外围混凝土受力相对独立的原因。

9.2.2.6 配水环管外围混凝土承载比

由某个断面配水环管环向应力（联合承载部分）的平均值 σ_0，按下式可以初步算出外围混凝土的承载比 η：

$$\eta = 1 - \frac{p_b}{p} - \frac{\delta \cdot \sigma_0}{r \cdot p} \tag{9-12}$$

式中：p_b 为配水环管保压值，MPa；p 为配水环管设计内水压力（含水击压力），本工程为 7.5 MPa；δ 为典型断面处配水环管厚度，mm；r 为典型断面处配水环管半径，mm。

根据计算结果，整理了 3#和 4#机组段 1#、2#、4#、6#等几个典型断面的配水环管环向应力和外围混凝土承载比，对于充水保压配水环管方案，外围混凝土承载比最大未超过 30%。4 种方案下各截面承载比的大小规律不变。充水保压值越高，外围混凝土承载比

越小,即越能发挥配水环管的承载作用,这对混凝土受力是有利的。

9.2.2.7　配水环管保压值的确定

从前面的分析可以看出,配水环管保压值对外围混凝土的应力水平和配筋有着明显的影响。显然保压值越高,对混凝土结构受力越有利,配筋量越小,越能充分发挥配水环管的承载作用。充水保压措施实质上是使配水环管和外围混凝土之间在充水之前有一个初始缝隙,若不考虑其他因素,此初始缝隙值只与保压值大小有关。但实际上其还与配水环管竣工时和运行时温差有关(即使不考虑施工缝隙)。本工程配水环管在施工期保压浇筑混凝土时,由于混凝土水化热的影响,如果不采取降温措施,配水环管竣工时的温度不可能低至运行期水温,这样在电站运行时配水环管与外围混凝土之间将形成一个冷缩缝隙。如按本工程配水环管进口直径 2.2 m、最大厚度 60 mm 计,每 1 ℃温差将造成约 0.017 mm 的冷缩缝隙,相当于增加了 0.17 MPa 的保压值。

从保证机组稳定运行的角度讲,需要保证实际保压值与由于冷缩缝隙增加的保压值之和小于电站最小水头,这样就可以保证在任何运行水头情况下不出现配水环管脱空现象。以此作为标准初步估算,LC-1 方案、LC-2 方案和 LC-3 方案允许的最大温差分别是 8.9 ℃、7.1 ℃和 5.3 ℃,即保压值越高,允许的温差越小,对保温措施的要求越高。

综上所述,配水环管保压值的确定,既要考虑外围混凝土应力的影响,又要考虑机组长期稳定运行的要求。从上述内容的分析可知,LC-3 方案保压值的增大对外围混凝土的受力状况有较大改善。综合考虑两方面因素,结合 CCS 水电站的具体情况,配水环管保压值建议确定为最小水头(604.90 m)的 85%,即 5.14 MPa。

9.2.3　厂房下部结构三维有限元计算

9.2.3.1　计算荷载与组合

ACI 318M-05 第 C.2.4 条规定:对于承受具有明确密度的流体重力及流体压力 F 的结构,荷载 F 的分项系数应该为 1.4,所有包括 L 的组合荷载都应该加上 F 。

对于明确的流体压力,要求强度的公式应该为

$$U = 1.4D + 1.7L + 1.4F$$

1. 结构自重

根据上述规定,配水环管和混凝土自重荷载分项系数取 1.4,因此计算时配水环管重度为 78.5×1.4=109.9(kN/m^3),混凝土重度为 24×1.4=33.6(kN/m^3),属恒载。

2. 楼面均布活荷载

运行期发电机层、母线层、水轮机层楼面荷载分别为 5 kN/m^2、5 kN/m^2 和 5 kN/m^2;检修期发电机层、母线层、水轮机层楼面荷载分别为 45 kN/m^2、25 kN/m^2 和 25 kN/m^2;属活荷载,荷载分项系数取 1.7。

3. 发电机基础荷载

发电机基础荷载见表 9-4,计算时分别取额定运行工况和半数磁极短路工况时对应的数值,按活荷载处理,荷载分项系数取 1.7。表 9-4 中为每个基础承受的荷载,其中定子基础板 8 个、下机架基础板 6 个、上机架基础板 8 个。

4. 水轮机基础荷载

水轮机基础荷载见表 9-5,计算时分别取额定运行工况和半数磁极短路工况时对应的数值,荷载分项系数取 1.4。

5. 内水压力

内水压力属流体荷载。充水保压值取最小静水压力的 85%,荷载分项系数取 1.4,则联合承载部分的内水压力为

$$q = (750 - 604.9 \times 85\%) \times 10 \times 1.4 = 3\,302(\mathrm{kN/m^2})$$

6. 外水压力

外水压力属活荷载,荷载分项系数取 1.7。具体计算时,主厂房边墙及底板所受水荷载按水位在发电机层高程 623.5 m 的基础上,乘以 0.5 的折减系数计算,排水孔以上高程折减,排水孔以下高程不折减。上游折减点取 609.50 m,下游折减点取 615.50 m,如图 9-17 所示。

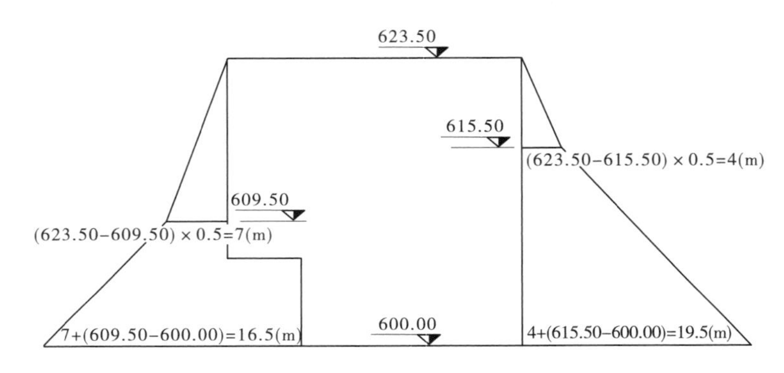

图 9-17　主厂房外水压力示意图

7. 尾水槽荷载

尾水槽荷载分考虑和不考虑尾水槽内压气荷载两种情况,荷载分项系数取 1.4。不考虑尾水槽内压气荷载时,相应的尾水位为 606.49 m(对应于计算方案 A-1);考虑尾水槽内压气荷载时,相应的尾水位为 607.40 m,水面以上至尾水槽顶板之间施加气压 0.135 MPa,水面以下按 620.90 m 水位施加静水压力(对应于计算方案 A-2)。

计算方案和荷载组合见表 9-7。

9.2.3.2　计算模型

计算模型分为结构混凝土、配水环管、机井内衬和岩石四组单元。混凝土和岩石采用 8 节点六面体单元,个别区域采用四面体单元过渡;配水环管和机井内衬采用 4 节点板壳单元,详见 9.2.2.3 节内容。

9.2.3.3　各部分应力

1. 机墩应力与位移

根据计算结果,尽管半数磁极短路工况定子基础和下机架基础承受了比较大的环向荷载和径向荷载,但机墩应力水平并不高。环向最大拉应力 1.52 MPa,出现在定子基础,低于混凝土抗拉强度。机墩铅直向以压应力为主,其与水轮机层交界处上游侧最大压应力为 2.74 MPa。值得一提的是,机墩进人孔附近混凝土应力水平并没有因为开孔的存在

而增加很多,说明机墩进人孔设计的位置和尺寸是合理的。

表 9-7　计算方案和荷载组合

计算方案			A-1	A-2	B	C
计算情况			额定运行工况	额定运行工况	半数磁极短路工况	检修工况
保压值(m)			514	514	514	514
荷载	结构自重		√	√	√	√
	发电机基础	每块上机架基础(kN)	R_1	R_1	R_1	0
		每块定子基础板(kN)	V_2、R_2、T_2	V_2、R_2、T_2	V_2、R_2、T_2	V_2
		每块下机架基础(kN)	V_3、R_3、T_3	V_3、R_3、T_3	V_3、R_3、T_3	V_3
	水轮机基础荷载(F_4、F_5、F_6)		F_4、F_5、F_6	F_4、F_5、F_6	F_4、F_5、F_6	F_5、F_6
	楼面均布活荷载(kN/m^2)	发电机层	5	5	5	45
		母线层	5	5	5	25
		水轮机层	5	5	5	25
	尾水位(m)		606. 49	607. 40	606. 49	
	配水环管联合承载内压(MPa)考虑 1. 4 分项系数后		3. 302	3. 302	3. 302	0
	外水压力水位(m)		623. 50	623. 50	623. 50	623. 50

由于配水环管管径较小,上部混凝土结构受水荷载作用较小,因此定子基础和下机架基础竖向不均匀上抬都不大,最大为 0. 09 mm,其与上机架直径(5. 7 m)的比值为 0. 001%,小于发电机运行规范的 0. 05%,有利于机组稳定运行。

2. 风罩应力

根据计算结果可以看出,风罩上部内侧环向基本为拉应力,最大为 0. 68 MPa,风罩下部外侧环向基本为拉应力,最大为 2. 16 MPa,低于混凝土设计强度,其他部分基本为压应力,数值都不大。风罩竖直向也是以受压为主,应力水平不高,但是在发电机层楼板高程处,风罩内侧竖向出现很大的拉应力,检修工况,3#机组 5. 93 MPa,4#机组 8. 11 MPa。这主要是由于发电机层楼板变形带动风罩变形的结果,上机架千斤顶基础板径向荷载对风罩结构的作用是有限的,建议在风罩与发电机层、母线层楼板连接部位周围设置牛腿,以减小上述变形和竖向拉应力。另外,风罩引出线开口的环向和竖直向均没有出现明显的应力集中,说明风罩设计的形式和尺寸基本上是合理的。

风罩内侧为 40 ℃、外侧为 28 ℃,即温差为 12 ℃。需考虑温度变化对风罩结构应力的影响,以便为结构的温度配筋提供参考依据。根据计算结果,在内高外低的温差荷载作用下,风罩环向应力和竖向应力均是内侧压应力、外侧为拉应力,环向拉应力最大值为 2. 80 MPa,竖向拉应力最大值达 1. 83 MPa。

3. 尾水槽应力

根据计算结果，尾水槽在内、外水压力作用下，所有工况都在608.00 m高程靠近上游侧出现环向拉应力，拉应力数值均不大，最大值为0.31 MPa，出现在检修工况；另外，在A-2工况，由于尾水槽内充气运行，尾水槽环向出现拉应力，最大不超过0.5 MPa；其他区域均为压应力，压应力数值也不大。在尾水槽内外水压力和上部荷载共同作用下，尾水槽竖直方向全部为压应力，水平较低。

总体来看，由于本工程尾水位较低，尾水槽周围混凝土较厚，因此其配筋只需在适当考虑温度荷载的前提下按照构造要求配置即可。

4. 上下游墙应力

根据计算结果，上下游墙竖直向应力大部分为压应力，但在上下游顶端外表面和楼板之间上下游墙内表面出现拉应力，最大拉应力出现在检修工况上游墙外侧，为2.08 MPa，主要是由于检修工况发电机层楼面变形和墙外地下水压力引起上游墙弯曲产生的拉应力。上游墙引水管开口在钢管周围设置弹性垫层的情况下对竖直向应力不大，没有出现较大的应力集中。下游墙竖直向应力分布规律与上游墙类似，但在母线廊道矩形开口角点处有较大应力集中。由于检修工况楼板荷载大，上下游墙外侧均出现较大拉应力，需配置钢筋。

上游墙外侧厂房纵轴线方向应力整体上比内侧大，且在同一高程断面都出现拉应力和压应力交替出现的波形分布，这与外水压力作用及厂房上游侧楼板设置球阀、转轮起吊孔有关。下游墙外侧母线廊道顶部厂房纵轴线方向出现较大拉应力，其中额定运行和半数磁极短路工况分别为0.96 MPa和1.09 MPa，检修工况达到2.66 MPa。下游墙其他区域绝大部分为压应力，且数值不大。下游墙母线廊道开孔周围有较大应力集中，拉应力数值较大，配筋时需重点考虑。

5. 配水环管外围混凝土

根据计算结果，各断面环向拉应力最大值依然出现在3#机组3#断面内侧腰部内缘，最大值为3.16 MPa，仅此断面紧贴配水环管的混凝土内缘环向应力大于3.14 MPa，各断面水流向最大拉应力1.72 MPa，同样出现在3#机组1#断面上部边界。

9.2.3.4 各部位配筋计算

根据各部分混凝土应力分布图计算出合拉力 T，然后按照下式计算受拉钢筋截面面积：

$$A_s = \frac{H_f T}{\phi f_y} \tag{9-13}$$

式中：H_f 为水力系数，对于直接受拉的构件，取1.65；ϕ 为强度折减系数，对于受拉控制区域，取0.9；f_y 为钢筋抗拉强度设计值，取420 N/mm^2；T 为由钢筋承担的拉力设计值，N，$T=\omega b$。

当弹性应力图形的受拉区域大于截面高度的2/3时，不考虑混凝土的受拉强度，拉力全由钢筋承担。配水环管各截面均为受拉，故不考虑混凝土的受拉强度。

边墙、机墩风罩配筋见表9-8，配水环管外围混凝土配筋见表9-9。

表 9-8　边墙、机墩风罩配筋

部位	厚度(m)	竖直向配筋	实际配筋面积(mm^2)	水平配筋	实际配筋面积(mm^2)
上下游边墙	0.9	Φ28@ 200	3 077	Φ25@ 200	2 455
1#、8#机组端墙	0.8	Φ28@ 200	3 077	Φ25@ 200	2 455
尾水机坑	1.5~2.0	Φ28@ 200	3 077	Φ28@ 200	3 077
风罩	0.6	Φ28@ 200	3 077	Φ28@ 200	3 077
尾水机坑	2.8	Φ28@ 200	3 077	Φ28@ 200	3 077

表 9-9　配水环管外围混凝土配筋

部位	径向	实际配筋面积(mm^2)	水平配筋	实际配筋面积(mm^2)
主管	双层Φ32@ 200	8 038	双层Φ25@ 200	4 910
岔管	Φ32@ 200	4 019	Φ25@ 200	2 455

9.2.4　配水环管非线性开裂及变形计算

配水环管结构是一种特殊的蜗壳结构形式,是冲击式机组重要过流部件,也是埋入混凝土中的大型隐蔽设施之一,其结构形式要求有足够的强度和刚度以保证机组的安全运行,配水环管及外围混凝土既要承受机组运行时的水压力,又要承受厂房上部结构传递的荷载,因此它是厂房结构设计的关键。

为了研究配水环管外围混凝土的开裂特性和变形,本书对充水保压配水环管与外围混凝土结构进行了平面非线性有限元计算分析,验算配水环管混凝土结构的承载能力,研究其开裂情况。

9.2.4.1　计算模型及材料参数

厂房采用两机一缝布置,计算选取 3#机组 2#断面、4#机组 2#与 3#机组 6#连接断面(简称 4#机组 2#断面)作为研究对象,分别称为 S3-2 方案和 S4-2 方案,断面位置如图 9-18 中黑线所示。模型高度从高程 596.50 m 至定子基础(617.50 m)高 21 m。四周为自由边界,底部全约束。

模型单元分为结构混凝土、配水环管、机井内衬、钢筋和部分围岩五组。混凝土和围岩采用 4 节点轴对称实体单元,配水环管和机井内衬采用 2 节点轴对称板壳单元,钢筋采用 2 节点轴对称板壳单元等效模拟(钢材横截面面积相等),钢筋通过 Abaqus 中的 Embedded element 命令嵌入混凝土实体单元,实现相关节点自由度的耦合。S3-2 方案中整个计算模型共 2 837 个节点和 2 783 个单元,S4-2 方案中整个计算模型共 4 922 个节点和 4 864 个单元。网格图见图 9-19、图 9-20。

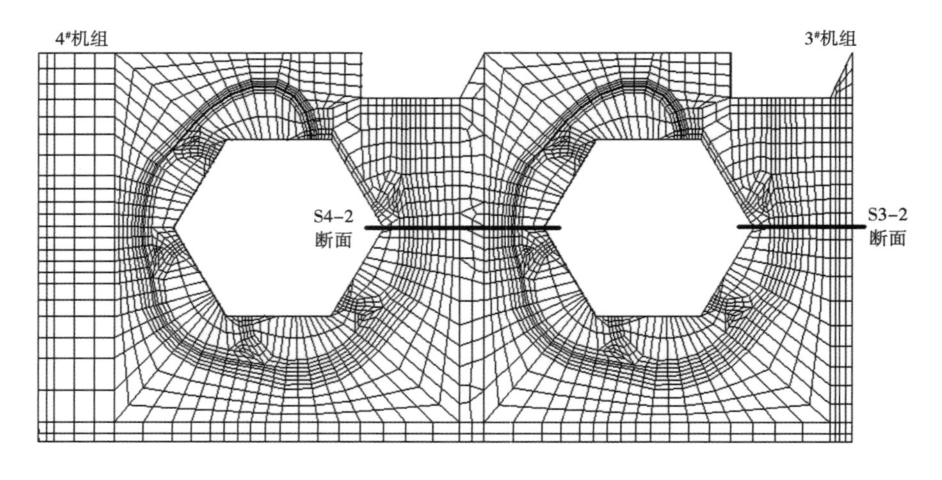

图 9-18　断面位置平面示意图

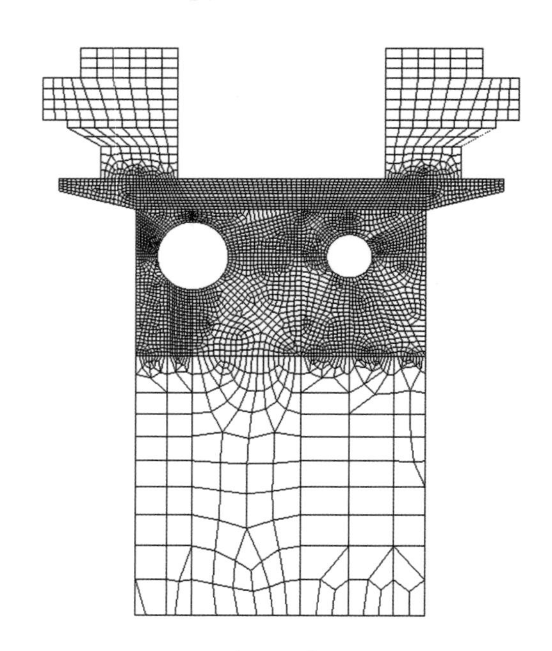

图 9-19　3#机组 2#断面网格图

图 9-20　4#机组 2#断面网格图

根据该部位应力及配筋计算结果，并考虑限裂要求，结合类似工程经验，对配水环管外围混凝土进行了配筋，具体布置为：沿径向距配水环管 100 mm、300 mm 各布置一层 Φ28@ 200 的环向钢筋，另外沿混凝土块体周边布置一层 Φ28@ 200 的环向钢筋，保护层厚度 100 mm。具体钢筋布置示意图见图 9-21、图 9-22。

混凝土非线性材料特性由损伤塑性模型描述，混凝土抗压强度 $f_c'=32$ MPa；根据 ACI 规范中公式计算得混凝土弹性模量 $E_c=26\ 587$ MPa，劈裂抗拉强度 $f_t=\sqrt{f_c'}/1.8=3.14$ MPa(对于直接受拉的构件，计算时水力系数取 1.65，得到混凝土允许拉应力为 1.90 MPa)。混凝土拉伸损伤曲线和拉伸软化曲线见图 9-23 和图 9-24。

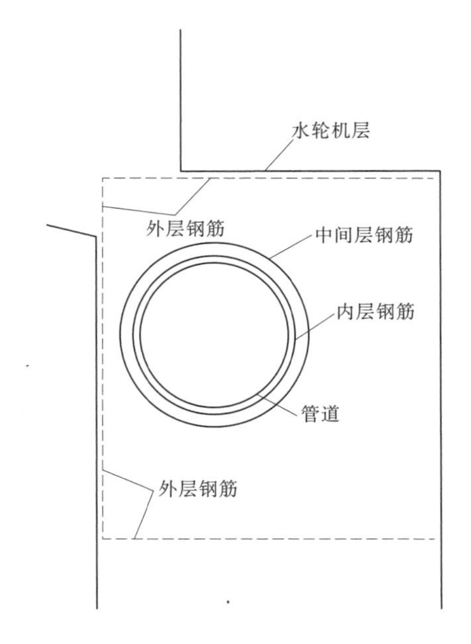

图 9-21 3#机组 2#断面钢筋布置示意图

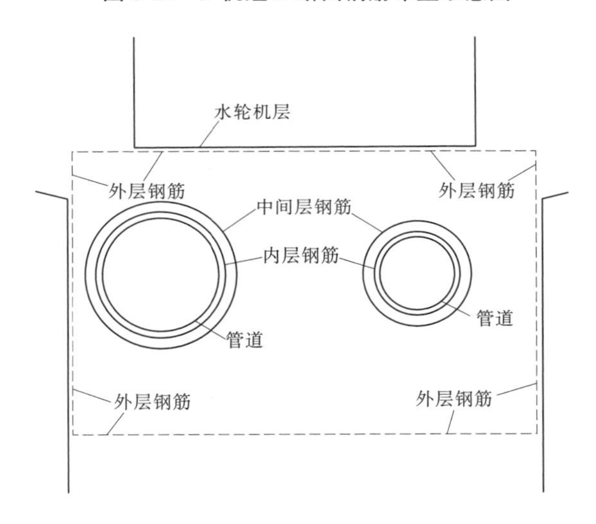

图 9-22 4#机组 2#断面钢筋布置示意图

9.2.4.2 **计算荷载组合**

计算荷载包括:①结构自重;②每块定子基础板竖向荷载;③每块下机架基础板竖向荷载;④水轮机层竖向活荷载;⑤联合承载内压。根据 ACI 规范中荷载组合原则,当恒载 D 和活荷载 L 使得流体荷载 F 减小时,荷载组合公式应取 $U=0.9D+1.4F$。

各荷载大小以及组合见表 9-10,荷载施加方法如下:第一步施加①~④;以后各步从 2.075 MPa 开始逐级施加内水压力,每级增加 0.415 MPa,直至 4.010 MPa。计算共计七步。

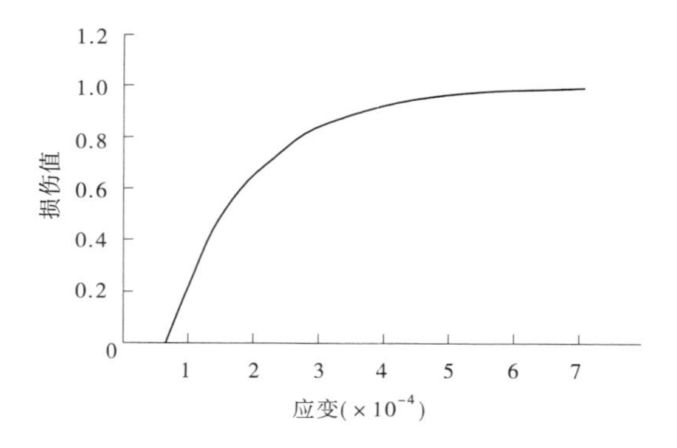

图 9-23 混凝土拉伸损伤曲线

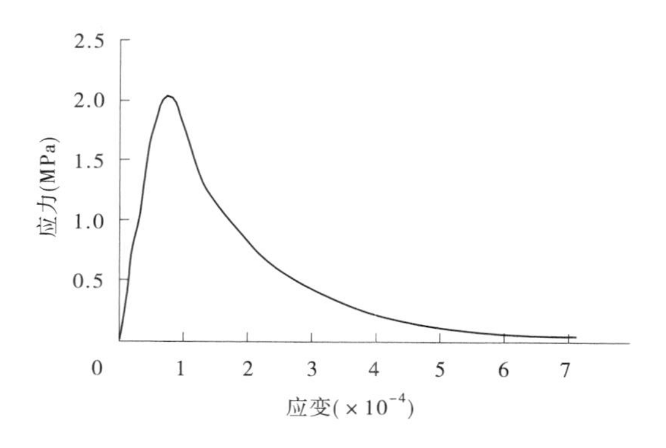

图 9-24 混凝土拉伸软化曲线

表 9-10 非线性计算方案和荷载组合

计算方案	计算情况	保压值(m)	荷载				
			结构自重	每块定子基础板竖向活荷载(kN)	每块下机架基础板竖向活荷载(kN)	水轮机层竖向活荷载(kN/m^2)	联合承载内压(MPa)
S3-2	满载	514	√	867×8	33×6	5	3.304
S4-2	满载	514	√	867×8	33×6	5	3.304

注:联合承载内压为考虑 1.4 荷载分项系数后的内压。

9.2.4.3 计算结果与分析

1. 配水环管和钢筋应力

根据计算结果,整理了断面在各级荷载作用下的配水环管钢衬和钢筋应力如下:

(1)当联合承载内压达到 3.320 MPa 时,S3-2 方案配水环管钢衬内侧环向应力最大达到了 151.36 MPa 左右,低于 Q500D 钢材的允许应力[取抗拉强度的 1/3,即 610/3=203(MPa)];S4-2 方案配水环管钢衬内侧环向应力最大达到了 148.48 MPa,也低于 Q500D 钢材的允许应力 203 MPa。

(2)当联合承载内压达到 3.320 MPa 时,S3-2 方案内侧外层钢筋应力最大为 88.50 MPa,S4-2 方案相应部位钢筋应力最大为 106.81 MPa,均低于钢筋的允许应力[$0.6f_y=0.6\times$

420 = 252(MPa)]。因此,可以认为从材料强度角度衡量,配水环管厚度和钢筋配置都是满足要求的。

(3)当联合承载内压由 2.075 MPa 升高至 2.490 MPa 时,大管钢衬内侧环向应力增大较多,这是因为此时管道内侧腰部出现贯穿性裂缝,内水压力荷载由混凝土转移到钢衬上,对于内侧钢筋,也有同样规律。3机组 2断面顶部贯穿性裂缝的出现使得水轮机层与机墩相交处(顶部外层)钢筋应力明显增大。需要注意的是,当联合承载内压由 3.735 MPa 进一步超载至 4.010 MPa 时,大管内侧外层钢筋应力略有减小,这是由于新增裂缝的出现使得外围混凝土的应力得以进一步释放,内层钢筋发挥更大作用。

2. 外围混凝土开裂范围和裂缝宽度

计算结果表明,当联合承载内压达到 2.075 MPa 时,外围混凝土开始出现损伤区。图 9-25 与图 9-26 显示的是在联合承载内压达到 2.075 MPa 后两断面外围混凝土损伤区分布和发展情况,损伤区反映混凝土可能的开裂趋势。

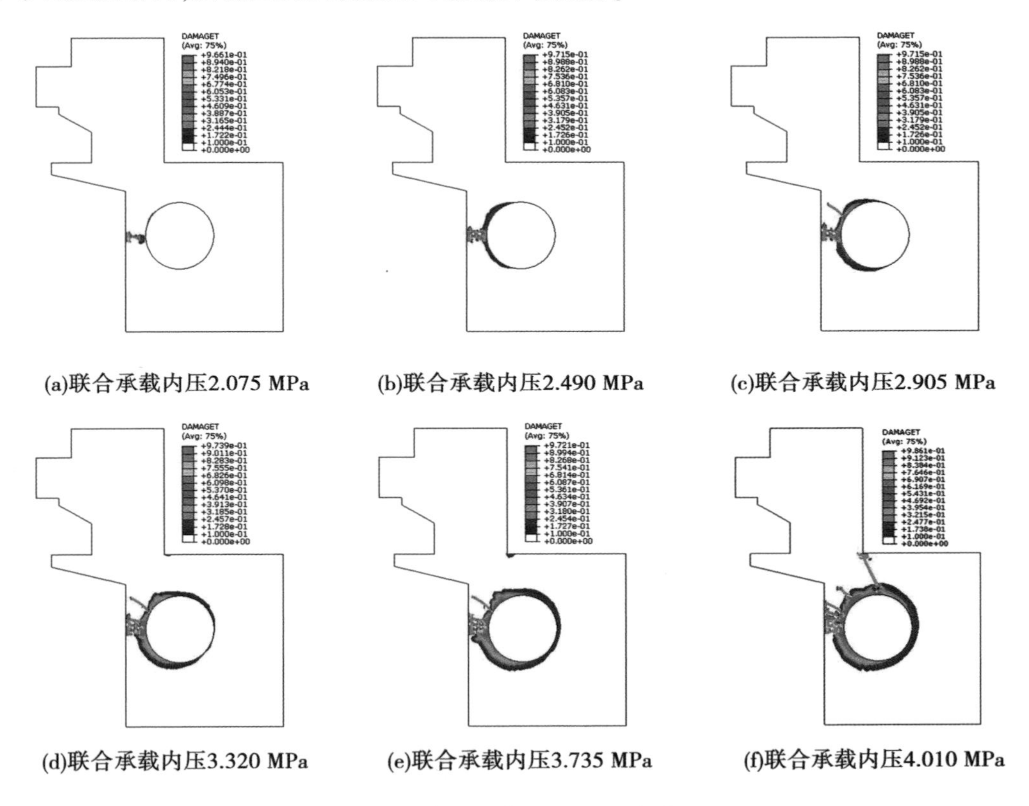

(a)联合承载内压2.075 MPa　(b)联合承载内压2.490 MPa　(c)联合承载内压2.905 MPa

(d)联合承载内压3.320 MPa　(e)联合承载内压3.735 MPa　(f)联合承载内压4.010 MPa

图 9-25　3#机组 2#断面混凝土损伤区

从图 9-25 可以明显看出,在 3#机组 2#断面内,由于配水环管内侧混凝土较薄,当联合承载内压达到 2.075 MPa 时,配水环管内侧腰部已出现损伤,可能出现贯穿性裂缝,并随着内水压力的增大不断扩展;当联合承载内压达到 3.320 MPa(对应于设计内压 7.5 MPa)时,配水环管内侧腰部出现多条贯穿性裂缝。当联合承载内压超载到 4.010 MPa 时,配水环管周边混凝土均已出现损伤,除内侧腰部出现多条贯穿性裂缝外,顶部至水轮

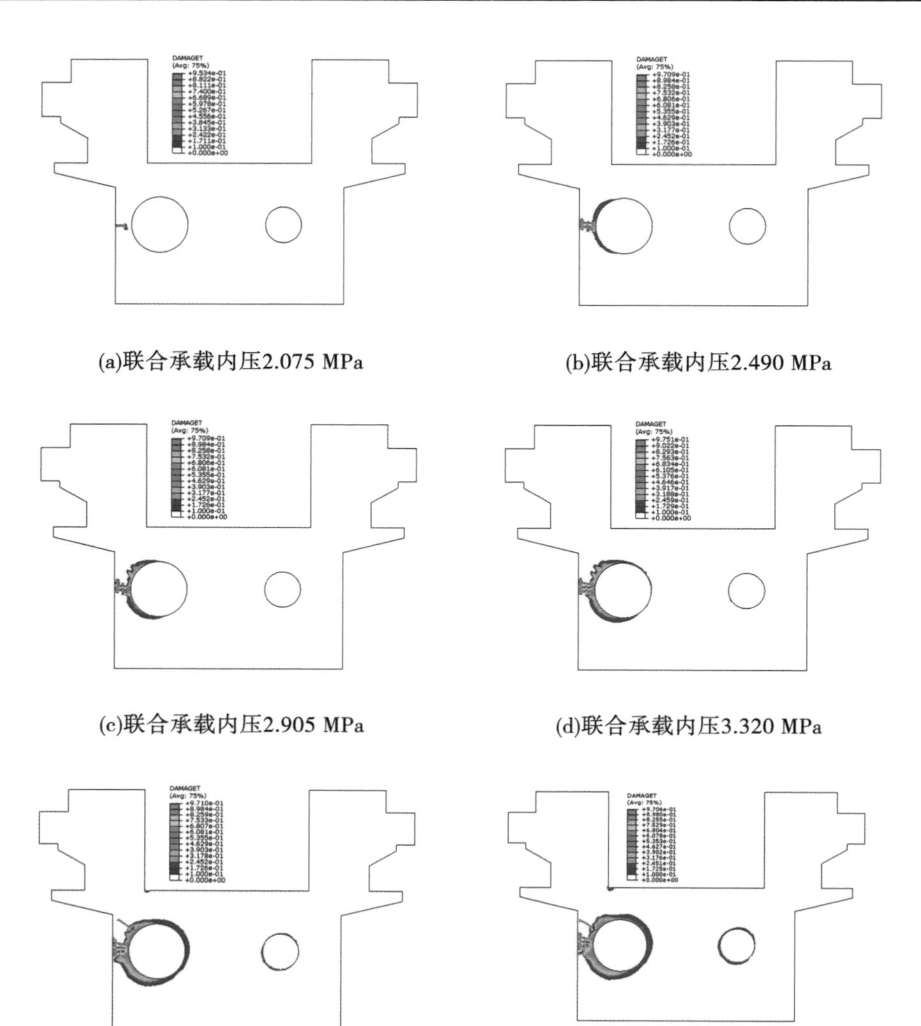

(a)联合承载内压2.075 MPa

(b)联合承载内压2.490 MPa

(c)联合承载内压2.905 MPa

(d)联合承载内压3.320 MPa

(e)联合承载内压3.735 MPa

(f)联合承载内压4.010 MPa

图 9-26　4#机组 2#断面混凝土损伤区

机层与机墩相交处也出现一条贯穿性损伤区,故水轮机层与机墩相交处和管道内侧外层钢筋处裂缝宽度是需要验算的。根据 ACI 规范裂缝宽度公式进行验算,得到水轮机层与机墩相交处(钢筋应力为 110.40 MPa)和配水环管内侧外层钢筋处(钢筋应力为 93.75 MPa)裂缝宽度分别是 0.17 mm 和 0.14 mm。

图 9-26 显示,4#机组 2#断面内,大管周边混凝土的损伤开展状况(尤其是内侧腰部位置)同 3#机组 2#断面环管周边混凝土的损伤状况基本类似,但由于小管中内水压力的抵消作用,大管顶部混凝土并未出现贯穿性的损伤,受力状况相对较好;小管周边混凝土直至联合承载内压达到 3.735 MPa 才出现轻微损伤,且损伤程度较小,内压超载到 4.010 MPa 时损伤区仍然较小。根据 ACI 规范裂缝宽度公式进行验算,得到大管周边水轮机层与机墩相交处(钢筋应力为 15.17 MPa)和配水环管内侧外层钢筋处(钢筋应力为 102.96

MPa)裂缝宽度分别为 0.02 mm 和 0.15 mm。

根据 ACI 规范规定,裂缝允许最大值是 0.2 mm,按此标准混凝土裂缝宽度是满足要求的,配水环管较大截面处按限裂要求钢筋直径不宜减小,但配水环管较小截面处配筋可以适当优化。

另外,从混凝土裂缝分布和钢筋应力的大小来看,应该加强配水环管较大截面处顶部和靠近机井一侧的配筋,至少需要布置两层环向钢筋和一层混凝土周边钢筋;配水环管较大截面底部和外侧只需布置两层环向钢筋基本上就可以满足要求,而配水环管较小截面处(5#截面以后)只需布置一层环向钢筋和一层混凝土周边钢筋基本上就可以满足要求。

通过对配水环管非线性有限元计算分析,认为该工程配水环管采用的充水保压浇筑形式、选取的保压值是合适的,钢衬应力、钢筋应力满足钢材的承载能力要求,混凝土开裂满足规范的要求,选取的配筋较为合理。

9.2.5　厂房结构自振特性研究和共振校核

水电站厂房下部结构是承受机组动荷载的主体结构,结构体系复杂,设备开孔众多,要求结构体系具有足够的整体刚度来承受机组振动荷载,因此有必要对厂房结构进行自振特性分析,计算结构的各阶自振频率和振型,与厂房结构的自振频率进行初步的共振校核,为减小和避免共振的发生及厂房结构优化设计提供依据。

9.2.5.1　自振特性

在模态计算中,机电设备的质量是不能忽略的,因此在计算模型中相应的位置(定子基础板)用六自由度质量单元(MASS21)模拟其影响。配水环管内水的质量通过改变管壳密度在计算中加以考虑。计算采用子空间迭代法提取 20 阶模态,其内部使用广义 Jacobi 迭代算法,采用完整的[K]和[M]矩阵,有较高的计算精度。

为分析围岩对上下游侧水轮机层以上混凝土实体柱约束作用对厂房结构自振特性的影响,计算采用两种方案。

(1)方案 1:不考虑围岩对上下游侧水轮机层以上混凝土实体墙的约束作用。

(2)方案 2:考虑围岩对上下游侧水轮机层以上混凝土实体墙的约束作用。

计算模型详见 9.2.2.3 节内容。

根据计算结果,可以看出:

(1)两方案厂房结构前 20 阶自振频率均在 16~33 Hz,相应结构前 20 阶模态都是水轮机层以上结构振动(大都为楼板振动),发电机层与母线层楼板、立柱和风罩应该成为抗振重点关注部位。发电机层与母线层楼板上游侧跨度较大、开孔较多、刚度较小,是振动比较敏感的区域。方案 1 中分别在第 1 阶和第 2 阶开始出现发电机层楼板和母线层楼板的振动,均为靠上游侧楼板的竖直向振动,振动频率分别为 16.91 Hz 和 19.51 Hz;方案 2 分别在第 1 阶和第 2 阶亦开始出现发电机层楼板和母线层楼板靠上游侧的竖直向振动,振动频率分别为 17.04 Hz 和 19.56 Hz。两方案中前 20 阶模态大都出现楼板靠上游侧竖直向振动,此部位的振动对电站工作人员的健康和设备的正常运行是不利的,需采取必要措施尽量避免共振发生。

(2)考虑上下游围岩对水轮机层以上混凝土实体墙的约束作用后,水轮机层以上结构的顺河向刚度有所增大，方案1中第3阶出现水轮机层以上结构的顺河向振动，方案2中到第10阶才出现，频率也由方案1中的19.91 Hz提升至24.99 Hz。从厂房结构前20阶自振频率和振型来看，围岩对厂房整体振动有一定的影响，能明显增大厂房顺河向的抗振刚度，但对于楼板自身的振动特性影响不大。

(3)在两计算方案的前20阶振型中，未出现机墩、风罩结构独立的振型，仅在水轮机层以上结构振动时，机墩风罩与整体结构一起发生振动，两方案中的振动频率分别为19.91 Hz和24.99 Hz。此外，风罩与发电机层楼板直接相连，其结构单薄，刚度较小，发电机层楼板的振动会带动风罩一起振动，且千斤顶基础板就位于风罩靠近发电机层高程处，此处机组的振动更容易对发电机层楼板振动产生不利影响。风罩离机组较近，其抗振问题应该引起足够重视。

9.2.5.2 强迫振动振源与激振频率

本水电站厂房机组转速较大，配水环管体形复杂，所以保证机组的安全稳定运行具有重要的意义。为了避免共振的发生，有必要对可能引起厂房结构振动的振源及其频率进行分析，与厂房结构的自振频率进行初步的共振校核，并提出相应的工程处理措施。机组振动的原因复杂，影响因素很多，其机制至今尚不完全清楚。下面对各种振源进行定性和某些定量分析，给出了一些主要激振频率，并以此作为结构共振校核的依据。

由于机组激振频率伴随机组运行产生，因此这里主要分析运行期的情况。已知本工程机组额定转速 $n=300$ r/min、飞逸转速 $n_p=530$ r/min。结合工程的具体情况，初步得出由于机械力和电磁力形成的强迫振动振源和频率。

1. 机组转动部分偏心引起的振动

机组固有振动频率为

额定转速时 $f_1=\dfrac{n}{60}=5$ Hz，飞逸转速时 $f'_1=\dfrac{n_p}{60}=8.83$ Hz。

2. 转动部分与固定部分碰撞引起的振动

机组固有振动频率为

额定转速时 $f_1=\dfrac{n}{60}=5$ Hz，飞逸转速 $f'_1=\dfrac{n_p}{60}=8.83$ Hz。

3. 轴承间隙过大、主轴过细引起的振动

机组固有振动频率为

额定转速时 $f_1=\dfrac{n}{60}=5$ Hz，飞逸转速时 $f'_1=\dfrac{n_p}{60}=8.83$ Hz。

4. 主轴法兰推力轴承安装不良、轴曲引起的振动

机组固有振动频率为

额定转速时 $f_1=\dfrac{n}{60}=5$ Hz，飞逸转速时 $f'_1=\dfrac{n_p}{60}=8.83$ Hz。

5. 定子极频振动

其振动频率为

$$f_5=\frac{Pn}{30}$$

式中：P 为磁极对数，本工程为10对，则 $f_5=\frac{10\times 300}{30}=100(\mathrm{Hz})$。

6. 推力轴承制造不良引起的电气振动

其振动频率为

$$f_6=\frac{Zn}{60}$$

式中：Z 为推力轴瓦数，本工程为12块，则 $f_6=60$ Hz。

7. 发电机定子与转子气隙不对称引起的振动

机组固有振动频率为

额定转速时 $f_1=\frac{n}{60}=5$ Hz，飞逸转速时 $f_1'=\frac{n_p}{60}=8.83$ Hz。

8. 不均匀磁拉力引起的振动

其振动频率为转动频率或其整数倍：

$f_8=K\frac{n}{60}=5$ Hz、10 Hz、20 Hz、25 Hz。

K 取1、2、3、4四种情况。

9. 发电机线圈短路引起的振动

其振动频率为

$$f_9=\frac{n}{60}=5(\mathrm{Hz})$$

10. 发电机定子铁芯机座合缝不严引起的振动

此种振动的频率范围为：$f_{10}=50\sim100$ Hz。

本工程取：$f_{10}=50$ Hz、75 Hz、100 Hz。

9.2.5.3　厂房结构激振初步分析和共振校核

根据上面得到的引起机组和厂房结构振动的各种干扰力激振频率，以及厂房结构的自振频率，按照《水电站厂房设计规范》(SL 266—2001)中有关结构共振校核的规定，就可以对厂房结构是否发生共振进行校核。校核标准为：结构自振频率与强迫振动频率之差与自振频率的比值应大于20%~30%。为安全起见，分析取30%，即 $|(f_{自}-f_{激})/f_{自}|\leq 30\%$ 时，便认为可能产生共振。

通过计算，可以得出以下基本结论：

(1)厂房结构前20阶自振频率均在16~33 Hz，第1阶自振频率(16.91 Hz，方案1)与机组额定转速时振动频率(5 Hz)及飞逸转速时振动频率(8.83 Hz)有较大的错开度，这对厂房各部分结构的抗振是比较有利的。

(2)由不均匀磁拉力引起的激振频率有可能引起厂房结构的共振，因此应提高机组制造和安装精度，应尽量避免机组运行时此种情况的出现。

需要指出的是，对于未计算出的厂房结构的某些高阶自振频率与不同干扰力激振主频之间，仍然有可能发生共振，对这些可能发生的高阶共振也应重视，采取相应的工程措施。发电机层与母线层楼板及风罩等薄弱部位，尤其是楼板靠上游侧跨度较大的部位，相对更易遭受振动破坏，影响机组正常运行。为此，在厂房的抗振设计中，对这些部位应予以更多的注意，必要时可考虑在楼板跨度较大区域增设支撑柱和在孔口周边增加圈梁或暗梁，以提高水轮机层以上结构的抗振能力。

9.3 厂房上部结构设计

9.3.1 概述

厂房的上部结构指厂房1#~8#机组段的发电机层(623.50 m)、母线层(618.00 m)及水轮机层(613.50 m)，水轮机层上游侧5 m范围为板梁结构，其他区域为大体积混凝土，上部结构全部采用现浇钢筋混凝土框架结构。

母线层布置有调速器、油压装置及水机专业、电气专业的预留孔洞；发电机层楼板下游布置有机旁盘，在机旁盘下部开有大小不等的孔洞作为设备电缆的通道；为了厂内交通方便，每个机组段均设有楼梯，其中4个布置在上游侧的楼梯从发电机层通到蜗壳层，另外4个布置在机组中间的楼梯从发电机层通到水轮机层；为方便机组安装、检修，每个机组段上游侧均设有吊物孔。

各机组段的垂直水流方向桩号范围为：1#~2#机组段0+139.22　0+179.22，长度为40 m；3#~4#机组段0+098.52　0+139.20，长度为40.68 m；5#~6#机组段0+028.72　0+068.48，长度为39.76 m；7#~8#机组段0-012.80　0+028.70，长度为41.50 m；顺水流方向的桩号为0-015.00　0+011.00，总长为26 m。

为方便施工并减少振动荷载的影响，各层楼板均采用厚板结构，其中发电机层与母线层楼板厚度采用0.5 m厚板，水轮机层采用0.4 m厚的楼板。

9.3.2 计算条件

9.3.2.1 荷载条件

1. 结构自重

根据上述规定，混凝土自重荷载分项系数取1.4，混凝土重度为24×1.4=33.6 (kN/m^3)，属恒载。

2. 楼面均布活荷载

运行期发电机层、母线层、水轮机层楼面荷载分别为5 kN/m^2、5 kN/m^{2}和5 kN/m^2；检修期发电机层、母线层、水轮机层楼面荷载分别为45 kN/m^2、25 kN/m^{2}和25 kN/m^2，属活荷载，荷载分项系数取1.7。

9.3.2.2 荷载组合

ACI 318M-05第C.2.4条规定：对于承受具有明确密度的流体重力及流体压力F的

结构,荷载 F 的分项系数应该为 1.4,所有包括 L 的组合荷载都应该加上 F 。

对于明确的流体压力,要求强度的公式应为

$$U = 1.4D + 1.7L + 1.4F$$

式中:D 为永久荷载效应;L 为可变荷载效应;F 为流体压力。

9.3.3　计算方法及结果

9.3.3.1　计算方法

(1)根据厂房整体布置,选取 3#、4#机组段作为标准结构单元进行结构整体计算,3#、4#机组段的平面布置见图 9-27~图 9-29,计算采用 SAP2000 有限元分析软件。

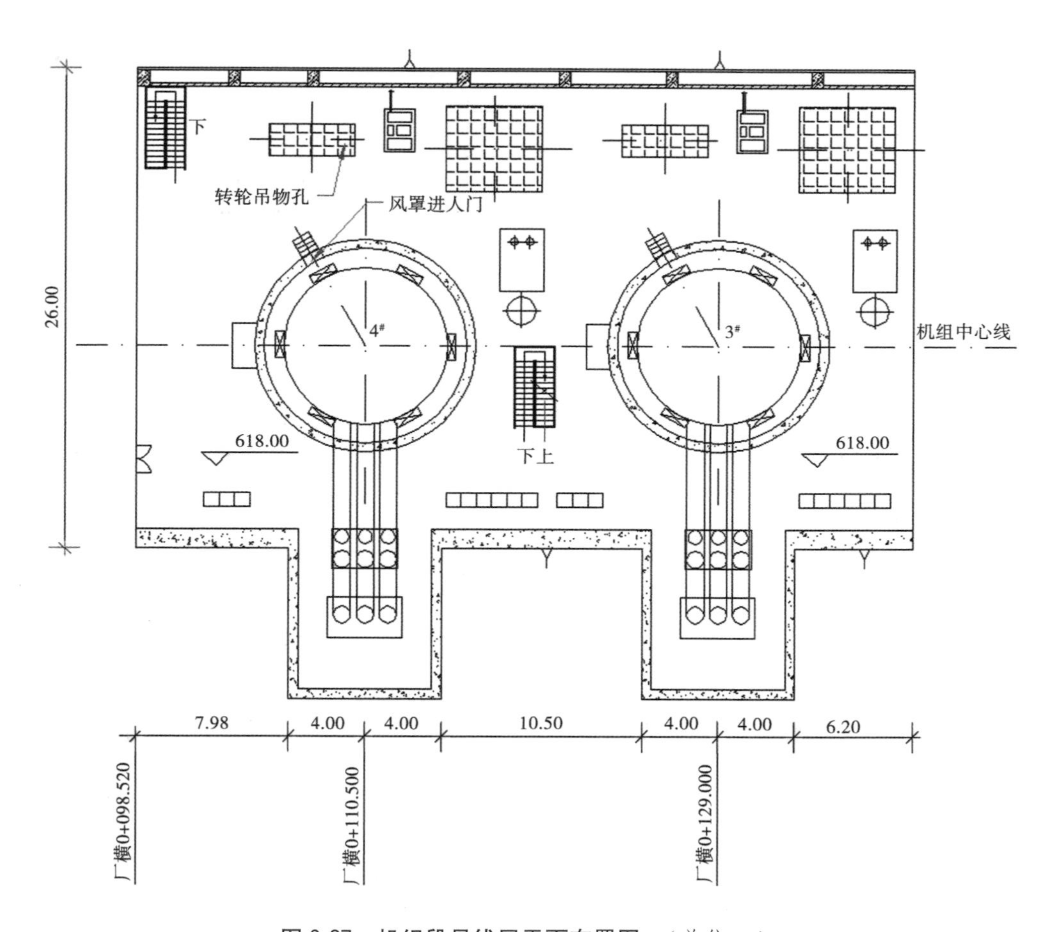

图 9-27　机组段母线层平面布置图　(单位:m)

(2)计算模型如图 9-30 所示。

9.3.3.2　计算结果

计算结果见表 9-11、表 9-12。

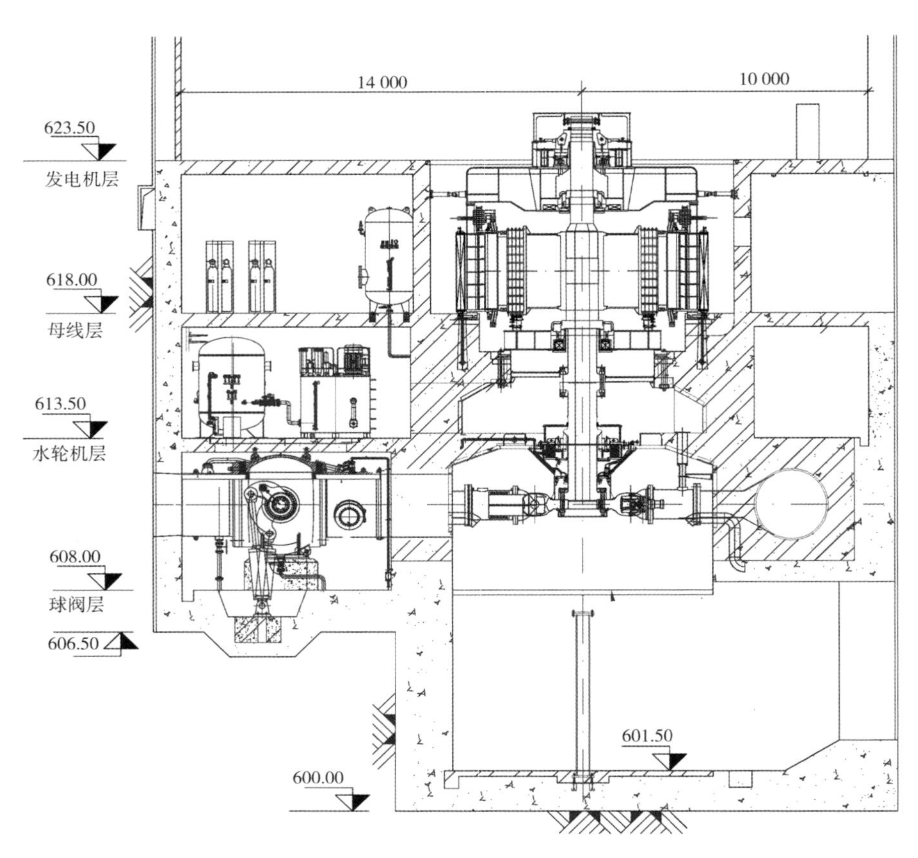

图 9-28　机组横剖面图　（单位:高程,m;尺寸,mm）

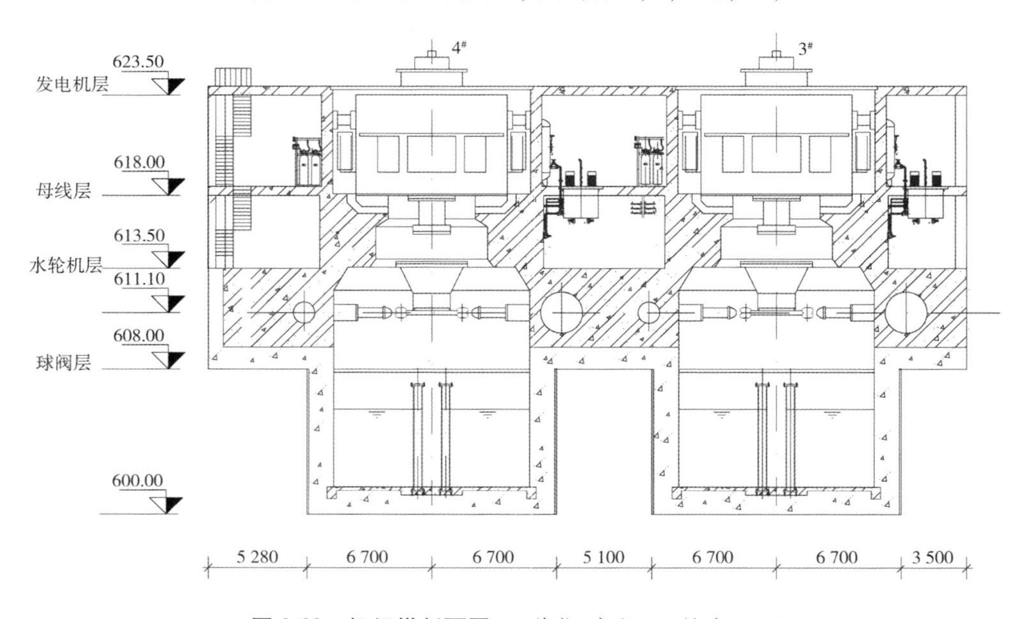

图 9-29　机组纵剖面图　（单位:高程,m;尺寸,mm）

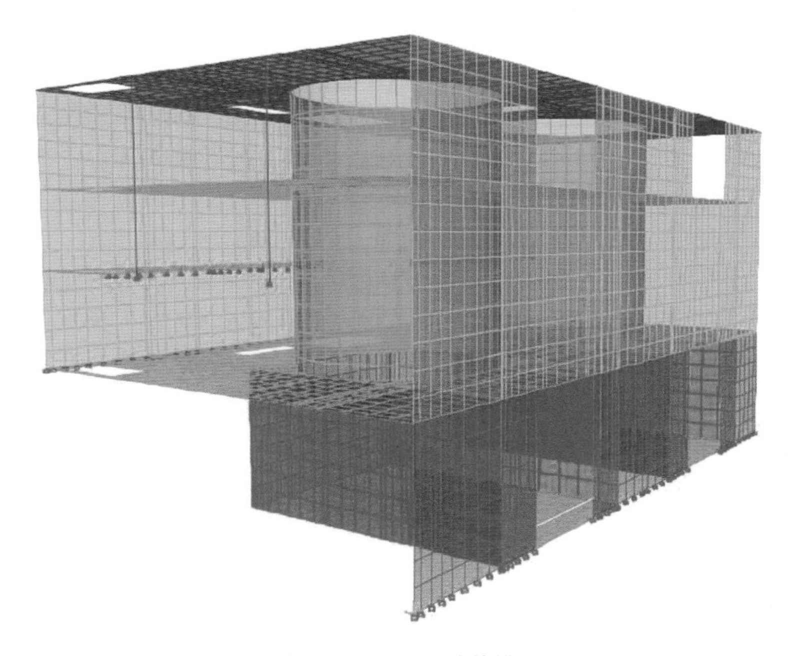

图 9-30　SAP2000 计算模型

表 9-11　各层楼板配筋

楼板高程（m）	厚度（m）	垂直水流方向配筋	实际配筋面积（mm^2）	顺水流方向配筋	实际配筋面积（mm^2）
623.50	0.5	Φ25@150	3 192	Φ25@150	3 192
618.00	0.5	Φ22@200	1 900	Φ22@200	1 900
613.50	0.4	Φ20@200	1 570	Φ20@200	1 570

表 9-12　柱子配筋

名称	截面（m×m）	配筋	实际配筋面积（mm^2）	箍筋
柱子 Z1	0.7×0.7	20 Φ 25	9 820	Φ10@100/200

9.4　安装间结构设计

9.4.1　概述

主安装间位于整个地下厂房的中部，在 4#机组段和 5#机组段之间，其垂直水流方向桩号范围为 0+068.500　0+098.500，长度为 30 m。顺水流方向的桩号为 0-015.000　0+011.000，总长为 26 m。主安装间共分 4 层，分别为发电机层（623.50 m）、母线层（618.00 m）、水轮机层（613.50 m）、球阀层（608.00 m）。底部设有集水井，集水井底板高程 601.50 m。

发电机层高程用于安装检修设备，布置有定子、转子、上机架、下机架、转轮等的检修位置，除转子放置在转子检修支墩上外，其他设备均放置在现浇厚板上。母线层布置有继保室、配电室、变压器室等设备用房。水轮机层主要布置有空压机室、蓄电池室和油处理室等辅助用房。球阀层主要布置有渗漏排水泵及通风空调等设备。

主安装间上游墙起止高程 606.50　623.50 m，厚度为 0.9 m；下游墙起止高程 600.00　623.50 m，其中 608.00　623.50 m 段厚度为 0.9 m，600.00　608.00 m 段为集水井段，厚度为 1.4 m。主安装间 608.00 m 层的楼板可分为底板和集水井顶板两个区域，其中底板厚度为 1.5 m，集水井顶板厚度为 0.4 m。601.50 m 层为集水井底板，厚度为 1.5 m。各层布置见图 9-31～图 9-35。

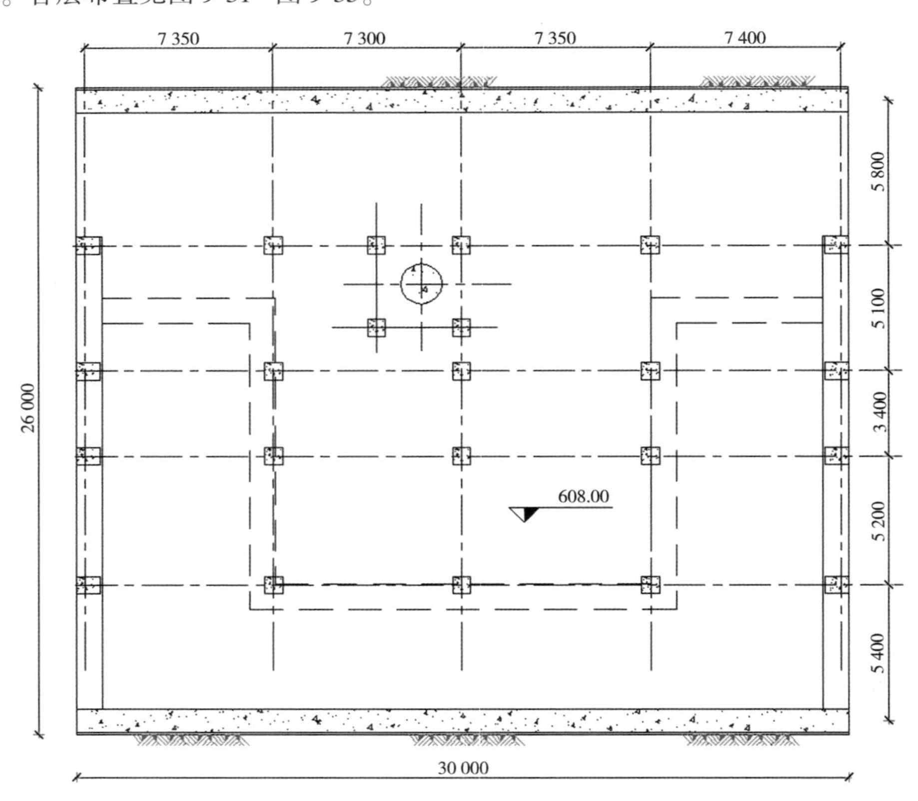

图 9-31　球阀层结构平面布置图　（单位：高程，m；尺寸，mm）

9.4.2　计算条件

9.4.2.1　地质条件

主安装间的桩号为 0+068.5～0+098.5，根据 CCS 水电站详细设计地质报告，其中主安装间 0+068.50～0+092.2 段围岩属于Ⅱ类围岩，其围岩弹性模量可取 17 GPa；0+092.2～0+098.5 段围岩属于Ⅲ类围岩，其围岩弹性模量可取 14 GPa。

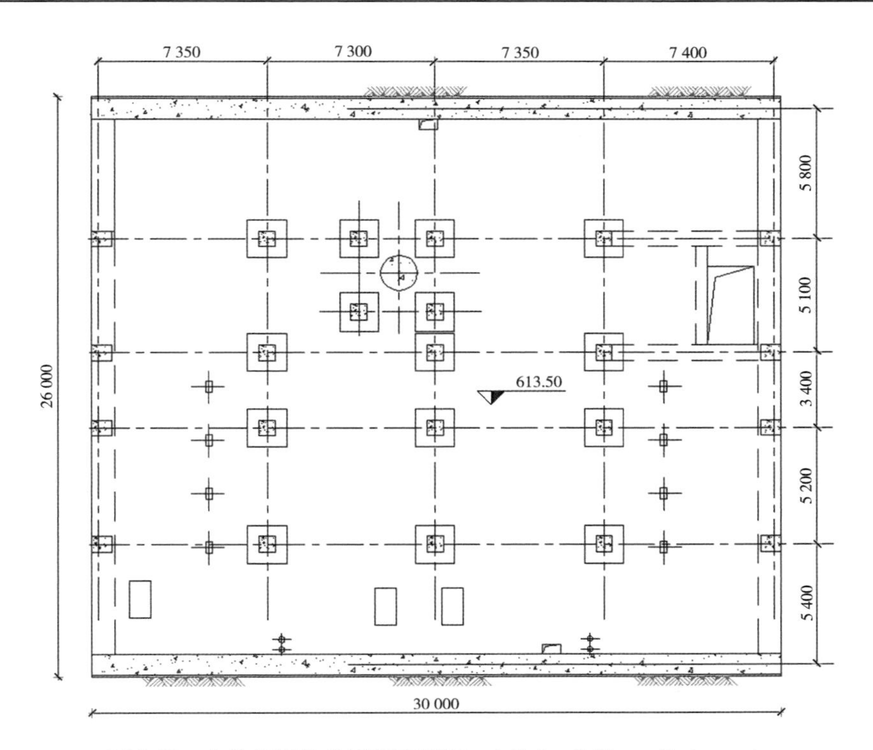

图 9-32 水轮机层结构平面布置图 （单位：高程，m；尺寸，mm）

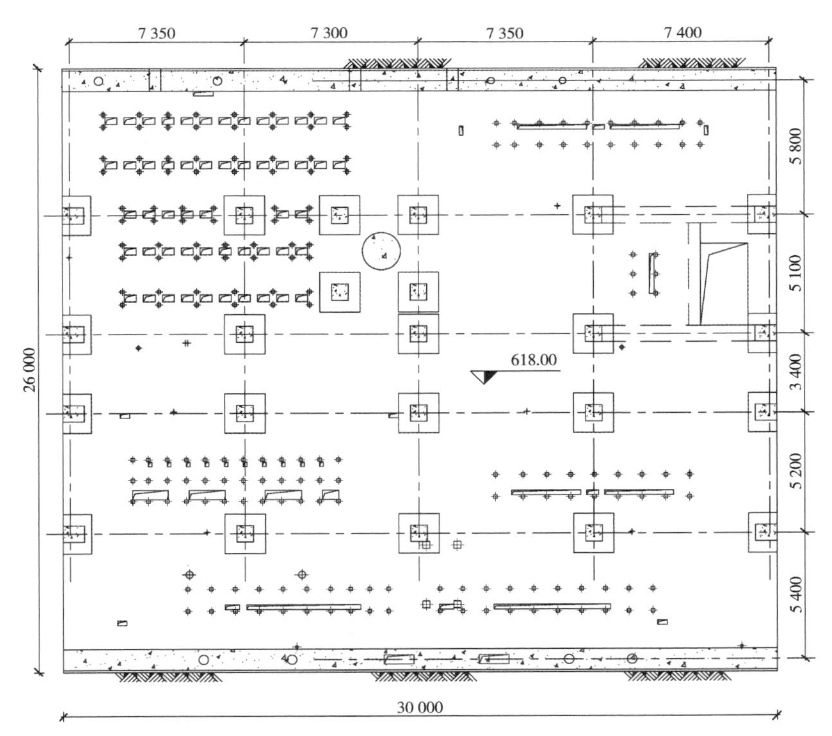

图 9-33 母线层结构平面布置图 （单位：高程，m；尺寸，mm）

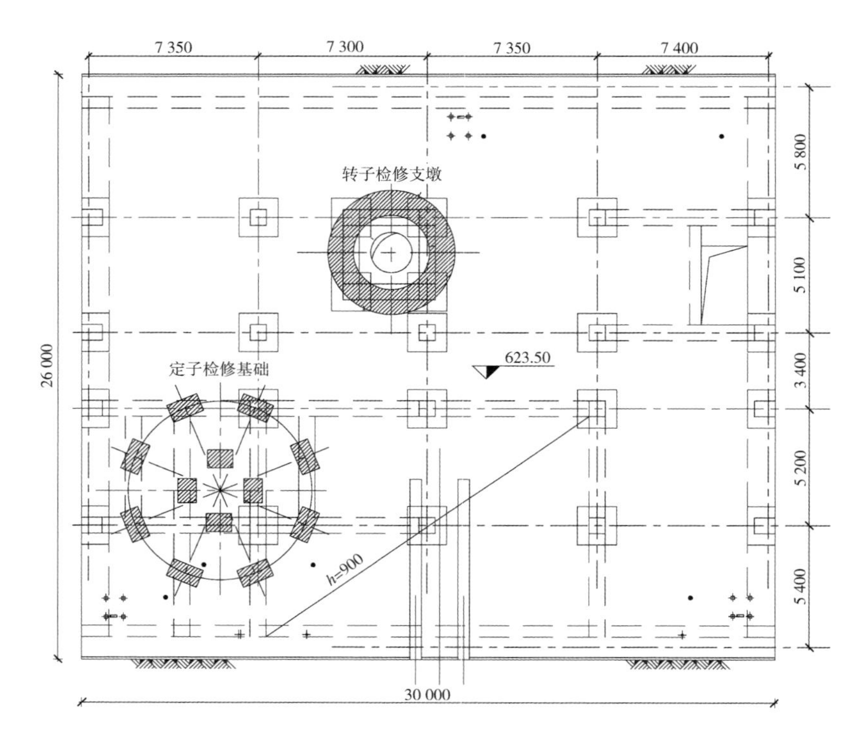

图 9-34　发电机层结构平面图　（单位:高程,m;尺寸,mm）

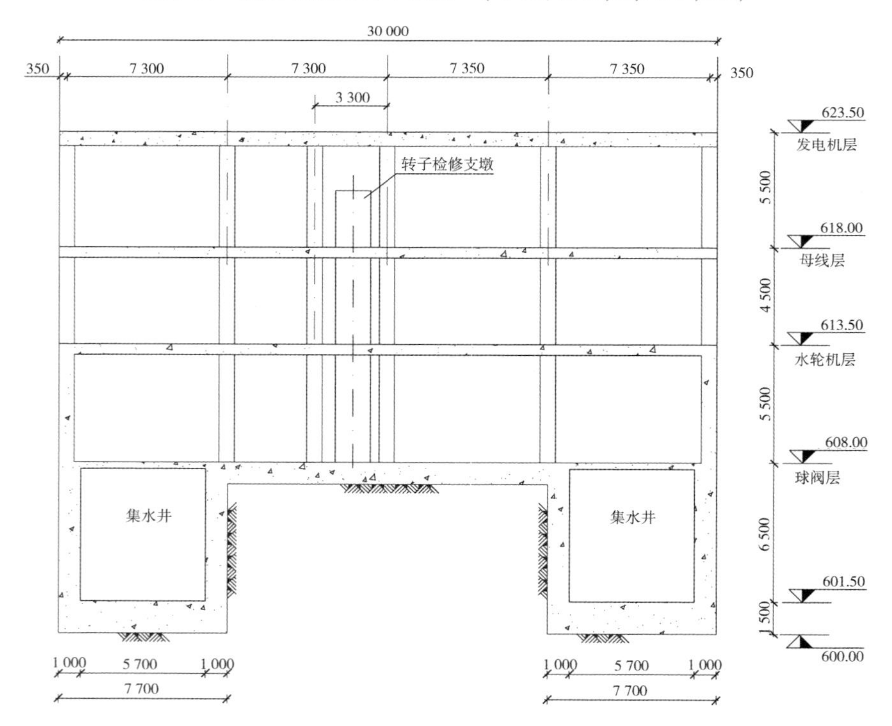

图 9-35　安装间剖面图　（单位:高程,m;尺寸,mm）

9.4.2.2 荷载条件

1. 恒荷载

各面层荷载条件如下：

发电机层(623.50 m)：大理石面层(5 cm)，取 2 kN/m^2；

其他各层：地板砖面层(3 cm)，取 1 kN/m^2。

2. 活荷载

(1)根据美国《水电站厂房结构设计规范》(EM 1110-2-3001)选取的各层活荷载见表 9-13。

表 9-13 美国规范厂房各层楼面活荷载取值

依据规范	发电机层(623.50 m)	母线层(618.00 m)	水轮机层(613.50 m)	球阀层(608.00 m)
《水电站厂房结构设计规范》(EM 1110-2-3001)	48.8 kN/m^2	14.6 kN/m^2	9.8 kN/m^2	9.8 kN/m^2

(2)根据各层实际设备荷载及设备布置情况确定各层楼面活荷载。

①发电机层设备。

发电机层设备荷载及布置见表 9-14。

表 9-14 发电机层设备荷载及布置

设备	设备重(kN)	设备轮廓面积(m^2)	分布荷载(kN/m^2)
上机架	350	直径 8 100 mm 的圆，$S=51.5$	$q=350/51.5=6.8$
下机架	150	直径 5 363 mm 的圆，$S=22.9$	$q=150/22.9=6.6$
转轮	245	直径 3 349 mm 的圆，$S=8.8$	$q=245/8.8=27.8$
转子	3 600	荷载作用在一个内径为 3.5 m、外径为 5.5 m 的圆环状钢板上，简化为加载圆形的线性荷载，圆的直径为 4.5 m，其周长为 14.13 m	$q=3\ 600/14.13=245$
定子	3 200	外圈 8 块基础板共承受 300 t，中心 4 块基础板承受 20 t	$F_1=3\ 000/8=375$(kN) $F_2=200/4=50$(kN)

根据计算可知，上机架、下机架、转轮区域的设备荷载均小于楼层的活荷载 50 kN/m^2，可以满足要求。在定子作用区域，按照定子的实际受力位置施加 8 个 $F_1=375$ kN 和 4 个 $F_2=50$ kN 的集中力，其余区域布置 50 kN/m^2 的均布活荷载；在转子作用区域，施加直径为 4.5 m 的圆形线性荷载 $q=245$ kN/m，其余区域布置 50 kN/m^2 的均布活荷载。

②母线层设备。

母线层设备荷载及布置见表 9-15。

表 9-15　母线层设备荷载及布置

设备	设备重(kN)	设备轮廓面积(m^2)	分布荷载(kN/m^2)
继保室中盘柜	4、5	盘柜外形尺寸 0.6 m×0.8 m,S=0.48	q=5/0.48=10.4
13.8 kV 中压柜	15	盘柜外形尺寸 1.0 m×1.86 m,S=1.86	q=15/1.86=8.1
0.48 kV 配电柜	10	盘柜外形尺寸 1.0 m×1.0 m,S=1.0	q=10/1.0=10
0.22 kV 配电柜	10	盘柜外形尺寸 1.0 m×1.0 m,S=1.0	q=10/1.0=10
13.8 kV/0.48 kV 变压器	70	变压器外形尺寸 1.5 m×3.0 m,S=4.5	q=70/4.5=15.6
0.48 kV/0.22 kV 变压器	20	变压器外形尺寸 1.0 m×1.0 m,S=1.0	q=20/1.0=20

根据表 9-15 可知,618.00 m 层的均布活荷载应取 20 kN/m^2。

③水轮机层设备。

蓄电器室总质量 29 000 kg,蓄电器室的面积 $S=7.35\times10.8=79.4(m^2)$,$q_1=290\ kN/79.4\ m^2=3.7\ kN/m^2$。

空压机室共布置有低压空压机和低压储气罐两种设备:

低压空压机:质量 651 kg,基础面积为 1.2 m^2,$q_2=6.5/1.2=5.4(kN/m^2)$;

低压储气罐:质量 1 950 kg,基础面积为 1.12 m^2,$q_3=19.5/1.12=17.4(kN/m^2)$。

根据计算可知,613.50 m 层的均布活荷载除空压机室区域取 20 kN/m^2 外,其余区域取 10 kN/m^2。

④球阀层设备。

球阀层设备荷载及布置见表 9-16。

表 9-16　球阀层设备荷载及布置

设备	设备重(kN)	设备轮廓面积(m^2)	分布荷载(kN/m^2)
101	53	S=1.74×3.76=6.54	q=53/6.54=8.2
102	3.5	S=1.1×0.85=0.94	q=3.5/0.94=3.7
103	3.5	S=1.1×0.85=0.94	q=3.5/0.94=3.7
104	3.8	S=1.1×0.85=0.94	q=3.8/0.94=4.0
105	13	S=2.02×0.984=2.0	q=13/2=6.5
106	18	S=1.75×1=1.75	q=18/1.75=10
112、113	12	S=3.55×0.65=2.31	q=12/2.31=5.2
渗漏排水泵	15	S=0.9×0.9=0.81	q=15/0.81=18.75

由表 9-16 可见,整个 608.00 m 层,左右两侧布置渗漏排水泵的区域,荷载取 20 kN/m^2,其余设备布置区域取 10 kN/m^2。

通过以上(采用美国规范取值及各层设备实际布置)两种方法进行对比,选取大值确定各层活荷载取值,最终结果如下:

发电机层(623.50 m):50 kN/m^2;

母线层(618.00 m):20 kN/m^2;

水轮机层(613.50 m):空压机室区域取 20 kN/m^2,其他区域取 10 kN/m^2;

球阀层(608.00 m):渗漏排水泵区域取 20 kN/m^2,其他区域取 10 kN/m^2。

9.4.2.3　荷载组合

根据 ACI 318M-08 附录 C 中 C.2.1、C.2.2:

$$U = 1.4D + 1.7L$$

$$U = 0.75 \times (1.4D + 1.7L) + 1.0E$$

$$U = 0.9D + 1.0E$$

式中:D 为永久荷载效应;L 为可变荷载效应;E 为地震荷载效应。

9.4.3　计算方法及结果

9.4.3.1　计算方法

整体结构采用 SAP2000 有限元程序进行建模分析计算(见图 9-36),得出各个部位的轴力、剪力、弯矩结果。

图 9-36　安装间计算模型

9.4.3.2　计算结果

根据 SAP2000 程序计算的结果,采用美国规范中的公式进行配筋计算,计算结果如表 9-17~表 9-19 所示。

表 9-17　各层楼板配筋

楼板高程(m)	厚度(m)	垂直水流方向配筋	实际配筋面积(mm^2)	顺水流方向配筋	实际配筋面积(mm^2)
623.50	0.6	Φ25@200	2 455	Φ25@200	2 455
618.00	0.5	Φ20@200	1 570	Φ20@200	1 570
613.50	0.5	Φ20@200	1 570	Φ20@200	1 570
608.00	0.4	Φ20@200	1 570	Φ20@200	1 570
	1.5	Φ28@200	3 077	Φ28@200	3 077
601.50	1.5	Φ28@200	3 077	Φ28@200	3 077

表 9-18　侧墙配筋

侧墙	厚度(m)	主受力配筋	实际配筋面积(mm^2)	分布钢筋	实际配筋面积(mm^2)
上游墙	0.9	Φ28@200	3 077	Φ25@200	2 455
下游墙	1.4	Φ28@200	3 077	Φ25@200	2 455
1#边墙	1	Φ28@200	3 077	Φ25@200	2 455
2#边墙	1	Φ28@200	3 077	Φ25@200	2 455
3#边墙	1	Φ28@200	3 077	Φ25@200	2 455
4#边墙	1	Φ28@200	3 077	Φ25@200	2 455

表 9-19　柱子配筋

名称	截面(m×m)	配筋	实际配筋面积(mm^2)	箍筋
柱子 Z1	0.7×0.7	12 Φ 25	5 892	Φ10@100/200

9.5　副厂房结构设计

9.5.1　计算说明

地下副安装间是 CCS 水电站地下厂房的组成部分，位于地下厂房右侧末端，左接 8# 机组发电机层，长度 30 m、跨度 25 m、高度 20.8 m，主要应用于变配电、继电保护，并辅以试验运行、值班和储藏之用。

地下副安装间为局部三层现浇钢筋混凝土框架结构(见图 3-37~图 9-39)。各层使用情况如下：

623.50 m 高程：配电室、焊接间、医务室、储藏室、盥洗间等；

628.00 m 高程：档案室、更衣室、办公室、会议室、咖啡间、盥洗间等；

632.50 m 高程：继电保护室、高压实验室等。

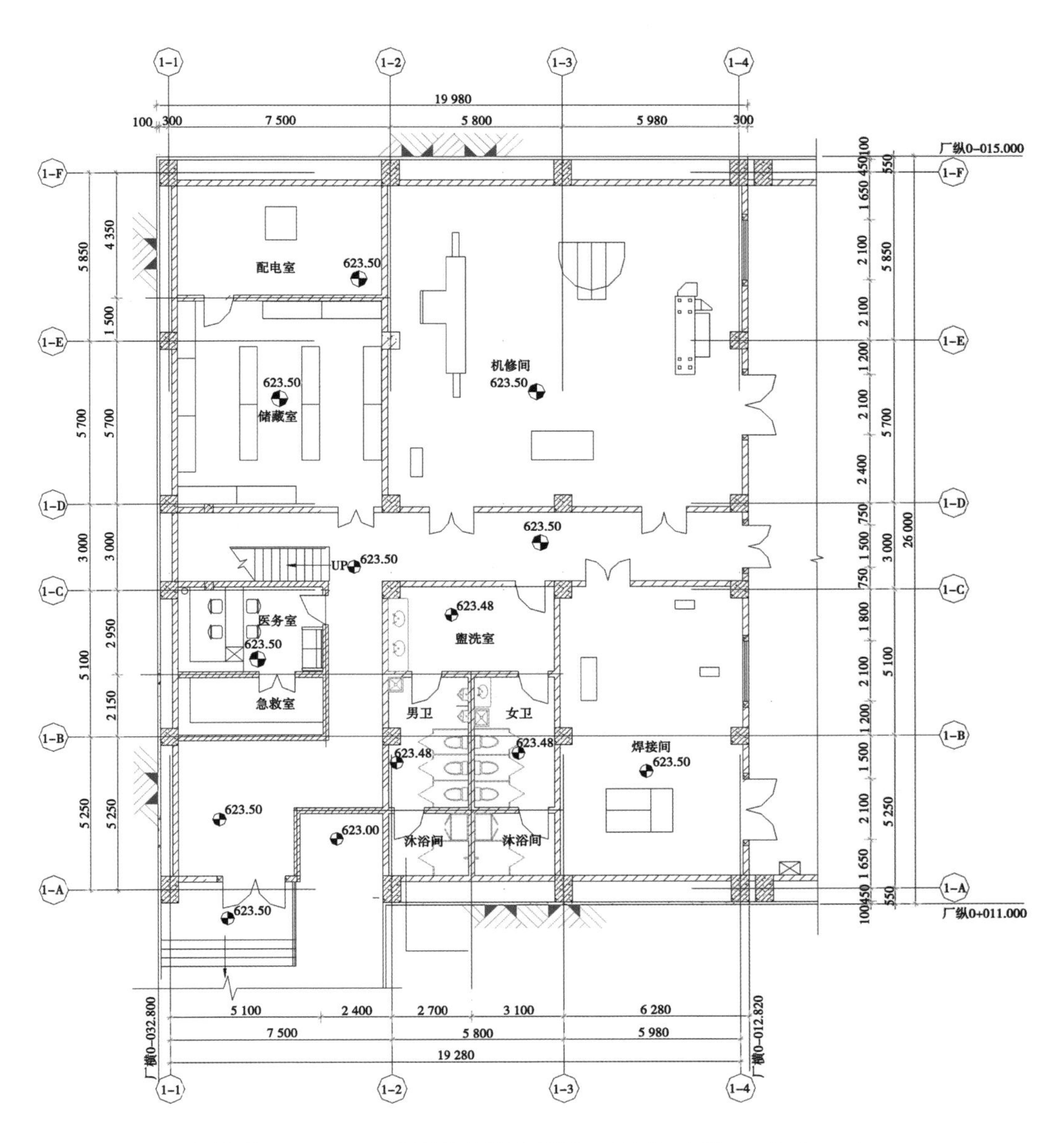

图 9-37　623.50 m 层建筑平面布置图　(单位:高程,m;尺寸,mm)

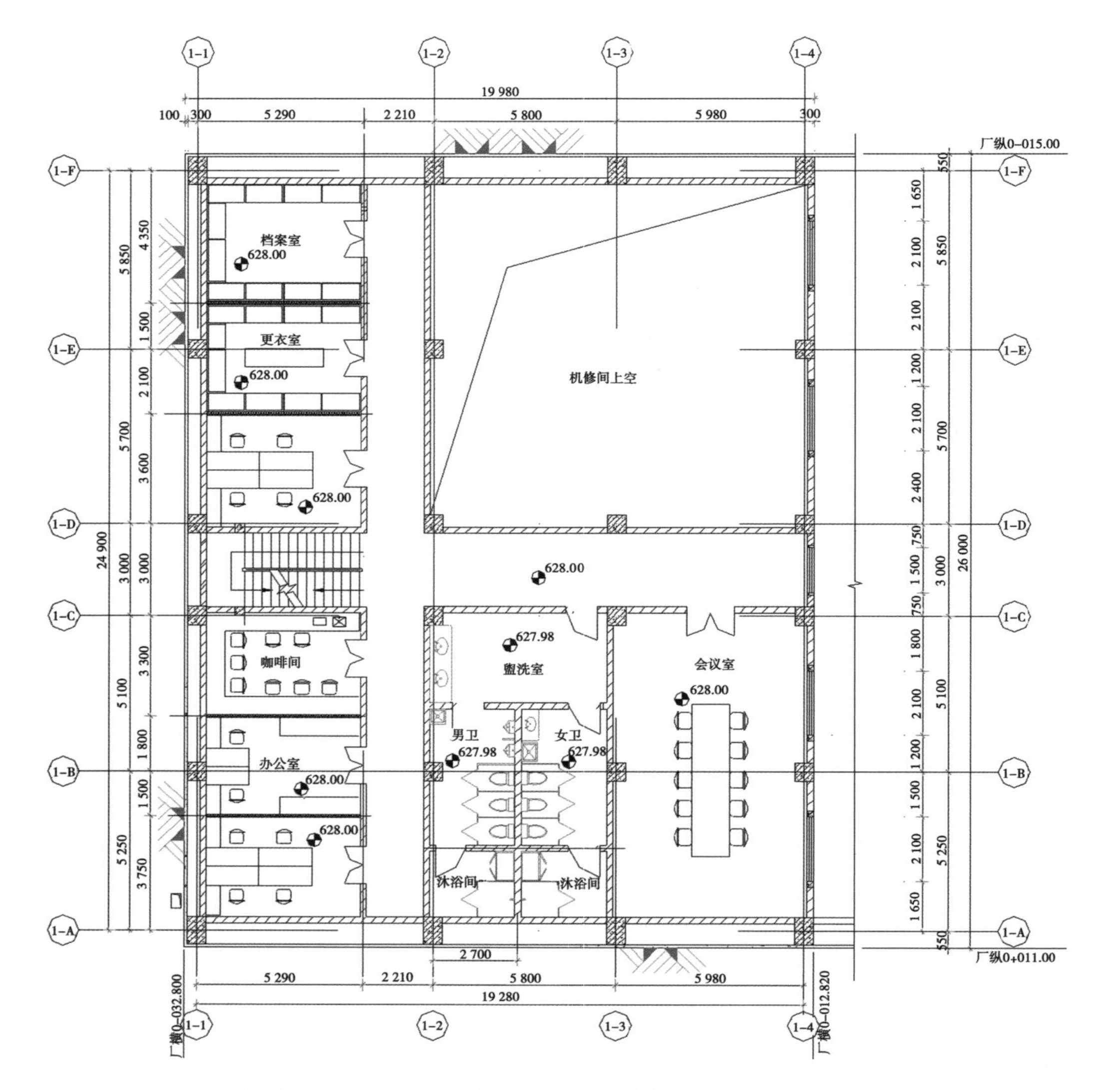

图 9-38　628.00 m 层建筑平面布置图　(单位:高程,m;尺寸,mm)

9.5.2　计算条件

9.5.2.1　地质条件

根据地质方面提供的资料,地下副安装间所处区域为Ⅱ类围岩,地基允许承载力为 85 MPa,平面单位抗力系数 $K_w = 40$ MPa/cm,静变形模量 $E_0 = 17$ GPa。

9.5.2.2　荷载条件

(1)恒荷载:根据建筑设计要求,地下副安装间各层楼板面层均按防滑地砖考虑,其做法荷载标准值为 0.72 kN/m^2,各层隔墙均按 200 mm 厚双面粉刷混凝土砌块墙考虑,荷载标准值为 4.00 kN/m^2。

(2)活荷载:各层活荷载均按 5 kN/m^2 考虑。由于本建筑位于地下岩洞内,不考虑风雪荷载。

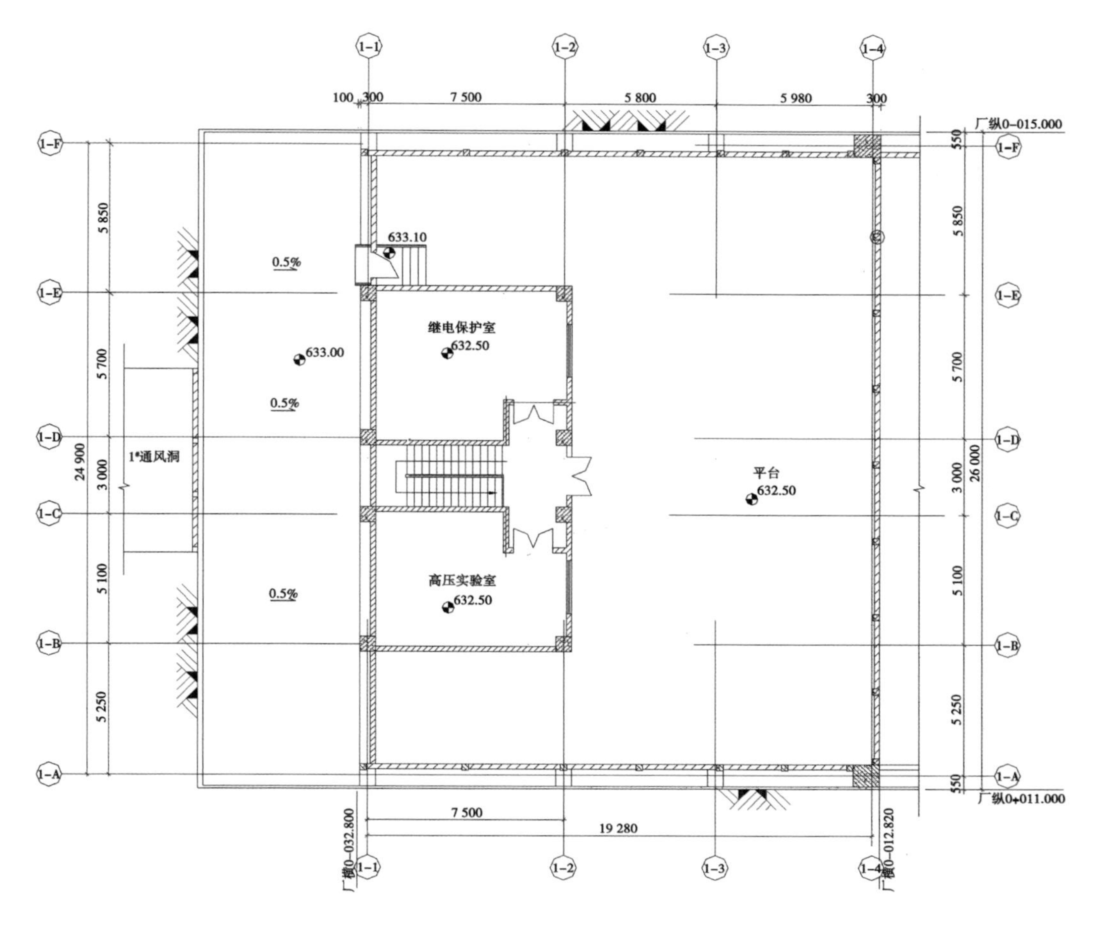

图 9-39　632.50 m 层平面布置图　(单位:高程,m;尺寸,mm)

(3)荷载组合。

根据 ACI 318M-08 附录 C 的规定需要强度 U 有以下的组合:

$$U=1.4D+1.7L$$

当有地震参与组合时,根据 EM 1110-2-2104 有以下两种组合:

OBE 组合:　　$U=1.4(D+L)+1.4E$

MDE 组合:　　$U=1.0(D+L)+1.0E$

9.5.3　设计基本资料

9.5.3.1　构件尺寸

根据建筑布置的要求,确定各层梁板柱布置尺寸(见图 9-40~图 9-43):

梁:框架梁尺寸分别为 300 mm×700 mm、300 mm×600 mm、250 mm×500 mm,次梁尺寸分别为 250 mm×500 mm、250 mm×400 mm、200 mm×350 mm;其中检修间顶部较大跨度框架梁尺寸为 400 mm×1 000 mm。

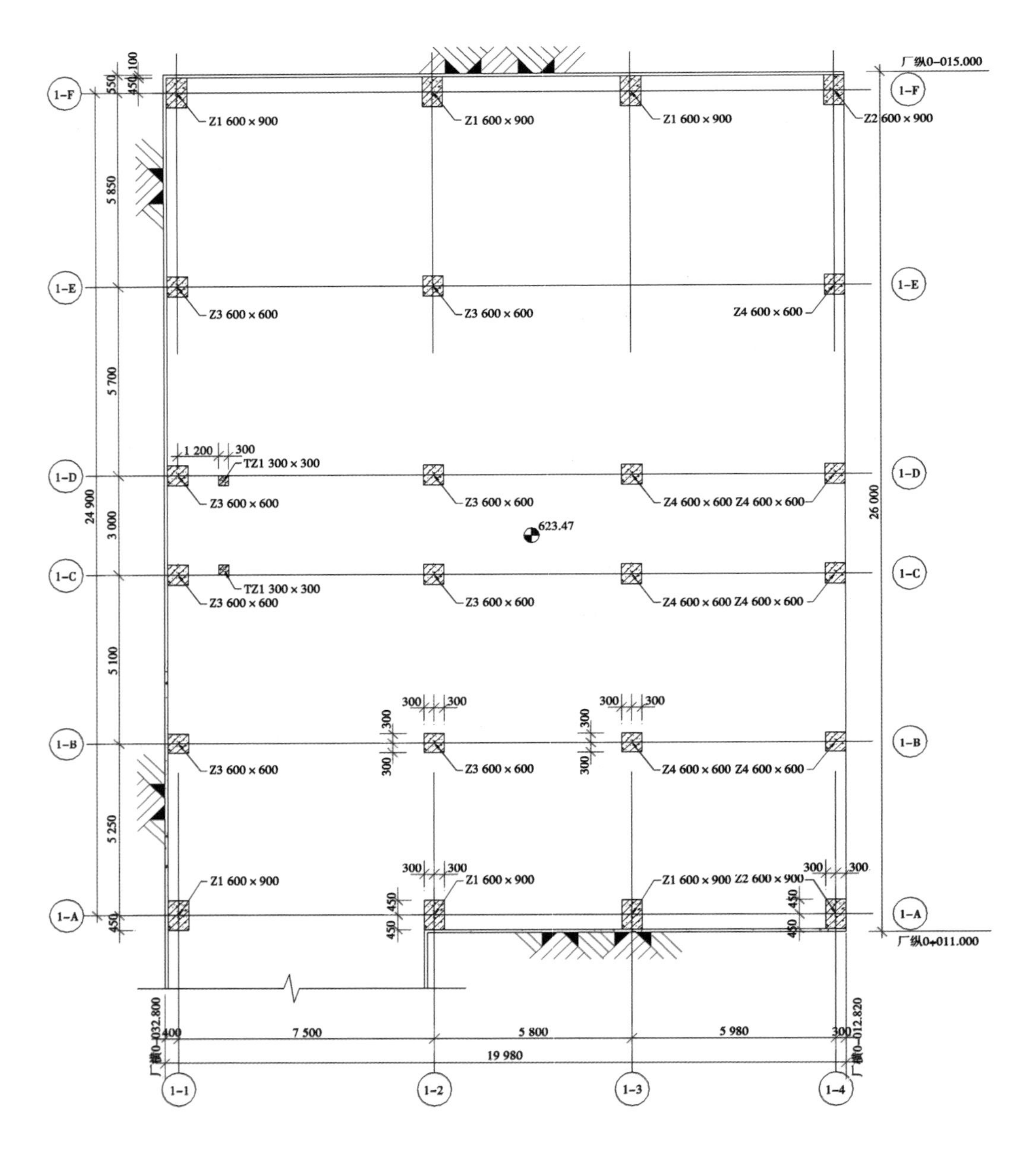

图 9-40　框架柱结构布置图　（单位：高程，m；尺寸，mm）

柱：上下游端侧框架柱尺寸为 600 mm×900 mm，其他均为 600 mm×600 mm。

板：各层楼板厚均为 120 mm。

9.5.3.2　材料选用

混凝土：梁、板、柱、楼梯均为 B2；

钢筋：梁柱主筋及基础配筋均为 G60 级。

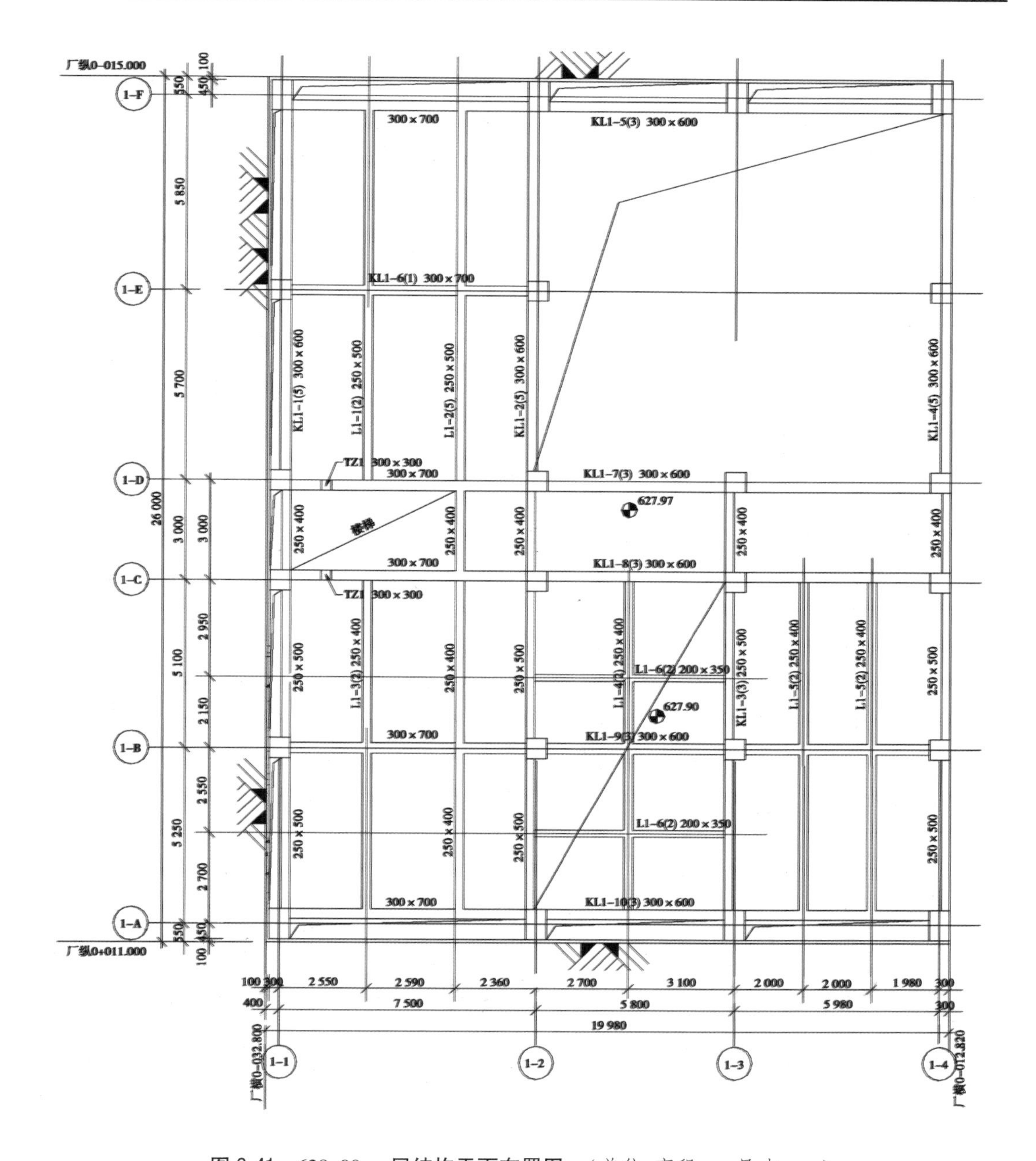

图 9-41　628.00 m 层结构平面布置图　（单位：高程，m；尺寸，mm）

9.5.4　基础设计

根据地形和荷载情况，确定框架柱直接与底板整浇，并在框架柱底部设置锚筋，锚固于基底基岩上，抗弯、抗冲切均能满足规范要求。

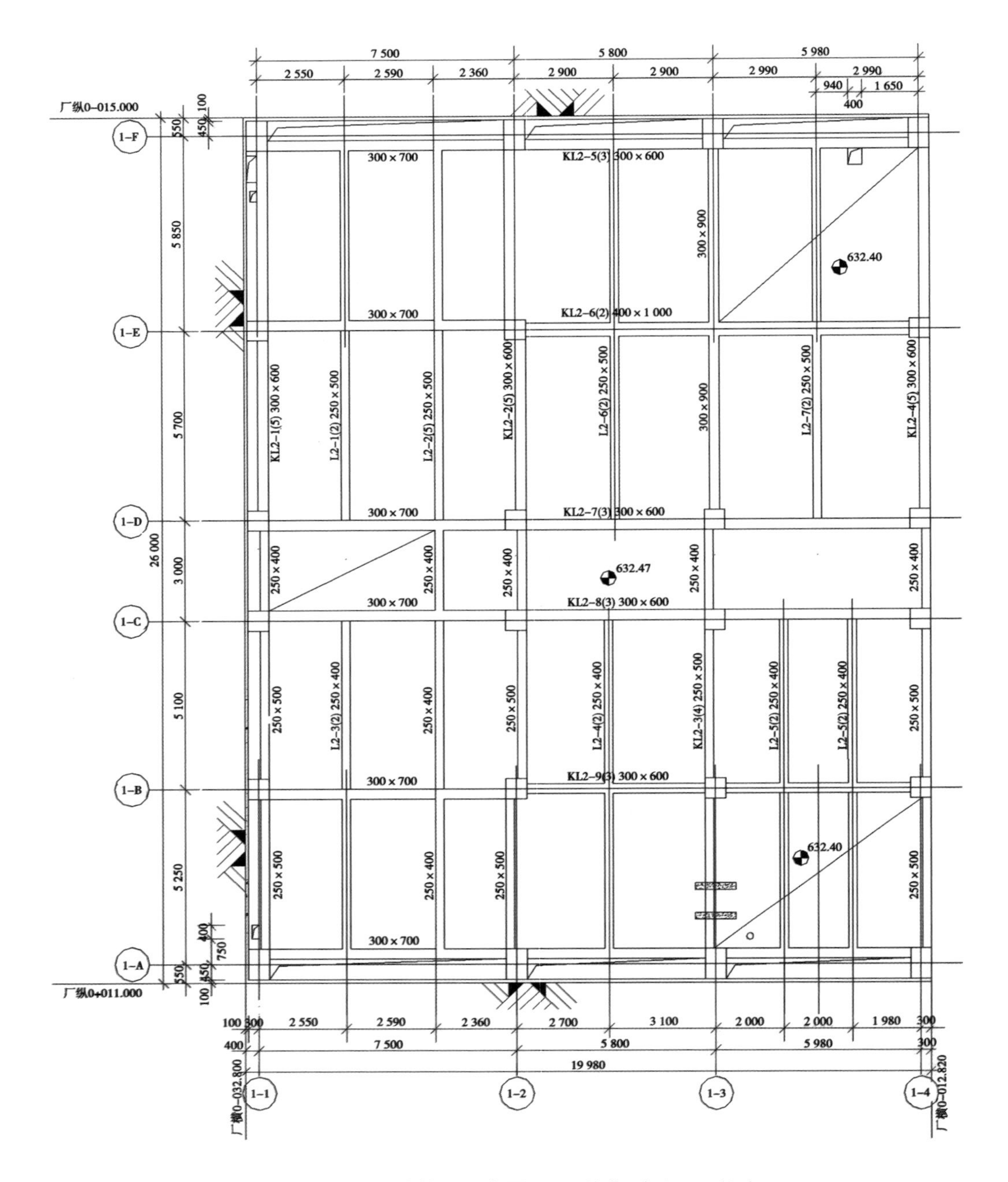

图 9-42　632.50 m 层结构平面布置图　（单位：高程，m；尺寸，mm）

9.5.5　上部结构设计

上部结构采用国际通用三维结构计算软件 SAP2000 进行设计计算（见图 9-44）。计算结果如表 9-20 所示。

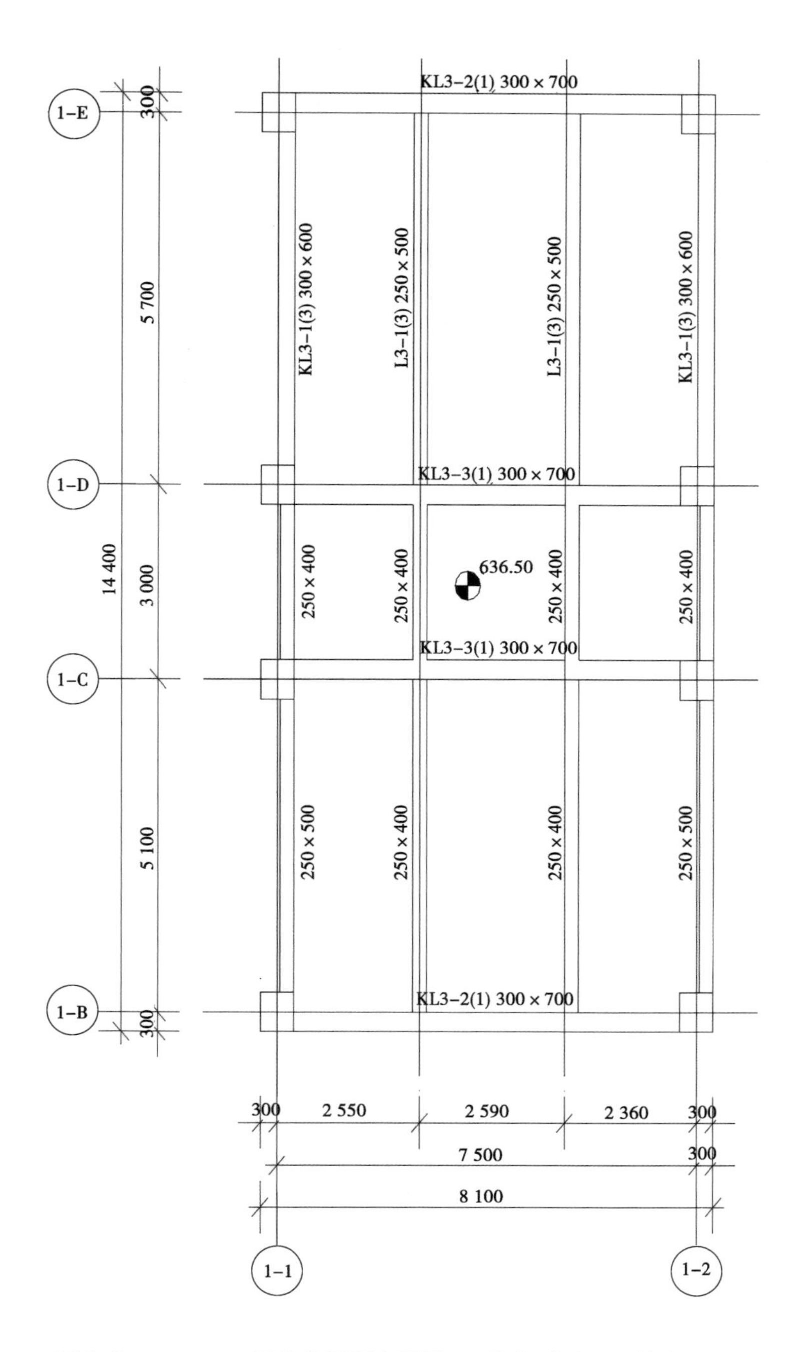

图 9-43　636. 50 m 层结构平面布置图　（单位:高程,m;尺寸,mm）

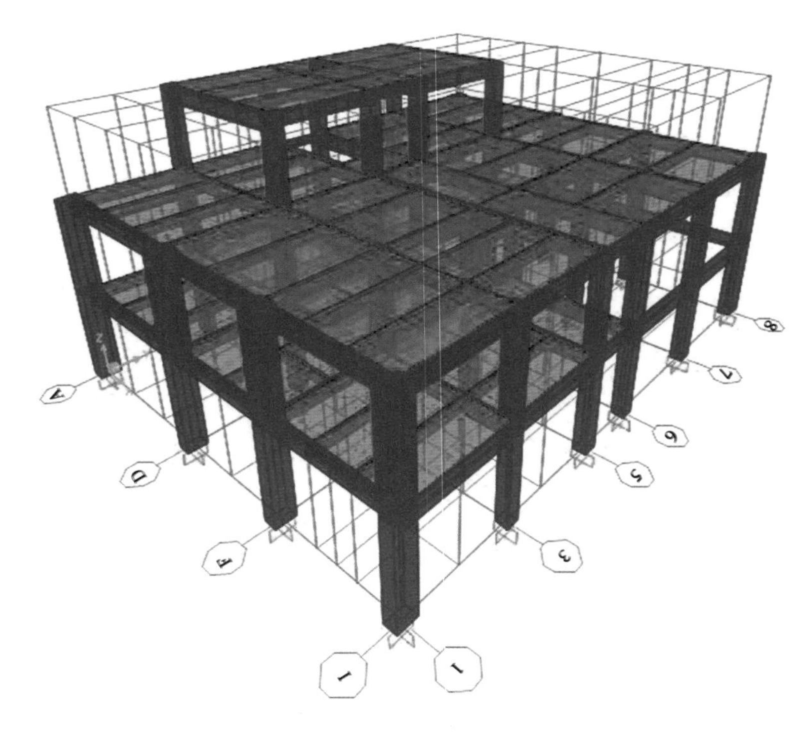

图 9-44　副安装间结构计算模型

表 9-20　各层楼板配筋

楼板高程（m）	厚度（m）	顺水流方向配筋	实际配筋面积（mm^2）	垂直水流方向配筋	实际配筋面积（mm^2）
628.00	0.12	Φ8@ 150	335	Φ8@ 150	335
632.50	0.12	Φ8@ 150	335	Φ8@ 150	335
636.50	0.12	Φ8@ 150	335	Φ8@ 150	335

9.6　岩壁吊车梁设计

9.6.1　概况

CCS 水电站主厂房为地下厂房，厂房周围岩石为 Misahualli 凝灰岩。根据该工程部位地质资料分析报告，主厂房岩体以Ⅱ类（85.4%，单轴抗压强度 85～90 MPa）围岩为主，局部有Ⅲ（14.6%，单轴抗压强度 70～85 MPa）围岩，具备做岩壁吊车梁的条件。地下厂房区岩体物理力学参数详见表 9-21。

表 9-21　地下厂房区岩体物理力学基本参数

岩性	干密度（g/cm³）	岩石单轴抗压强（MPa）	软化系数	抗剪断强度	
				φ（°）	c（MPa）
火山凝灰岩（Ⅱ）	2.66	85~100	0.93	50	1.5~1.2
火山凝灰岩（Ⅲ）	2.64	70~85	0.90	45	0.9~1.2

注：根据 SHC-CCS-DD-C-2011-135 基本设计审查意见建议，"……应模拟岩基与吊车梁之间的接触，假定一个远低于 50°的合适摩擦角和零内聚力。"

9.6.2　基本资料

9.6.2.1　材料特性

钢筋混凝土重度：$\gamma=25\ \mathrm{kN/m^3}$。

混凝土等级：32 MPa（A2），35 MPa（A1）。

结构所用钢筋规定屈服强度值：$f_y=420$ MPa。

预应力锚杆：屈服强度不小于 540 MPa，抗拉强度不小于 835 MPa。

水泥砂浆等级：不小于 35 MPa。

9.6.2.2　起重机类及有关设备资料（该资料由桥机生产厂商提供）

起重机类型：200 t/50 t /10 t×25 m 单小车桥式起重机，台数：2 台。

起重机轮距与轮压见图 9-45。

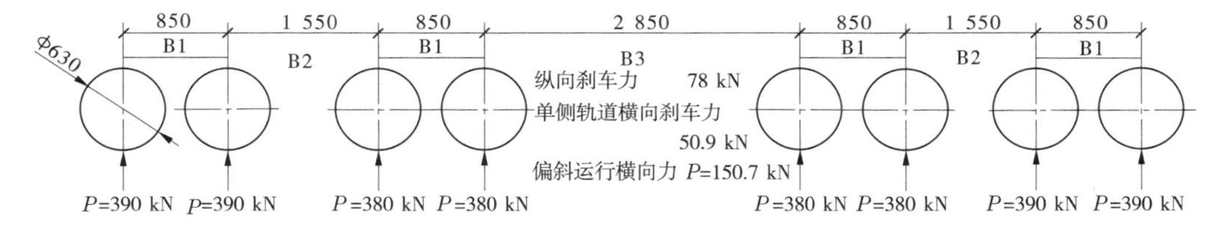

图 9-45　轮距布置图　（单位：mm）

一侧轮数：8 个；最大轮压 P_{max} 为 390 kN；起重机钢轨总重为 0.89 kN/m。

9.6.3　计算原则和基本假定

（1）假定梁体为刚体，计算时取 1 m 宽度，吊车轮压及横向水平刹车力换算为作用在每米岩壁吊车梁上的均布荷载。不考虑吊车梁纵向的影响。

（2）计算时不考虑下部受压锚杆作用，作为附加固定作用。

（3）假定第一排受拉锚杆拉力和第二排受拉锚杆拉力与各受拉锚杆到受压锚杆与岩壁斜面交点的力臂成正比。

（4）不计混凝土的温度和干缩影响。

9.6.4　计算理论和方法

（1）吊车梁梁体横向受力按壁式连续牛腿进行计算。

(2)吊车梁梁体锚固设计采用刚体平衡法进行计算。

9.6.5 计算

9.6.5.1 初拟岩壁吊车梁结构尺寸

1. 岩壁吊车梁顶部宽度 B 确定

根据厂家桥机设计资料(水机专业提供),并考虑吊顶及喷混凝土的不确定性,考虑一定的富裕度,按照基本设计所确定的距离 $C_1=1\ 250$ mm 计算。轨道中心线到吊车梁外侧的距离 C_2 可在 300~500 mm,本次设计按照 $C_2=500$ mm 设计,故 $B=C_1+C_2=1\ 250+500=1\ 750$(mm)。岩壁吊车梁基本尺寸断面图见图 9-46。

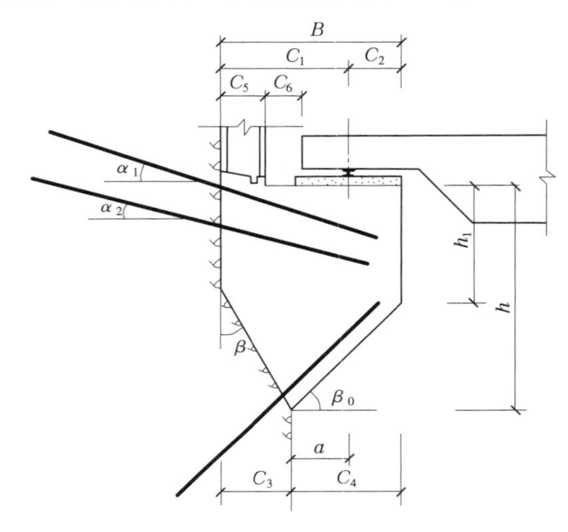

图 9-46 岩壁吊车梁基本尺寸断面图

2. 岩壁吊车梁高度 h 确定

根据经验,高度应符合 $h>3.33(C_4-C_2)$ 的要求,h_1 不应小于 $h/3$,且不小于 500 mm,β_0 宜在 30°~45°,并结合厂家滑线等安装需要进行考虑。

根据厂房布置需要,主厂房吊车梁以下开挖尺寸为 26 m(宽度),主厂房吊车梁以上开挖尺寸为 27.5 m(宽度),故 $C_3=(27.5-26)/2=0.75(\text{m})=750$ mm,$C_4=B-C_3=1\ 750-750=1\ 000$(mm)。

$$h>3.33(C_4-C_2)=3.33\times(1\ 000-500)=1\ 665(\text{mm})$$

则

$$h_1>1\ 665/3=555(\text{mm})$$

h 取 2 000 mm,h_1 取 1 400 mm,$\beta_0=\arctan(600/1\ 000)=30.96°$,满足要求。

9.6.5.2 单位梁长吊车竖向轮压换算

桥机一侧的轮子有 8 个,依据下列经验公式对单位梁长的轮压进行换算:

$$P_v=P_{max}/B_0 \tag{9-14}$$

$$B_0=2B_1+B_2+a \tag{9-15}$$

式中:P_v 为单位梁长竖向轮压,kN/m;P_{max} 为在桥机额定起重量下,桥机的单个最大轮压,kN;B_0 为一侧轮组的轮压分布宽度,mm;B_1、B_2 为吊车特征轮距,mm,当 B_2 大于 $2a$

时，取$B_2=2a$；a 为轨道中心线至下部岩壁边缘的水平距离，$a=500$ mm。

9.6.5.3　荷载系数选取

ACI 318M-08 附录 C 规定，承载能力极限状态计算时，结构荷载效应组合设计值 S 中荷载分项系数应按照以下规定：

恒载荷载分项系数：1.4；

有界荷载分项系数：1.4（注意：此荷载系数用于桥机产生的最大轮压和横向水平荷载。因为该两种荷载属于可严格控制不超出规定限制的可变荷载，参照 ACI 318M-08 附录 C.9.2.4，选择分项系数为 1.4）。

9.6.5.4　岩壁吊车梁结构计算

岩壁吊车梁结构计算采用最不利荷载工况，即在桥机做动载试验时，桥机产生的最大轮压。桥机做动载试验为 1.2 倍额定荷载、静载试验为 1.4 倍额定荷载。（静载试验时，最大轮压没有动载时大）。

（1）根据 ACI 318M-08 第 11.8.3.2.1 可知，混凝土截面验算如下：

V_n 不应大于 $0.2f'_c \times b_w \times d$ 或 $(3.3+0.08f'_c) \times b_w \times d$ 或 $11b_w \times d$ 中小值。其中，V_n 为名义剪力强度，kN；f'_c 为混凝土规定抗压强度，取 32 MPa；b_w 取岩壁吊车梁单位长度，单宽为 1 000 mm；d 为岩壁吊车梁高度，取轨道轮压处截面高度（见图 9-47），$d=$ 1 800 mm。

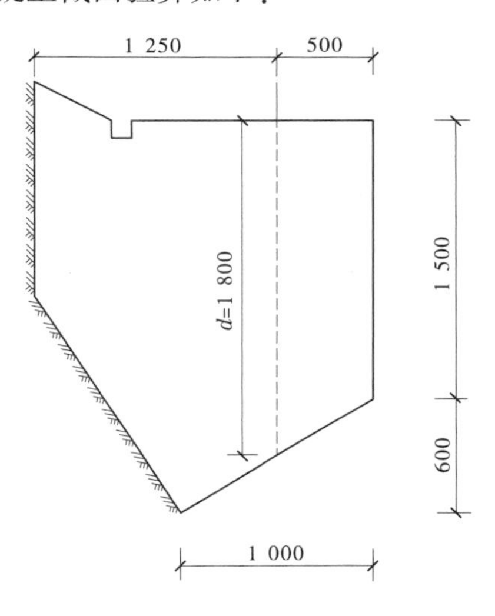

图 9-47　岩壁牛腿体形　（单位：mm）

（2）按摩擦抗剪计算水平钢筋。岩壁吊车梁为整体浇筑，根据 ACI 318M-08 第 11.6.4.3 条，取$\mu=1.0$。

横向水平钢筋和剪切面垂直，按照 ACI 318M-08 第 11.6.4.1 条规定：

$$V_n = A_{vf} \times f_y \times \mu \tag{9-16}$$

式中：A_{vf} 为摩擦抗剪钢筋面积，mm^2；μ 为摩擦系数。

（3）抗弯钢筋 A_f，根据 ACI 318M-08 第 11.8.3.3 条规定：

$$A_f = [V_u \times a_v + N_{uc} \times (H - d)]/(\Phi \times f_y \times j_d) \tag{9-17}$$

式中：A_f 为承受力矩的钢筋面积，mm^2；N_{uc} 按活荷载考虑且不小于 $0.2V_u$；j_d 为水平钢筋受压带的力臂，近似取 $0.85d$。

（4）承受水平拉力钢筋 A_n，按规范 ACI 318M-08 第 11.8.3.4 条规定：

$$\Phi \times A_n \times f_y > N_{uc} \tag{9-18}$$

式中：A_n 为承受拉力 N_{uc} 的钢筋面积，mm^2。

（5）根据 ACI 318M-08 第 11.8.3.5 条，受拉主钢筋面积 A_{sc} 不应小于(A_f+A_n)和$(2/3A_{vf}+A_n)$中最大者。A_{sc} 为主受拉钢筋面积，mm^2。

（6）根据 ACI 318M-08 第 11.8.4 条，平行于受拉主钢筋的封闭箍筋的总面积 A_h 不应小于 $0.5(A_{sc}-A_n)$，且均匀分布在 $2d/3$ 范围内。A_h 为平行于主受拉钢筋的抗剪钢筋，mm^2。

根据以上(1)~(6)计算,选用Φ16,纵向按 500 mm,竖向按 250 mm。单位长度内布置 4 根钢筋,在 $2d/3=1\ 200$ mm 取竖向高度 1 300 mm 范围内布设 5 排钢筋。

实配箍筋为 $=4\times201\times5=4\ 020(\text{mm}^2)>1\ 278.61\ \text{mm}^2$。满足要求。具体配筋见图 9-48。

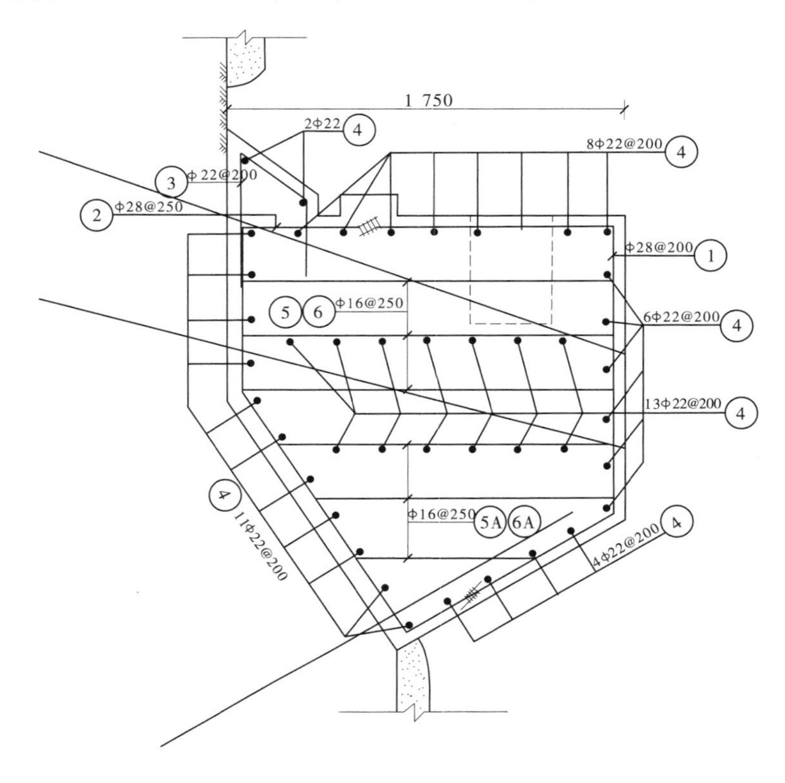

图 9-48 岩壁吊车梁配筋图

9.6.5.5 岩壁吊车梁锚固计算

1. 计算工况

由于岩壁吊车梁的锚杆受力与吊车梁体形有密切关系,吊车梁体形又与岩壁开挖体形有密切关系,因此计算应考虑在不同荷载工况、不同开挖体形情况下的吊车梁断面。洞室开挖不允许任何形式的欠挖,平均径向超挖值不得大于 10 cm。因此,进行吊车梁锚固计算时,分别考虑设计开挖断面和平均径向超挖值不大于 10 cm 的断面。计算断面与荷载组合形成的设计工况如表 9-22 所示。

表 9-22 设计工况

作用组合	作用类别					说明
	自重	轨道及附件重力	吊车竖向荷载		吊车水平荷载	
			额定荷载时	动载试验时		
基本组合(一)	√	√	√	√	√	设计标准断面
基本组合(二)	√	√	√	√	√	允许超挖与岩壁角变化之一开挖断面

2. 受拉锚杆截面面积计算

《地下厂房岩壁吊车梁设计规范》(Q/CHECC 003—2008)规定:

$$K \times M < f_y \times (A_{s1} \times L_{t1} + A_{s2} \times L_{t2}) \quad (9\text{-}19)$$

$$A_{s1} \times L_{t2} = A_{s2} \times L_{t1} \quad (9\text{-}20)$$

式中:K 为安全系数,取 $K=2$;M 为吊车梁单位竖向轮压、横向水平荷载、岩壁吊车梁自重(含二期混凝土自重)、单位梁长上轨道附件重力荷载的对受压锚杆与岩壁斜面交点的力矩和;f_y 为受拉锚杆屈服强度值;A_{s1}、A_{s2} 为第一、二排受拉锚杆单位梁长的计算截面面积;L_{t1}、L_{t2} 为第一、二排受拉锚杆到受压锚杆与岩壁斜面交点的力臂。

3. 抗滑稳定计算

根据 Q/CHECC 003—2008 进行计算:

$$K \times s(\cdot) \leqslant R(\cdot) \quad (9\text{-}21)$$

$$R(\cdot) = [(G + P_v + V_1) \times \sin\beta - F_{hk} \times \cos\beta + \sum P'_m \times \cos(\alpha i + \beta)] \times \frac{f'_k}{r'_f} + \frac{c'_k}{r'_c} \times A_{si} + \sum P'_m \times \sin(\alpha i + \beta) \quad (9\text{-}22)$$

$$S(\cdot) = (G + P_v + V_1) \times \cos\beta + F_{hk} \times \sin\beta \quad (9\text{-}23)$$

式中:$S(\cdot)$为沿岩壁斜面上的下滑力;$R(\cdot)$为沿岩壁斜面上的阻滑力;K 为安全系数,取 1.45;P_V 为单位梁长吊车竖向轮压;F_{hk} 为单位梁长吊车横向水平荷载;A_{si} 为第 i 排受拉锚杆单位梁长的实配截面面积;r'_f为抗剪断摩擦系数的分项系数,取 1.3;c'_k为岩壁斜面上抗剪断黏结力,根据意大利 ELC 公司审查意见取零黏结力的建议,本计算选取 $c'_k=0$;f'_k为岩壁斜面上抗剪断摩擦系数,根据地质提供主厂房区凝灰岩物理参数建议值抗剪断强度 $\delta=50°$,$f'_k=\tan25°=0.466$;根据意大利 ELC 公司审查意见取远小于抗剪断强度 $\delta=50°$ 的建议,本计算选取 $\delta=25°$;r'_c为抗剪断黏结力的分项系数,取 3.0。

4. 锚杆长度计算

根据 Q/CHECC 003—2008,有

$$L_a \geqslant \frac{K \times \gamma_b \times f_y \times A_s}{\pi \times D \times f_{rb,k}} \quad (9\text{-}24)$$

$$L_a \geqslant \frac{K \times \gamma_b \times f_y \times A_s}{\pi \times d \times f_{b,k}} \quad (9\text{-}25)$$

式中:L_a 为受拉锚杆在稳定岩体内的锚固段长度,mm;K 为安全系数,取 $K=2$;γ_b 为黏结强度的材料性能分项系数,可取 1.25;$f_{rb,k}$ 为胶结材料与孔壁的黏结强度,缺乏试验资料时,可按 Q/CHECC 003—2008 附录 A 选取,取 1.2 MPa;$f_{b,k}$ 为胶结材料与钢筋的黏结强度,缺乏试验资料时,可按 Q/CHECC 003—2008 附录 A 选取,取 2.0 MPa;d 为锚杆直径,mm;D 为锚杆孔直径,本计算选用 75 mm;A_s 为单根受拉锚杆的截面面积,mm^2;f_y 为受拉锚杆抗拉强度设计值,MPa。

5. 岩壁座受力

根据受力平衡 $\sum X_i = 0$, $\sum Y_i = 0$,求岩壁座受力 N、T:

$$T = \sum (G + V_1 + V_2)\cos\beta + \sum N_{uc} \cdot \sin\beta - \sum P'_m \cdot \sin(\alpha_i + \beta) \quad (9\text{-}26)$$

$$N = \sum (G + V_1 + V_2)\sin\beta - \sum N_{uc} \cdot \cos\beta + \sum P'_m \cdot \cos(\alpha_i + \beta) \tag{9-27}$$

式中：T 为岩壁座的总切向反力(以沿岩面向上为正)；N 为岩壁座的总法向反力(以压力为正)；β 为岩壁角；α_i 为第 i 排锚杆与水平方向的夹角。

6. 预应力损失计算

根据《水电工程预应力锚固设计规范》(DL/T 5176—2003)第 6.4.4 条规定，一般情况下超张拉力不宜超过设计张拉力的 15%。

选用精轧螺纹钢筋 540/835，根据 DL/T 5176—2003，施加设计张拉力时，不宜大于钢材抗拉强度标准值的 65%，施加超张拉力时，不宜大于钢材抗拉强度标准值的 75%。

9.6.6 有限元法验算(FLAC3D)

9.6.6.1 数值模型

纵向选择最不利位置进行计算，分析厂房的开挖情况，在备用机组附近的吊车梁因受备用机组开挖的影响，梁底部和洞顶的最小距离只有 1.2 m，所以分析该部位的吊车梁在最大轮压下的受力状态最为不利。备用机组开挖宽度为 10.1 m，在其左右两侧各取 48 m，所以模型纵向宽度取 106.1 m。同时，考虑计算工作量及参考前期地下厂房开挖稳定计算结果(主厂房上下游应力应变状态基本以中轴面对称分布)，在主厂房的对称面上取一半模型进行计算。

9.6.6.2 岩体模型

围岩和吊车梁采用 Mohr-Coulomb 模型。莫尔库伦屈服准则为

$$f^s = \sigma_1 - \sigma_3 N_\phi + 2c\sqrt{N_\phi} = 0 \tag{9-28}$$

式中：$N_\phi = \dfrac{1+\sin\phi}{1-\sin\phi}$，$\phi$ 为摩擦角；c 为黏结力。

9.6.6.3 梁壁接触模型

岩锚吊车梁浇筑成型后，其梁身混凝土与岩体壁座之间存在一软弱接触面。为准确模拟岩梁自身与岩台结合处的特殊力学行为，现以 10 mm 厚的连续介质胶结层模型模拟该薄弱接触面层，将混凝土与岩石结合部位按薄层力学弱化单元进行处理。对于该胶结层材料参数，由于没有进行相关的试验，只能采用工程类比或参考相关文献进行选择。岩壁吊车梁设计结构断面示意图见图 9-49。

9.6.6.4 喷射混凝土和钢拱架模拟

当前对于隧道初期支护喷射混凝土和钢拱架的模拟，普遍采用的是等效为复合体进行计算，其等效弹性模量的计算公式为

$$\bar{E} = \frac{\left[E_{shot} \times S_{shot} + \left(\dfrac{E_{steel}}{E_{shot}} - 1\right) \times E_{shot} \times \dfrac{A_{set}}{d}\right]^{3/2}}{\left[E_{shot} \times S_{shot}^3 + 12 \times \left(\dfrac{E_{steel}}{E_{shot}} - 1\right) \times E_{shot} \times \dfrac{J_{set}}{d}\right]^{1/2}} \tag{9-29}$$

式中：E_{shot} 为喷射混凝土的弹模；E_{steel} 为型钢的弹模；S_{shot} 为喷射混凝土层的厚度；A_{set} 为单个型钢的截面面积；J_{set} 为单个型钢的惯性矩；d 为型钢间距。

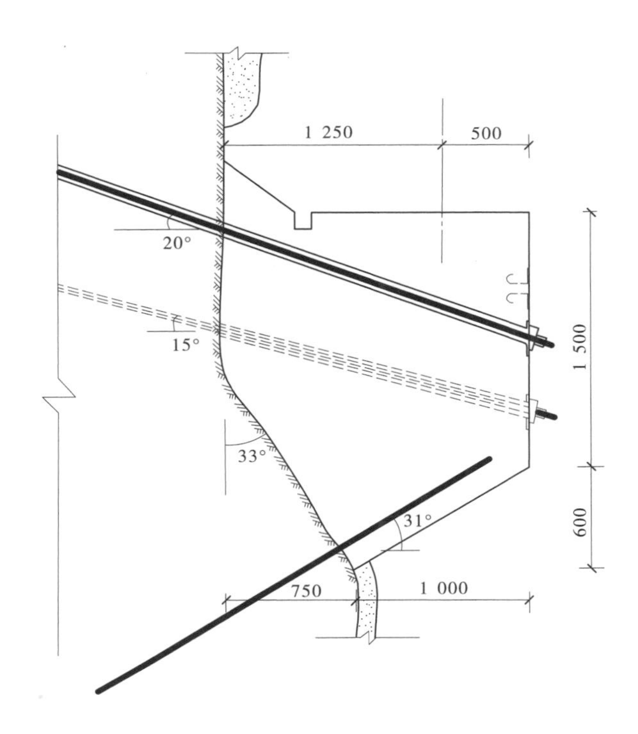

图 9-49　岩壁吊车梁设计结构断面示意图　（单位:mm）

9.6.6.5　开挖模拟顺序

主厂房开挖前后的计算模型见图 9-50,开挖模拟顺序:初始地应力场的模拟→主厂房分三步开挖至 629.9 m 高程→开挖备用机组进行钢拱架及喷锚初支→浇筑吊车梁→继续开挖主厂房至 610.0 m 高程→完成主厂房开挖→吊车梁承受最大运行轮压(吊车梁试验荷载)。

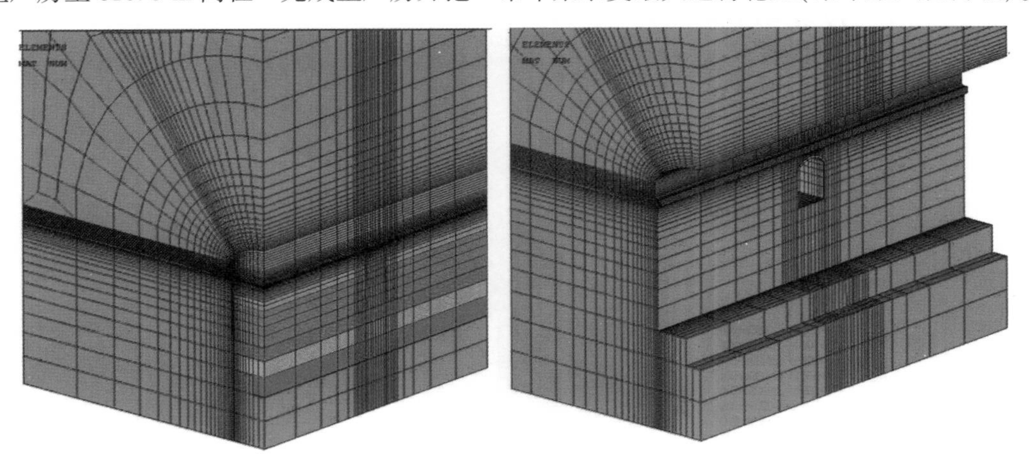

图 9-50　主厂房开挖前后的计算模型

9.6.6.6　数值模拟结果

由吊车梁荷载施加后吊车梁及围岩位移增量图(见图 9-51)可以看出,吊车梁荷载施加后,引起的最大位移增量为 0.13 mm,位于吊车梁上,吊车梁荷载引起的围岩位移变化

量相对于梁体更小，由此可见，从位移变化的角度来看，在备用机组洞支护不完备情况下施加吊车梁荷载，对吊车梁及整个围岩系统的位移影响有限。

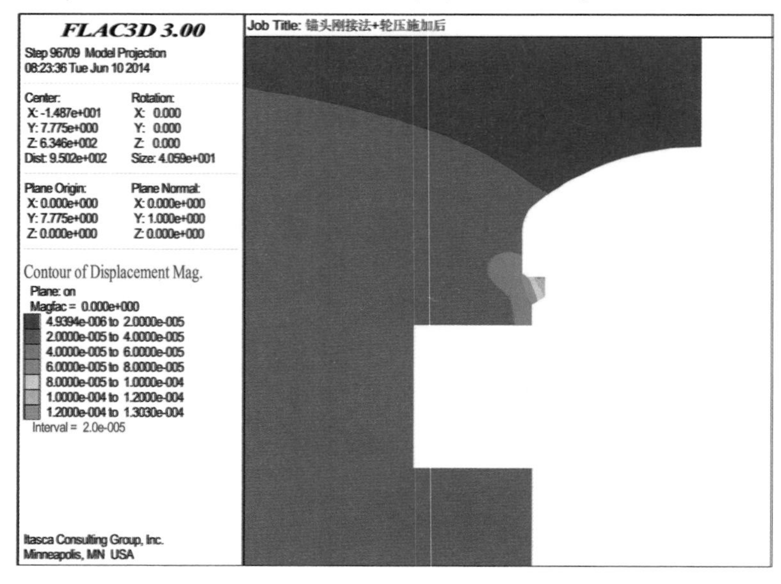

图 9-51　吊车梁荷载施加后吊车梁及围岩位移增量图

由施加轮压前后的岩锚梁附近岩体的大主应力的分布图(见图 9-52、图 9-53)可以看出，轮压荷载施加后对大主应力的分布几乎没有影响。施加轮压荷载前，岩锚梁附近岩体的大主应力的最大值为 1.77 MPa，位于备用机组洞顶的支护等效复合体上，施加轮压荷载后，由于轮压荷载对备用机组洞顶的挤压效应，使得备用机组洞顶的支护等效复合体上大主应力的最大值减小了 0.04 MPa，为 1.73 MPa。

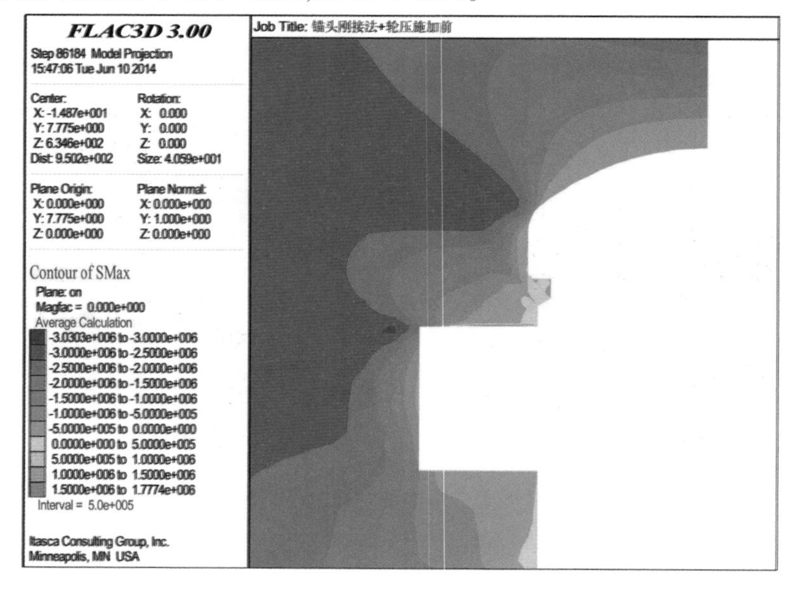

图 9-52　吊车梁荷载施加前围岩大主应力

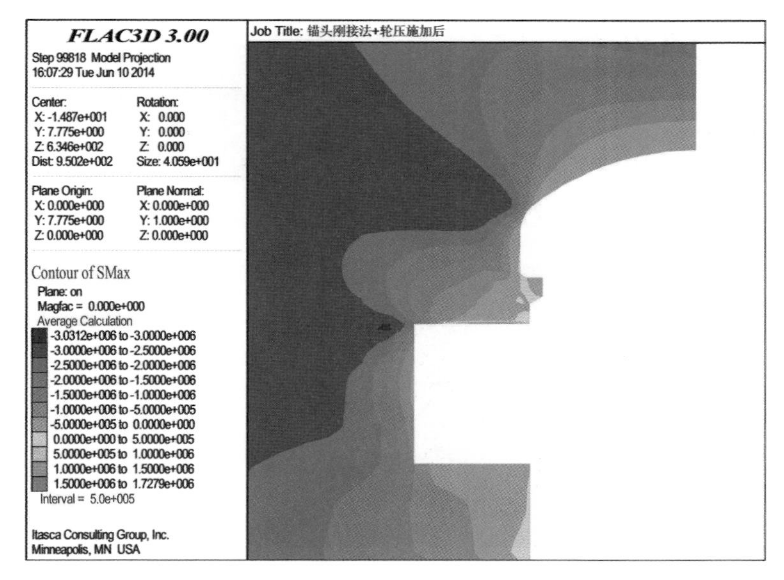

图 9-53　吊车梁荷载施加后围岩大主应力

同样,由施加轮压前后的岩锚梁附近岩体的小主应力的分布图(见图 9-54、图 9-55)可以看出,轮压荷载施加后对小主应力的分布几乎没有影响,同时对小主应力的应力极值也基本没有影响。

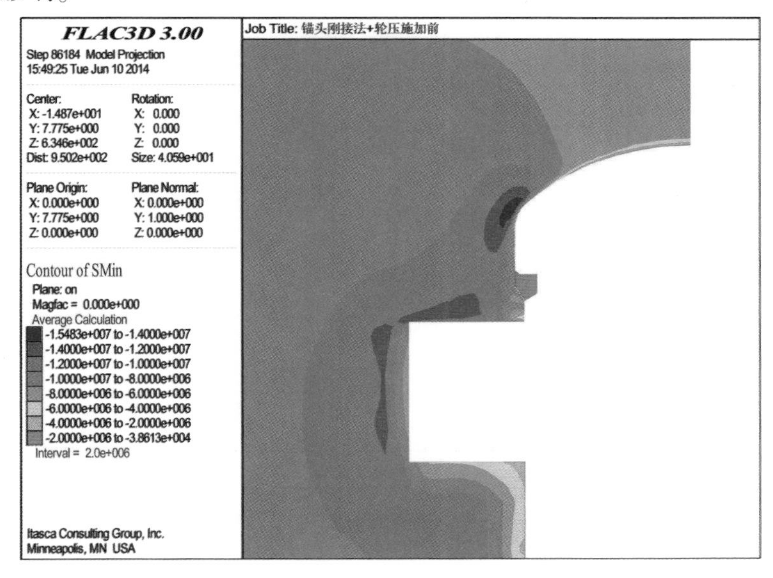

图 9-54　吊车梁荷载施加前围岩小主应力

所以,由上面的桥机试验荷载施加前后的围岩应力应变状态的计算结果可以看出,岩锚吊车梁进行荷载试验后,围岩的位移略有增大,但是增大的幅度很小(小于 0.1 mm);备用机组洞洞周及附近围岩的大、小主应力极值及分布基本一致,没有明显的大的改变。由此可以得出,备用机组不完备支护情况下进行桥机试验对相邻部位围岩的应力应变状态影响很小。

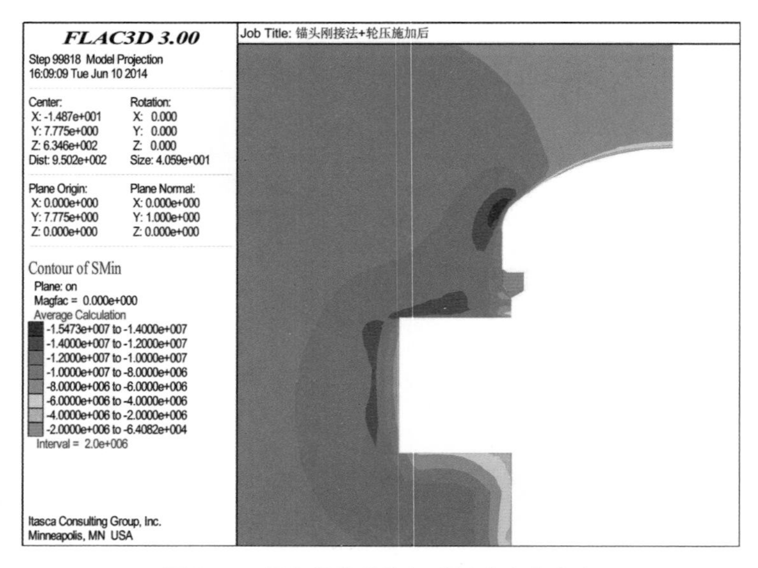

图 9-55 吊车梁荷载施加后围岩小主应力

通过图 9-56、图 9-57 观察桥机试验前后典型部位的锚杆应力随着开挖及加载过程的变化规律。

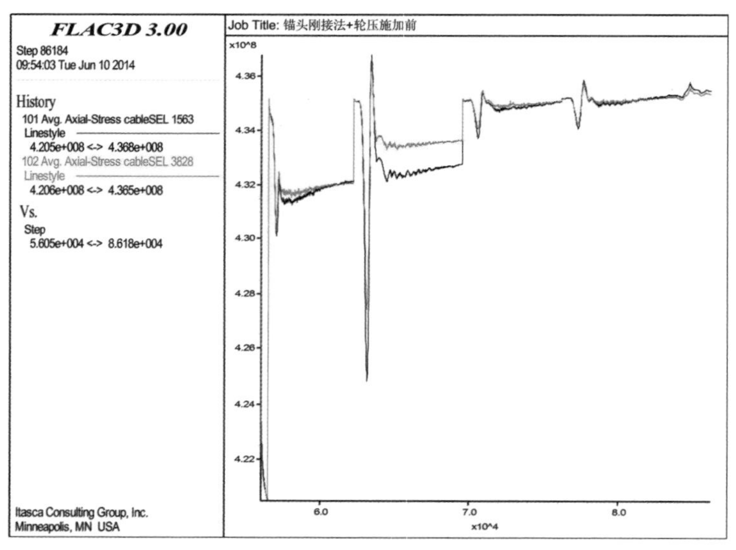

图 9-56 吊车梁荷载施加前锚杆应力变化过程

由试验前后吊车梁锚杆应力的变化过程可以看出，桥机试验荷载施加后，锚杆的应力均有一定程度的增加，预应力锚杆的应力最大值由 435.6 MPa 增大至 437.1 MPa（相应锚杆轴力由 350 kN 增大到约 352 kN），增加幅度较小，不会发生锚杆的拉断破坏（预应力锚杆的抗拉强度值为 835 MPa）。

9.6.7 结论

岩壁吊车梁受拉锚杆采用上下两排ϕ 32@ 700（设计值为 350 kN，超张拉力 480 kN）

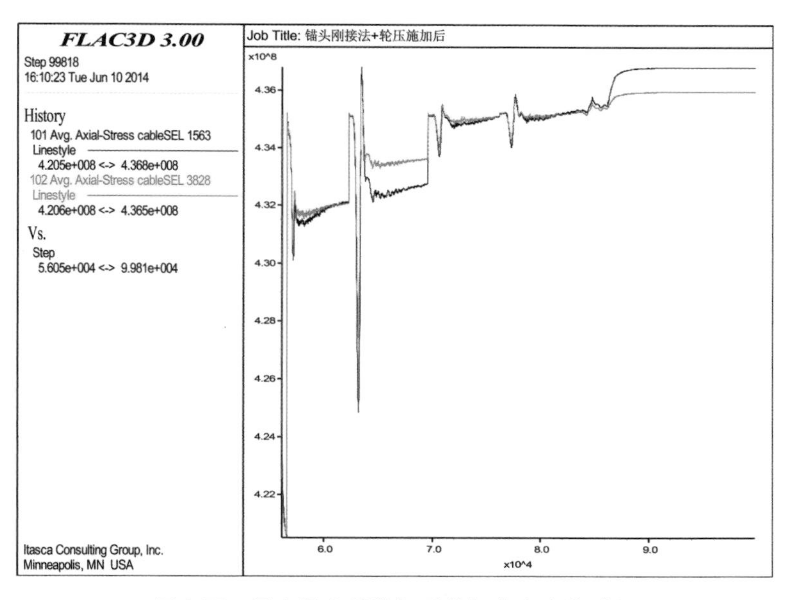

图 9-57　吊车梁荷载施加后锚杆应力变化过程

(见图 9-58),锚杆采用级别为 540/835(45Si2MnV),屈服强度不低于 540 MPa,抗拉强度不低于 835 MPa,内锚固段长度 7.00 m,胶结材料为 M35 水泥砂浆。

岩壁吊车梁结构配筋:主受力钢筋Φ 28@ 200,水平箍筋Φ 16@ 250,纵向钢筋:Φ 22 @ 200。

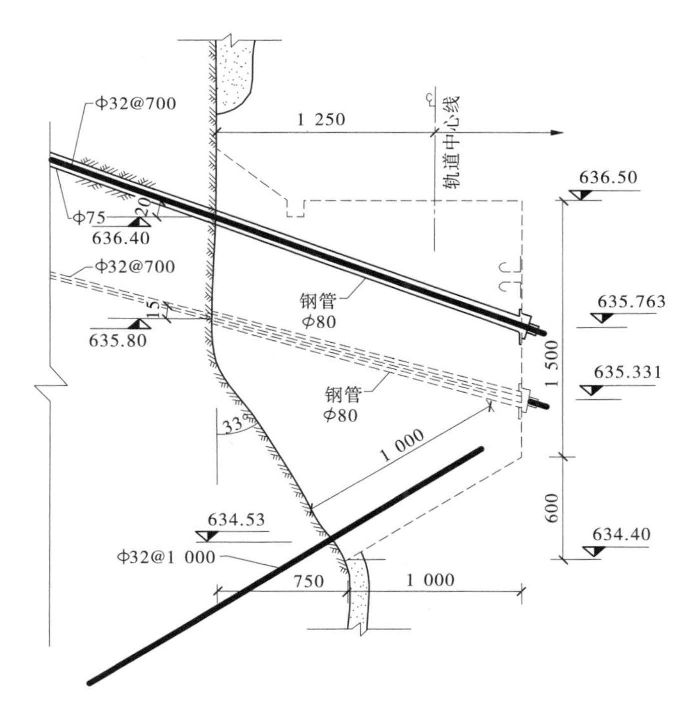

图 9-58　岩壁吊车梁受拉锚杆图　(单位:mm)

9.7 主变室结构设计

9.7.1 概况

CCS 水电站主变室为地下结构，布置于 Misahualli 凝灰岩中，通过交通洞与主厂房相连。主变室垂直水流方向桩号为 0-012.800~0+179.200，长度为 192.0 m，顺水流方向桩号为 0+035.000~0+054.000，宽度为 19.0 m。

根据机电设备布置的要求，主变室设有主变压器室、备用变压器室、事故油池、GIS 室等。主变室为整体两层、局部三层的现浇钢筋混凝土结构，首层为主变压器室层，底板高程 623.50 m；上层为 GIS 层，主要布置 GIS 设备，高程 636.50 m。中间设有电缆隧道夹层，高程 631.00 m。

9.7.2 结构设计

9.7.2.1 623.50 m 高程层

623.50 m 高程层主要布置主变压器、备用变压器、事故油池、主变压器运输轨道和地锚等。主变室上下游均为 900 mm 厚现浇钢筋混凝土墙体，主变室和主变压器运输轨道交界处设置 700 mm×1 000 mm 框架柱，各框架柱之间框架柱和上下游钢筋混凝土墙间在 631.00 m 层设置框架连接梁，以提高主变室主体结构的整体安全稳定性。采用国际通用三维结构计算软件 SAP2000 进行设计计算，并绘制施工图。结构计算模型见图 9-59。

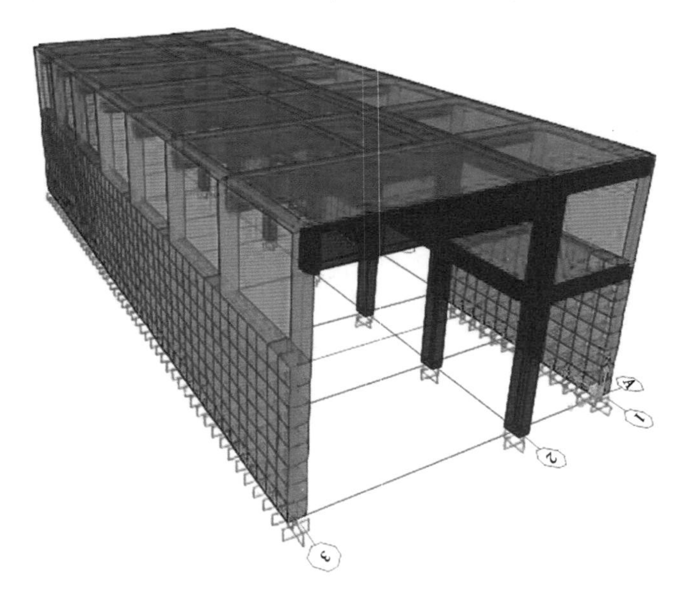

图 9-59 结构计算模型

9.7.2.2　636.50 m 高程层

636.50 m 高程层主要布置电气上的 GIS 设备。荷载主要为电气设备的重量。活荷载采用 15 kN/m^2,局部电气设备集中处活荷载为 25 kN/m^2。本层为现浇钢筋混凝土板梁结构。现浇板厚分别为 300 mm 和 470 mm,梁为矩形断面,尺寸分别为 350 mm×750 mm 和 500 mm×1 500 mm。采用国际通用三维结构计算软件 SAP2000 进行设计计算,并绘制施工图。

1. 地质条件

根据地质方面提供的资料,地下副安装间所处区域为Ⅱ类围岩,地基允许承载力为 85 MPa,平面单位抗力系数 K_w = 40 MPa/cm,静变形模量 E_0 = 17 GPa。

2. 荷载组合

荷载组合详见 9.5.2.2(3)。

3. 计算结果

计算结果见表 9-23~表 9-25。

表 9-23　各层楼板配筋

楼板高程(m)	厚度(m)	顺水流方向配筋	实际配筋面积(mm^2)	垂直水流方向配筋	实际配筋面积(mm^2)
636.50	0.47	Φ20@200	1 571	Φ20@200	1 571
636.50	0.47	Φ20@200	1 571	Φ20@200	1 571
623.50	0.20	Φ20@200	1 571	Φ16@200	1 005

表 9-24　边墙配筋

边墙	厚度(m)	主受力方向配筋	实际配筋面积(mm^2)	分布方向配筋	实际配筋面积(mm^2)
上游边墙	0.9	Φ28@200	3 077	Φ22@200	1 901
下游边墙	0.9	Φ28@200	3 077	Φ22@200	1 901

表 9-25　梁柱配筋

名称	断面尺寸(mm×mm)	纵向受力钢筋		箍筋
Z1	600×900	4 Φ 28+16 Φ 25		Φ10@100/150
名称	断面尺寸(mm×mm)	上部配筋	下部配筋	箍筋
KL1(636.50 m)	500×1 500	11 Φ 25	16 Φ 32	Φ12@100/150
KL2(636.50 m)	350×750	11 Φ 25	6 Φ 25	Φ10@100/150
KL3(636.50 m)	350×750	8 Φ 25	7 Φ 25	Φ8@100/150
L1(636.50 m)	350×750	9 Φ 25	10 Φ 25	Φ10@100
KL4(631.00 m)	300×600	8 Φ 25	7 Φ 25	Φ8@100/150
KL5(631.00 m)	350×700	5 Φ 25	5 Φ 25	Φ10@100/150

9.7.2.3 631.00 m 高程层

631.00 m 高程层主要布置 220 kV 干式电缆及管道出线，荷载由电气专业提供，活荷载考虑为 10 kN/m^2。本层现浇梁板的结构设计方法与 636.50 m 高程层现浇梁板的设计方法相同。

9.7.2.4 防火隔墙设计

主变室防火隔墙为钢筋混凝土墙。主变压器间防火隔墙为 200 mm 厚的钢筋混凝土墙体，将各变压器完全分隔开，墙体水平向配置Φ 20@ 200 双层钢筋，两侧分别与上游钢筋混凝土侧墙、框架柱拉结，竖向配置Φ 12@ 200 双层钢筋，下部锚入主变室 623.50 m 层钢筋混凝土底板中。

9.8 尾水闸结构设计

9.8.1 说明

尾水洞位于主厂房的下游，尾水洞出口为尾水渠。为了防止大河流量超过 3 200 m^3/s、机组停止运行时河水进入尾水洞，在尾水渠设置挡水闸。当下游河道流量 $Q \leqslant 3\ 200\ m^3/s$（水位≤606.95 m）时，机组运行；当下游河道流量 $Q>3\ 200\ m^3/s$（水位>606.95 m）时，机组不运行，尾水闸门下闸挡水。

尾水闸室位于尾水渠上，距离尾水洞出口 25 m。尾水闸室顺水流长度 17 m、宽 29 m，两孔平板闸门，孔口尺寸为 10.0 m×6.7 m（宽×高）。闸底板顶高程为 600.60 m，闸顶高程为 618.40 m，闸基高程为 598.10 m。尾水闸纵断面见图 9-60。

尾水闸结构需要进行稳定计算和结构计算。

9.8.2 设计条件和基本资料

9.8.2.1 地质条件

尾水闸坐落于岩基上，边墩外侧回填砂砾石土。

9.8.2.2 荷载条件

1. 恒载

恒载主要包括结构自重、设备荷载、静水压力、扬压力和主动土压力。

2. 活荷载

尾水闸上游侧顶板活荷载取 30 kN/m^2，下游侧顶板活荷载取 4 kN/m^2，检修平台活荷载取 4 kN/m^2。

9.8.2.3 河流特征水位及流量

河流特征水位及流量见表 9-26。

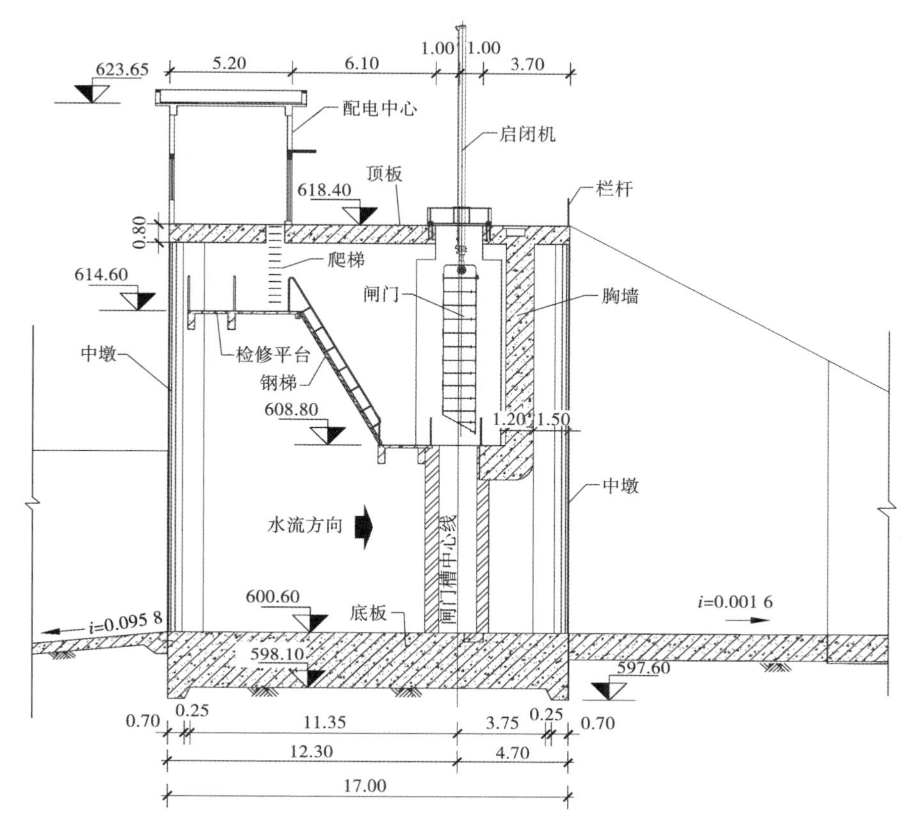

图 9-60　尾水闸纵断面　（单位：m）

表 9-26　河流特征水位及流量

河流水位(m)	流量(m^3/s)	说明
602. 20	326	下游河流正常水位
606. 95	3 200	当两孔闸门开始工作下闸挡水时下游河流相应的最小水位
610. 52	7 220	200 年一遇洪水
611. 84	8 620	1 000 年一遇洪水

9.8.2.4　计算工况及荷载组合

计算工况见表 9-27。荷载组合见表 9-28。

表 9-27　计算工况

计算工况	描述	类别 *
U1	当两孔闸门开始工作下闸挡水时下游河流相应的最小水位(606. 95 m)	U
UN1	闸门上游侧检修,当两孔闸门开始工作下闸挡水时下游河流相应的最小水位(606. 95 m),上游侧无水	UN

续表 9-27

计算工况	描述	类别 *
UN2	非常洪水位(610.52 m),两孔闸门关闭	UN
UN3	尾水闸完建工况	UN
E1	最大设计洪水位(611.84 m)	E
E2	当两孔闸门开始工作下闸挡水时下游河流相应的最小水位(606.95 m)和最大设计地震(MDE)	E
E3	当两孔闸门开始工作下闸挡水时下游河流相应的最小水位(606.95 m)和运行基准地震(OBE)	E

注:"*":U=正常工况,UN =非常工况,E=极端工况。

表 9-28 荷载组合

计算工况	荷载组合				
	自重	静水压力	扬压力	地震作用	动水荷载
U1	√	√	√		
UN1	√	√	√		
UN2	√	√	√		
UN3	√				
E1	√	√	√		
E2	√	√	√	√	√
E3	√	√	√	√	√

闸门上下游侧水深见表 9-29。

表 9-29 闸门上下游侧水深 (单位:m)

计算工况	闸门上游		闸门下游	
	水位	水深	水位	水深
U1/E2/E3	606.95	6.35	606.95	6.35
UN1	—	—	606.95	6.35
UN2	606.95	6.35	610.52	9.92
UN3	—	—	—	—
E1	606.95	6.35	611.84	11.24

9.8.3 稳定计算公式、方法及计算结果

9.8.3.1 抗滑稳定计算方法

抗滑稳定计算公式如下:

$$FS_S = \frac{N\tan\varphi + cL}{T} \tag{9-30}$$

式中：N 为作用在结构体上垂直于滑动面的力；φ 为结构体基底面与基础材料之间的摩擦角；c 为结构体基底面与基础材料间的黏结力；L 为结构体与基础接触的长度；T 为平行于基底面的全部荷载。

9.8.3.2　**抗浮稳定计算方法**

抗浮稳定安全系数利用下式计算：

$$FS_f = \frac{W_S + W_C + S}{U - W_G} \tag{9-31}$$

式中：W_S 为结构重量，包括上部固定设备重和土重，地下水位线以下部分土重计算应用土的浮重度，地下水位线以上用天然容重；W_C 为包括在结构体内的全部水重；S 为附加荷载；U 为作用在结构体地面上的扬压力；W_G 为顶面以上的水重。

9.8.3.3　**抗倾覆验算方法**

根据 EM 1110-2-2502，抗倾覆验算是否满足要求可通过计算合力作用点位置来确定。合力作用点为

$$X_R = \frac{\sum M}{\sum V} \tag{9-32}$$

式中：X_R 为偏心矩；$\sum M$ 为相对于基底面中心 O 点的所有力矩之和；$\sum V$ 为作用在基底面上的全部竖向力。

定义合力比率如下：

$$合力比率 = \frac{X_R}{B} \tag{9-33}$$

式中：B = 基础水平宽度，即闸室顺水流方向长度 17 m。

不同工况合力作用点位置需要满足表 9-30。

表 9-30　合力作用点要求

分类	荷载条件类别		
	正常	异常	极端
所有的类别	基础 100%受压	基础 75%处于受压状态	合力点在基础范围内

9.8.3.4　**地基承载力验算方法**

基底应力按下式进行计算：

$$\sigma = \frac{\sum V}{A} \pm \frac{\sum M_x y}{J_x} \pm \frac{\sum M_y x}{J_y} \tag{9-34}$$

式中：σ 为基底应力，kPa；$\sum V$ 为作用于基底面上的竖向力总和，kN；$\sum M_x$、$\sum M_y$ 为作用于基底面上的全部竖向荷载对于形心轴 x、y 轴的力矩，kN · m；x、y 为基底面内计算点距形心轴 x、y 轴的距离，m；J_x、J_y 为基底面对于形心轴 x、y 轴的惯性矩，m^4；A 为基底面

面积，m^2。

9.8.3.5 计算结果

1. 抗滑稳定计算结果

抗滑稳定计算结果见表 9-31。

表 9-31 抗滑稳定计算结果

计算工况	抗滑稳定计算				
	合力		安全系数		
	竖向力↓	水平力→	安全系数	安全系数允许值	结论
	kN	kN			
U1	88 272.2	0	+∞	1.5	OK
UN1	87 288.0	11 371.3	7.15	1.3	OK
UN2	78 706.7	11 528.1	6.57	1.3	OK
UN3	112 777.7	0	+∞	1.3	OK
E1	75 848.9	16 726.5	4.42	1.1	OK
E2	74 835.5	47 422.4	1.54	1.1	OK
E3	81 553.9	23 711.2	3.27	1.1	OK

由计算结果可知，尾水闸抗滑稳定安全系数满足要求。

2. 抗浮稳定计算结果

抗浮稳定计算结果见表 9-32。

表 9-32 抗浮稳定计算结果

计算工况	抗浮稳定计算							
	荷载					安全系数	安全系数允许值	结论
	W_S↓	W_C↓	S	U↑	W_G			
	kN	kN	kN	kN	kN			
U1	112 777.7	21 590.0	0	46 095.5	0	2.91	1.3	OK
UN1	112 777.7	4 953.0	0	30 442.8	0	3.87	1.2	OK
UN2	112 777.7	20 824.5	0	54 895.6	0	2.43	1.2	OK
UN3	112 777.7	0	0	0	0	+∞	1.2	OK
E1	112 777.7	21 220.5	0	58 149.4	0	2.30	1.1	OK
E2	97 182.0	19 431.0	0	50 705.1	0	2.30	1.1	OK
E3	104 979.9	20 510.5	0	48 400.3	0	2.59	1.1	OK

由计算结果可知,尾水闸抗浮稳定安全系数满足要求。

3. 地基承载力及抗倾覆验算结果

地基承载力及抗倾覆验算结果见表9-33。

表9-33 地基承载力及抗倾覆验算结果

计算工况	基底应力分析				
	$\sum M$	W	P_{max}	P_{min}	L_R
	kN·m	m^3	kPa	kPa	m
U1	4 533.69	1 396.83	182.30	175.81	0.05
UN1	-45 576.30	1 396.83	209.68	144.43	-0.52
UN2	-83 391.58	1 396.83	219.35	99.95	-1.06
UN3	4 533.69	1 396.83	232.00	225.51	0.04
E1	-84 703.04	1 396.83	214.49	93.21	-1.12
E2	351 635.63	1 396.83	403.53	-99.94	4.70
E3	178 084.66	1 396.83	292.92	37.93	2.18

由计算结果可知,最大基底应力为403.53 kPa,尾水闸地基承载力要求为2 MPa;合力作用点相对于地基面中心最大位置为$L_R=4.70\ m<B/2=8.5\ m$,满足要求,故尾水闸抗倾覆稳定满足要求。

9.8.4 结构计算模型及计算结果

9.8.4.1 计算模型

尾水闸结构采用SAP2000有限元程序进行建模分析计算,得出各个部位的轴力、剪力、弯矩结果。计算模型中全部采用壳单元,见图9-61。

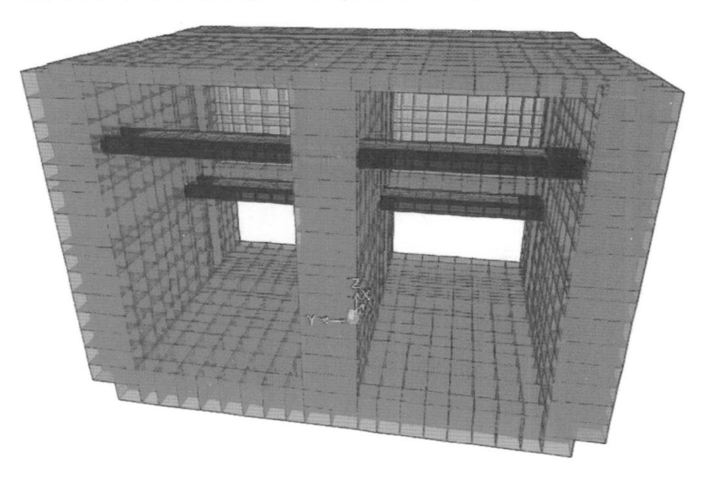

图9-61 计算模型

为了模拟基础对底板的抵抗作用和边墩外侧回填土对边墩的抵抗作用，在底板底部和边墩外侧采用 Gap 类型弹簧（非线性受压弹簧）。

计算所采用的基础弹性抗力系数 $K_0 = 2\ 000\ 000\ \mathrm{kN/m^3}$；

计算所采用的回填土弹性抗力系数 $K_0 = 30\ 000\ \mathrm{kN/m^3}$。

9.8.4.2 计算结果

计算结果见表 9-34～表 9-38。

表 9-34　底板和顶板配筋

项目	厚度（m）	顺水流方向配筋	计算钢筋面积（$\mathrm{mm^2}$）	垂直水流方向配筋	计算钢筋面积（$\mathrm{mm^2}$）
底板	2.5	Φ36@200（$A_s = 5\ 089\ \mathrm{mm^2}$）	4 410	Φ36@200（$A_s = 5\ 089\ \mathrm{mm^2}$）	4 410
上游侧顶板	0.8	Φ20@200（$A_s = 1\ 571\ \mathrm{mm^2}$）	1 350	Φ32@200（$A_s = 4\ 021\ \mathrm{mm^2}$）	3 447
下游侧顶板	0.8	Φ20@200（$A_s = 1\ 571\ \mathrm{mm^2}$）	1 350	Φ32@200（$A_s = 4\ 021\ \mathrm{mm^2}$）	2 281

表 9-35　闸墩配筋

项目	厚度（m）	受力钢筋	计算配筋面积（$\mathrm{mm^2}$）	分布钢筋
左边墩	3.0	Φ32@150（$A_s = 5\ 362\ \mathrm{mm^2}$）	5 310	Φ25@200（$A_s = 2\ 454\ \mathrm{mm^2}$）
	2.3	Φ32@150（$A_s = 5\ 362\ \mathrm{mm^2}$）	4 050	Φ25@200（$A_s = 2\ 454\ \mathrm{mm^2}$）
中墩	3.0	Φ32@150（$A_s = 5\ 362\ \mathrm{mm^2}$）	5 310	Φ25@200（$A_s = 2\ 454\ \mathrm{mm^2}$）
	1.6	Φ32@150（$A_s = 5\ 362\ \mathrm{mm^2}$）	3 852	Φ28@200（$A_s = 3\ 079\ \mathrm{mm^2}$）
右边墩	3.0	Φ32@150（$A_s = 5\ 362\ \mathrm{mm^2}$）	5 310	Φ25@200（$A_s = 2\ 454\ \mathrm{mm^2}$）
	2.3	Φ32@150（$A_s = 5\ 362\ \mathrm{mm^2}$）	4 050	Φ25@200（$A_s = 2\ 454\ \mathrm{mm^2}$）

表 9-36　胸墙配筋

项目	厚度(m)	受力钢筋	计算配筋面积(mm^2)	分布钢筋	计算配筋面积(mm^2)
胸墙竖直部分	1.2	Φ28@200 (A_s=3 079 mm^2)	2 188	Φ28@200 (A_s=3 079 mm^2)	2 070
胸墙水平部分	1.5	Φ32@150 (A_s=5 362 mm^2)	4 894	Φ28@200 (A_s=3 079 mm^2)	2 610

表 9-37　检修平台梁配筋

项目	断面	实配钢筋面积		计算受力钢筋(mm^2)		最小配筋面积(mm^2)	计算箍筋面积(mm^2/m)	实际箍筋
		顶部	底部	上部筋	下部筋			
检修平台梁	0.3 m×0.8 m	4 Φ22 (A_s=1 520 mm^2)	4 Φ22 (A_s=1 520 mm^2)	750	449	432	361	Φ10@150/200 (A_s=524/393 mm^2)

表 9-38　检修平台板配筋

项目	厚度(m)	实际受力钢筋	计算钢筋面积(mm^2)	分布钢筋	计算分布钢筋面积(mm^2)
上下游检修平台板	0.12	Φ10@150 (A_s=524 mm^2)	162	Φ8@200 (A_s=251 mm^2)	162

9.8.5　尾水闸安全评价

(1)尾水闸抗滑稳定、抗浮稳定及基底应力均满足规范要求。

(2)尾水闸结构设计满足规范要求。

9.9　尾水渠八字墙结构设计

9.9.1　概述

尾水渠 C0+000.00~C0+025.00 挡墙为八字挡墙,连接尾水洞出口和尾水闸。挡墙顶高程由 608.50 m 逐渐降低为 597.30 m。桩号 C0+000.00 处尾水渠底部宽度为 11 m,桩号 C0+025.00 处尾水渠底部宽度为 23 m。挡墙结构采用重力式挡墙。需要进行挡墙稳定计算和结构计算。

9.9.2 荷载及荷载组合

9.9.2.1 荷载

恒载:自重;

活荷载:水荷载、土荷载、扬压力、地震荷载。

9.9.2.2 荷载工况及荷载组合

荷载工况及荷载组合见表 9-39。

表 9-39 荷载工况及荷载组合

荷载工况	施工工况	正常运行	200 年一遇洪水	1 000 年一遇洪水	施工+OBE	正常运行+OBE	正常运行+MDE
自重	√	√	√	√	√	√	√
土荷载	√	√	√	√	√	√	√
水荷载	√	√	√	√	√	√	√
扬压力	√	√	√	√	√	√	√
地震荷载					√	√	√
计算工况	UN	U	UN	UN	E	UN	E

注:U = 正常,UN = 异常,E = 极端。

挡墙为变截面挡墙,选取最大断面作为计算断面,受力如图 9-62 所示。

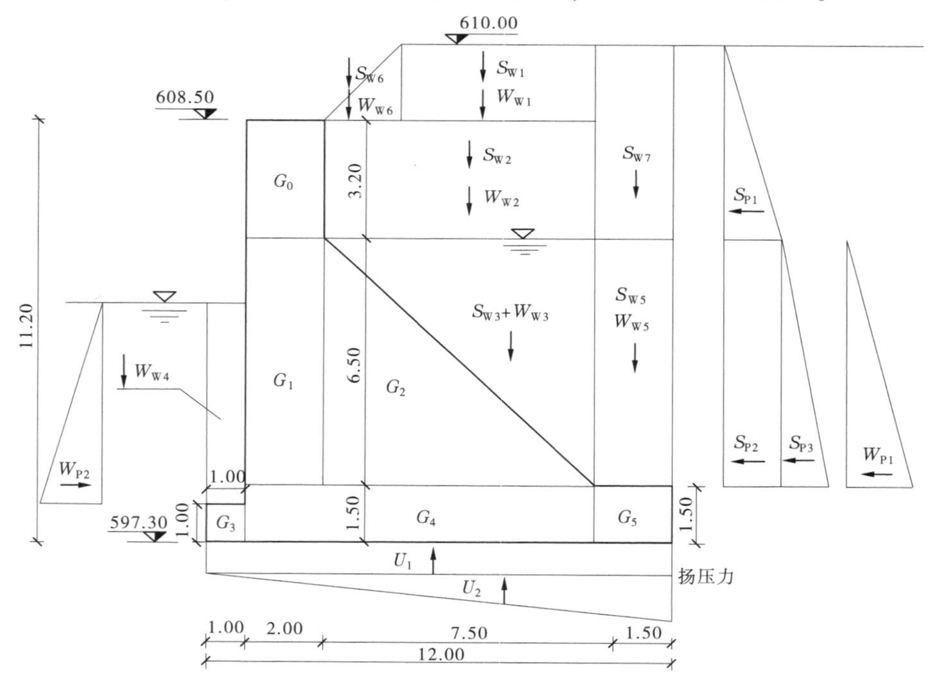

S_W— 土自重;W_W— 水自重;G— 混凝土自重;W_P— 静水压力;S_P— 土压力

图 9-62 典型断面受力图 (单位:m)

9.9.3　稳定计算

需要对挡墙进行抗滑稳定计算、抗浮稳定计算、抗倾覆验算、地基承载力验算。

计算方法详见 9.8.3.1~9.8.3.4 节相关内容。

挡墙稳定计算结果详见表 9-40。

表 9-40　挡墙稳定计算结果

工况		施工工况	正常运行	200 年一遇洪水	1 000 年一遇洪水	施工+OBE	正常运行+OBE	正常运行+MDE
序号		1	2	3	4	5	6	7
工况类型		UN	U	UN	UN	E	UN	E
抗滑	FS_S	4.05	6.43	4.01	1.78	1.82	1.28	4.05
	FS_{Sr}	1.30	1.50	1.30	1.10	1.30	1.10	1.30
抗浮	FS_f	6.14	3.26	2.41	5.10	2.94	2.68	6.14
	FS_{fr}	1.20	1.30	1.20	1.10	1.20	1.10	1.20
合力比率	计算值	0.42	0.46	0.39	0.28	0.28	0.16	0.42
	准则	≥0.25	≥0.333	≥0.25	0~1	≥0.25	0~1	≥0.25
基底应力(kPa)	P_{max}	295.91	212.46	240.14	450.35	375.78	469.52	295.91
	P_{min}	106.70	128.32	49.51	-62.86	-51.39	-161.51	106.70

根据挡墙稳定计算结果(见表 9-40),得出如下结论:

(1)抗滑安全系数和抗浮安全系数都满足规范要求。

(2)合力作用点验算满足要求。

(3)最大基底应力 469.52 kPa 为安全,要求地基承载力不小于 1.0 MPa,根据地质专业提供资料,满足要求。若开挖后与实际不符,需对基础进行处理。

(4)根据以上分析,挡墙稳定性满足要求。

9.9.4　结构计算

9.9.4.1　模型及假定

根据重力式挡墙的结构特点,只需对关键断面进行抗弯和抗剪计算。

1—1、2—2 剖面视为带轴向力的受弯构件。3—3、4—4 剖面视为不带轴向力的受弯构件(见图 9-63)。3—3、4—4 剖面计算时,运用稳定计算时的地基反力,且视为线性分布(见图 9-64),3—3、4—4 剖面处应力通过线性插值求得。

9.9.4.2　荷载组合系数

完建及正常运行期:

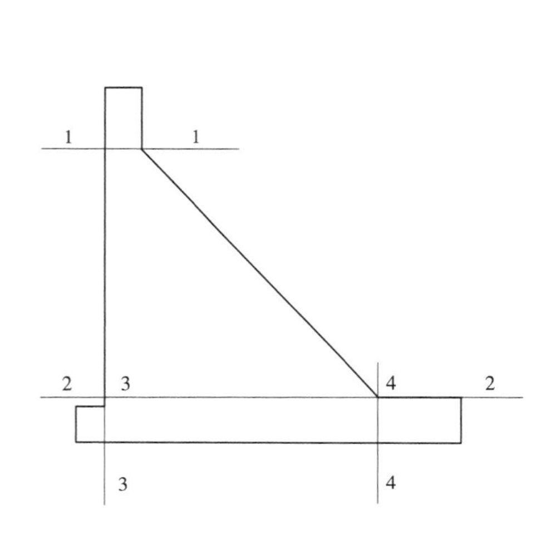

图 9-63　计算关键剖面

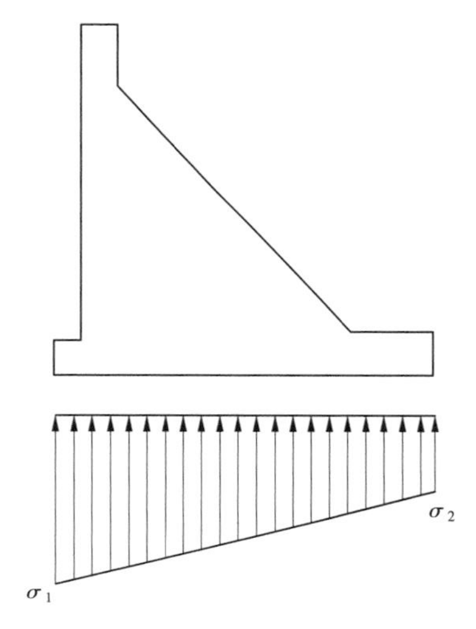

图 9-64　地基反力线性分布示意图

$$U_h = H_f U = H_f \times (1.4D + 1.7L) \tag{9-35}$$

式中：D 为恒载的内力和力矩；L 为活荷载的内力和力矩；U_h 为水工结构的设计荷载；H_f 为水力系数，$H_f = 1.3$，直接受拉的构件除外，对直接受拉的构件，$H_f = 1.65$。

正常运行+ 运行基本地震(OBE)：

$$U_h = 0.75 \times \{H_f \times [1.4 \times (D + L) + 1.5E]\} \tag{9-36}$$

正常运行+最大设计地震(MDE)：

$$U_h = 0.75 \times \{[H_f \times [1.0 \times (D + L) + 1.25E]\} \tag{9-37}$$

式中：E 为包括地震影响的非水工系数荷载。

9.9.4.3　配筋结果

对关键剖面进行计算，配筋结果如表 9-41 所示。

表 9-41　结构钢筋配筋结果

位置	抗弯钢筋		分布钢筋	
	配筋	单宽实际配筋面积 (mm²)	配筋	单宽实际配筋面积 (mm²)
剖面 1—1	Φ22@ 200	1 570.8	Φ20@ 200	1 570.8
剖面 2—2	Φ22@ 200	1 570.8	Φ20@ 200	1 570.8
剖面 3—3	Φ25@ 200	2 454.37	Φ20@ 200	1 570.8
剖面 4—4	Φ28@ 150	4 106.00	Φ20@ 200	1 570.8

9.10　尾水渠扭面结构设计

9.10.1　概述

CCS 水电站尾水通过 8 台尾水支洞和 1 条尾水主洞汇流进入尾水渠，最后排入下游主河道。尾水渠所在位置位于厂房下游的 Coca 河转弯处东南角，沿线地表自然坡角一般为 20°~40°，植被发育，总体地势西高东低，高程 600~630 m，地形起伏较大。

尾水渠总长 165.60 m，桩号 C0+000.00~C0+025.00 为扩散段挡墙，桩号 C0+025.00~C0+042.00 为尾水闸，桩号 C0+042.00~C0+068.00 为闸后段挡墙，桩号 C0+068.00~ C0+0165.60 为扭面和梯形断面护坡。

C0+042.00~C0+068.00 段为闸后段挡墙，该段挡墙为扭面挡墙，连接尾水闸和 C0+068.00 后护坡渠道。挡墙顶高程由 618.40 m 逐渐降低为 604.60 m。桩号 C0+042.00 处，尾水渠底高程处对应尾水渠底部宽度为 23 m，挡墙顶高程处对应尾水渠宽度为 23 m。桩号 C0+068.00 处，尾水渠底高程处对应尾水渠底部宽度为 23 m，挡墙顶高程处对应尾水渠宽度为 34.12 m。

挡墙结构采用重力式挡墙。需要进行挡墙稳定计算和结构计算。

9.10.2　荷载及荷载组合

9.10.2.1　荷载

恒载：自重；

活荷载：土荷载、水荷载、扬压力、地震荷载。

9.10.2.2　荷载工况及荷载组合

荷载工况及荷载组合见表 9-42。

表 9-42　荷载工况及荷载组合

荷载工况	施工工况	正常运行	200 年一遇洪水	1 000 年一遇洪水	施工+OBE	正常运行+ OBE	正常运行+ MDE
自重	√	√	√	√	√	√	√
土荷载	√	√	√	√	√	√	√
水荷载	√	√	√	√	√	√	√
扬压力	√	√	√	√	√	√	√
地震荷载					√	√	√
计算工况	UN	U	UN	UN	E	UN	E

注：U =正常，UN=异常，E=极端。

挡墙为扭面挡墙，选取最大断面作为计算断面，受力如图 9-65 所示。

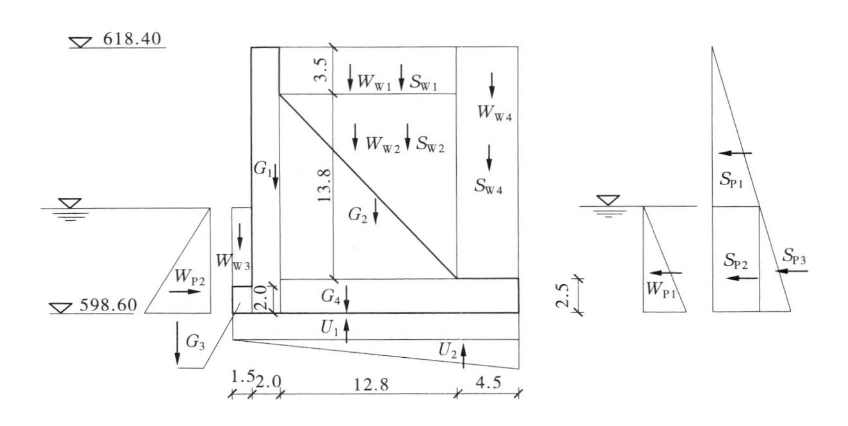

图 9-65　典型断面受力图　（单位：m）

9.10.2.3　水位及填土高度

各工况的水位及填土条件见表 9-43。

表 9-43　各工况的水位及填土条件

运行条件		1	2	3	4	5	6	7
		施工工况	正常运行	200 年一遇洪水	1 000 年一遇洪水	施工+OBE	正常运行+OBE	正常运行+MDE
水位（m）	迎水侧	598.60	603.35	610.52	611.84	603.35	603.35	603.35
	背水侧	603.35	603.35	610.52	611.84	603.35	603.35	603.35
填土高程（m）	迎水侧	598.60	598.60	598.60	598.60	598.60	598.60	598.60
	背水侧	618.40	618.40	618.40	618.40	618.40	618.40	618.40

9.10.3　稳定计算

需要对挡墙进行抗滑稳定计算、抗浮稳定计算、抗倾覆验算、地基承载力验算。

计算方法详见 9.8.3.1~9.8.3.4 节相关内容。

挡墙稳定计算结果见表 9-44。

表 9-44　挡墙稳定计算结果

工况		施工工况	正常运行	200 年一遇洪水	1 000 年一遇洪水	施工+OBE	正常运行+OBE	正常运行+MDE
序号		1	2	3	4	5	6	7
工况类型		UN	U	UN	UN	E	UN	E
抗滑	FS_S	6.57	5.94	5.42	6.43	1.88	1.82	1.24
	FS_{Sr}	1.30	1.50	1.30	1.30	1.10	1.30	1.10

续表 9-44

工况		施工工况	正常运行	200 年一遇洪水	1 000 年一遇洪水	施工+OBE	正常运行+OBE	正常运行+MDE
序号		1	2	3	4	5	6	7
工况类型		UN	U	UN	UN	E	UN	E
抗浮	FS_f	20.28	8.65	3.76	3.30	10.91	6.71	5.49
	FS_{fr}	1.20	1.30	1.20	1.20	1.10	1.20	1.10
合力比率	计算值	0.49	0.48	0.50	0.50	0.37	0.31	0.29
	准则	≥0.25	≥0.333	≥0.25	≥0.25	0~1	≥0.25	0~1
基底应力(kPa)	P_{max}	469.54	395.95	328.31	303.66	645.34	733.42	741.42
	P_{min}	427.91	316.14	315.39	292.05	79.97	-48.17	-83.01

根据表 9-44,得出如下结论:

(1)抗滑安全系数和抗浮安全系数都满足规范要求。

(2)合力作用点验算满足要求。

(3)最大基底应力 741.42 kPa 为安全,要求地基承载力不小于 1.0 MPa,根据地质专业提供资料,满足要求。若开挖后与实际不符,需对基础进行处理。

(4)根据以上分析,挡墙稳定性满足要求。

9.10.4　结构计算

9.10.4.1　模型及假定

根据重力式挡墙的结构特点,只需对关键断面进行抗弯和抗剪计算。典型断面见图 9-66。1—1、2—2 剖面视为带轴向力的受弯构件。3—3、4—4 剖面视为不带轴向力的受弯构件(见图 9-67)。3—3、4—4 剖面计算时,运用稳定计算时的地基反力,且视为线性分布(见图 9-68),3—3、4—4 剖面处应力通过线性插值求得。

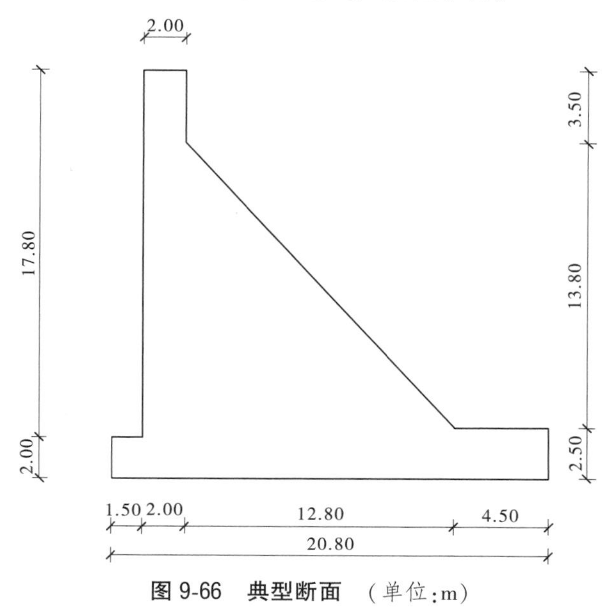

图 9-66　典型断面　(单位:m)

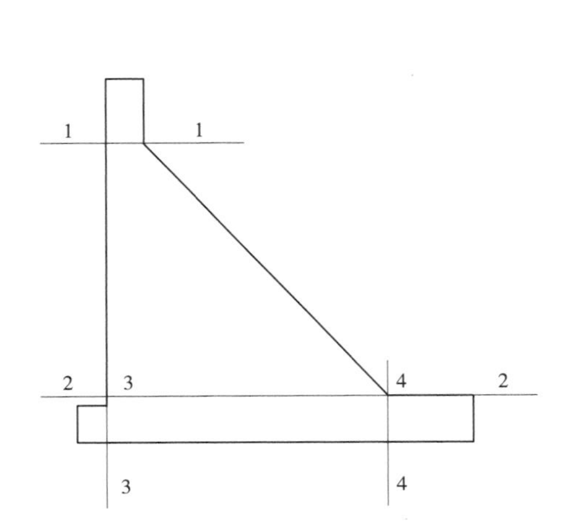

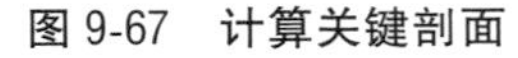
图 9-67　计算关键剖面

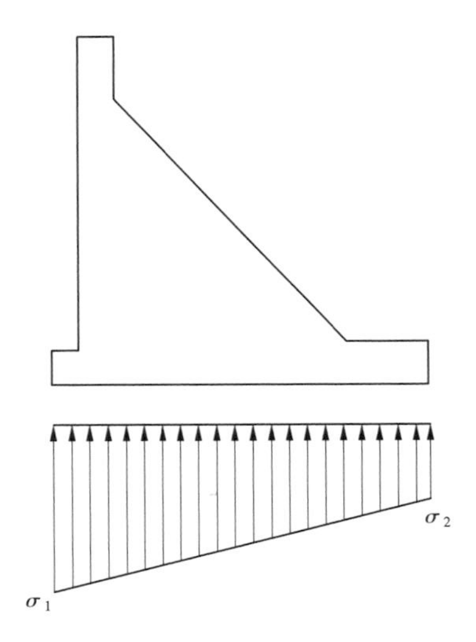

图 9-68　地基反力线性分布示意图

9.10.4.2　荷载组合系数

完建及正常运行期:

$$U_h = H_f U = H_f \times (1.4D + 1.7L) \tag{9-38}$$

式中:D 为恒载的内力和力矩;L 为活荷载的内力和力矩;U_h 为水工结构的设计荷载;H_f 为水力系数,$H_f = 1.3$,直接受拉的构件除外,对直接受拉的构件,$H_f = 1.65$。

正常运行+ 运行基本地震(OBE):

$$U_h = 0.75 \times \{H_f[1.4 \times (D + L) + 1.5E]\} \tag{9-39}$$

正常运行+ 最大设计地震(MDE):

$$U_h = 0.75 \times \{[H_f[1.0 \times (D + L) + 1.25E]\} \tag{9-40}$$

式中:E 为包括地震影响的非水工系数荷载。

9.10.4.3　结果

对关键剖面进行计算,配筋结果如表 9-45 所示。

表 9-45　结构钢筋配筋结果

位置	抗弯钢筋		分布钢筋	
	配筋	单宽实际配筋面积(mm^2)	配筋	单宽实际配筋面积(mm^2)
剖面 1—1	Φ22@ 200	1 570.8	Φ20@ 200	1 570.8
剖面 2—2	Φ22@ 200	1 570.8	Φ20@ 200	1 570.8
剖面 3—3	Φ25@ 200	2 454.37	Φ20@ 200	1 570.8
剖面 4—4	Φ28@ 150	4 106.00	Φ20@ 200	1 570.8

9.11 出线场设计

9.11.1 场区布置

出线场区位于 Coca 河右岸阶地上，覆盖层厚度 25.0~40.0 m，表层为崩积、坡积块碎石土，下部为冲积物，主要分布在右边坡靠河床侧前缘，由漂石、卵砾石及少量砂土组成，次圆状—次棱角状，颗粒之间无架空现象，充填较好，密实度中等。地下水位线低于覆盖层以下 25 m 左右。

整个出线场包括出线构架场区及综合控制楼、事故油池等，成“L”形布置，尺寸 175 m×92 m，其中构架区域布置在场区南侧，布置尺寸 96.5 m×55 m；控制楼布置在厂区北侧，区域尺寸 78.5 m×37 m。

整个场区高程为 636.75~637.20 m，边坡 1∶1.25，采用天然草皮护坡。厂区采用单坡排水，坡度 0.3%。进场道路宽 9 m。为防止山坡上的洪水及滚石对场区的影响，在场区靠山坡一侧布置净深为 1.5 m×1 m 的截洪沟及高为 1.5 m 的钢筋石笼挡墙进行防护。

出线场平面布置图见图 9-69。

9.11.2 构架设计

9.11.2.1 基本概况

1. 工程简介

CCS 水电站出线场设计在概念设计和基本设计过程中未进行系统设计。出线构架从 2014 年 4 月开始详细设计到 2015 年 2 月批复，2015 年 5~7 月钢材规格改变及风速提高进行多次复核计算及变更，整个过程历经 15 个月。

厄瓜多尔 CCS 水电站位于南美洲厄瓜多尔国北部，电站总装机容量 1 500 MW，安装 8 台冲击式水轮机组。主厂房尺寸为 212.0 m×26.0 m×46.8 m（长×宽×高），主变洞尺寸为 192.0 m×19.0 m×33.8 m（长×宽×高），主厂房与主变室之间岩壁厚度为 24 m。地下厂房埋深 200 m 左右，布置在 Coca 河右岸的山体内，地面高程 600~1 350 m，地形起伏较大。

出线场区位于 Coca 河右岸阶地上，覆盖层厚度 25.0~40.0 m，表层为崩积、坡积块碎石土，下部为冲积物，主要分布在右边坡靠河床侧前缘，由漂石、卵砾石及少量砂土组成，次圆状—次棱角状，颗粒之间无架空现象，充填较好，密实度中等。地下水位线低于覆盖层以下 25 m 左右。

出线场高程为 636.75 ~637.20 m，长 148.50 m，宽 92.00 m。该高程位于覆盖层范围内，且高于地下水位线。“门”形出线构架布置于出线场内，支柱和桁架全部采用钢结构形式，基础采用钢筋混凝土结构形式。出线场横剖面图见图 9-70。

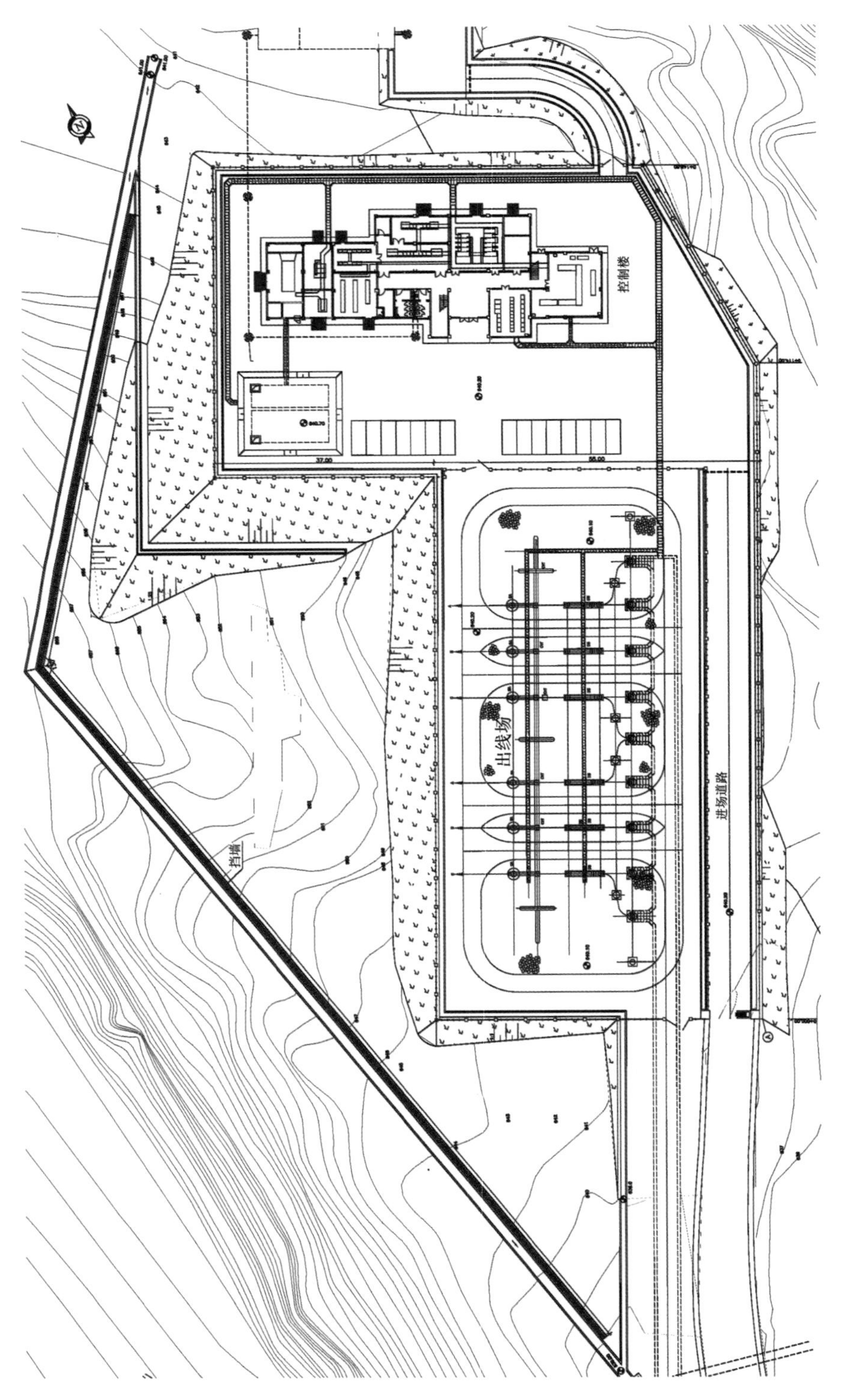

图 9-69　出线场平面布置图　（单位:m）

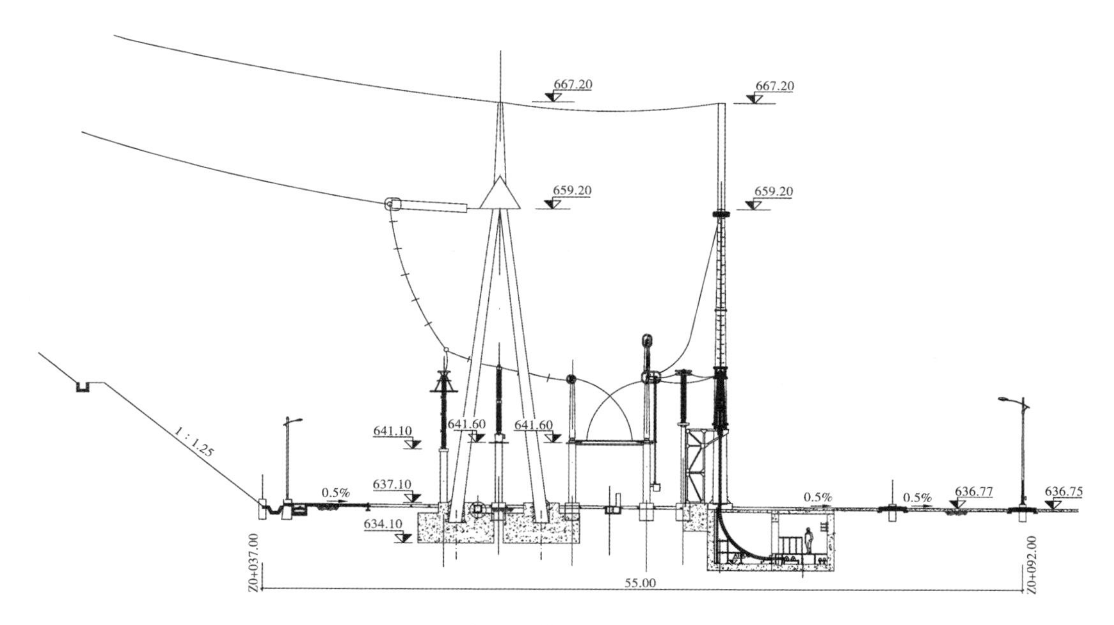

图 9-70　出线场横剖面图　(单位:m)

出线构架主要由三个“人”形柱和等腰三角形格构梁组成。出线构架为两跨,每跨跨度为 29.5 m。“人”形柱 7 m 和 14 m 高程处设置加劲环,“人”形柱之间 659.20 m 高程为等腰三角形格构梁,格构梁由弦杆和腹杆组成。格构梁位于“人”形柱 22 m 高的位置,地线柱高 8 m。

出线构架单跨 29.5 m,从出线场进口侧算起,第一跨导线点作用在 6 m、8.5 m、8.5 m,第二跨导线点作用在 6.5 m、8.5 m、8.5 m。两跨导线点位置相对中间柱对称布置。格构梁横截面为等腰三角形,三角形的底边 2 m,高度为 2 m。根据导线点的位置,考虑到结构两侧受力比较敏感,在弦杆上增加关键点,并基于关键点增加腹杆加强整个结构的稳定性。将 6 m 设置成 1.5 m 一段,共 4 段;8.5 m 设置成 1.7 m 一段,共 5 段;6.5 m 设置成 1.3 m 一段,共 5 段。

2. 参考资料

(1) CCS-001-2008 招标文件 CCS 水电站。

(2) 美国《钢结构建筑设计规范》(ANSI/AISC 360-10)。

(3) 美国《碳素钢结构设计规范》(A 36 /A 36M)。

(4)《结构缝高强螺栓设计规范》(ASTM A 325)(包含配螺母以及垫圈)。

(5) 美国《混凝土结构设计规范》(ACI 318M-08)。

(6)《钢筋混凝土变形和平面碳素钢筋标准规范》(A 615/A 615M-04)。

(7) 基本设计报告第八卷。

3. 当地条件和气候条件

(1) 热带气候。

(2) 相对湿度:90%。

(3) 最高环境温度:35 ℃。

(4)平均环境温度(24 h):25 ℃。

(5)最低环境温度:15 ℃。

(6)最大风速:75 km/h。

文函 AC-SHC-Q-1084-2015,监理要求出线构架风速由 75 km/h 调整为 120 km/h。

4. 岩(土)体物理力学参数

出线场区域岩土体力学指标见表 9-46。

表 9-46　出线场区域岩土体力学指标

建筑物	岩性	天然密度 (g/cm^3)	饱和密度 (g/cm^3)	抗剪断强度		地基承载力 (MPa)
				c'(kPa)	φ_f(°)	
出线场	覆盖层(Q^4)	2.10	2.20	20	35	0.30

5. 材料参数

1)钢结构参数

钢柱\角钢\钢板:ASTM A36 后改为 Q235,见表 9-47。

表 9-47　钢材类型初步设计列表

名称	编号	高程	规格	说明
A 字柱	1	659.20 m 以下	Φ630×10	圆钢
地线柱	2	659.20~667.20 m	Φ630×10	圆钢
柱加劲环截面	3	644.20 m 和 651.20 m	Φ630×10	圆钢
	4	644.20 m 和 651.20 m	∠90×90×8	角钢
上、下弦杆	5	659.20 m	Φ180×9	圆钢
腹杆	6	659.20 m	∠110×110×12	角钢

2)混凝土参数

混凝土基础等级为 C2,见表 9-48。

表 9-48　混凝土分类技术要求

部位	级别		抗压强度 (N/mm^2)	最大骨料直径 (mm)
	分类	子类		
基础	A	2	32	38
	B	1	28	19
	B	2	28	38
	B	3	28	76
	C	1	21	19
	C	2	21	38
	C	3	21	76
	D	1	16	19
	D	2	16	38
	D	3	16	76

3）钢筋参数

钢筋级别：G60/G40。

G60 钢筋屈服强度 $f_y=420$ MPa；

G40 钢筋屈服强度 $f_y=280$ MPa。

4）地震峰值加速度

地面的地震峰值加速度为0.3g。按照静力荷载施加在结构上。

9.11.2.2　计算分析

1. 荷载计算

本计算分析采用国际化的通用结构分析与设计软件 STAAD 程序，该程序是由美国著名的工程咨询和 CAD 软件开发公司——REI（Research Engineering International）联合开发的通用有限元结构分析与设计软件，广泛地运用于诸如工厂设计、建筑、制造业、交通等领域。

STAAD 具有强大的三维建模系统及丰富的结构模板，用户可方便快捷地直接建立各种复杂三维模型。同时，具有超强的有限元分析能力，可对钢、木、铝、混凝土等各种材料构成的框架、塔架、桁架、网架（壳）、悬索等各类结构进行线性、非线性静力、反应谱及时程反应分析，并可按照美、日、欧洲等世界主要国家和地区的结构设计规范进行设计。

1）荷载组合

对于此出线构架设计共分四种荷载组合：

（1）施工期工况。本荷载组合来源于《美国钢结构建筑设计规范》（ANSI/AISC 360-10）第 B.2 章节和《美国建筑最小荷载设计规范》（ASCE/SEI 7-10）第2.3.2章节。

$$U = 1.2D + 1.0L + 1.6W_p \tag{9-41}$$

式中：U 为荷载极限状态下荷载组合；D 为钢梁和支架柱自重和导（地）线自重所产生的垂直荷载和水平荷载；L 为安装人员荷载；W_p 为风荷载。

（2）正常运行工况。

$$U = 1.2D + 1.0L + 1.6W_p \tag{9-42}$$

（3）检修工况。

$$U = 1.2D + 1.0L + 1.6W_p \tag{9-43}$$

（4）正常运行地震工况。

$$U = 1.2D + 1.0L + 1.6W_p + 1.0E \tag{9-44}$$

式中：E 为现场特定地面运动。

2）恒载

（1）材料自重。

（2）导（地）线自重所产生的垂直荷载和水平荷载。

根据出线点的空间方向得出出线点 F_x、F_y、F_z 的数值如表9-49所示。

3）活荷载

考虑构架局部检修，上部隔板过人，考虑行人荷载。行人荷载按照均布活荷载来考虑。根据 EM 1110-2-3001 表4.1可得，行人最小均布荷载按照 100 b/ft^2 计算。其中 100 b/ft^2 = 4.88 kN/m^2。

表 9-49　导(地)线自重所产生的垂直荷载和水平荷载

靠进场侧算起	导线	三相导线节点编号	三相荷载(kN)	与 XZ 平面夹角(°)	说明 1	与 $-Z$ 面夹角(°)	说明 2	XZ 平面总力	F_y (kN)	F_x (kN)	F_z (kN)
A0	格构梁	G1	60	16.168	靠+Y 侧倾斜	7.66	靠-X 侧倾斜	-57.63	16.71	-7.68	-57.11
		G2	60	16.168	靠+Y 侧倾斜	6.04	靠-X 侧倾斜	-57.63	16.71	-6.06	-57.31
		G3	60	16.168	靠+Y 侧倾斜	4.33	靠-X 侧倾斜	-57.63	16.71	-4.35	-57.46
B0		G4	60	14.687	靠+Y 侧倾斜	1.45	靠-X 侧倾斜	-58.04	15.21	-1.47	-58.02
		G5	60	14.687	靠+Y 侧倾斜	0.73	靠+X 侧倾斜	-58.04	15.21	0.74	-58.03
		G6	60	14.687	靠+Y 侧倾斜	2.58	靠+X 侧倾斜	-58.04	15.21	2.61	-57.98
靠进场侧算起	地线	节点编号	地线荷载(kN)	与 XZ 平面夹角(°)	说明 1	与 $-Z$ 面夹角(°)	说明 2	XZ 平面总力	F_y	F_x	F_z
A0	往终端塔	E1	15	21.309	靠+Y 侧倾斜	4.92	靠-X 侧倾斜	-13.97	5.45	-1.20	-13.92
		E21	15	21.309	靠+Y 侧倾斜	7.28	靠-X 侧倾斜	-13.97	5.45	-1.77	-13.86
B0		E22	15	19.165	靠+Y 侧倾斜	2.18	靠+X 侧倾斜	-14.17	4.92	0.54	-14.16
		E3	15	19.165	靠+Y 侧倾斜	0.5	靠-X 侧倾斜	-14.17	4.92	-0.12	-14.17

在钢梁内设置爬道,爬道位于中间部位,宽度 0.4 m,考虑单位长度内荷载 $N_p = 0.4 \times 1.0 \times 4.88 = 1.952$(kN),考虑单米长度内与底部腹杆接触点为 4 个,则单点力为 0.488 kN。

4)风荷载

根据厄瓜多尔荷载手册 NEC-11 第 1 章:荷载和材料,风荷载按照风压计算在结构上,使用下面的公式:

$$P = \frac{1}{2}\rho v_b^2 c_e c_f \tag{9-45}$$

式中:P 为风压,Pa;ρ 为空气密度,kg/m^3;v_b 为基本风压,N/m^2;$v_b = v\sigma$,v 为最大风速(假定或来源于测量的数据),σ 为校正系数,见表 9-50;c_e = 环境/高度系数,假定为 1;c_f = 形状系数,见表 9-51。

表 9-50　校正系数 σ

高度(m)	无障碍物(A 类)	低障碍物(B 类)	建筑群区域(C 类)
5	0.91	0.86	0.80
10	1.00	0.90	0.80
20	1.06	0.97	0.88
40	1.14	1.03	0.96
80	1.21	1.14	1.06
150	1.28	1.22	1.15

注:A 类为乡村或开敞式无障碍物的地形;B 类为低建筑物障碍,平均高度 10 m;C 类为高建筑群的城市。

表 9-51　形状系数

建筑物	迎风面	背风面
直立建筑面	+0.8	
风向较短的独立墙、单元等	+1.5	
水池、烟囱和其他圆形或椭圆形的截面	+0.7	
水池、烟囱和其他方形或多边形截面	+2.0	
倾斜角度不大于 45°的圆柱或者弧形甲板	+0.8	-0.5
小于 15°的倾斜面	+0.3~+0.7	-0.6
15°~60°的倾斜面	+0.3~+0.7	-0.6

注:+表示压力,-表示吸力。

空气密度为 1.25 kg/m^3;风速为一个风前无障碍物开阔场地在 10 min 内的平均风速,离地面高度 10 m,假定基本风速为 21 m/s(75 km/h)。

根据以上列表数据得出表 9-52。

表 9-52　不同高程不同场地类别风压计算结果

风速 75 km/h	高度 (m)	校正系数 A 类	基本风压 (N/m^2)A 类	空气密度 (kg/m^3)	环境/高 程系数	形状 系数	风压(N/m^2) (A 类)
21	5	0.91	19.11	1.25	1	0.7	159.77
21	10	1.00	21	1.25	1	0.7	192.94
21	20	1.06	22.26	1.25	1	0.7	216.78
21	40	1.14	23.94	1.25	1	0.7	250.74
21	80	1.21	25.41	1.25	1	0.7	282.48
21	150	1.28	26.88	1.25	1	0.7	316.11
33.33	5	0.91	19.11	1.25	1	0.7	402.47
33.33	10	1.00	21	1.25	1	0.7	486.01
33.33	20	1.06	22.26	1.25	1	0.7	546.09
33.33	40	1.14	23.94	1.25	1	0.7	631.62
33.33	80	1.21	25.41	1.25	1	0.7	711.57
33.33	150	1.28	26.88	1.25	1	0.7	796.29

5)地震荷载

根据厄瓜多尔设计标准和与监理沟通结果,采用地震系数 0.3*W* 进行拟静力分析,*W* 为结构的自重。荷载工况见表 9-53。

表 9-53　荷载工况

计算工况	结构自重	导(地)线自重 产生的荷载	安装人员 荷载	风荷载	地震荷载
施工工况	√	√	√	√	
正常运行工况	√	√		√	
检修工况	√	√	√	√	
正常运行+地震工况	√	√		√	√

2. 分析模型

钢管人字柱与基础采用杯口插入式连接,柱底简化为固定支座。钢管人字柱柱头之间采用钢板、加劲板和剪力板相互焊接方式,柱头简化为固定连接。构架梁与柱头之间采用螺栓连接,其连接方式简化为铰接。避雷柱与柱头之间采用螺栓连接,其连接方式简化为铰接,见图 9-71～图 9-81。

3. 风速 75 km/h 时分析结果

1)施工期

(1)位移控制:根据 ANSI/AISC 360-10 章节 L 中 L3 节可知,变形最大为 1/150 的长度，出线构架顶部三点距离地面均为 30 m，即最大变形不超过 30/150 = 0.2(m)，最大位移为 0.06 m，能够满足挠度要求。

根据 ANSI/AISC 360-10 章节 L 中 L3 节可知，变形最大为 1/300 的跨度，导线作用点六点均位于两个跨度为 29.5 m 范围内，即最大变形不超过 29.5/300 = 0.098 3(m)，最大位移为 0.058 m，能够满足挠度要求。

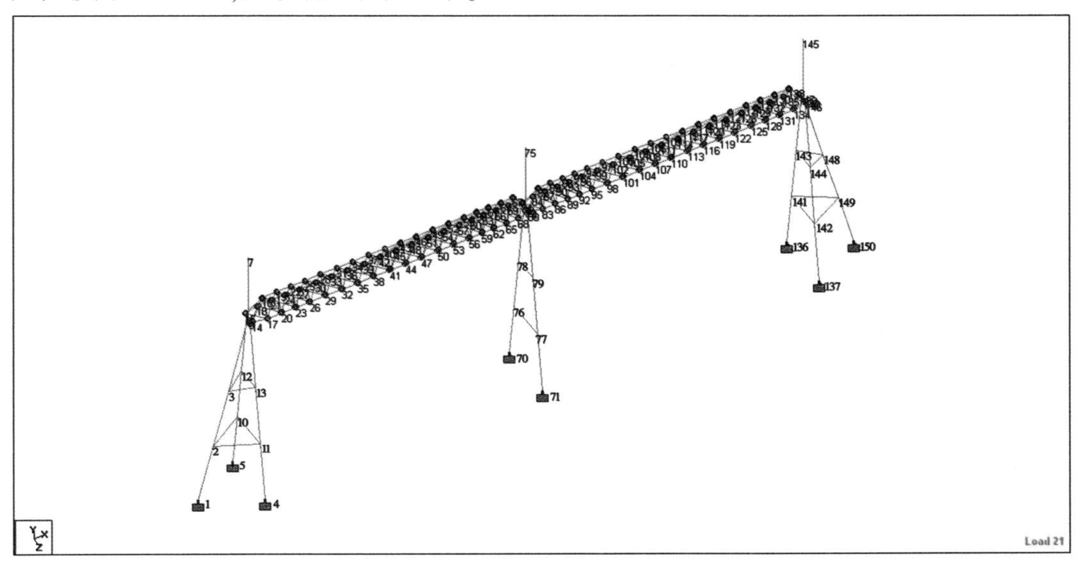

图 9-71　模型节点编号

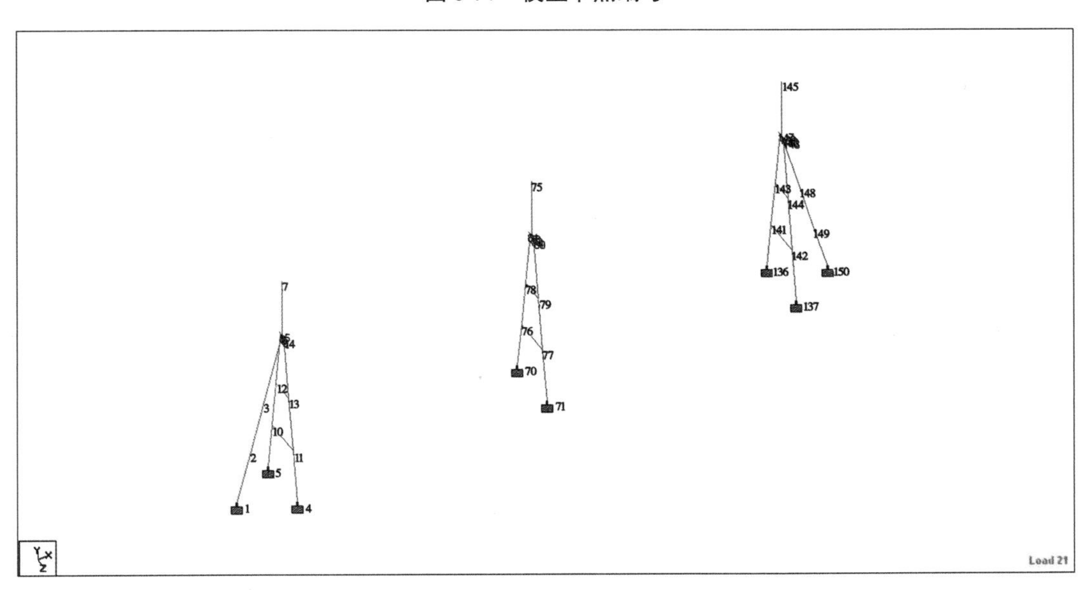

图 9-72　钢管柱节点编号

(2)应力控制：柱杆件拉应力最大 78.3 MN/m^2，压应力最大 78.7 MN/m^2，小于钢材极限值 250 MN/m^2，满足设计要求。

2)运行期

(1)位移控制:根据 ANSI/AISC 360-10 章节 L 中 L3 节可知,变形最大为 1/150 的长度,出线构架顶部三点距离地面均为 30 m,即最大变形不超过 30/150=0.2(m),最大位移为 0.068 m,能够满足挠度要求。

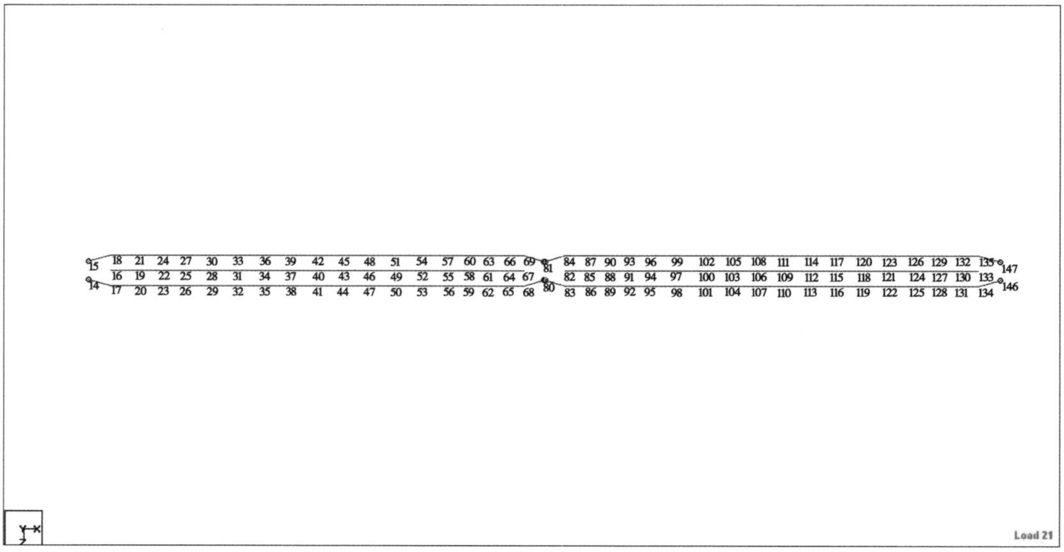

图 9-73　格构节点编号

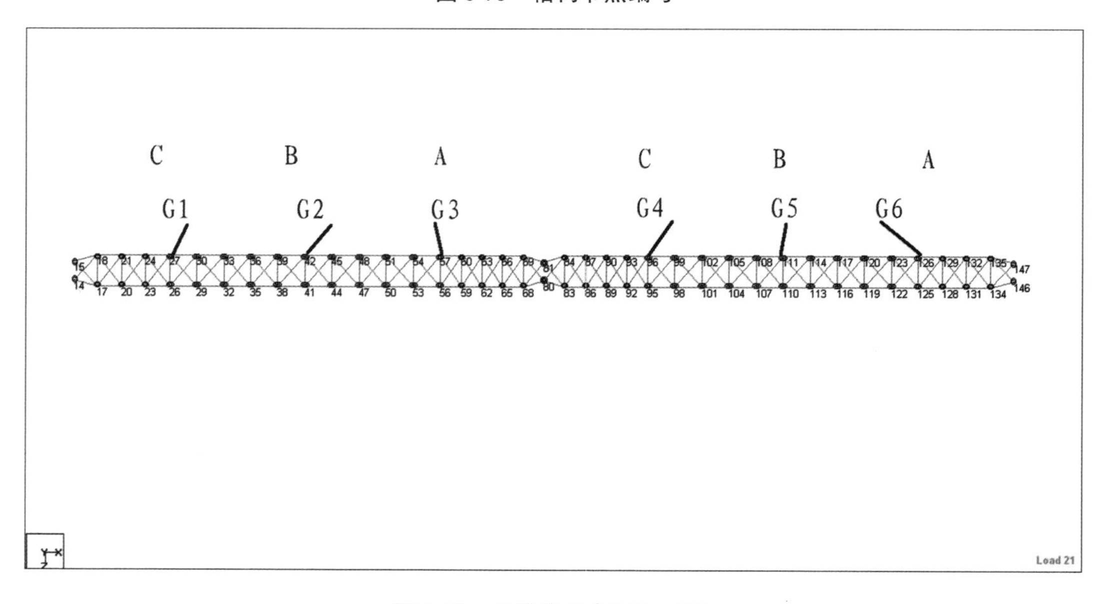

图 9-74　导线作用点(G1~G6)

根据 ANSI/AISC 360-10 章节 L 中 L3 节可知,变形最大为 1/300 的跨度,导线作用点六点均位于两个跨度为 29.5 m 范围内,即最大变形不超过 29.5/300=0.098 3(m),最大位移为 0.065 m,能够满足挠度要求,需加大截面。

(2)应力控制:柱杆件拉应力最大 114.6 MN/m^2,压应力最大 119.8 MN/m^2,小于钢材极限值 250 MN/m^2,满足设计要求。

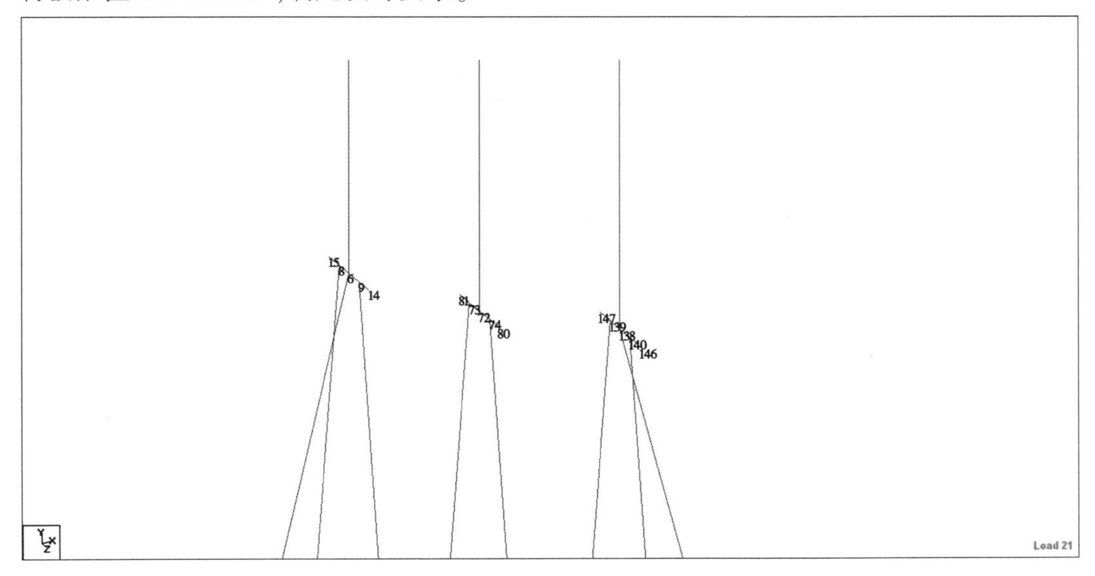

图 9-75　连接点节点编号

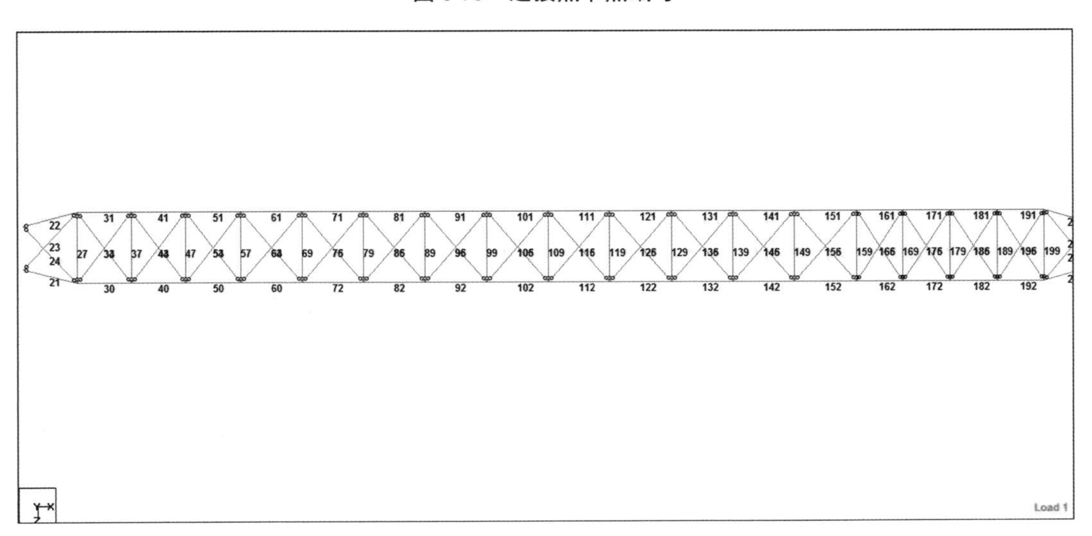

图 9-76　第一跨 659.20 m 高程格构梁底边梁的编号

3)地震运行期

根据 ANSI/AISC 360-10 章节 L 中 L3 节可知,变形最大为 1/150 的长度,出线构架顶部三点距离地面均为 30 m,即最大变形不超过 30/150=0.2(m),最大位移为 0.072 m,能够满足挠度要求。

根据 ANSI/AISC 360-10 章节 L 中 L3 节可知,弦杆变形最大为 1/300 的跨度,导线作用点六点均位于两个跨度为 29.5 m 范围内,即最大变形不超过 29.5/300=0.098 3(m),

最大位移为 0.076 m，能够满足挠度要求。

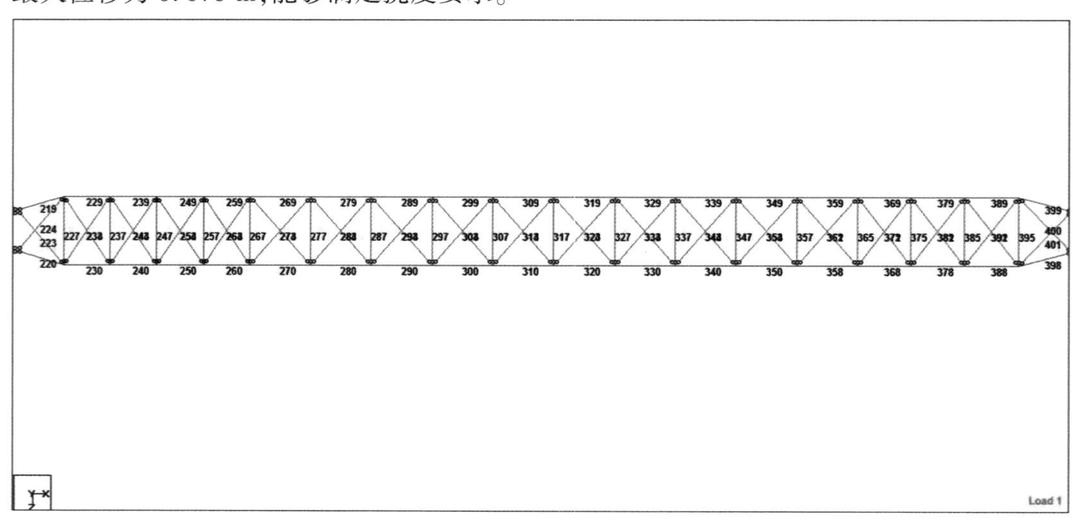

图 9-77　第二跨 659.20 m 高程格构梁底边梁的编号

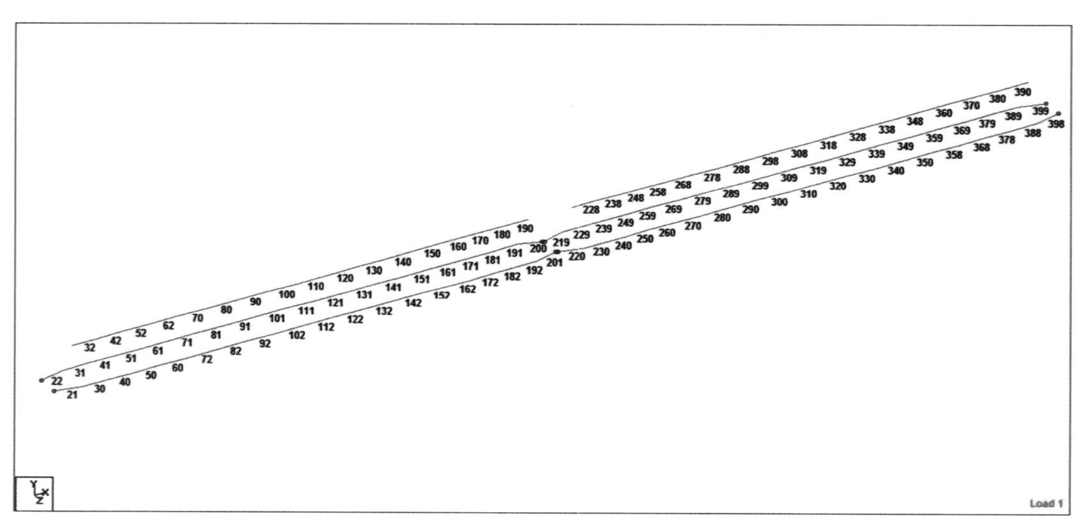

图 9-78　659.20~616.20 m 高程格构梁弦杆的编号

柱杆件拉应力最大 135.4 MN/m^2，压应力最大 138.3 MN/m^2，小于钢材极限值 250 MN/m^2，满足设计要求。

4. 风速 120 km/h 时分析结果

考虑到各构件主要受地震运行期工况控制，故风速提高后只列出最不利工况结果：

根据 ANSI/AISC 360-10 中 L3 节可知，变形最大为 1/150 的长度，出线构架顶部三点距离地面均为 30 m，即最大变形不超过 30/150=0.2(m)，最大位移为 0.076 m，能够满足挠度要求。

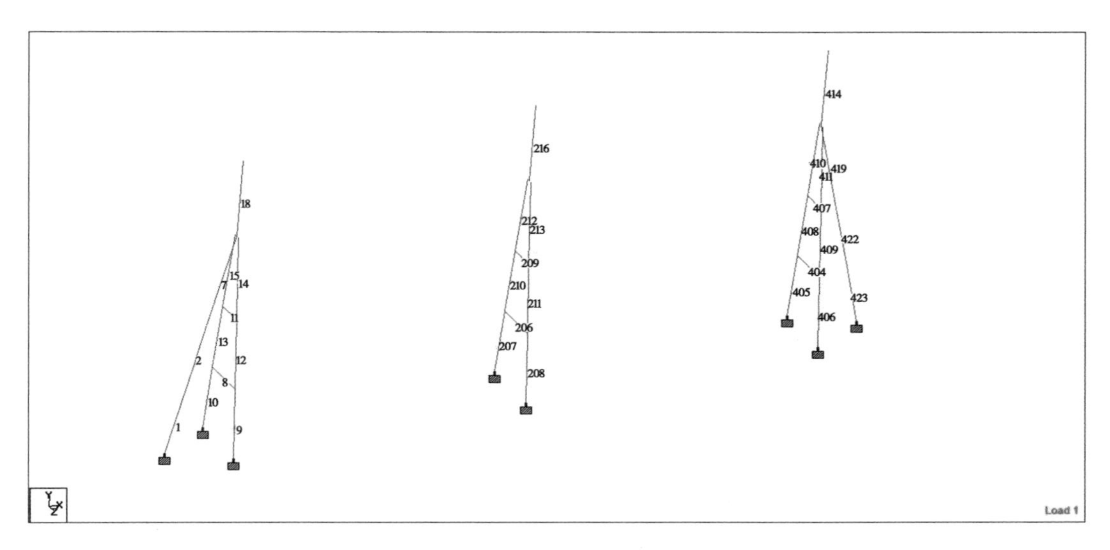

图 9-79　人字柱单元编号

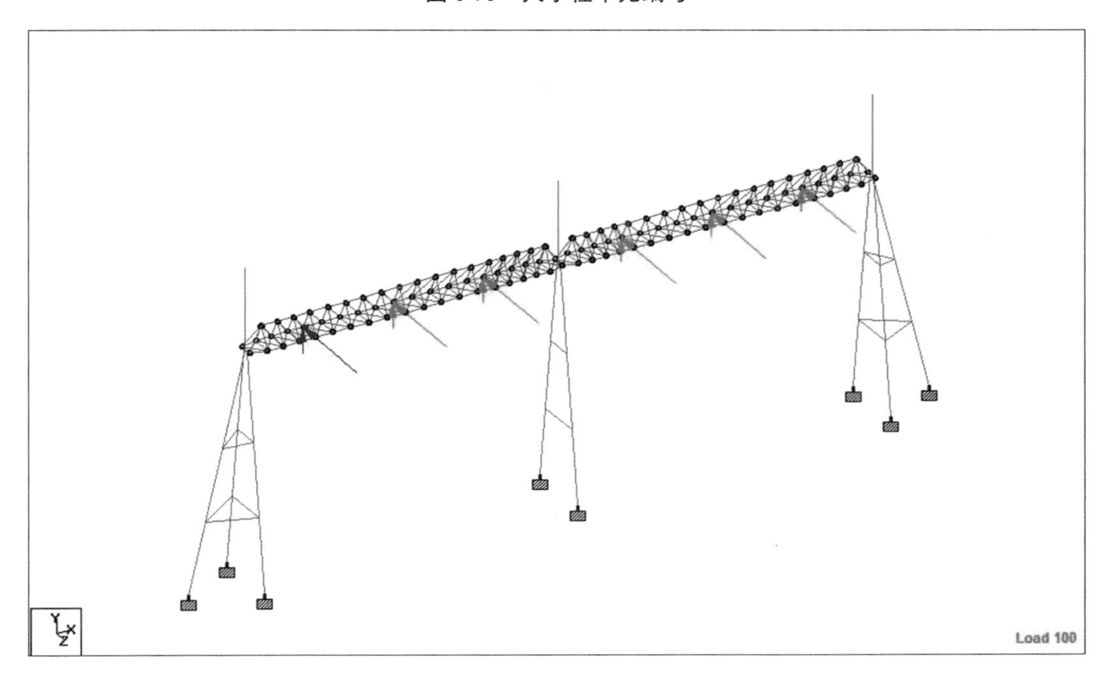

图 9-80　导线点荷载示意图

根据 ANSI/AISC 360-10 中 L3 节可知，弦杆变形最大为 1/300 的跨度，导线作用点 6 点均位于两个跨度为 29.5 m 范围内，即最大变形不超过 29.5/300＝0.098 3(m)，最大位移为 0.085 m，能够满足挠度要求。

柱杆件拉应力最大 157.45 MN/m^2，压应力最大 155.16 MN/m^2，小于钢材极限值 235 MN/m^2，满足设计要求。

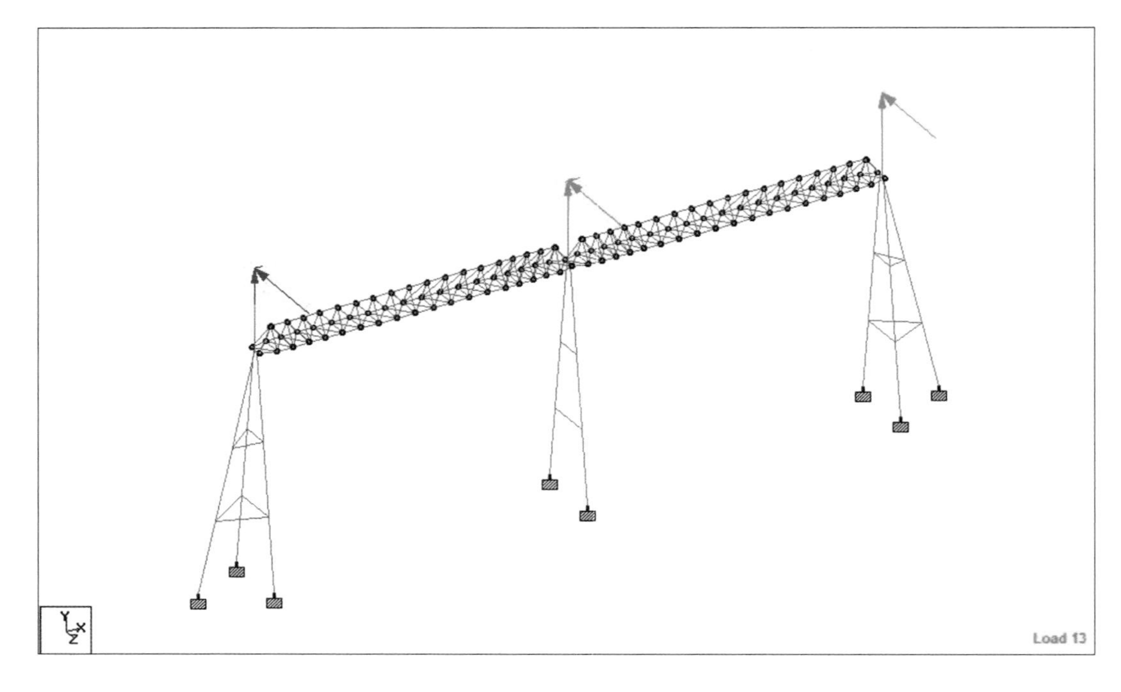

图 9-81　地线点荷载示意图

9.11.2.3　钢结构计算

1. 设计准则

1) 受拉构件计算

对于模型中的受拉构件,按照《美国钢结构建筑设计规范》(ANSI/AISC 360-10)中第D章节进行计算。

毛截面的受拉屈服:

$$P_u = P_n \times \phi_t = F_y \times A_g \times \phi_t \tag{9-46}$$

$$P_u = P_n \times \phi_t = F_u \times A_e \times \phi_t \tag{9-47}$$

式中:P_u 压为负、拉为正;ϕ_t 为应力折减系数,取 0.90 和 0.75;F_y 为特定的所使用钢材的类型最小屈服应力,MPa;F_u 为特定的所使用钢材的类型最小极限应力,MPa;A_g 为构件的毛截面面积,mm²;A_e 为构件的净截面面积,mm²;P_n 为标准轴向强度,N。

2) 受压构件计算

对于模型中的受压构件,按照美国《钢结构建筑设计规范》(ANSI/AISC 360-10) 中第 E 章节进行计算。

毛截面的设计强度:

$$P_u = P_n \times \phi_c = F_{cr} \times A_g \times \phi_c \tag{9-48}$$

式中: P_u 压为负、拉为正;ϕ_c 为应力折减系数,取 0.90;F_{cr} 为临界应力,MPa;A_g 为构件的毛截面面积,mm²;P_n 为标准抗压强度, N,应该是弯曲屈曲、扭转屈曲及弯曲-扭转屈曲极限状态下的最低值。

3）弯曲强度计算

对于模型中的受弯构件，按照《美国钢结构建筑设计规范》（ANSI/AISC 360-10）中第F章节进行计算。

$$M_n = F_y \times Z \tag{9-49}$$

式中：M_n 为弯曲强度标准值，N·mm；F_y 为材料的屈服极限，N/mm^2；Z 为塑性截面模量，mm^3。

4）剪切强度计算

对于模型中的受剪构件，按照《美国钢结构建筑设计规范》（ANSI/AISC 360-10）中第G章节进行计算。

$$V_n = (F_{cr} \times A_g)/2 \tag{9-50}$$

式中：V_n 为剪切强度标准值，N；F_{cr} 为临界应力，N/mm^2；A_g 为截面面积，mm^2。

2. 构件验算基本参数

构件验算基本参数见表9-54、表9-55。

表9-54　构件长细比列表

规格	受压构件长细比	受拉构件长细比
圆柱	150	—
柱间支撑	150	300
桁架	150	350

表9-55　桁架计算长度

项目	桁架弦杆	桁架腹杆
计算长度	L_0	L
	弦杆侧向支承点之间距离	构件几何长度

根据ANSI/AISC 360-10中的C节可知，对于标准弹性弯曲构件考虑 $0.8\tau_b$ 倍构件刚度折减系数（由于 $P_r/P_y \leqslant 0.5$，故 $\tau_b = 1.0$），其他标准构件考虑0.8倍的弹性刚度折减系数。

3. 构件验算流程

构件验算流程见图9-82、图9-83。

4. 钢结构最终设计结果

钢柱\角钢\钢板：Q235，235 N/mm^2。

钢结构最终设计结果见表9-56。

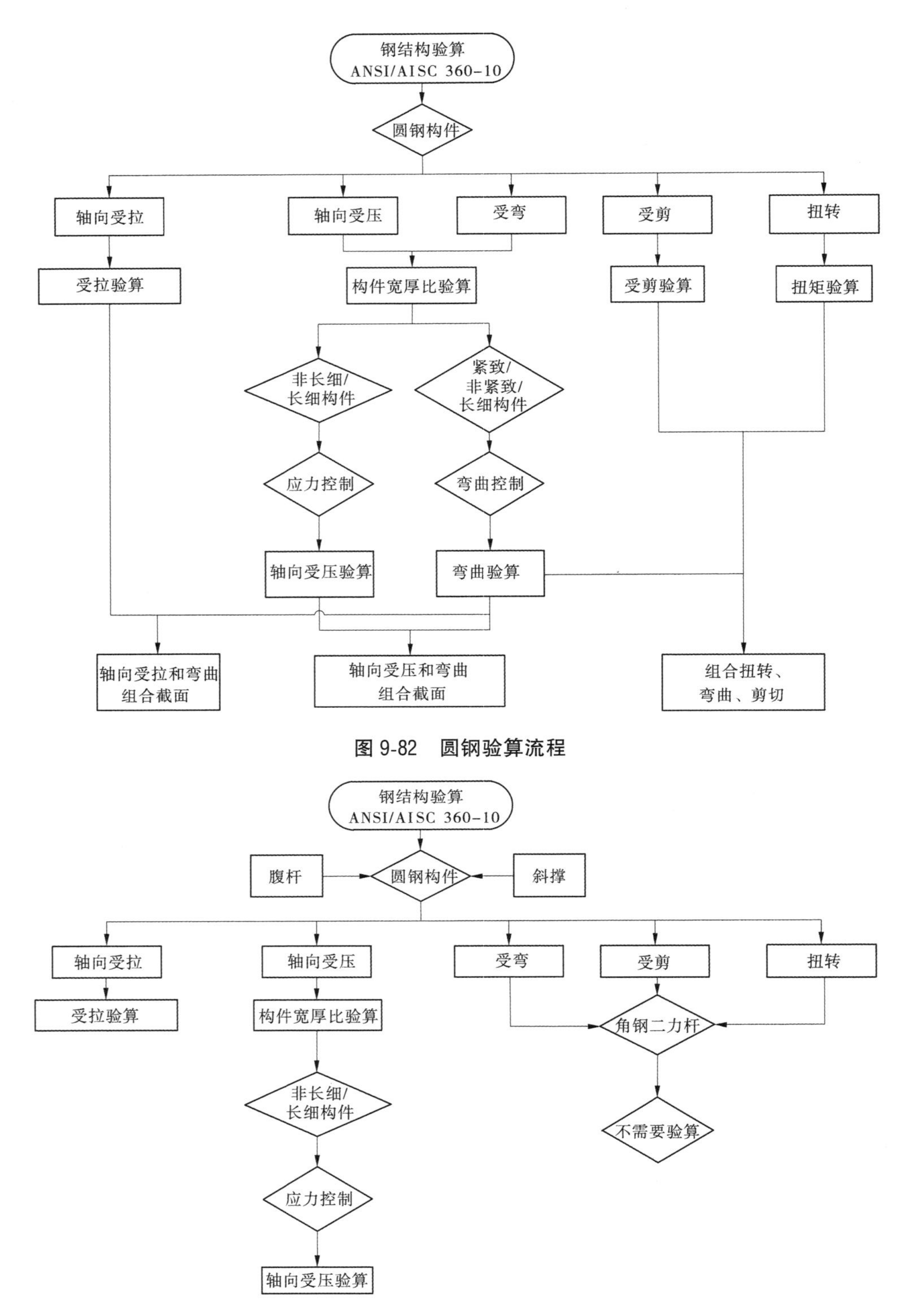

图 9-82　圆钢验算流程

图 9-83　腹杆及斜撑验算流程

表 9-56　钢结构最终设计结果

<table>
<tr><th>名称</th><th>编号</th><th>高程</th><th>设计实际采用尺寸(mm)</th></tr>
<tr><td>A 字柱</td><td>1</td><td>659.20 m 以下</td><td>Φ630×12</td></tr>
<tr><td>地线柱</td><td>2</td><td>659.20~667.20 m</td><td>Φ630×12</td></tr>
<tr><td rowspan="2">柱加劲环截面</td><td>3</td><td>644.20 m 和 651.20 m</td><td>Φ630×12</td></tr>
<tr><td>4</td><td>644.20 m 和 651.20 m</td><td>∠110×110×12
∠180×180×12</td></tr>
<tr><td>上、下弦杆</td><td>5</td><td>659.20 m 和 661.20 m</td><td>Φ180×9
Φ203×12</td></tr>
<tr><td rowspan="2">腹杆</td><td rowspan="2">6</td><td rowspan="2">659.20 m</td><td>∠110×110×12
∠110×110×8
(下)</td></tr>
<tr><td>∠90×90×8
∠110×110×10
(上)</td></tr>
</table>

5. 钢结构连接设计

螺栓的受拉或抗剪强度应该通过结构应力计算获得,并应符合 ANSI/AISC 360-10 第 J 和 K 章规定。

$$R_u = R_n \times \phi \tag{9-51}$$

$$R_n = F_n \times A_b \tag{9-52}$$

式中:R_u 为设计受拉或者抗剪强度;R_n 为标准受拉或者抗剪强度;A_b 为标称不含螺纹锚杆部分面积或带螺纹面积,mm^2;ϕ 为应力折减系数,取 0.75。

腹杆通过螺栓与上下弦杆上的节点板进行连接。4 螺栓直径为 M22,3 螺栓直径为 M20。根据腹杆受力特点及合同附件 A,腹杆与弦杆的连接螺栓采用 ASTM A307 规范中的 A 类普通螺栓,其标准张拉强度为 414 MPa,根据 ANSI 规范标准剪切强度为标准张拉强度的 60%。单个螺栓的设计剪切强度如表 9-57 计算所示。

表 9-57　螺栓设计剪切强度

螺栓规格	标准张拉强度(MPa)	标准剪切强度(MPa)	标准面积(mm^2)	单个螺栓设计张拉强度(kN)	单个螺栓设计剪切强度(kN)	个数	总的剪切力(kN)
M22	414	248.4	452.39	126.42	75.85	4	303.40
M20	414	248.4	380.13	106.23	63.74	3	191.22
M16	414	248.4	254.47	71.11	42.67	3	128.01

根据内力分析结果,上部斜腹杆轴力小于 220 kN,竖直腹杆轴力小于 120 kN,故上部斜腹杆与弦杆连接采用 4 个 M22(梁外侧 3 排两侧腹杆)、其他采用 3 个 M20,竖直腹杆与弦杆连接采用 3 个 M20。底部腹杆(梁外侧 2 排交叉)轴力小于 220 kN,其他小于 100

kN,底部腹杆 DE 梁外侧 2 排交叉与弦杆连接采用 3 个 M20,其他底部腹杆与弦杆连接采用 3 个 M16。螺栓的间距及距节点板边缘的距离根据 ANSI/AISC 360-10 的 J3 节内容执行。

钢管人字柱柱头之间的钢板、加劲板和剪力板等采用角焊缝,并应符合 ANSI/AISC 360-10 第 J 和 K 章规定。

腹杆与上下弦杆之间通过节点板连接,节点板通过角焊缝与弦杆连接。根据美国规范 ANSI J2.2b,角焊缝最小尺寸根据表 J2.4 执行。腹杆与弦杆连接钢板(节点板)根据构造要求不小于角钢的厚度,即节点板厚度定为 10 mm,根据表 J2.4,角焊缝最小尺寸不小于 5 mm。一般最大焊缝尺寸不能大于连接件减去 2 mm 的厚度,但对于完全开口的焊接除外。因此,根据构造要求,焊接尺寸为 5~8 mm,为保守起见,节点板的焊接全部按照 8 mm 来考虑。

9.11.2.4 主要技术要求

1. 连接

1)焊接连接

(1)金属结构件的焊接工艺、焊前准备、施焊、焊接矫形、焊后处理、焊缝质检和焊缝修补等工艺过程必须符合 ASME 和 AWS 的有关规定。焊前要形成焊接工艺,并进行焊接工艺评定,评定报告须报送监造工程师审批。

(2)焊缝应有良好的外观,若有焊瘤、焊疤等,应处理平整圆滑,适于表面涂漆。

(3)除非制造图纸另有说明,所有焊缝均为连续焊缝。

(4)钢板的拼接接头应避开构件应力集中的断面,尽可能避免十字焊缝,相邻平行焊缝的间距应大于 200 mm。

(5)对于厚板大断面的焊缝,应采用多层多道焊。

(6)焊缝出现裂纹时,焊工不得擅自处理,应查清原因,订出修补工艺并报监造工程师批准后方可处理。焊缝同一部位的返修次数不得超过两次。

2)螺栓连接

(1)紧固件的规格、材料、制孔和连接应符合制造图及规程规范的规定。

(2)钢构架的连接螺栓、螺母和垫圈均采用热镀锌防腐。热镀锌防腐后构架梁腹杆连接螺栓及钢爬梯连接螺栓为 4.8 级,构架柱及构架梁法兰盘、梁与柱顶板接头等部位螺栓均为 8.8 级。

(3)预组装时所用的紧固件不能用作永久设备的部件。

2. 铸件及锻件

(1)铸件及锻件质量应符合 ASTM 标准。若采用替代的材料,所采用材料需提供与 ASTM 标准对应的材料对照表,供审批。

(2)铸锻件热处理及硬度应符合制造图纸的要求。

(3)应对铸件、锻件进行无损检测,如发现重大缺陷,需进行修补方案报审批。

(4)对于铸件、锻件主要缺陷的处理,应由卖方提出详细的处理方案,交监造工程师审查后进行修复。修复的部件要求与图纸尺寸相符,必要时应重新进行热处理。

(5)构架梁应预先起拱,起拱高度为跨度的 1/500。

3. 无损检测

(1)无损检测应按 ASTM 标准的有关规定进行。

(2)无损检测方法主要采用 MT、PT 和 UT,当用此三种方法检查解释不清或有疑问时,可采用射线探伤法(RT)。射线探伤用于高应力部件或某些关键部件的探伤。

4. 防腐及涂装

(1)所有构件均除锈后采用热镀锌防腐,镀锌层厚度不小于 90 μm,外观颜色一致,热镀锌要求采取措施控制热变形,变形经校正后应符合有关规程的要求,镀锌层现场损坏处应刷环氧富锌防锈漆或喷锌防腐;除锈采用喷射或抛射除锈,除锈等级为 Sa2 $\frac{1}{2}$。

(2)设备运输及安装过程中的涂层碰损要进行修补。安装焊缝区涂装和现场整体面漆的涂漆标准应按照《CCS 电站机电及金属结构设备涂漆通用技术规范》执行。

9.11.2.5　设计变更

1. 导线点间距变更

出线构架单跨 29.5 m,2014 年 5 月,电气提资“从出线场进口侧算起,第一跨导线点作用在 6 m、8 m、8 m、7.5 m,第二跨导线点作用在 7.5 m、8 m、8 m、6 m”;2014 年 7 月,电气又提资“从出线场进口侧算起,第一跨导线点作用在 6 m、8.5 m、8.5 m、6.5 m,第二跨导线点作用在 6.5 m、8.5 m、8.5 m、6 m”;导线点位置发生变化,对上弦杆、下弦杆、腹杆影响较大。

2. 钢材选择标准变化

根据 2014 年 4 月函 TC-2014-179,确认出线构架使用钢材按照 ASTM A36 的要求进行采购,所有杆件计算和制图均按照 ASTM A36 标准进行设计,但是 2015 年 3 月前方发函 CCS-ME-Q-2015-057 中“CCS 水电站机电管理部明确出线场钢构架所用钢材规格由国标 Q235 替代 ASTM A36/36M。ID-PDS-CⅣ-P-F-0068~0082-B1 图中提及的出线场构架之外仍然按照美标 ASTM 设计”。Q235 的屈服强度为 235 MN/m^2,ASTM A36 屈服强度为 250 MN/m^2,强度降低 6%,致使构件应力比增大不少。

3. 风速变更

从 2014 年 4 月开始计算书编制至 2014 年 9 月计算书批复(函件 AC-SHC-Q-2388-2014),设计准则及计算书中出线构架采用的风速一直是 75 km/h。2015 年 5 月 20 日监理正式发函 AC-SHC-Q-1084-2015,提出按照合同 1.3 节自然条件修改出线构架的设计参数,特别是最大风速参数[73 km/h(20.3 m/s)至 120 km/h(33.33 m/s)]。

设计准则里当时咨询批准时也没有提出异议。计算书也没有提出意见,以及在出线场所有构架计算书里,咨询都没有提出这个风速不满足要求。

按照表 9-58 可知,风速 120 km/h 已经相当于飓风,在国内陆地上基本没有使用过。现场反馈,采用风速 25 m/s 是降低主合同标准设计的,情况比较复杂。电气专业反馈之所以采用风速 25 m/s,是因为电气专业在设计 13.8 kV 线路采用风速 25 m/s。由于此时构架已经加工完全,必定影响工期和造价,项目上十分关注。

表 9-58　国内风级

风级	名称	风速(km/h)	风压(kg/m^2)	陆地地面物体征象
0	无风	<1	0~0.2	静
1	软风	1~5	0.3~1.5	烟能表示方向,但风向标不动
2	轻风	6~11	1.6~3.3	人面感觉有风,风向标转动
3	微风	12~19	3.4~5.4	树叶及微枝摇动不息,旌旗展开
4	和风	20~28	5.5~7.9	能吹起地面纸张与灰尘
5	清风	29~38	8.0~10.7	有叶的小树摇摆
6	强风	39~49	10.8~13.8	小树枝摇摆,电线呼呼响
7	疾风	50~61	13.9~17.1	全树摇摆、迎风步行不便
8	大风	62~74	17.2~20.7	微枝折毁,人向前行阻力甚大
9	烈风	75~88	20.8~24.4	建筑物有小损
10	狂风	89~102	24.5~28.4	拔起树木,摧毁房屋
11	暴风	103~117	28.5~32.6	陆上少见,有则必有广泛破坏
12	飓风	>117	32.7~36.9	陆上极少见,摧毁力极大

最大风速提高这么多,致使原始设计的人字柱圆钢及与人字柱连接的很多腹杆和斜撑截面尺寸不够,当时出线构架已经在国内招标、采购、镀锌及焊接完成,如果实际风速真是 33 m/s,出线构架存在很大风险。这样需要重新制作,造成巨大的经济损失。

由于图纸设计时在计算的基础上有所放大,局部腹杆和斜撑截面均有所增大,有一定的安全裕度,经修改风速参数重新复核计算,实际设计的出线构架能满足风速 120 km/h(33.33 m/s)条件下的运行要求,这样有惊无险,在一定程度上避免了返工的危险。

9.11.3　控制楼

9.11.3.1　控制楼结构

控制楼为三层、局部一层的框架结构。一层层高 5.4 m,布置有蓄电池室、直流室、0.4 kV 配电室、13.8 kV 配电室、气体灭火钢瓶室、中控室、通信机房、柴油发电机室、高压开关柜室、变压器室等。二层层高 3.6 m,布置有备品备件室、多媒体室、办公室等。控制楼设置一部通向屋面的楼梯(见图 9-84~图 9-88)。

本工程结构设计采用美国规范及按照美国 CSI 设计的最通用的结构有限元分析软件 SAP2000 进行计算。

9.11.3.2　计算模型

控制楼为框架结构,基础采用柱下独立基础。柱底可以简化为固定支座。计算模型如图 9-89 所示。

9.11.3.3　计算荷载组合及荷载取值

根据 ACI 318M-08 的规定需要强度 U 有以下组合:

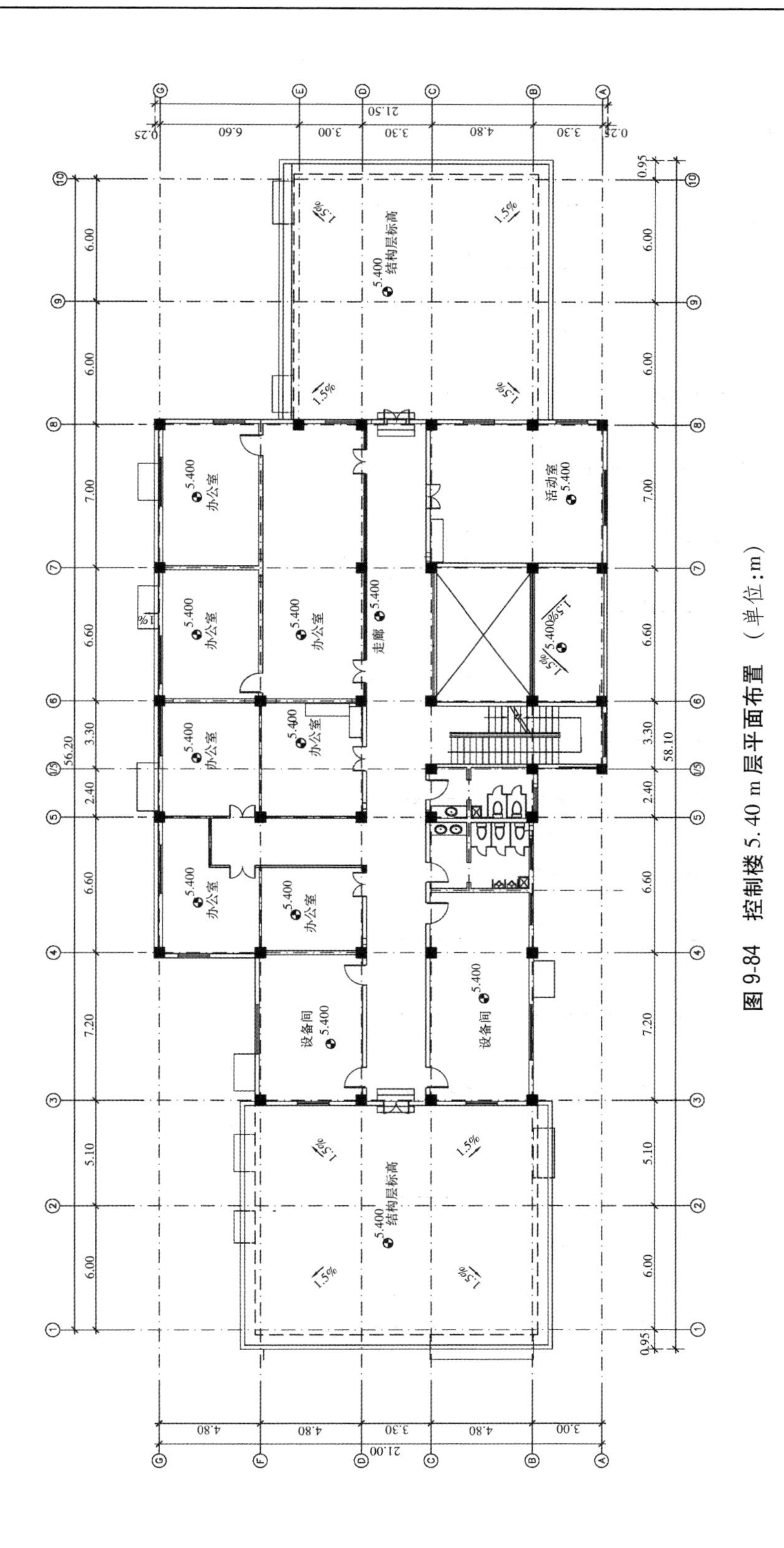

图9-84 控制楼5.40 m层平面布置（单位:m）

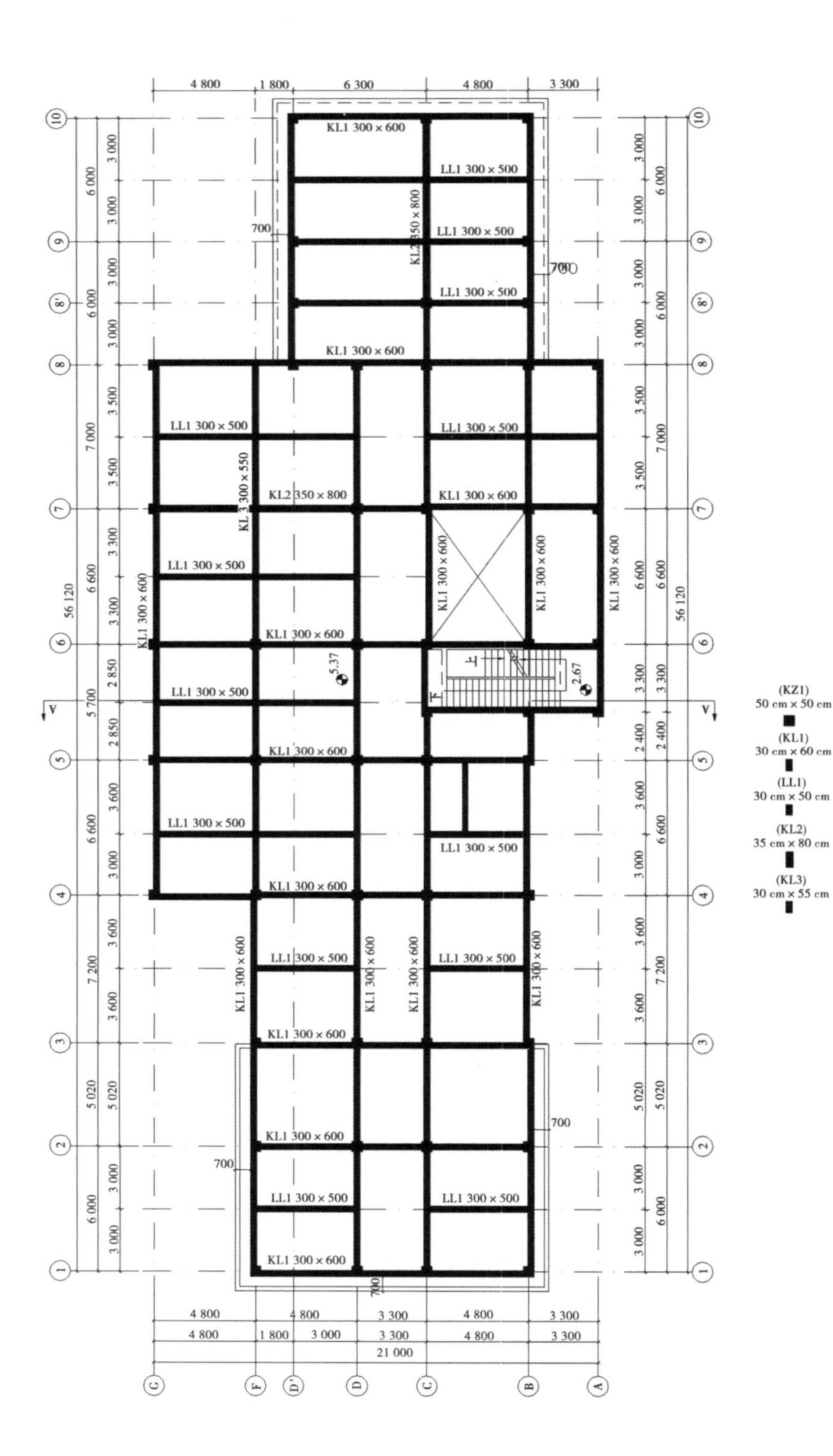

图 9-85　控制楼 5.37 m 层结构平面布置（单位:mm）

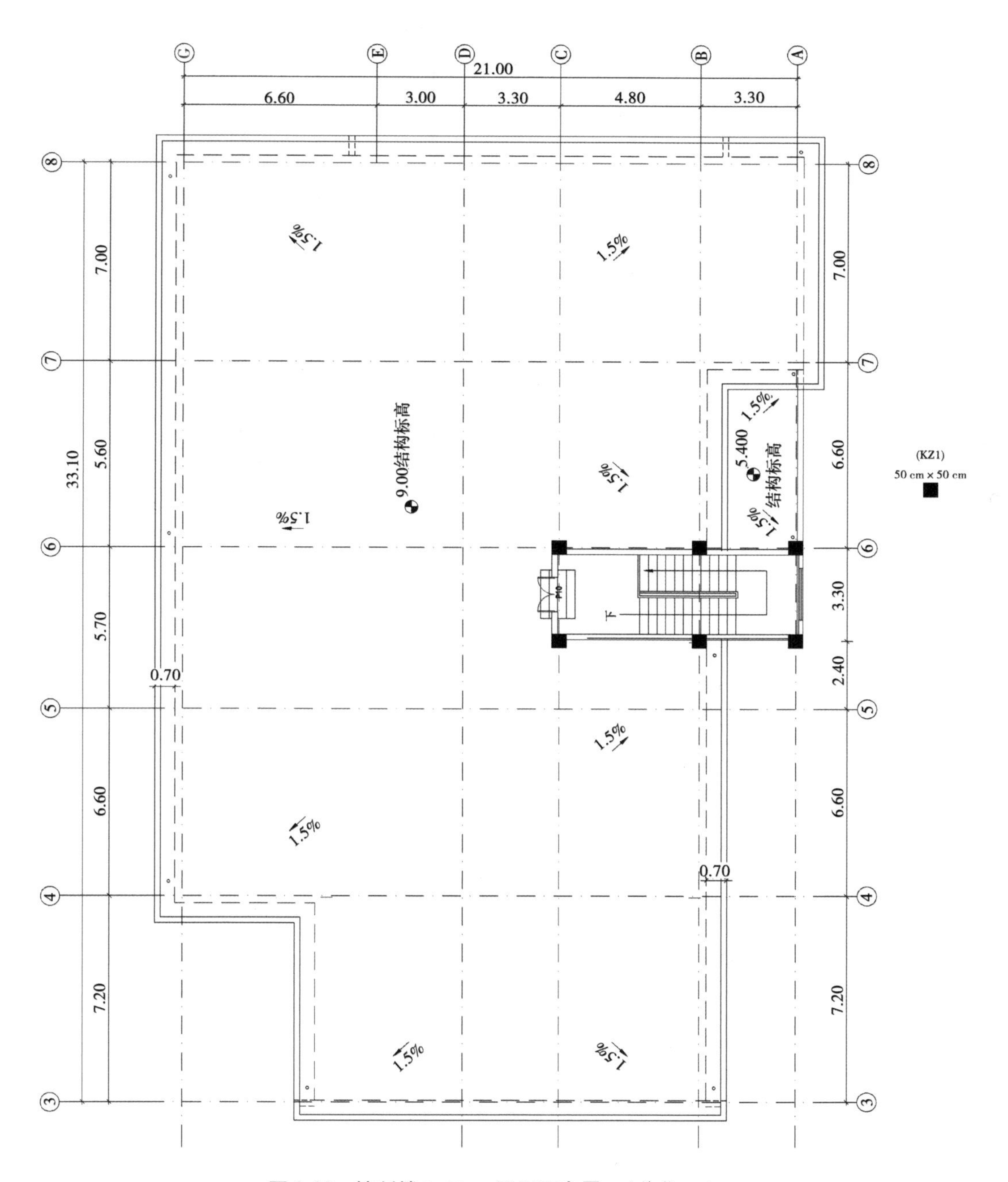

图 9-86　控制楼 9.00 m 层平面布置　（单位：m）

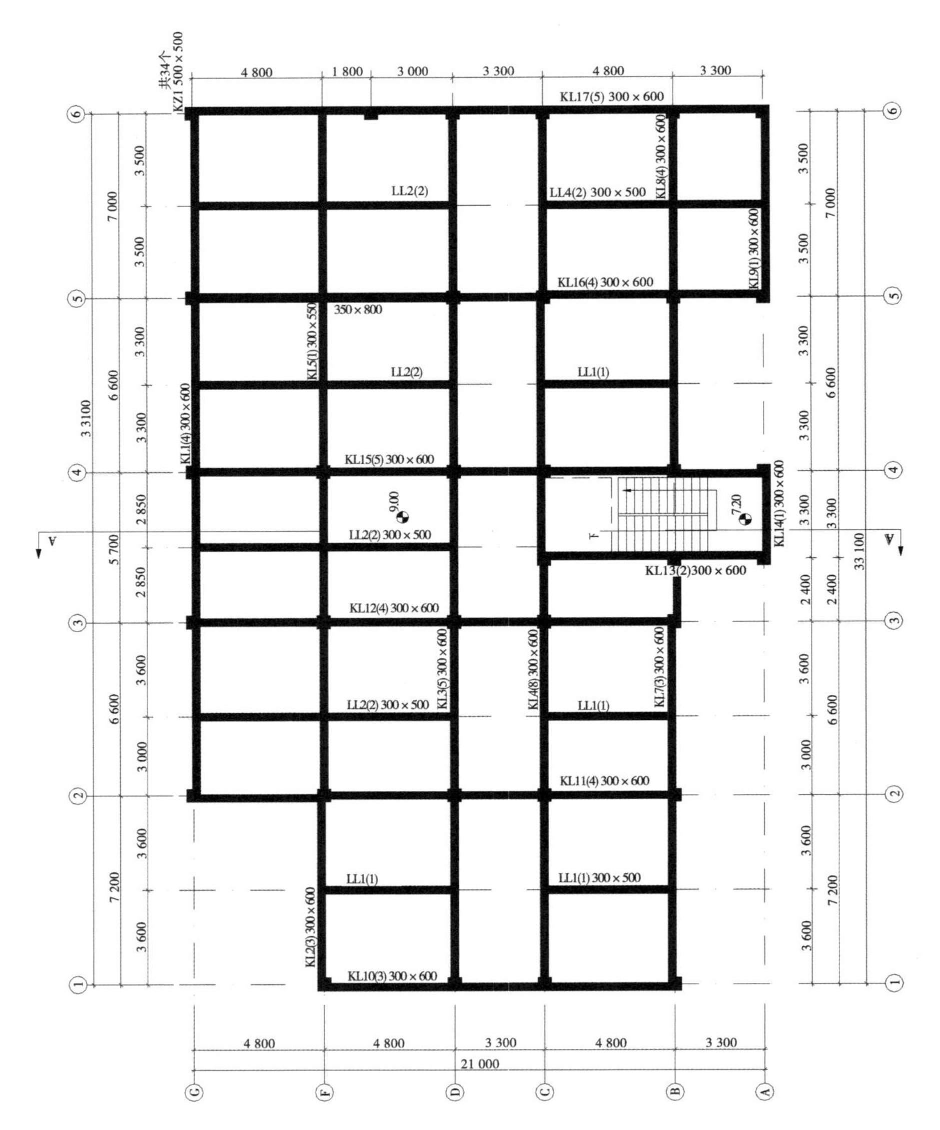

图 9-87　控制楼 9.00 m 层结构平面布置图　（单位：mm）

(1) $U=D+L$；

(2) $U=1.4D+1.7L$；

(3) $U=0.75\times(1.4D+1.7L)+1.4E$；

(4) $U=0.9D+1.43E$。

其中：D 为永久荷载；L 为可变荷载；E 为地震荷载。

永久荷载：构件自重 3 cm 地砖面层、屋面做法、墙体荷载（墙体按 200 混凝土空心砖考虑）。地震荷载：地面水平地震加速度峰值取 0.3g。控制楼由于是低层建筑，根据厄瓜多尔当地规范，不用考虑风荷载。根据 EM 1110-2-3001，控制楼楼面可变荷载取值见表 9-59。

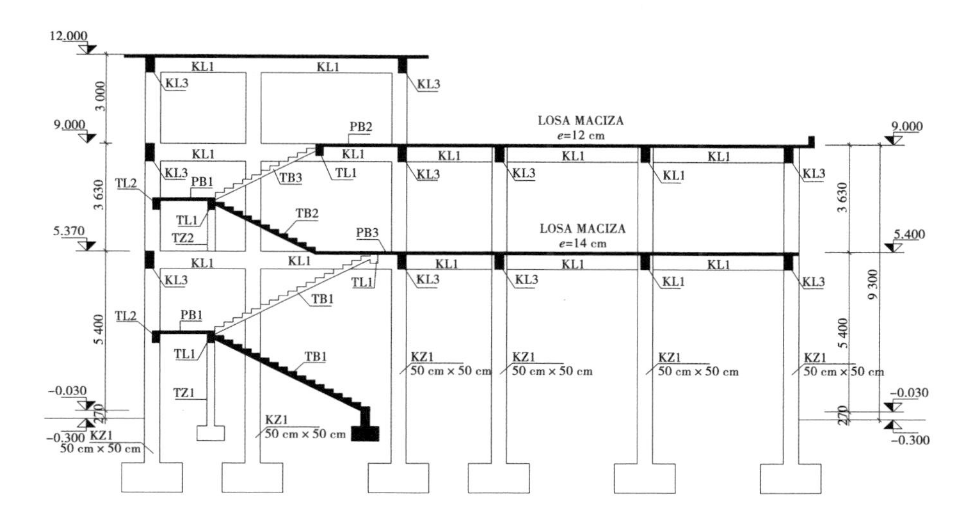

图 9-88 *A—A* 剖面图 （单位:mm）

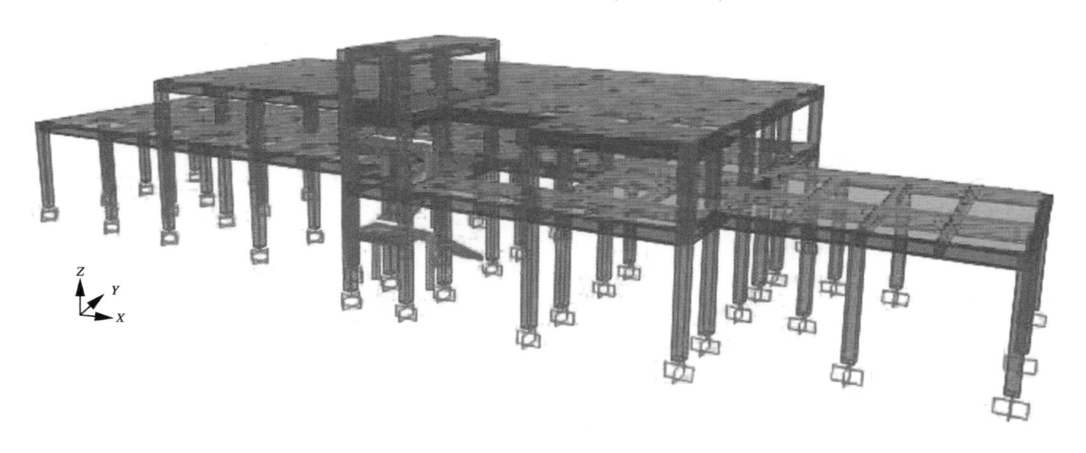

图 9-89 控制楼计算模型

表 9-59 各层楼面活荷载(美国规范) （单位:kN/m^2）

电气房	办公室	卫生间	会议室	屋面	走廊、楼梯
10	4	5	5	2.5	5

9.11.3.4 参数确定

控制楼为水电站附属建筑物,在结构分析中应用了美国水工建筑物结构设计与美国钢筋混凝土结构设计方面的规范。以下参数选定来自美国《混凝土结构建筑规范》(ACI 318M-08)、美国《水工钢筋混凝土结构强度设计规范》(EM 1110-2-2104)。

(1)根据 ACI 318M-08 的 9.3.2 节规定,对于受压钢筋构件,强度折减系数采用 0.65;受拉钢筋构件强度折减系数采用 0.90;受剪和扭力荷载时,强度折减系数为 0.75。

(2)根据 EM 1110-2-2104 中的 3-5 节规定,最大受拉钢筋的最大极限值应该考虑为 $0.25\rho_b$(ρ_b 为 A_s 与 bd 的比值,即达到平衡时的配筋率)。

(3)根据 ACI 318M-08 的 10.2.7.3 分节,当 17 MPa≤f'_c≤28 MPa,β_1=0.85(β_1 为与等效矩形受压构件中性轴长度有关的系数)。

(4)根据 EM 1110-2-2104 的 4-1 节规定,ε_c=0.003。

(5)钢筋混凝土保护层的选取,根据美国规范 ACI 318M-08 中 7.7.1 条:

①处于与土壤直接接触环境或露天环境下的混凝土:NO.19　NO.57 钢筋混凝土保护层厚度 50 mm;NO.16 的钢筋,MW200 或 MD200 的钢丝和其直径更小的钢筋,钢筋混凝土保护层厚度 40 mm。

②不处于露天环境或不与土壤直接接触环境下的混凝土:

板、墙、次梁:NO.43　NO.57 钢筋混凝土保护层厚度 40 mm;小于或等于 NO.36 的钢筋混凝土保护层厚度 20 mm。

梁、柱:主要受力钢筋、拉筋、箍筋、螺旋筋,钢筋混凝土保护层厚度 40 mm。

壳体、折板构件:大于或等于 NO.19 的钢筋,钢筋混凝土保护层厚度 20 mm;NO.16 的钢筋,MW200 或 MD200 的钢丝和其直径更小的钢筋,钢筋混凝土保护层厚度 13 mm。

美国材料试验协会标准配筋见表 9-60。

表 9-60　美国材料试验协会标准配筋

钢筋尺码	名义直径(mm)	名义面积(mm^2)	名义质量(kg/m)
10	9.5	71	0.56
13	12.7	129	0.994
16	15.9	199	1.552
19	19.1	284	2.235
22	22.2	387	3.042
25	25.4	510	3.973
29	28.7	645	5.060
32	32.3	819	6.404
36	35.8	1 006	7.907
43	43.0	1 452	11.38
57	57.3	2 581	20.24

9.11.3.5　结构设计分析

(1)根据 SAP2000 程序计算的结果,采用美国规范中的公式进行配筋计算,计算结果如表 9-61、表 9-62 所示。

表 9-61　各层楼板配筋

楼板高程(m)	厚度(m)	1~10 轴方向配筋	实际配筋面积(mm^2)	A~G 轴方向配筋	实际配筋面积(mm^2)
5.370	0.14	上部Φ12@ 120	763	上部Φ10@ 120	524
		下部Φ10@ 150	402	下部Φ10@ 150	409
9.000	0.12	上部Φ10@ 120	603	上部Φ10@ 150	420
		下部Φ10@ 150	410	下部Φ10@ 150	412
12.000	0.12	上部Φ10@ 150	395	上部Φ10@ 150	395
		下部Φ10@ 150	395	下部Φ10@ 150	395

表 9-62　柱配筋

名称	断面尺寸(m×m)	纵向受力钢筋	箍筋
KZ1	0.5×0.5	4Φ25+12Φ22	Φ10@ 100/200
KZ2	0.5×0.5	4Φ25+12Φ22	Φ10@ 100/200
KZ3	0.5×0.5	4Φ25+12Φ22	Φ10@ 100/200
KZ4	0.5×0.5	4Φ25+12Φ22	Φ10@ 100/200
KZ5	0.5×0.5	16Φ22	Φ10@ 100/200
KZ6	0.5×0.5	16Φ22	Φ10@ 100/200
KZ7	0.5×0.5	16Φ22	Φ10@ 100/200
KZ8	0.5×0.5	4Φ25+12Φ22	Φ10@ 100/200
KZ9	0.5×0.5	4Φ25+12Φ22	Φ10@ 100/200

(2)抗裂分析。

根据美国规范 ACI 318M-08 中 10.6.4 条确定的受拉钢筋最大间距关系的公式,受拉面的钢筋间距不应超过下式计算得到的值:

$$[s] = 380 \times (280/f_s) - 2.5C_c \leqslant (300 \times 280)/f_s \tag{9-53}$$

式中:f_s 为工作荷载下最接近受拉面的钢筋计算应力,可取受拉钢筋屈服强度的 2/3;C_c 为钢筋表面或预应力钢筋到受拉面的最小距离。

式(9-53)直接规定了最大钢筋间距,用以控制裂缝。本工程中抗拉钢筋最大间距为 200 mm。

对于混凝土板:$f_s = 280 \times 2/3 = 186.7$(MPa),$C_c = 20$ mm,则

$[s] = 380 \times (280/186.7) - 2.5 \times 20 = 520(mm)> 300 \times 280/186.7 = 450$(mm)

实际纵筋间距:$s = 200$ mm$<[s] = 450$ mm。

对于框架柱和框架梁:$f_s = 420 \times 2/3 = 280$(MPa),$C_c = 40$ mm,则

$[s] = 380 \times (280/280) - 2.5 \times 40 = 280(mm)< 300 \times 280/280 = 300$(mm)

实际上钢筋间距：$s=200$ mm<[s]=280 mm。

结果表明，实际裂缝没有超出规定范围。

(3)挠度控制分析。

构件挠度控制按照美国规范 ACI 318M-08 中 9.5.3 条确定。对于屋面自由端或接触易受大挠度损坏的非结构构件的屋面，由活荷载引起的瞬时挠度，挠度限值为 $l/180$(l 为梁或单向板的跨度，mm)；对于楼盖自由端或接触易受大挠度损坏的非结构构件的楼盖，由活荷载引起的瞬时挠度，挠度限值为 $l/360$。

本结构计算中构件的最小厚度可参照表 9-63。

表 9-63 不要求计算挠度的非预应力梁或单向板的最小厚度

构件	最小厚度 h(mm)		
	简支	一端连续	两端连续
	不支撑或接触易受大挠度损坏的隔墙或其他构件		
梁或单向肋板	$l/16$	$l/18.5$	$l/21$

第10章

边坡开挖及支护设计

10.1　高压电缆洞出口边坡

10.1.1　工程描述

电缆洞出口位于出线场西南角下游侧的山梁转弯处。因该位置上游约 120 m 处有一处塌滑体,下游有一个冲沟,所以洞口位置相对固定。经方案比选,此位置相对合理,此方案亦为原概念设计方案。

10.1.2　地质条件

高压电缆洞出口自然边坡高度约 50 m,坡度较陡,坡角为 50°~65°(见图 10-1)。上覆岩体主要为:第四系覆盖层(Q_4)和侏罗系—白垩系 Misahualli 凝灰岩($J\text{-}K^m$)。覆盖层由冲洪积砂卵砾石夹少量崩坡积碎石土组成,厚度 10~25 m。凝灰岩,致密坚硬,次块状—块状结构。

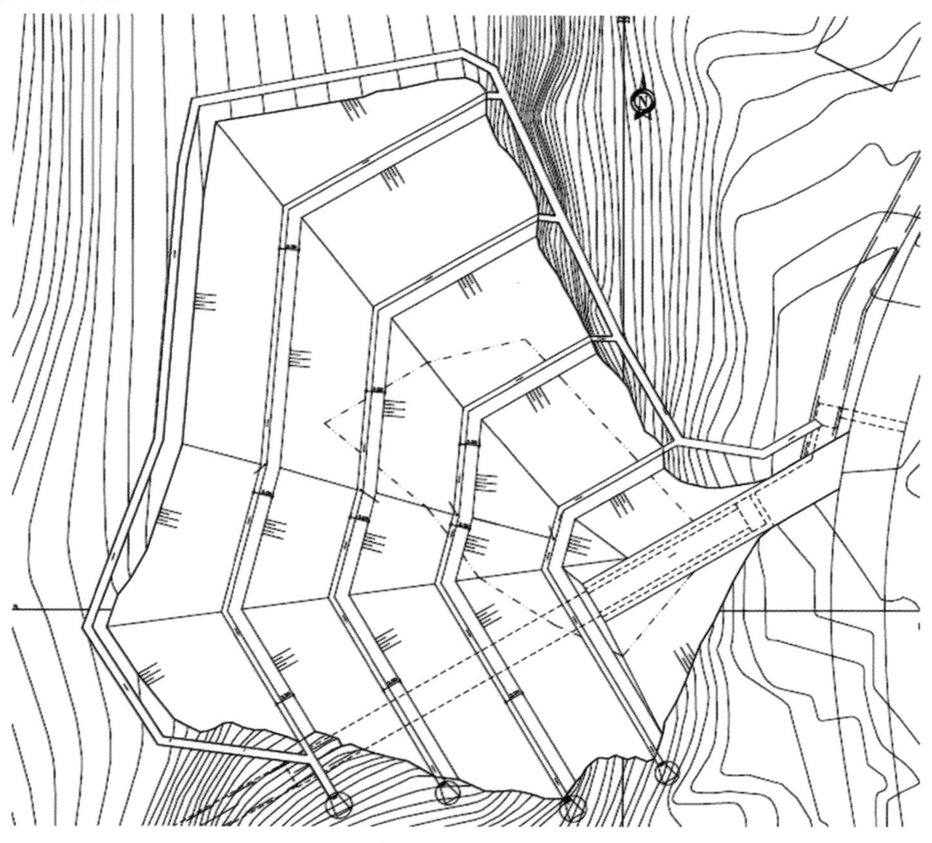

图 10-1　高压电缆洞出口开挖平面图

根据进厂交通洞和厂房揭露的结构面，推测电缆洞岩体中主要发育四组裂隙：①140°~175°∠75°~85°；②220°~245°∠85°~90°；③90°~110°∠85°~90°；④300°~320°∠5°~10°。考虑岩石沿着可能出现的节理面产生滑移，最不利的情况是沿着节理④滑移，滑移面与水平面夹角取最不利的∠10°。岩土体物理力学参数见表10-1。

表 10-1　岩土体物理力学参数

建筑物	岩性	天然密度 (g/cm^3)	饱和密度 (g/cm^3)	抗剪断强度		摩擦系数 f	地基承载力 (MPa)
				c'(kPa)	φ (°)		
高压电缆洞	凝灰岩 $(J\text{-}K^m)$	2.60	2.65	500	38	0.58~0.62	6~8
	覆盖层(Q_4)	1.91	2	25	38	0.40~0.45	0.3~0.4

注：此电站所述区域为Ⅸ度地震区，峰值加速度0.3g。

10.1.3　设计依据

边坡的开挖支护设计参考了美国工程兵团的规范《边坡设计规范》(EM 1110-2-1902)。

依据《边坡设计规范》(EM1110-2-1902)，出线场开挖边坡的稳定安全系数不应小于表10-2取值。

表 10-2　边坡最小抗滑稳定安全系数

运用条件		
正常运用条件	正常运用+暴雨	正常运用+地震
1.5	1.3	1.1

10.1.4　计算

计算采用Slide程序。Slide是加拿大Rocscience公司开发的一款适用于土质边坡和岩质边坡稳定性的分析软件。它具备一系列全面广泛的分析特性，包括支撑设计、完整的地下水(渗流)有限元分析及随机稳定性分析。岩石坡和土坡的稳定计算均采用Morgenstern-Price法。Morgenstern-Price法对任意曲线形状的滑裂面进行分析，推导出了既满足力平衡又满足力矩平衡条件的微分方程，是国际公认的最严密的边坡稳定性分析方法。

10.1.4.1　工况组合

本工程厂区边坡稳定分析主要考虑的荷载有自重、地下水和地震荷载，其荷载组合如表10-3所示。

表10-3　边坡稳定分析荷载组合

运用条件	工况	说明
长期组合	自重+地下水	地下水位:依据厂房钻孔的资料
特殊组合Ⅰ	自重+地下水(暴雨时)	
特殊组合Ⅱ	自重+地震荷载	

注:暴雨时考虑地下水位为边坡线。

10.1.4.2　荷载

1.土体自重

地下水位线以上的覆盖层重度为21.0 kN/m³,地下水位线以下的覆盖层重度为22.0 kN/m³。

2.地震加速度

地震动峰值加速度为0.3g。

3.地下水位

根据地质提供地下水位线,该地下水位线低于开挖高程636.55 m,边坡开挖计算不受地下水位线的影响。

10.1.4.3　计算采用的参数

(1)锚杆最大抗拉力:采用Φ28和Φ25二级钢筋,锚杆(Φ28)最大抗拉力(设计值)F=3.14×28×28/4×420×0.65/1 000=168.02(kN),按168 kN考虑;锚杆(Φ25)最大抗拉力(设计值)F=3.14×25×25/4×420×0.65/1 000=133.94(kN),按133 kN考虑。

(2)锚杆孔径统一按比锚杆直径大25 mm考虑来计算锚杆的锚固周长。锚杆(Φ28)锚固周长L=3.14×(28+25)/1 000=0.166(m);锚杆(Φ25)锚固周长L=3.14×(25+25)/1 000=0.157(m)。由于注浆锚杆是全长黏结型锚杆,故锚固长度取锚杆总长。

(3)覆盖层与砂浆的黏结强度取为200 kPa,岩石与砂浆的黏结强度取600 kPa。

覆盖层中单位长度的锚杆黏结强度:

Φ28锚杆:$f=250\times L_1=200\times0.166=33$(kN/m)

Φ25锚杆:$f=250\times L_2=200\times0.157=31$(kN/m)

岩石中单位长度的锚杆黏结强度:

Φ28锚杆:$f=600\times L_1=600\times0.166=99$(kN/m)

Φ25锚杆:$f=600\times L_2=600\times0.157=94$(kN/m)

以上参数的选取见图10-2~图10-7。

10.1.4.4　支护措施

(1)边坡开挖高程每10 m增设1条宽3 m的马道,坡顶设置截水沟,岩石坡设置排水孔Φ50@2.00 m×2.00 m,L=6 m。

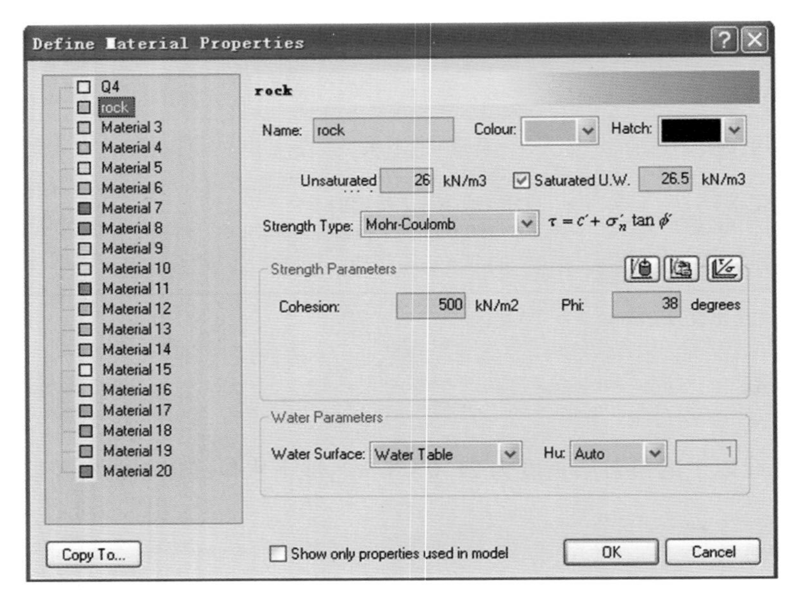

图 10-2　岩石参数

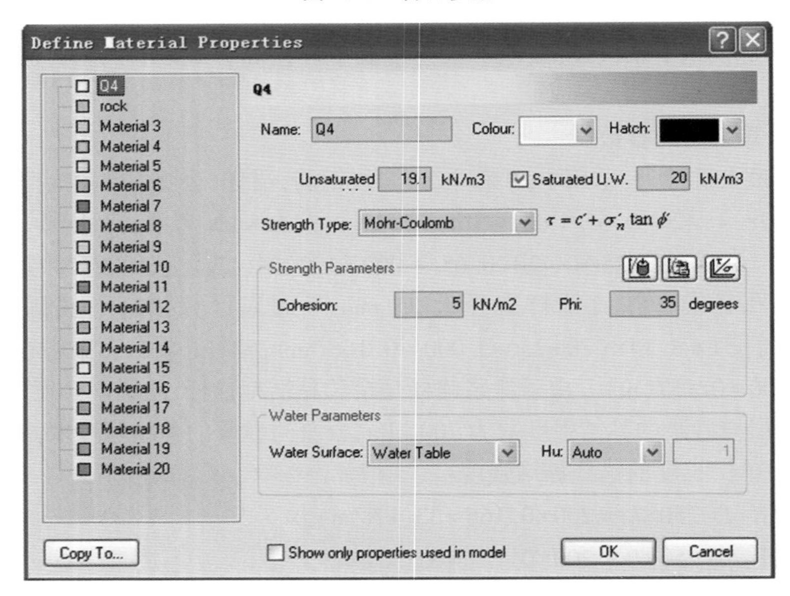

图 10-3　覆盖层参数

(2)A—A 剖面:土坡采用ϕ 28@ 1. 70 m×1. 70 m,L=6 m 和Φ 25@ 1. 70 m×1. 70 m,L=3 m 的砂浆锚杆;岩石坡采用 ϕ 25@ 2. 00 m×2. 00 m,L = 6 m 的砂浆锚杆,且挂网Φ 6@ 0. 15 m×0. 15 m,喷混凝土 100 mm, 防止空气和水的腐蚀作用。

(3)C—C 剖面:土坡采用ϕ 28@ 1. 70 m×1. 70 m,L=6 m;岩石坡采用ϕ 25@ 2. 00 m×2. 00 m,L=6 m 的砂浆锚杆,且挂网Φ 6@ 0. 15×0. 15 m,喷混凝土 100 mm, 防止空气和水的腐蚀作用。

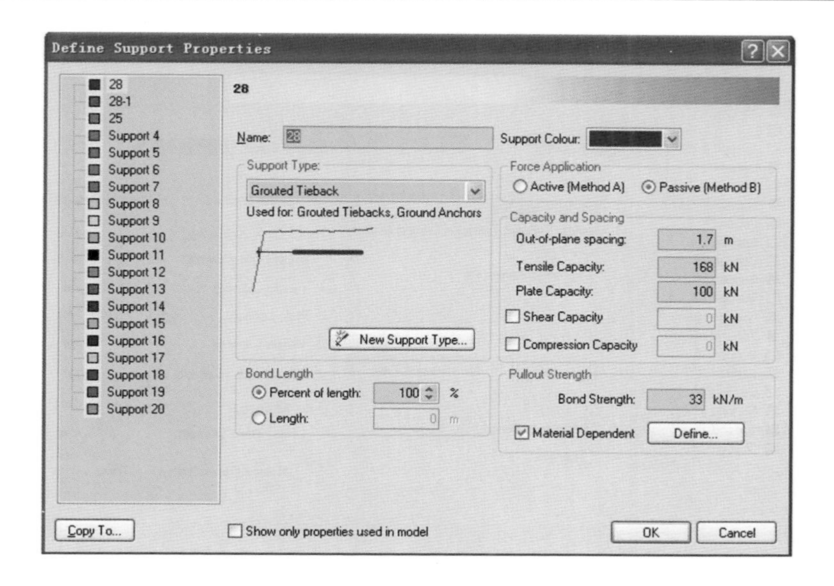

图 10-4　ϕ 28 锚杆参数

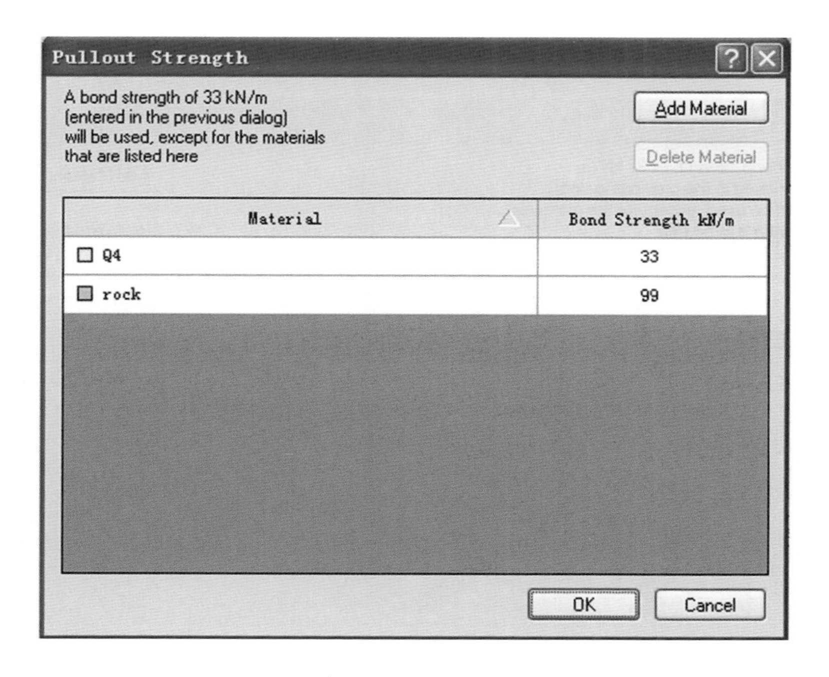

图 10-5　单位长 ϕ 28 锚杆结石体与岩土的黏结强度

（4）B—B 剖面：土坡采用 ϕ28@3.40 m×3.40 m，$L=6$ m；岩石坡采用挂网 Φ6@0.15 m×0.15 m，喷混凝土 100 mm，防止空气和水的腐蚀作用。

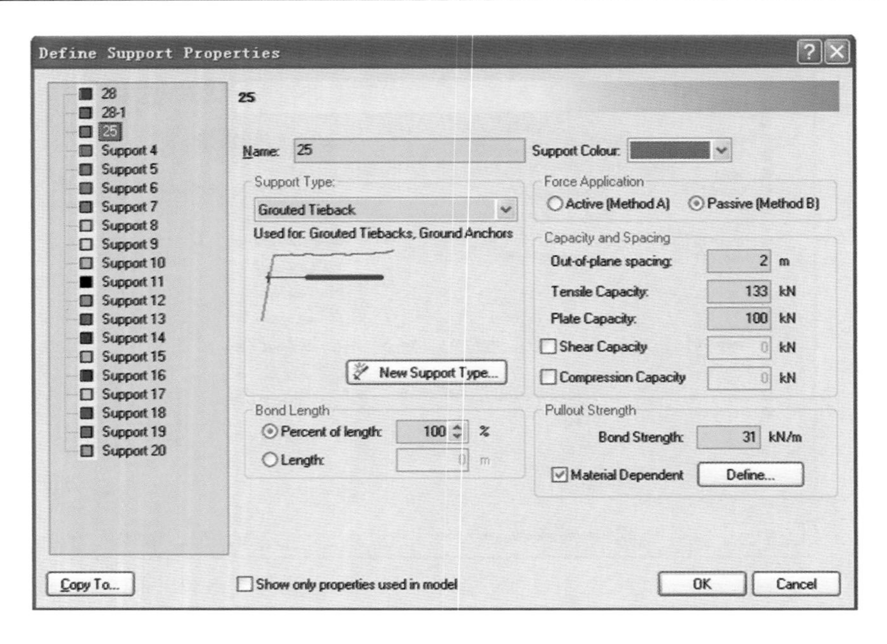

图 10-6　ϕ 25 锚杆参数

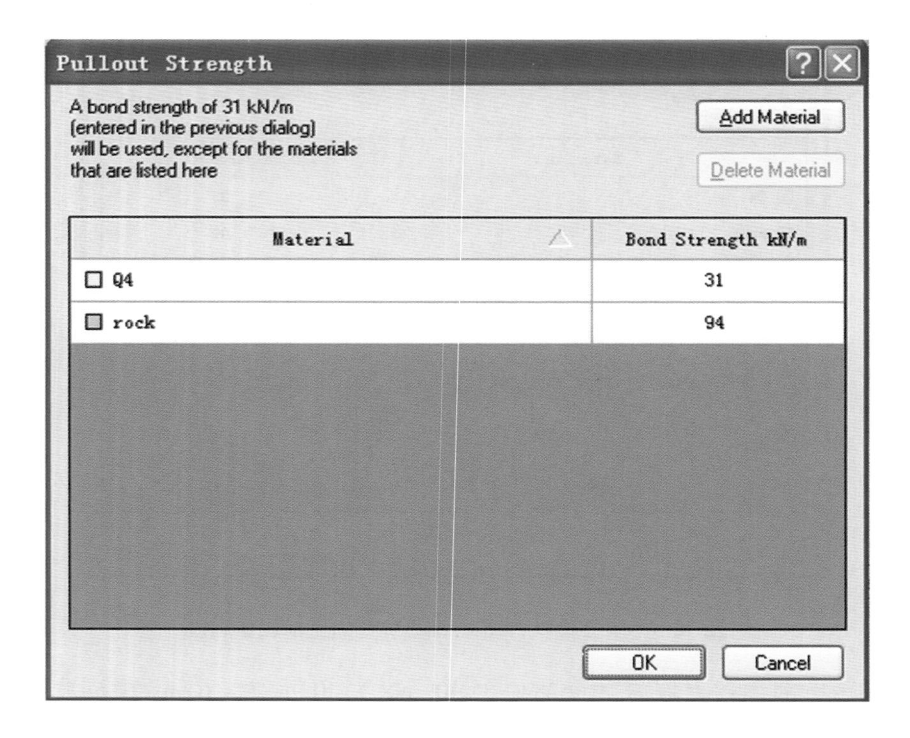

图 10-7　单位长ϕ 25 锚杆结石体与岩土的黏结强度

10.2　尾水渠边坡概述

10.2.1　概述

尾水渠位于尾水隧洞终点，总长度为 165 m。尾水闸门距尾水隧洞出口 25 m 处，两台闸门开口宽度 10 m，倒拱处的高程为 600.60 m。到达闸门之前采用负斜率，闸门之后采用正斜率。尾水渠末端高程为 600.40 m，尾水渠开挖平面图见图 10-8。

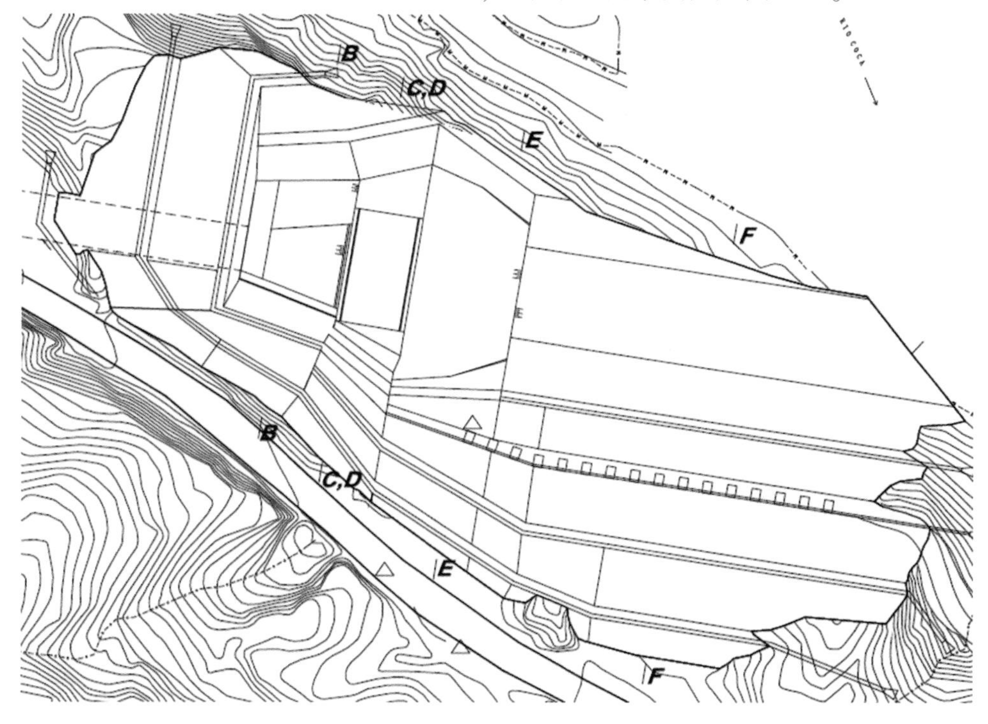

图 10-8　尾水渠开挖平面图

尾水渠位于科卡河流东南部，自然地形坡角为 20°～40°，植被茂盛，地形波状起伏，西部高、东部低，高程在 600.00～640.00 m。从东部到西部山体断面发育呈树突状。

根据尾水渠开挖情况，对施工区的结构已经进行了数据分析，得到以下信息。

结构发育为以下四组：

（1）方位角为 140°～175°，方向角为 75°～85°，平坦，大致粗糙，填满方解石（1～2 mm）或地面封闭无填充料，从 3～10 m 延伸，局部长度为 10 m，平均裂缝为 0.5～1 条/m。大约有 60%的裂缝出现在施工区。

（2）方位角为 230°～260°，方向角为 75°～80°，平坦，大致粗糙，填满厚度为不到 1 mm 的硬块土料，从 3～10 m 延伸，局部长度为 10 m。裂缝在 0.2～0.5 条/m。大约有 30%的裂缝出现在施工区。

(3)方位角为 320°~340°,方向角为 80°~90°,平坦,大致粗糙,地面封闭无填充料,长度短,分布零散。

(4)方位角为 310°~330°,方向角为 10°~15°,呈局部性发展,沿长度大于 20 m 延伸,填满方解石(1~2 cm),平坦、粗糙、分布零散。

关于砂砾石和冲积料的摩擦角和黏结力,参见《尾水隧洞边坡稳定计算书附件》,其他参数见 ID-CDM-GEO-R-F-6001-A1-ANEXO-A0 报告中表格。尾水渠土壤和岩石物理力学参数值见表 10-4。

表 10-4　尾水渠土壤和岩石物理力学参数值

基础层		干密度 (g/cm^3)	饱和密度 (g/cm^3)	单轴压缩力 (MPa)	φ(°)	c (MPa)	土质类型	密度等级
冲积料		1.9	2	—	30~31	0.019	砂砾石	中等
砂砾石		1.9	2	—	30~31	0.030	砂砾石	中等
J-K^m	全风化	2.64	2.65	50~70	38	0.05~0.1	基岩石	—
	中等风化	2.65	2.66	70~85	45	0.9~1.2	基岩石	—
	微风化	2.66	2.67	85~100	51	1.5~2.0	基岩石	—
裂缝面					29	0.05		

10.2.2　问题

在开挖完尾水隧洞后,发现露出的岩石比原设计高程低 20~30 cm,这导致边坡支护方案条件发生了变化。因此,原始边坡支护方案必须重新设计。本文件中边坡的计算范围为右岸横坐标(C0+000.00~C0 + 165.60)。

尾水洞出口到管道闸门室右侧(C0+000.00~C0+165.60)之间斜坡高度差约在 45 m(597.30~642.00 m)。原设计是使用长度 6 m 的锚杆(ϕ28@2 m×2 m)+100 mm 喷射混凝土或者格构梁进行支护。

截至 2013 年 11 月 25 日,边坡开挖高程接近 601 m(见图 10-9)在原设计基础上已经实现了平台开挖和闸门室上游面的开挖。该挖掘距离海拔 617 m 的边坡保护区有 8 m。根据目前开挖情况来看,有必要尽快对当前位置系统地进行支护。

根据进场道路及边坡开挖当前情况,设计上所使用的支护方案是在坡脚下施做防滑桩,进行系统锚杆+防滑桩施工。

10.2.3　结构设计

10.2.3.1　设计准则

开挖及支护方案是基于美国陆军工程兵团标准进行施工的。采用的准则见表 10-5。

图 10-9　尾水洞出口边坡开挖现况

表 10-5　采用的准则

ITEM	标准和参数	编号
安全系数	边坡稳定性	EM 1110-2-1902
计算条件	边坡稳定性	EM 1110-2-1902
板块能力	设计和施工手册　土钉墙监测	

尾水渠边坡安全系数不得低于表 10-6 的值。这些值是参照 EM 1110-2-1902 规范的最低安全系数。

表 10-6　滑坡的最低稳定安全系数

工况条件		
正常工况	正常工况+暴雨	正常工况+地震
1.5	1.3	1.1

10.2.3.2　**范围**

计算范围是尾水渠右侧(桩号 C0+000.00~C0+165.60)的边坡。边坡计算部分剖面图见图 10-10、图 10-11。

10.2.3.3　**分析方法**

Morgenstern-Price 法适用于岩石和土质边坡。该方法可以分析任何滑动曲线,从而得到力和力矩平衡的微分系数方程。这是边坡稳定性分析的最严格的方法。

在弹性介质中使用基础来计算防滑桩和挡墙。计算过程如下:

(1)根据边坡稳定计算,得到必须抵抗桩和挡墙的力 F,此外得到滑动面的长度。

(2)力 F 换为压力 q, 压力 q 必须能够承受桩体及墙体受力。

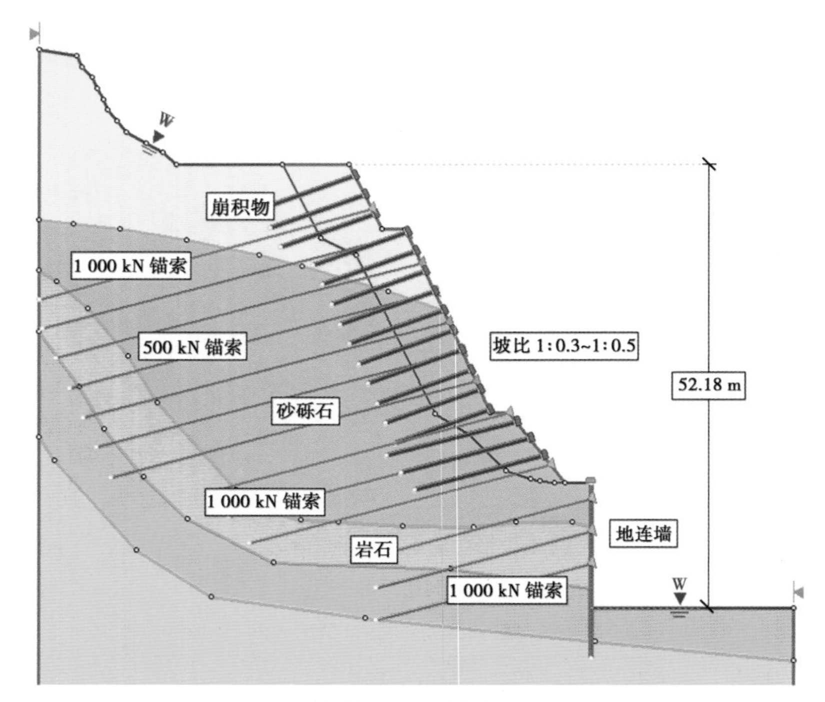

图 10-10　剖面图 1

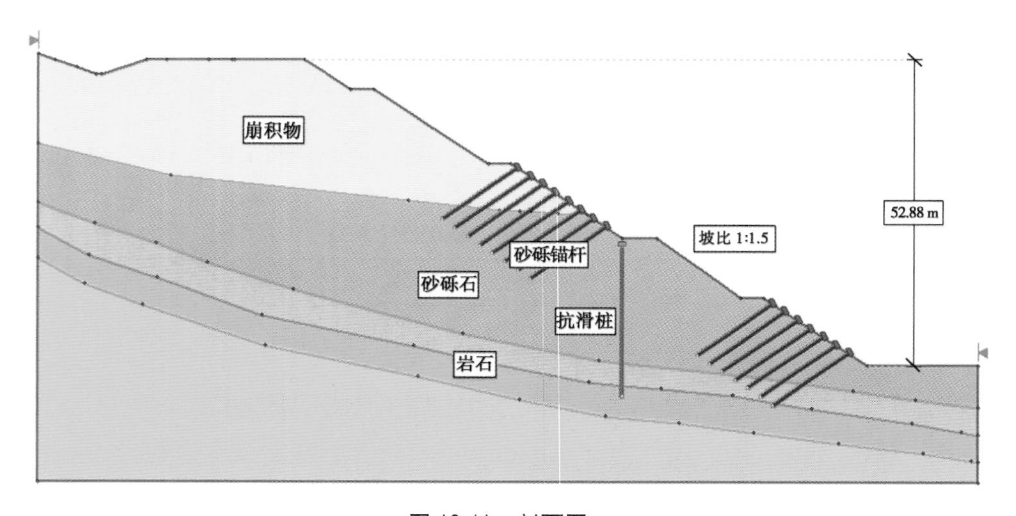

图 10-11　剖面图 2

(3)关于基础部分,使用弹力基础,其中地面使用弹簧刚度,以梯形形状、线性变化,对于岩石,弹簧的刚度是恒定的,参见图 10-12 所示的细节部分。

(4)对于挡墙和抗滑桩的钢筋计算,其横截面和锚杆长度是不断变化的,直到获得所需的结果。

水平弯曲载荷下桩的微分方程:

对于岩石基础

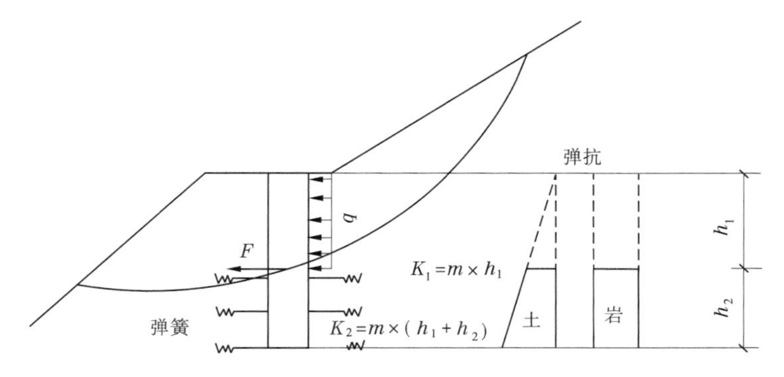

图 10-12　抗滑桩计算原理图

$$EI\frac{d^4x}{dy^4}+KB_px=0 \tag{10-1}$$

对于土质基础

$$EI\frac{d^4x}{dy^4}+myB_px=0 \tag{10-2}$$

式中:K 为岩石基础系数;m 为土质基础系数;B_p 为抗滑桩横截面宽度,m;x 为水平位移,m;E 为混凝土弹性模量,kN/m^2;I 为抗滑桩横截面的惯性矩,m^4。

10.2.3.4　支护参数

根据现场开挖暴露的地质条件,采用抗滑桩、墙、锚杆一体的结合方式进行支护。

(1)常规锚杆:使用Φ 28 钢筋,锚杆 ϕ 28,最大拉伸强度(设计值)为

$$F=3.14\times28\times28/4\times420\times0.65/1\,000=168.02(\text{kN})$$

取 168 kN,开口设置为 130 mm,计算出锚杆周长为

$$L=3.14\times0.09/1\,000=0.283(\text{m})$$

考虑到回填料将包住整个螺栓,锚杆长度对应的是锚栓长度。

在地面,由于长度比现场 9 m 的锚杆还要长,因此需要安装 12 m 长的锚杆。地面锚杆孔使用钢筋管钻孔的,避免对锚杆孔造成破坏。

(2)根据由建筑工程标准化协会出版的《岩土锚杆(索)技术规程》(CECS 22:2005)中表 7.5.1-1、表 7.5.1-2 及表 10-4,重风化岩石的抗压强度为 50~70 MPa。设计必须基于软岩,固化岩石和水泥砂浆之间的黏结强度为 1.0 MPa。尾水渠在该区域的中等强度砂砾土,因此固化土质和水泥或水泥砂浆之间的黏结强度为 0.275 MPa。

(3)土质和泥浆的黏结强度取 275 kPa,岩石和泥浆之间强度取 1 000 kPa。

$$L=\frac{KN_t}{\pi Dq_s} \tag{10-3}$$

式中:L 为锚杆长度,mm;N_t 为锚杆设计的轴向拉力值,kN;K 为安全系数,取 2;D 为锚杆直径,mm;q_s 为液体水泥与基岩之间的设计黏结力强度,MPa。

土质和灌浆砂浆之间的黏结力的标准值为 275 kPa,岩石和填料砂浆之间的黏结强度的标准值为 1 000 kPa。

锚杆(ϕ 28)与土层的黏结强度为

$$f = \pi \times D \times q_s/K = 3.14 \times 90/1\,000 \times 275 \times 0.8/2 = 31(\mathrm{kN/m})$$

锚杆(ϕ 28)与岩石边坡的黏结强度为

$$f = \pi \times D \times q_s/K = 3.14 \times 90/1\,000 \times 1\,000 \times 0.8/2 = 113(\mathrm{kN/m})$$

水泥和岩石之间的黏结力见表 10-7。

表 10-7　水泥和岩石之间的黏结力

岩石类型	抗压强度(MPa)	黏结力(MPa)
极软岩	< 5	0.2~0.3
软岩	5~15	0.3~0.8
半软岩	>15~30	0.8~1.2
半硬岩	>30~60	1.2~1.6
硬岩	>60	1.6~3.0

注:1. 表中值是基于 M30 的泥浆强度等级。
2. 对于岩石结构断层发育,黏结强度取偏中、下值。

M30 表示抗压强度为 30 MPa,设计图纸强度值为 32 MPa。现场泥浆抗压强度达到 40 MPa。水泥与土壤之间的黏结强度见表 10-8。

表 10-8　水泥与土壤之间的黏结强度

土壤类型	土质条件	黏结力(kPa)
黏质土	轻塑性	30~50
	塑性	50~65
	干塑性	65~80
	硬质	80~100
壤土	中等密度	70~125
砂性土	疏松	75~150
	低密度	125~200
	中密度	150~250
	强密度	250~300
碎石土	低密度	150~250
	中密度	250~300
	强密度	300~350

(4)垫板承受力是取自于墙体锚杆(索)施工设计监测手册,垫板宽度为 200 mm。

内部(衬砌)抗剪强度为 165 kN。

锚杆首部(锚固段)额定抗拉强度为 165 kN。

因此,认为垫板承受力为 100 kN。

(5)500 kN 的锚索最大张拉力。

一股钢绞线最大可承受力为

$$T_W = 1/1.6 \times 140 \times 1.860 = 162.75(\text{kN/mm}^2)$$

对于 500 kN 的锚索数量,4 股钢绞线符合要求,最终的承受力为

$$F_{pu} = 4 \times 140 \times 1.860 = 1\ 041.60(\text{kN})$$

锚杆长度计算:钻孔直径为 90 mm,锚索直径为 15.25 mm。

根据中国工程标准化协会《岩土锚杆(索)技术规程》(CECS 22:2005)表格中的表 7.5.1-3,回填砂浆和锚索之间的黏结强度为 2.0 MPa(见表 10-9)。

表 10-9　回填砂浆和锚杆(索)之间的黏结强度

材料	黏结强度(MPa)
回填砂浆和锚杆	2.0~3.0
回填砂浆和锚索	3.0~4.0

回填砂浆和岩石之间黏结:

$$L = \frac{KN_t}{\pi D q_s} = 2 \times 550/3.14/0.09/(1\ 000 \times 0.8) = 4.86(\text{m})$$

回填砂浆和土质之间黏结:

$$L = \frac{KN_t}{\pi D q_s} = 2 \times 550/3.14/0.09/(275 \times 0.8) = 17.7(\text{m})$$

回填砂浆和锚索之间黏结:

$$L = \frac{KN_t}{\pi D q_s} = 2 \times 550/3.14/(15.24/1\ 000)/(2\ 000 \times 0.8)/4 = 3.59(\text{m})$$

因此,500 kN 的锚索在岩层长度必须至少达到 4.86 m,500 kN 的锚索在土层长度必须达到 17.7 m。

500 kN 的锚索必须锚固在土层,土层承受力为 300~400 kPa(根据 ID-CDM-GEO-R-F-6001-A1-附件,即地质报告中的表格 3)。锚杆混凝土块是正方形,尺寸为 1.5 m×1.5 m。锚块下的土体应力 $P = 550/1.5/1.5 = 244(\text{kPa}) < 300$ kPa。1 000 kN 的锚索,混凝土块为 1.7 m×1.7 m,锚块下的土体应力 $P = 1\ 100/1.7/1.7 = 380(\text{kPa}) < 400$ kPa。现场已经安装这些锚索,包括锚块、桩子,无出现裂缝现象。因此,根据现场实际情况来看,锚块满足土壤承载能力要求。

(6)1 000 kN 的锚索,最大拉张力为 1 100 kN。

一股钢绞线最大的工作承受力为

$$T_W = 1/1.6 \times 140 \times 1.860 = 162.75(\text{kN/mm}^2)$$

对于 500 kN 锚索数量:

$$G \geqslant 1\ 100T/T_W = 1\ 100/162.75 = 6.75(\text{根})$$

因此,4 股钢绞线满足要求,最后的承受力为

$$F_{pu} = 7 \times 140 \times 1.860 = 1\ 822.80(\text{kN})$$

根据锚杆长度计算：钻孔直径为 90 mm，锚索直径为 15.24 mm。

根据建筑工程标准化协会《岩土锚杆(索)技术规程》(CECS 22:2005)表 7.5.1-3，回填砂浆与锚索之间黏结强度为 2.0 MPa。

回填砂浆与岩石之间黏结：

$$L=\frac{KN_t}{\pi Dq_s}=2\times1\ 100/3.14/0.09/(1\ 000\times0.8)=9.73(\mathrm{m})$$

回填砂浆与锚索之间黏结：

$$L=\frac{KN_t}{\pi Dq_s}=2\times1\ 100/3.14/(15.24/1\ 000)/(2\ 000\times0.8)/4=7.18(\mathrm{m})$$

因此，100 kN 的锚索在岩石中的长度必须至少达到 9.73 m。

(7)在 B 剖面的范围采用挡墙，在 E、F 剖面采用防滑桩。

(8)防滑桩和墙体锚固段弹簧刚度是根据《道路设计手册-道路基础(第二版)》中表 3.5 和表 3.6，见表 10-10、表 10-11。

表 10-10 新鲜基岩 K_V 的相对值

序号	抗压缩 R(kPa)	K_V(kN/m^3)
1	1.0×10^4	$(1.0\sim2.0)\times10^5$
2	1.5×10^4	2.5×10^5
3	2.0×10^4	3.0×10^5
4	3.0×10^4	4.0×10^5
5	4.0×10^4	6.0×10^5
6	5.0×10^4	8.0×10^5
7	6.0×10^4	12.0×10^5
8	7.0×10^4	$(15.0\sim25.0)\times10^5$
9	8.0×10^4	$(25.0\sim28.0)\times10^5$

注：1. 当 $R=10\sim20$ MPa 时，根据目前情况，岩石中度断裂 $K_H=A+m_h y$。

2. 对于正常工况，$K_H=(0.6\sim0.8)K_V$，当岩石未受影响或者岩石有一定的厚度 $K_H=K_V$。

3. K_H 为岩石基础水平系数；K_V 为岩石基础垂直系数。

强风化岩石抗压缩强度为 50~70 MPa，为了保守起见，K_V 参数取 5.0×10^5 kN/m^3，$K_H=0.6K_V=3.0\times10^5$ kN/m^3。

根据表 10-11，尾水渠土质边坡材料是砂砾石和壤土，其 m_h、m_v 值均取 5 000 kN/m^4。

10.2.4 材料

屈服强度为 420 MPa 的 ASTM A-706 的钢筋使用在预应力的锚杆。

屈服强度为 690 MPa 的 ASTM A-709 的钢筋使用在后应力的锚杆。

防滑桩混凝土及其基础为 B2 等级,表 10-12 是混凝土和技术要求分类。

表 10-11　基础在土层的 m_h、m_v 值

序号	土壤类型	m_h、m_v(kN/m^4)
1	塑性流动黏土、淤泥	3 000~5 000
2	软塑土黏土、粉砂	5 000~10 000
3	硬塑黏土、细砂、中砂	10 000~20 000
4	中硬黏土、粗砂	20 000~30 000
5	砾石、粗砾质土、碎石土	30 000~80 000
6	砾石土	80 000~120 000

注: m_h 为基础在土层的水平系数;m_v 为基础在土层的垂直系数。

表 10-12　混凝土和技术要求分类

项目	分类		抗压缩性	骨料最大尺寸	
	类	子类	(N/mm^2)	(mm)	(in)
混凝土	A	2	32	38	1-1/2″
	B	1	28	19	3/4″
	B	2	28	38	1-1/2″
	B	3	28	76	3″
	C	1	21	19	3/4″
	C	2	21	38	1-1/2″
	C	3	21	76	3″
	D	1	16	19	3/4″
	D	2	16	38	1-1/2″
	D	3	16	76	3″

单位重量钢筋混凝土 $\gamma_c = 24\ kN/m^3$,抗压缩性 $f'_c = 28$ MPa。

10.2.5　荷载

在斜坡稳定性分析中所考虑的荷载是重力、地下水压力和地震荷载。荷载组合如表 10-13 所示。

10.2.5.1　地震加速度

对于永久坡度的分析,地震加速度的峰值为 0.3g;分析时间斜率时,地震加速度的峰值为 0.15g。

表 10-13 坡度稳定性的载荷条件

工况	条件
正常情况	重力
特殊情况Ⅰ	重力和地下水(暴风雨)
特殊情况Ⅱ	重力和地震

10.2.5.2 地下水位

在 610.50 m 的 B 区和 617.0 m 的 E 和 F 段安装 L=12 m@4.00 m×4.00 m 的排水管。对于饱和条件下,认为排水效率为 50%。B 区 610.50 mm 以上及 617.00 mm 的 E 和 F 段以上,地下水位线在边坡表层以下 6 m。C 和 D 段地下水位线达到坡面。

10.2.5.3 车辆负载

为了分析尾水渠边坡,有必要考虑车辆负载,因为分析的部分影响到厂房的道路。这条路将要通过各种类型的车辆,包括重载设备。根据 AASHTO 规范的 H20 车辆荷载,在计算边坡稳定时,考虑货车后轨分别放置两个 14.25 t 的集中荷载。

10.2.6 土质边坡稳定性计算

10.2.6.1 B1 边坡计算部分

正常条件下,安全系数为 1.982,标准值超过 1.5(见图 10-13)。

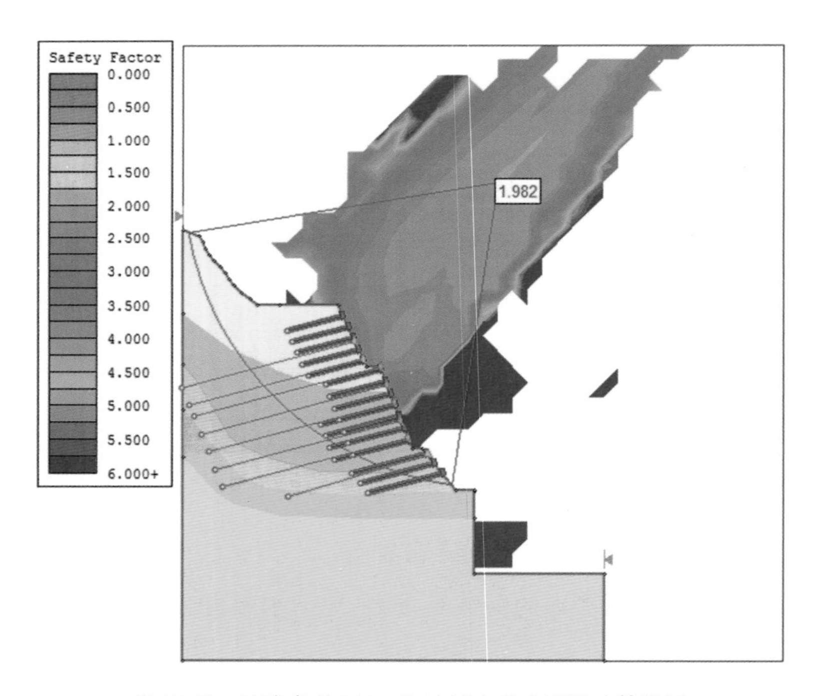

图 10-13 正常条件下 B1 边坡最小安全系数计算结果

饱和条件下,安全系数为 1.589,超过标准中推荐值 1.3(见图 10-14)。

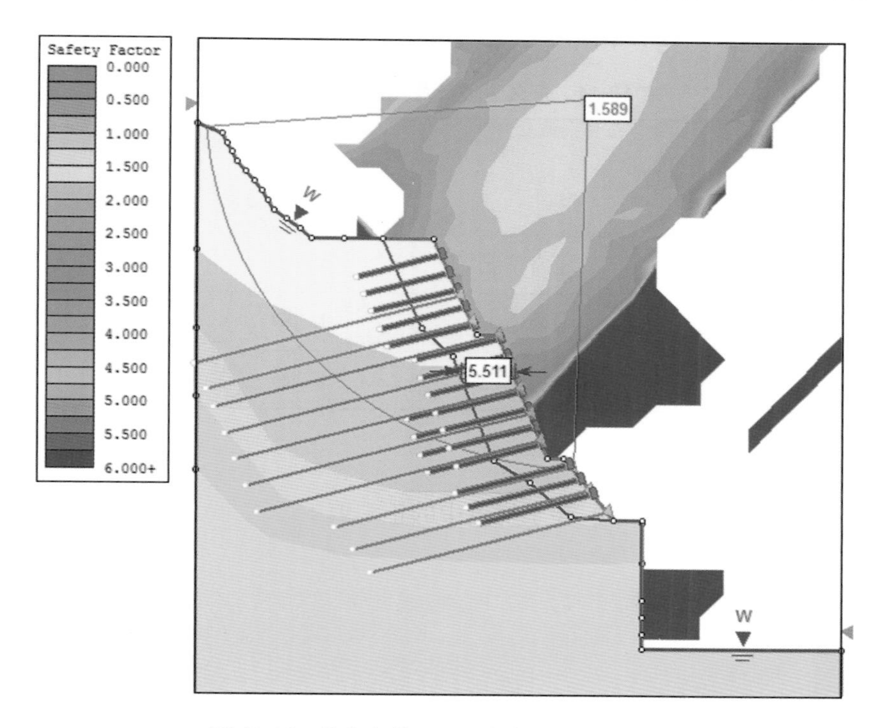

图 10-14　饱和条件下 B1 边坡最小安全系数计算结果

地震条件下，安全系数为 1.123，超过标准推荐值 1.1（见图 10-15）。

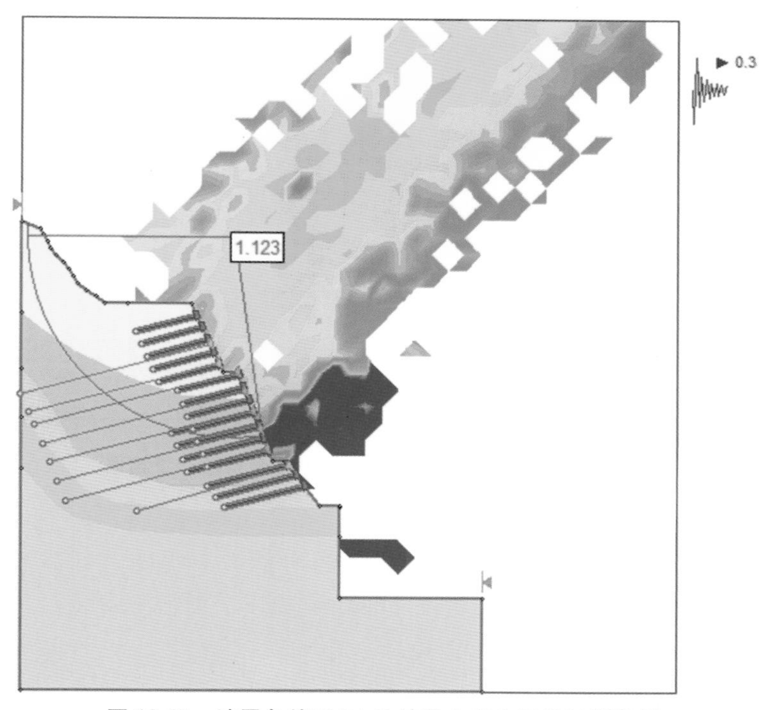

图 10-15　地震条件下 B1 边坡最小安全系数计算结果

永久边坡计算结果汇总见表10-14。

表10-14 永久边坡计算结果汇总

边坡类型	负载组合		B1—B1	
			计算的安全系数	规定值
永久边坡	支护条件下	正常情况	1.982	1.5
		暴雨情况	1.589	1.3
		地震情况	1.123	1.1

10.2.6.2 B2边坡计算部分

正常情况下,安全系数为1.742,高于规范中的正常值1.5(见图10-16)。

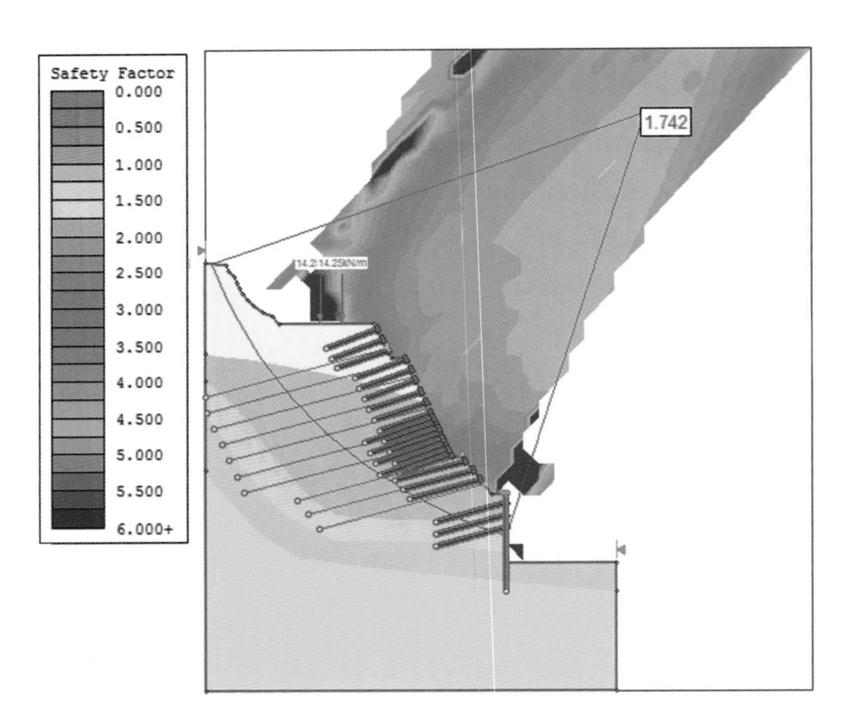

图10-16 正常条件下B2边坡最小安全系数计算结果

饱和条件下,安全系数为1.308,超过标准中推荐值1.3(见图10-17)。
地震条件下,安全系数为1.132,超过标准推荐值1.1(见图10-18)。
B2永久边坡计算结果汇总见表10-15。

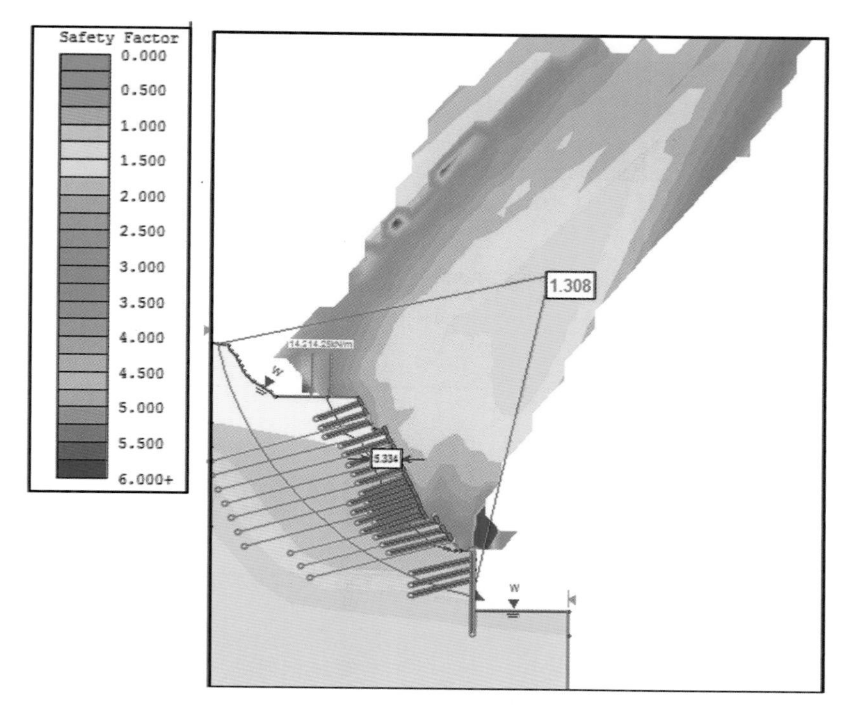

图 10-17　饱和条件下 B2 边坡最小安全系数计算结果

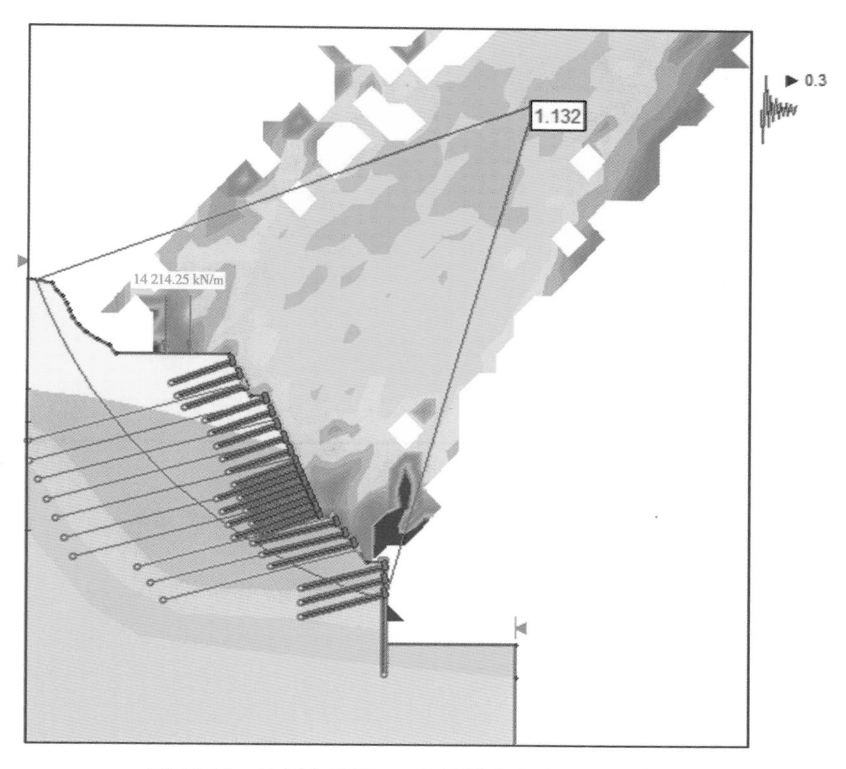

图 10-18　地震条件下 B2 边坡最小安全系数计算结果

表 10-15　B2 永久边坡计算结果汇总

<table>
<tr><th rowspan="2">边坡类型</th><th rowspan="2" colspan="2">负载组合</th><th colspan="2">B2—B2</th></tr>
<tr><th>计算的安全系数</th><th>规定值</th></tr>
<tr><td rowspan="3">永久边坡</td><td rowspan="3">支护
条件下</td><td>正常情况</td><td>1.742</td><td>1.5</td></tr>
<tr><td>暴雨情况</td><td>1.308</td><td>1.3</td></tr>
<tr><td>地震情况</td><td>1.132</td><td>1.1</td></tr>
</table>

10.2.6.3　C 和 D 边坡计算部分

正常条件下，安全系数为 1.847，标准值超过 1.5（见图 10-19）。

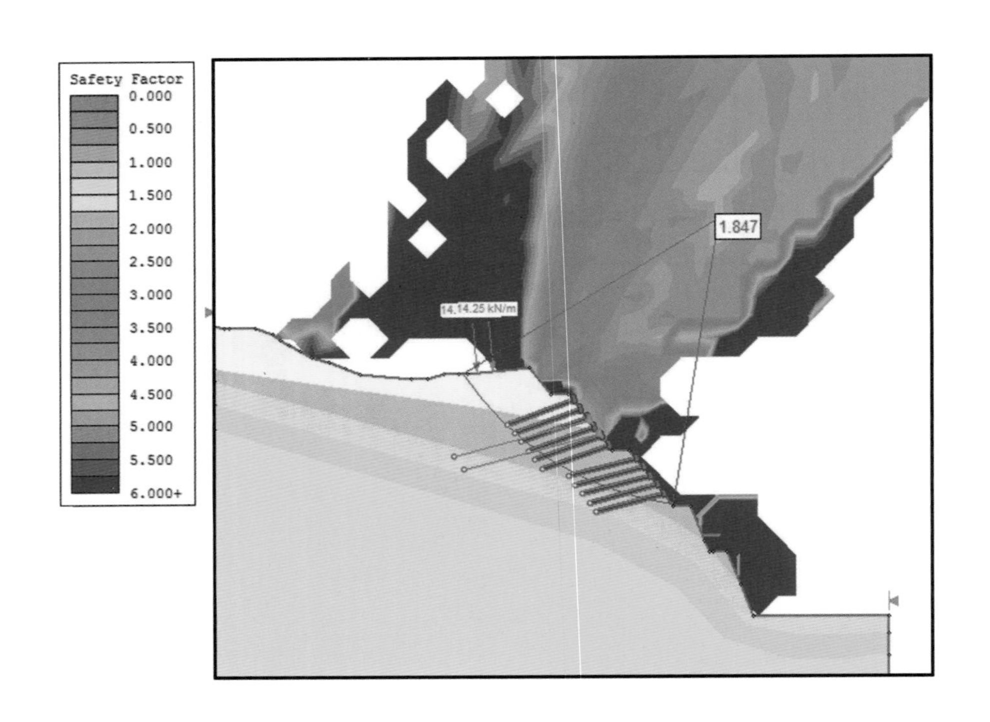

图 10-19　正常条件下 C 和 D 边坡最小安全系数计算结果

饱和条件下，安全系数为 1.313，超过标准中推荐值 1.3（见图 10-20）。

地震条件下，安全系数为 1.112，超过标准推荐值 1.1（见图 10-21）。

C 和 D 永久边坡计算结果汇总见表 10-16。

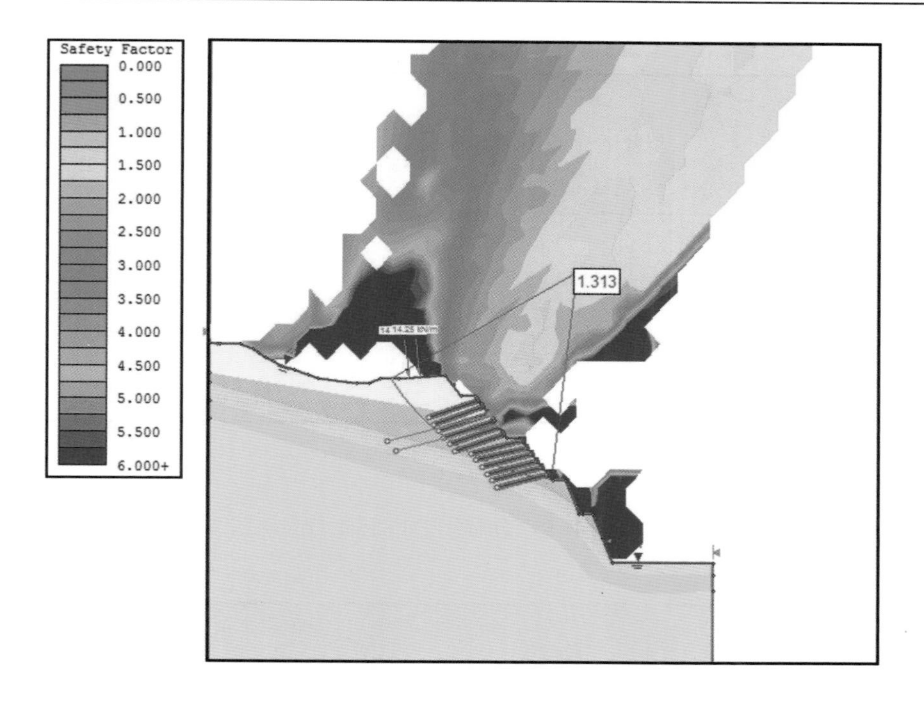

图 10-20　饱和条件下 C 和 D 边坡最小安全系数计算结果

图 10-21　地震条件下 C 和 D 边坡最小安全系数计算结果

表 10-16　永久边坡计算结果汇总

边坡类型	负载组合		C—C、D—D	
			计算的安全系数	规定值
永久边坡	支护条件下	正常情况	1.847	1.5
		暴雨情况	1.313	1.3
		地震情况	1.112	1.1

10.2.6.4　**E 边坡计算部分**

正常条件下,安全系数为 1.814,标准值超过 1.5(见图 10-22)。

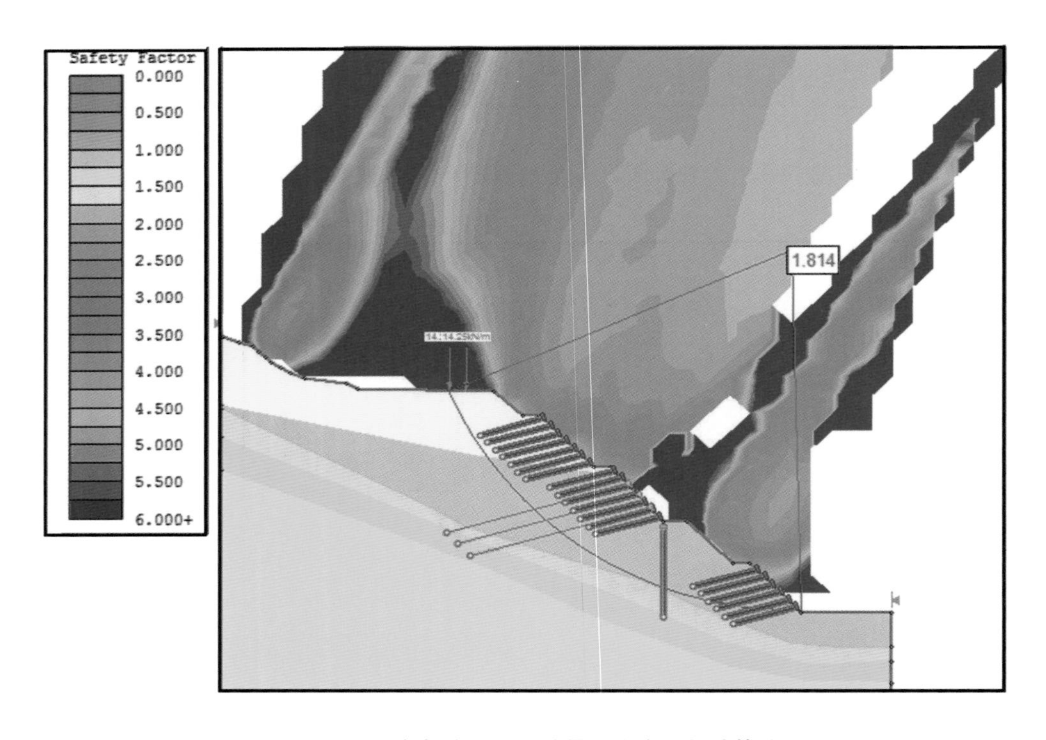

图 10-22　正常条件下 E 边坡最小安全系数计算结果

饱和条件下,安全系数为 1.329,超过标准中推荐值 1.3(见图 10-23)。
地震条件下,安全系数为 1.115,超过标准推荐值 1.1(见图 10-24)。
永久边坡计算结果汇总见表 10-17。

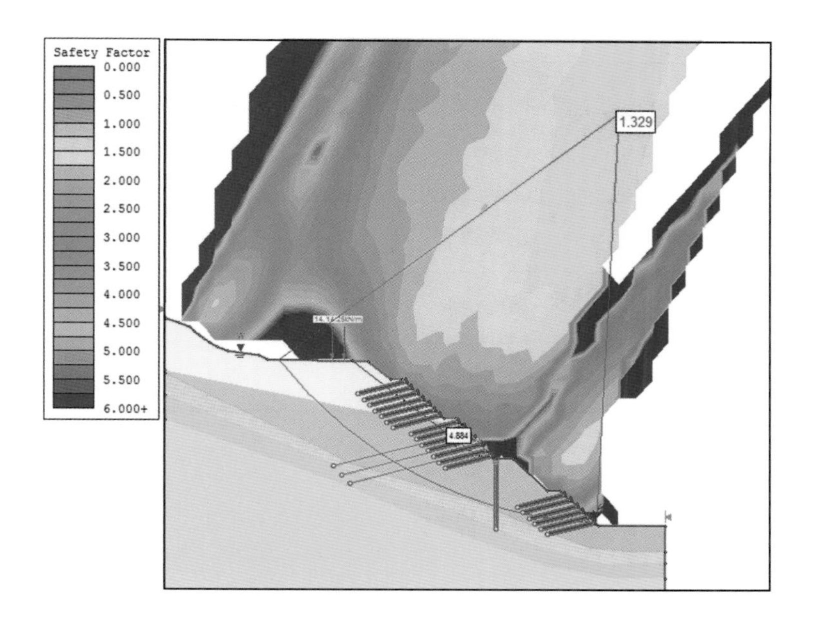

图 10-23　饱和条件下 E 边坡最小安全系数计算结果

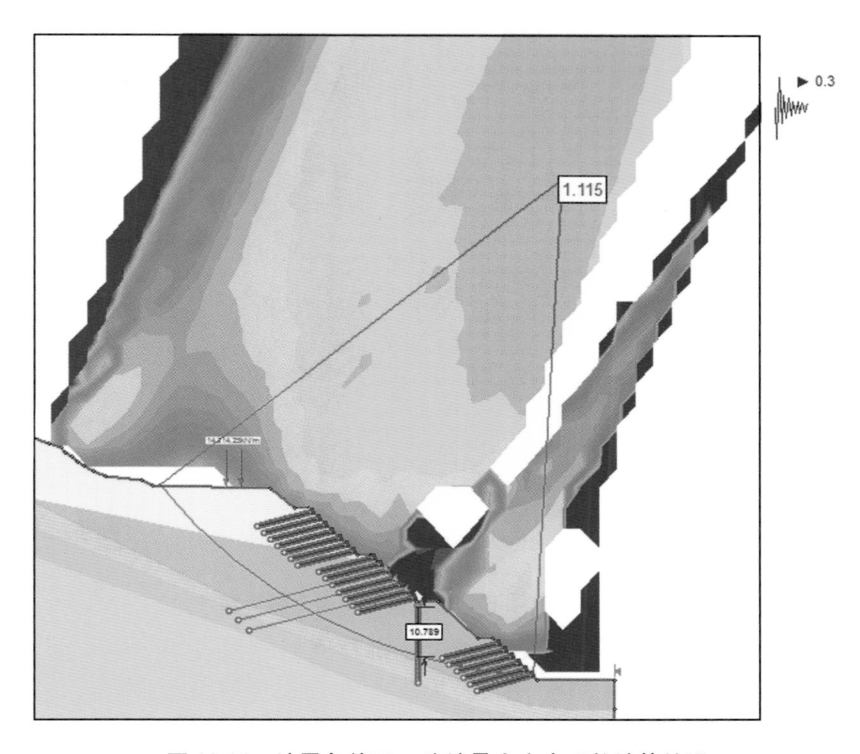

图 10-24　地震条件下 E 边坡最小安全系数计算结果

表 10-17　永久边坡计算结果汇总

边坡类型	负载组合		E—E	
			计算的安全系数	规定值
永久边坡	支护条件下	正常情况	1.814	1.5
		暴雨情况	1.329	1.3
		地震情况	1.115	1.1

10.2.6.5　F 边坡计算部分

正常条件下，安全系数为 1.885，标准值超过 1.5（见图 10-25）。

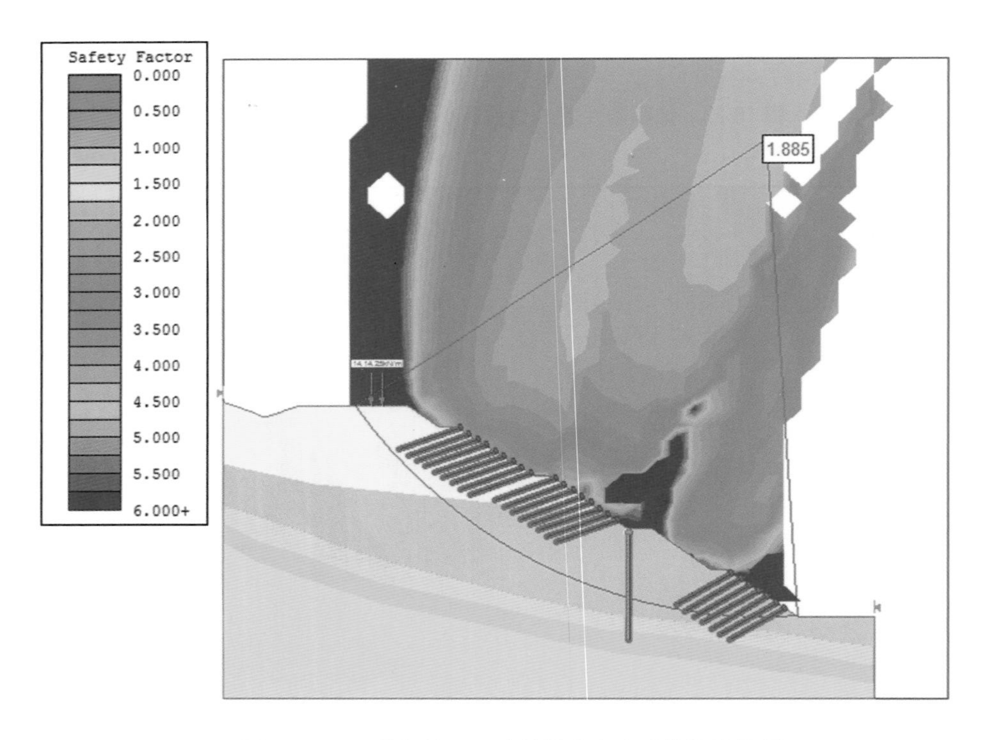

图 10-25　正常条件下 F 边坡最小安全系数计算结果

饱和条件下，安全系数为 1.317，超过标准中推荐值 1.3（见图 10-26）。

地震条件下，安全系数为 1.106，超过标准推荐值 1.1（见图 10-27）。

永久坡度计算结果汇总见表 10-18。

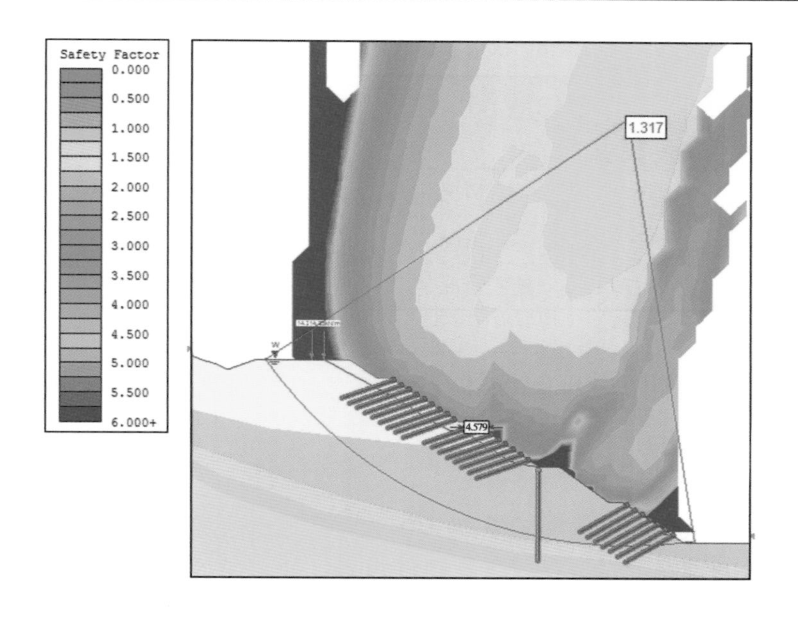

图 10-26 饱和条件下 F 边坡最小安全系数计算结果

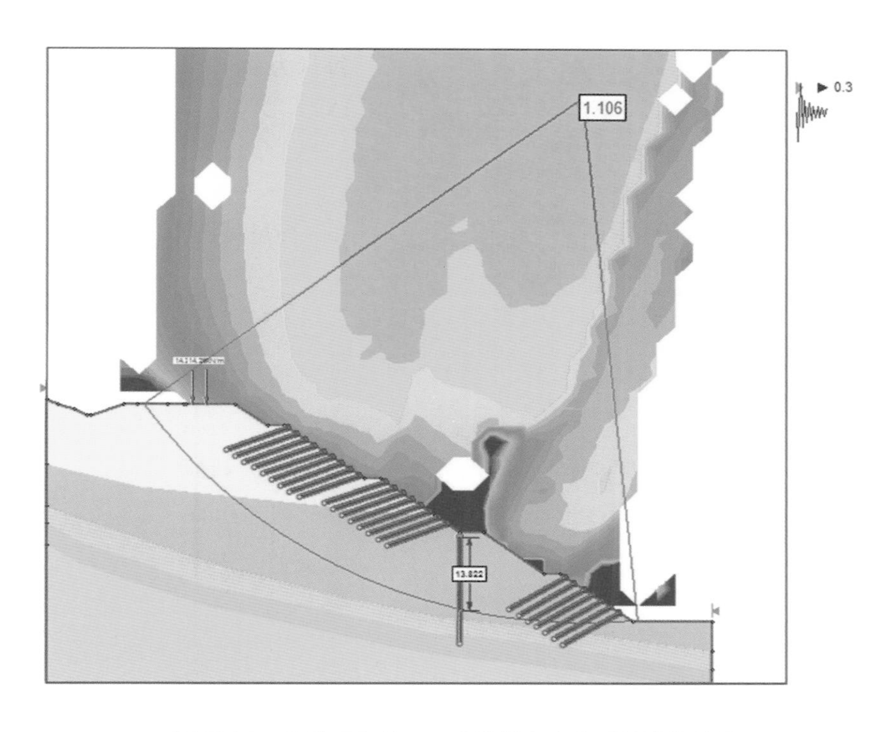

图 10-27 地震下条件下 F 边坡最小安全系数计算结果

表 10-18　永久坡度计算结果汇总

边坡类型	负载组合		F—F	
			计算的安全系数	规定值
永久边坡	支护条件下	正常情况	1.885	1.5
		暴雨情况	1.317	1.3
		地震情况	1.106	1.1

10.2.7　墙体(挡墙)和防滑桩的设计

10.2.7.1　内力的计算结果

1. B2 挡墙

挡墙顶部高程为 610.50 m,开挖高程为 591.30 m。挡墙底部高度在 10.90~13.20 m。所考虑的地面高度是最高的。挡墙计算宽度为 1 m,开挖底部采用 13.2 m。锚固长度为 5.50 m,总墙长 18.7 m,厚 2 m。挡墙计算模型如图 10-28 所示。

根据前述的分析,挡墙承受 1 750 kN 的荷载,挡墙高度必须考虑离地面 5 m。

$$P=1\ 750/5=350(\text{kN/m})$$

两股 1 000 kN 的钢绞线放置一排 6.5 m 宽挡墙,每米为

$$F_1=2\ 000/6.5=308(\text{kN})$$

一根后应力锚索放置一排 6.5 m 宽挡墙,每米为

$$F_2=500/6.5=77(\text{kN})$$

在挡墙不同位置的弯距见图 10-29、图 10-30。最大位移量见图 10-31。

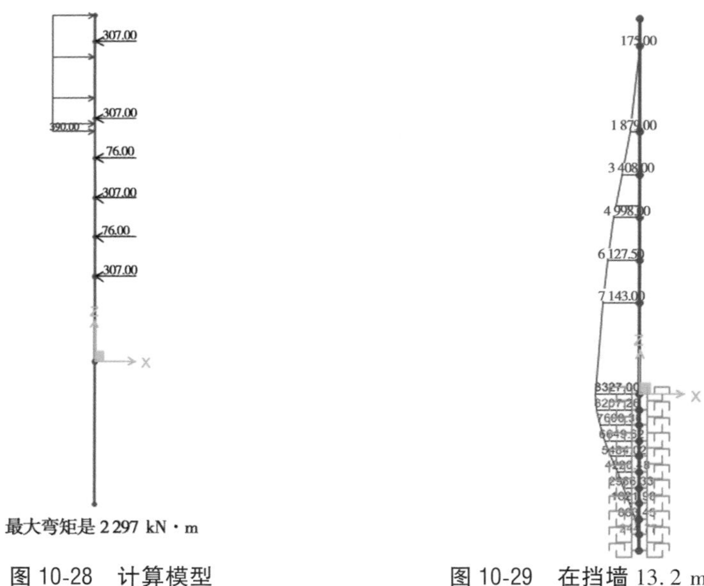

图 10-28　计算模型

图 10-29　在挡墙 13.2 m 位置的弯矩
(以挡墙最高位置看作 0)　(单位:kN · m)

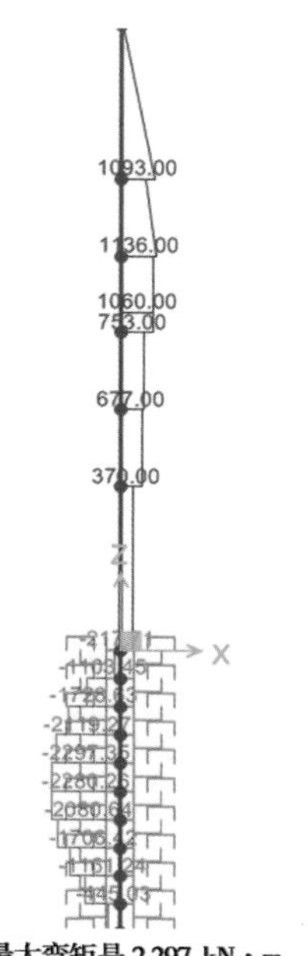

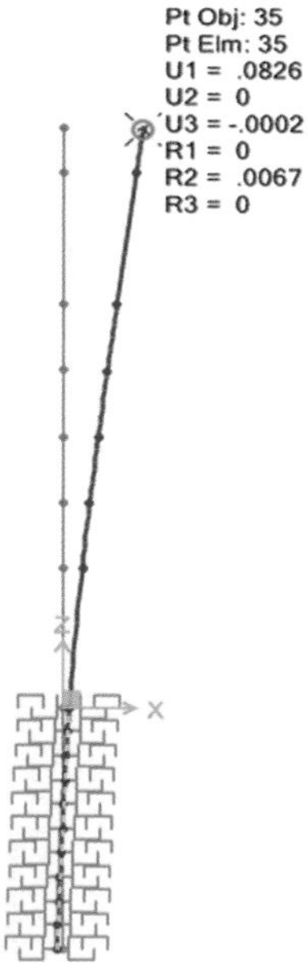

图 10-30　在挡墙 15.4 m 位置的弯距（以挡墙最高位置看作 0）（单位：kN · m）

Pt Obj: 35
Pt Elm: 35
U1 = .0826
U2 = 0
U3 = -.0002
R1 = 0
R2 = .0067
R3 = 0

图 10-31　最大位移量(82.6 mm)（水平坐标位移单位为 mm，垂直坐标高度单位为 m）

2. E—E 段

一根桩可承受 10 000 kN 的荷载，间距为 6.00 m，横截面为 2.20 m×3.0 m，长度为 18.0 m，锚固长度为 7 m。根据图 10-32，墙体必须承受高度等于 10.6 m 的土质滑动面，因此采用 11 m。保守起见，在所采用的滑动面上考虑了 4 m，弹簧刚度的计算如下所示：

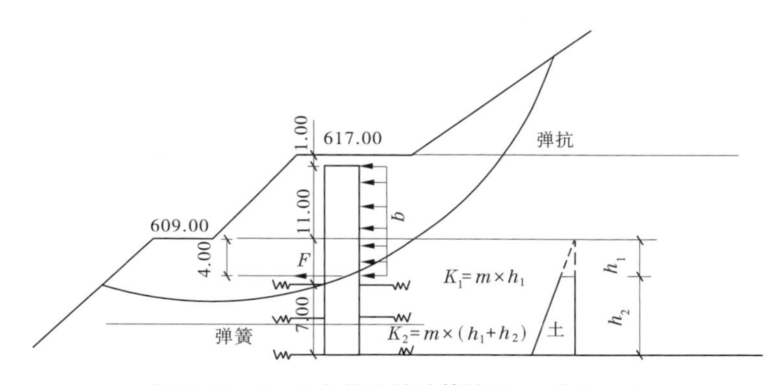

图 10-32　E—E 段抗滑桩计算简图　（单位：m）

$$K_1 = m_H \times h_1 \times b = 50 \times 4 \times 2.2 = 440 (\mathrm{MN/m^2})$$

$$K_2 = m_H \times h_2 \times b + K_1 = 50 \times 7 \times 2.2 + 440 = 1\ 210 (\mathrm{MN/m^2})$$

$$b = 桩宽$$

E—E 段内力计算结果见图 10-33～图 10-35。

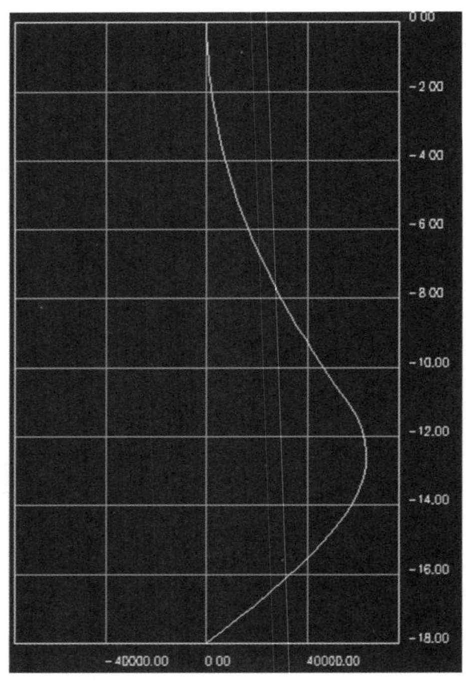

最大弯矩为 63 723 kN · m,桩顶顶距为 12. 50 m(横轴为弯矩、纵轴为高度)

图 10-33　E—E 段桩身弯曲力矩图　(单位:kN · m)

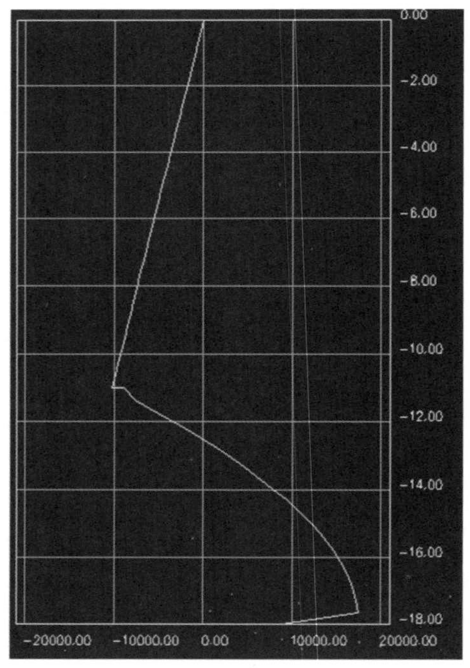

最大剪切值为 17 468 kN,距桩顶部的距离为 17. 6 m(横轴为剪切力、纵轴为高度)

图 10-34　E—E 段剪切力图　(单位:kN)

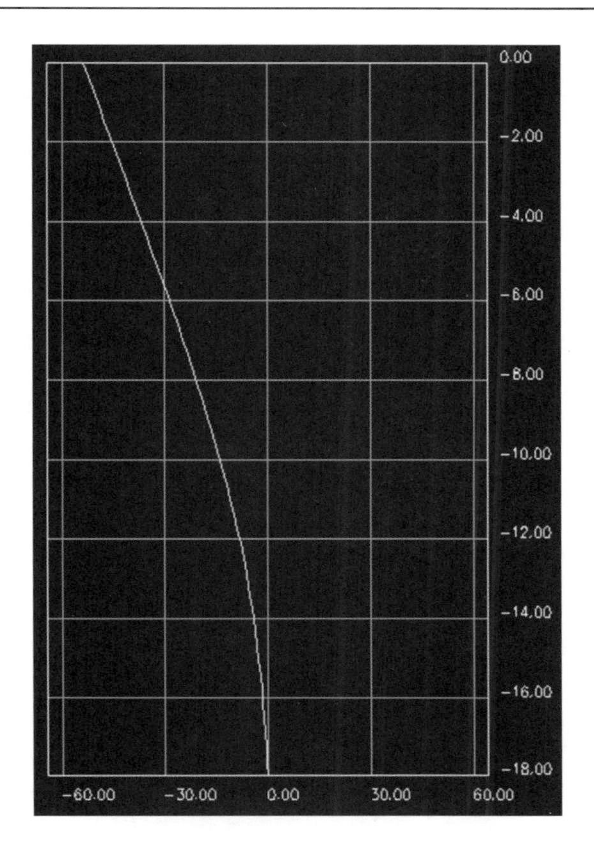

最大值为 54 mm(横轴为位移、纵轴为高度)

图 10-35　E—E 段水平位移图　(单位:mm)

3. F—F 段

一根桩可承受 10 500 kN 的荷载,间距为 6. 00 m,横截面为 2. 20 m×3. 20 m,总长 21. 50 m,锚杆长 8. 00 m。根据图 10-36,墙体必须支撑高度等于 13. 80 m 的地板载荷(滑动面)。保守起见,在所采用的滑动面上考虑了 4 m。

F—F 段内力计算 F 结果见图 10-37~图 10-39。

10. 2. 7. 2　钢筋

1. 剪切分析

根据 ACI 318M-08,剪切应力横截面的设计基于:

$$\phi V_n \geq V_u \tag{10-4}$$

式中:ϕ 为应力降低因素,取 0. 75;V_u 为考虑到截面的分解剪切应力;V_n 为标准剪切应力。

$$V_n = V_c + V_s \tag{10-5}$$

式中:V_c 为混凝土的标准剪切应力, N。

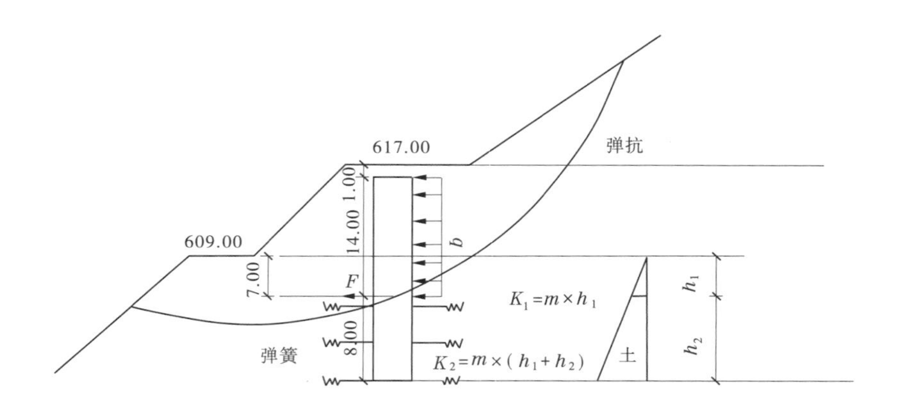

图 10-36　F—F 段抗滑桩计算简图　(单位:m)

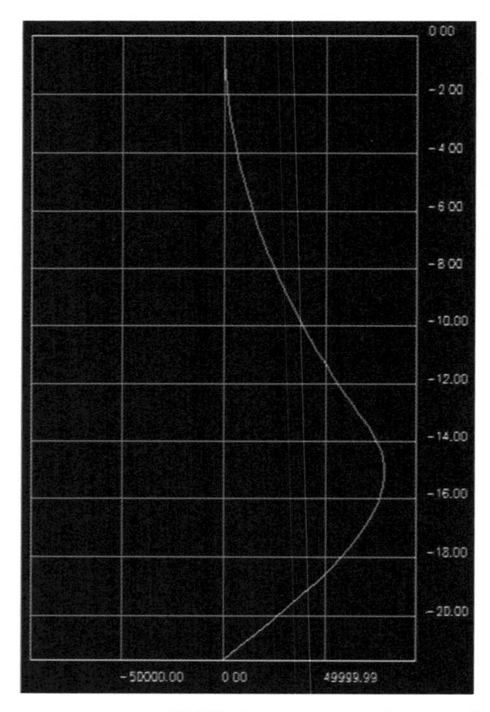

最大弯矩值为 81 407 kN · m,顶部距离为 15.8 m(横轴为弯矩、纵轴为高度)

图 10-37　F—F 段桩身弯曲力矩图　(单位:kN · m)

对于只有剪切和弯曲的部分:

$$V_c = 0.17\lambda\sqrt{f'_c}b_w d \tag{10-6}$$

式中:$\sqrt{f'_c}$为混凝土抗压强度平方根, MPa;b_w 为截面宽度, mm。

对于受到轴向压缩的部分:

$$V_c = 0.17\times\left(1+\frac{N_u}{14A_g}\right)\lambda\sqrt{f'_c}b_w d \tag{10-7}$$

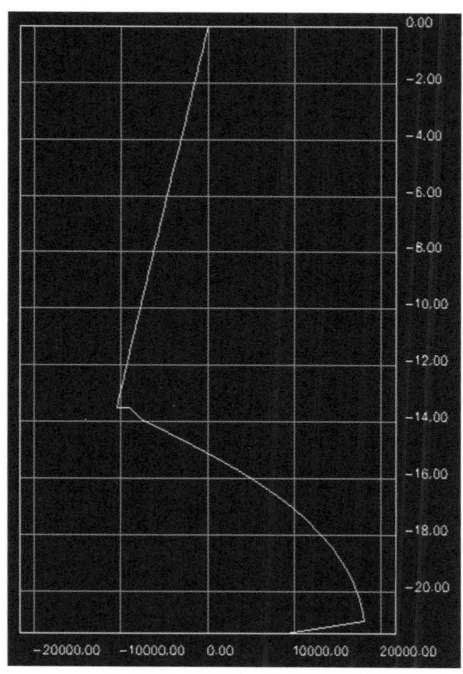

最大剪切值为 18 478 kN，桩顶部距离为 21.5 m（横轴为剪切力、纵轴为高度）

图 10-38　F—F 段剪切力图　（单位：kN）

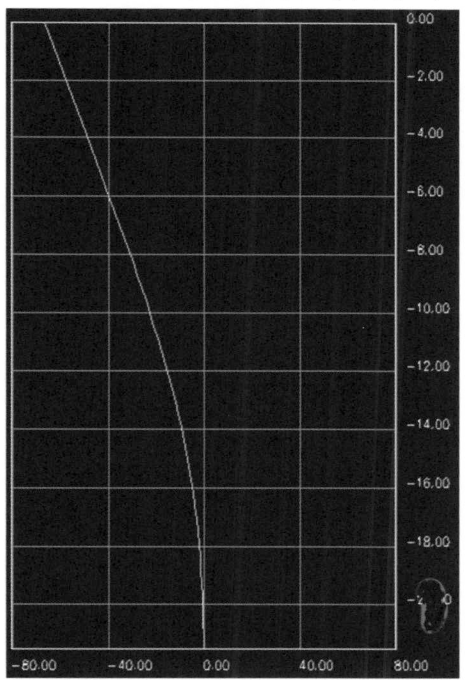

最大值为 71.8 mm（横轴为位移、纵轴为高度）

图 10-39　F—F 段水平位移图　（单位：mm）

式中：N_u 为额定轴向力在横截面同时发生 V_u 或 T_u，可以把压缩看作正值，张拉是负值；A_g 为混凝土段总面积，mm^2；λ 为考虑到相对于相同重量混凝土，轻混凝土力学性能降低所发生改变的因素，$\lambda=1.0$。N_u/A_g 比率将以 MPa 表示。

钢筋的切割力为

$$V_s=\frac{A_v f_{yt} d}{s} \tag{10-8}$$

式中：f_{yt} 为在箍筋影响下的力；A_v 为箍筋在该段的面积；s 为箍筋间隔。

式(10-4)~式(10-8)中使用的单位是国际单位制：MPa、N、mm。

基于上一节，最大剪切力如表 10-19 所示。

2. 抗滑桩的主筋

1)B—B 段

挡墙最大的弯矩为 832 kN·m，厚度为 2.00 m，主钢筋面积为 12 242 mm^2，在张力面的钢筋为 14 Φ 36。5 Φ 36 抗弯曲钢筋将要分布到 4.00 m 至底部。

2)E—E 段

最大弯矩为 61 615 kN·m，抗滑桩截面尺寸为 2.2 m× 3 m，承受弯曲载荷的钢筋最大面积为 65 041 mm^2；3 Φ 36 的钢筋将用于弯曲，间距为 200 mm，总数为 65。桩顶部的弯矩相对较小，因此钢筋的数量也较少。因此，将分段分布弯筋。

表 10-19　剪切力汇总

部位	截面尺寸	混凝土抗切强度(kN)	通过切割的钢筋量	每根钢筋的抗切强度(kN)	总钢筋的抗切强度(kN)	控制区域(远离桩或墙体顶部)(m)	控制区最大剪切力(kN)	最大剪切控制区域的位置(远离桩或墙体顶部)(m)
B	1.00 m×2.00 m	1 316	1 Φ 12 @400	173.675	1 489	0~13.2	1 086	5.50
		1 316	3 Φ 20 @350	551.350	2 970	13.2~18.7	2 031	15.40
E	2.20 m×3.00 m	4 379	1 Φ 20 @400	729.831	5 108	0~5	4 760	5.10
		4 379	6 Φ 20 @250	1 167.730	11 385	5~14.3	9 471	14.30
		4 379	6 Φ 25 @200	2 280.723	18 063	14.3~18.0	17 468	17.60
F	2.20 m×3.20 m	4 674	1 Φ 16 @400	498.759	5 173	0~6.30	4 742	6.30
		4 675	6 Φ 20 @250	1 246.898	12 157	6.30~17.5	10 500	14.00
		4 675	6 Φ 25 @175	2 783.255	21 375	17.5~22.0	18 478	21.50

桩顶以上的张力面,14 Φ 36 钢筋将在 0~5.5 m,45 Φ 36 钢筋将在 5.5~9.5 m,65 Φ 36 钢筋将在 9.5 ~18.0 m。14 Φ 36 分布筋将设置在张力面。

3)F—F 段

最大弯矩为 81 407 kN · m,抗滑桩截面尺寸为 2.2 m×3.2 m,承受弯曲载荷的钢筋最大面积为 79 290 mm^2; 3 Φ 36 钢筋将用于弯曲,间距为 200 mm,总数为 78。桩顶部的弯矩相对较小。因此,钢筋的数量也较少。因此,将分段分布弯筋。

桩顶以上的张力面,20 Φ 36 钢筋将在 0~7.6 m,66 Φ 36 钢筋将在 7.6~13.50 m,78 Φ 36 钢筋将在 13.5~22.0 m。15 Φ 36 分布筋将设置在张力面。

3. 抗滑桩横梁设计

抗滑桩的钢筋如图 10-40 所示。

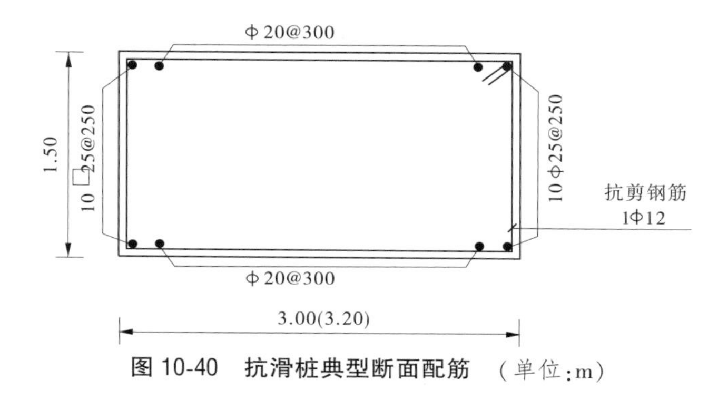

图 10-40　抗滑桩典型断面配筋　(单位:m)

10.2.8　结论

(1) ϕ 28@2.00 m×2.00 m, L = 9 m 的锚杆螺栓安装在高程 637.00 m; ϕ 28@2.00 m×2.00 m, L = 9 m 的锚杆螺栓及 500 kN@3.00 m×3.00 m 的锚索将安装在 617.00~637.00 m; 在 627.00~637.00 m 马道,采用一排 1 000 kN 的锚索,在高程 617.00 m 处,增加了 4 排螺栓锚杆 ϕ 28@2.00 m×2.00 m, L=12 m 的螺栓锚杆; 610.50~617.00 m 将使用 1 000 kN @3.00 m×3.00 m 的锚索; 610.50 m 以下,安装 2~4 排 1 000 kN @ 3.00 m×3.25 m,2~3 排锚杆螺栓(厚度为 2.00 m 的墙体及 2 排后应力锚杆)。

(2)C—D 段:在 617.00~627.00 m,安装 ϕ 28@2.00 m×2.00 m 锚索, L=12 m。在 627.00~637.00 m 的开挖区域,安装 2 排 1 000 kN@3.00 m 的后应力锚索;安装锚杆 ϕ 28@2.00 m×2.00 m, 长度为 12 m。

(3)E—E 段:除 609.00~617.00 m 外,其他区域的边坡安装锚杆 ϕ 28@2.00 m×2.00 m, L=12 m。617.00~627.00 m,安装 3 排后应力 1 000 kN @4.00 m 的锚杆。617.00 m 以下采用抗滑桩,间隔为 6 m。

(4)F—F 段:除 609.00~617.00 m 外,其他区域的边坡安装锚杆 ϕ 28@2.00 m×2.00 m, L=12 m。617.00 m 以下采用抗滑桩,间隔为 6 m。

前面所述的支护方案用于计算边坡的稳定性,满足标准的各种最低安全系数。因此,在以上支护措施下,边坡是安全的。

10.2.9 施工顺序

(1)在目前开挖情况下,首先采用抗滑桩支护系统。

(2)所有抗滑桩按次序施工,等上个抗滑桩施工完毕后方可进行下个抗滑桩的施工。

10.3 出线场边坡

10.3.1 工程概况

出线场区位于 Coca 河右岸阶地上,覆盖层厚度 25.0~40.0 m,表层为崩积、坡积块碎石土,下部为冲积物,主要分布在右边坡靠河床侧前缘,由漂石、卵砾石及少量砂土组成,次圆状—次棱角状,颗粒之间无架空现象,充填较好,密实度中等。地下水位线低于覆盖层以下 25 m 左右。出线场开挖高程为 636.55~636.82 m,长 165 m、宽 95 m。该高程位于覆盖层范围内,且高于地下水位线。

出线场开挖边坡岩土体力学指标见表 10-20。

表 10-20 出线场开挖边坡岩土体力学指标

建筑物	岩性	天然密度(g/cm^3)	饱和密度(g/cm^3)	抗剪断强度		地基承载力(MPa)
				c'(kPa)	φ(°)	
出线场	覆盖层(Q_4)	2.10	2.20	20	35	0.30

10.3.2 设计依据

边坡的开挖支护设计,参考了美国工程兵团的规范《边坡设计规范》(EM 1110-2-1902)。

依据 EM 1110-2-1902,出线场开挖边坡的稳定安全系数不应小于表 10-21 的值。

表 10-21 边坡最小抗滑稳定安全系数

运用条件		
正常运用条件	正常运用+暴雨	正常运用+地震
1.5	1.3	1.1

10.3.3 计算

计算采用 Slide 程序。Slide 是加拿大 Rocscience 公司开发的一款适用于土质边坡和岩质边坡稳定性的分析软件。它具备一系列全面广泛的分析特性,包括支撑设计、完整的地下水(渗流)有限元分析及随机稳定性分析。岩石坡和土坡的稳定计算均采 Morgenstern-Price 法。Morgenstern-Price 法对任意曲线形状的滑裂面进行分析,推导出了既满足力平衡又满足力矩平衡条件的微分方程,是国际公认的最严密的边坡稳定性分析方法。

10.3.3.1　工况组合

本工程厂区边坡稳定分析主要考虑的荷载有自重、地下水和地震荷载,其荷载组合如表 10-22 所示。

表 10-22　边坡稳定分析荷载组合

运用条件	工况	说明
长期组合	自重+地下水	地下水位:依据厂房钻孔的资料
特殊组合Ⅰ	自重+地下水(暴雨时)	
特殊组合Ⅱ	自重+地震荷载	

注:暴雨时考虑地下水位为边坡线。

10.3.3.2　荷载

1. 土体自重

地下水位线以上的覆盖层重度为 21.0 kN/m^3,地下水位线以下的覆盖层重度为 22.00 kN/m^3。

2. 地震加速度

地震动峰值加速度为 0.3g。

3. 地下水位

根据地质提供地下水位线,该地下水位线低于开挖高程 636.55 m,边坡开挖计算不受地下水位线的影响。

10.3.3.3　覆盖层边坡稳定计算

出线场边坡开挖(Z0+000.00)如下:

(1)正常运行下,未考虑支护。边坡安全系数为 1.872,小于规定值 1.5(见图 10-41)。

(2)特殊组合Ⅰ,暴雨工况。边坡的安全系数为 1.324,大于规定值 1.3(见图 10-42)。

(3)特殊组合Ⅱ,地震工况。边坡安全系数为 1.177,大于规定值 1.1(见图 10-43)。

10.3.4　结论

根据计算结果分析(见表 10-23),出线场边坡开挖不需支护,安全系数能够满足边坡稳定的允许值,此边坡是安全的。为防止坡面冲刷,此坡面采用草皮护坡。草种根据当地土质和气候条件,应选用根系发达、茎杆低矮、枝叶茂盛、生命力强的混合多年生草种。

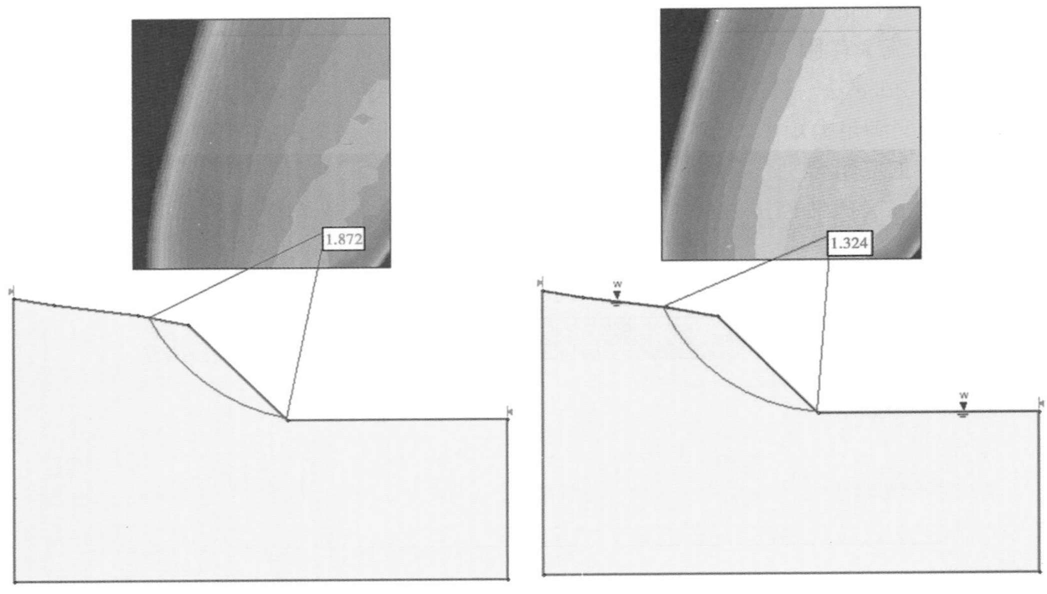

图 10-41　正常运行下安全系数

图 10-42　特殊组合Ⅰ下安全系数

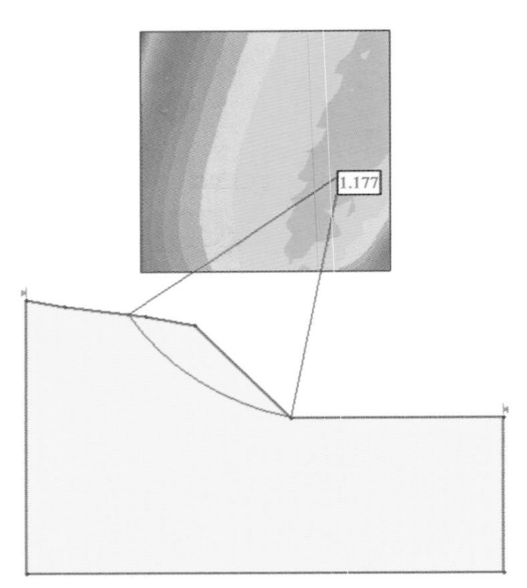

图 10-43　特殊组合Ⅱ下安全系数

表 10-23　计算结果汇总

边坡类型	荷载组合		出线场边坡开挖(Z0+000.00)	
			计算安全系数	规定值
覆盖层边坡	无支护	长期组合	1.872	1.5
		特殊组合Ⅰ	1.324	1.3
		特殊组合Ⅱ	1.177	1.1

第 11 章

电站建筑设计

11.1　地下主厂房建筑设计

11.1.1　主厂房布置

主厂房由主机间及安装间组成,厂房内共布置 8 台冲击式水轮发电机组、1 台备用机组。厂房自左至右依次布置:1#~4#机组段、主安装间 5#~8#机组段及副安装间。副安装间在安装期间为安装起吊设备场地,运行期间为三层厂房。备用机组布置在 623.50 m。主厂房尺寸为 212.0 m×26.0 m×46.8 m(长×宽×高)。厂房内设置 5 条横向永久变形缝:副安装间与 8#机组之间、7#机组与 6#机组之间、5#机组与主安装间之间、主安装间与 4#机组之间、3#机组与 2#机组之间,地面墙面装修层采用铝合金变形缝装置。

11.1.1.1　主机组段各层布置及装修

(1)623.00 m 层(发电机层):上游侧主要布置球阀吊孔、转轮吊孔、楼梯等,下游侧主要布置机旁盘、励磁盘、楼梯等。发电机层主机组段地面采用米色花岗岩地面,墙面(623.50~625.30 m)采用 1.8 m 高黑色花岗岩墙裙,上部(625.30~635.00 m)采用蓝白相间的铝合金穿孔吸音板。

(2)618.00 m 层(母线层):上游侧主要布置球阀吊孔、转轮吊孔、调速器、压力油罐、组合式空压机、楼梯及风罩进人门等,下游侧主要布置励磁盘、机组动力盘、楼梯、励磁变、电制动开关柜及厂用隔离变压器等。母线层地面采用灰色环氧地坪漆,墙面采用白色腻子墙面及灰色墙砖踢脚线,吊顶采用白色腻子顶棚。

(3)613.50 m 层(水轮机层):上游侧布置球阀吊孔、球阀油压装置、球阀压力油罐、空压机、转轮吊孔及楼梯等, 1#机组、5#机组左侧,4#机组、8#机组右侧布置循环供水深井泵,下游侧布置备用供水深井泵、机坑进人廊道及排水沟等。水轮机层地面采用灰色环氧地坪漆,墙面采用白色腻子墙面及灰色墙砖踢脚线,吊顶采用白色腻子顶棚。

(4)608.00 m 层(球阀层):主要布置球阀、楼梯及排水沟等。地面采用水泥砂浆地面,墙面保持混凝土墙面。

11.1.1.2　主安装间布置

(1)623.50 m 层(发电机层):布置安装检修场地及主出入口。主安装间采用环氧地坪漆地面,上游墙面全部采用黑色花岗岩作为背景墙,下游墙面同主机组段墙面。

(2)618.00 m 层(母线层高):上游侧布置电气实验室、继电保护室、照明配电室及 0.22/0.12 kV 配电室(1、2 段)等,下游侧布置 13.8 kV 配电室、0.48 kV 配电室等。母线层地面采用灰色环氧地坪漆,墙面采用白色腻子墙面及灰色墙砖踢脚线,吊顶采用白色腻子顶棚。

(3)613.50 m 层(水轮机层):上游侧布置电缆夹层、蓄电池室、油处理室及油罐室,下游侧布置钢瓶室及空压机室等。水轮机层地面采用灰色环氧地坪漆,墙面采用白色腻子墙面及灰色墙砖踢脚线,吊顶采用白色腻子顶棚。

(4)608.00 m层(球阀层):主要布置制冷机室及排水泵房等。地面采用水泥砂浆地面,墙面保持混凝土墙面。

11.1.1.3　**副安装间**

(1)623.50 m层:主要布置有电焊间、机修间、工具间、配电室、医务室、卫生间。电焊间、机修间地面采用环氧地坪漆地面,白色刮腻子墙面及顶棚。除卫生间外,其他房间采用地砖地面、白色刮腻子墙面及石膏板吊顶。卫生间采用防滑地砖地面、面砖墙面及铝合金吊顶。

(2)628.00 m层:主要布置有会议室、办公室、咖啡间、更衣室、资料室、卫生间。除卫生间外,其他房间采用地砖地面、白色刮腻子墙面及石膏板吊顶。卫生间采用防滑地砖地面、面砖墙面及铝合金吊顶。

(3)632.50 m层:主要布置有高压实验室及继保实验室。采用地砖地面、白色刮腻子墙面及顶棚。

11.1.2　地下主厂房防潮隔墙及吸音降噪

11.1.2.1　**防潮隔墙**

防潮隔墙分为两部分,636.50 m高程以上采用彩色压型钢板单板作为防潮隔墙,该板材与吊顶连接,固定在岩壁上;636.50 m高程以下613.50 m高程以上采用水泥砂浆砌筑混凝土砌块且内外抹防水砂浆作为防潮隔墙。

11.1.2.2　**吸音降噪**

在防潮隔墙外采用干挂铝合金穿孔吸音板,内部填充岩棉。

11.2　主变洞及GIS室建筑设计

主变洞位于主厂房下游侧与厂房平行布置,距主厂房下游边墙24 m。主变洞采用城门洞形,洞顶为三圆拱。主变洞开挖尺寸为192.0 m×19.0 m×33.8 m(长×宽×高),分两层布置。636.50 m层为GIS室,主要布置GIS设备、吊物孔及楼梯等;623.50 m层为主变压器室,上游侧主要布置主变压器、事故油处理室、事故油池及楼梯等,下游侧布置主变压器通道及厂内尾水闸门室。共设置4部疏散楼梯,两端各一部,进场交通洞两侧各一部。为防止GIS室挥发的SF_6泄露,将各楼梯封闭。

主变地面为绿色环氧地坪漆地面,墙面与顶棚均为白色腻子。GIS室地面为绿色环氧地坪漆,墙面为白色腻子,顶棚为彩钢板吊顶。

11.3　控制楼建筑设计

中控楼位于布置在厂房东北部高压电缆洞出口北面约80 m处的出线场内,地面高程为640.00 m。控制楼为两层框架结构,尺寸为56.7 m×21.5 m×12.85 m(长×宽×高),建筑面积为 1 526.09 m^2。

一层布置中控室、配电室、计算机室、高压柜室、直流室、气瓶间、污水处理控制室、蓄电池室、柴油机房、卫生间，建筑面积 911.84 m^2，层高 5.4 m。由于采用气体灭火，在中控室和计算机房附近设置气瓶间，中控室及计算机房外窗采用固定窗，外墙开泄压孔。蓄电池室根据规范设置紧急洗眼装置及淋浴装置。二层布置有办公室、会议室、工具间、卫生间，建筑面积 614.25 m^2，层高 3.6 m。

主入口设置无障碍坡道，卫生间设置男女独立的无障碍卫生间。

大厅、走廊、办公室、会议室采用地砖地面、白色涂料墙面、石膏板吊顶。中控室和计算机房采用架空防静电地板、白色涂料墙面及石膏板吊顶。卫生间采用防滑地砖地面、面砖墙面及铝合金方板吊顶。外墙采用明黄色涂料，屋檐悬挑 700 mm 宽，既可以防止外墙受雨水冲刷，又可以起到丰富建筑造型的作用。

11.4　尾闸室建筑设计

尾水洞出口处经 18 m 长的扩散段接尾水闸，尾水闸四孔一联，闸门室长 29 m，宽 17 m，闸墩顶高程为 618.40 m。尾水闸上部设置一层尾水闸配电中心，建筑面积 130.52 m^2，尺寸为 25.1 m×5.2 m×5.25 m（长×宽×高）。

配电中心设置液压启闭机控制室、13.8 kV 配电室、0.48/0.22 kV 配电室。室内采用水泥砂浆地面、白色涂料墙面及顶棚，外墙采用灰色涂料。

11.5　门卫房、停机坪休息室等次营地建筑设计

门卫房位于进场交通洞外的主干道上，一层框架结构，建筑面积 144.22 m^2，设置有控制室、更衣室、休息室、咖啡间、储物柜、工具间、公共卫生间、门卫专用卫生间。

停机坪休息室位于直升机停机坪处，提供休息室、咖啡吧、卫生间，建筑为一层框架结构，总建筑面积 37 m^2。

次营地建筑风格与中控楼及尾水闸配电中心造型保持一致。

第 12 章

地下厂房消防设计

12.1　消防原则、消防范围及要求

消防设计贯彻执行“预防为主,防消结合”的消防方针,且应满足:

(1)确保重点、兼顾一般、便于管理、经济实用的原则。

(2)在确保消防需要的前提下尽可能与正常使用的通风及给水设备相结合,以降低投资费用。

(3)以易引起火灾的主要部位如水轮发电机组、主变压器、透平油及绝缘油处理室、电缆及中控室等作为消防重点部位加以防范。

(4)考虑到火灾多为短时、突发性灾害,消防设施配置要满足自救为主、外援为辅的要求。

(5)消防产品应选用技术上成熟的、在其他类似工程中运用过的产品,除具有消防主管部门颁发的生产和销售许可证外,还须经国家相应的消防产品质量监督检测中心检验合格,并出具检验报告。

消防设计范围包含地下厂房区域内各类建筑物及机电设备消防两部分。主要建筑物包括厂房、主变室、GIS 室、中控室、出线场、电缆通道、油库、柴油发电机房等主要场所,以及水轮发电机组、主变压器、高低压配电设备、启闭机等主要机电设备。设计中根据以上建筑物和设备的特点,采用了针对性的消防措施。

本工程的主要建筑物均为混凝土结构,其耐火等级均满足有关规范要求。厂内主要机电设备都设置在专用房间内,而其他设备火灾危险性较低。

电站火灾主要来源于电气火灾和油类火灾,按照有关规程规范要求,在相关房间或场所配置一定数量的移动式灭火器。对重要的设备采用水喷雾灭火,在重要的生产场所设置消火栓。消防设计遵循国家有关规程规范的要求。保证消防车道、防火间距、安全出口的要求。消防设备选用经国家有关产品质量监督检测单位检验合格,符合现行的有关国家标准的产品,并做到安全可靠、使用方便、技术先进、经济合理。要充分考虑水电站水源充足的特点,发挥水消防的优势。本工程将连续建设,消防系统将随建筑物的形成和机电设备的投产,投入相应的消防设施。

12.2　各生产场所火灾危险性分类

该工程生产的火灾危险性分为丙、丁两类。

12.2.1　丙类

(1)闪点大于等于 60 ℃的液体。

(2)可燃固体。

12.2.2 丁类

(1)对不燃烧物质进行加工,并在高温或熔化状态下经常产生强辐射热、火花或火焰。

(2)利用气体、液体、固体作为燃料或将气体、液体进行燃烧作其他用的各种生产。

各生产建筑物、构筑物的燃烧性能和耐火极限见表12-1。

表12-1 建筑构件的燃烧性能和耐火极限 (单位:h)

建筑构件名称		耐火等级			
		一级	二级	三级	四级
墙	防火墙	不燃烧体 3.00	不燃烧体 3.00	不燃烧体 3.00	不燃烧体 3.00
	承重墙	不燃烧体 3.00	不燃烧体 2.50	不燃烧体 2.00	难燃烧体 0.50
	楼梯间墙	不燃烧体 2.00	不燃烧体 2.00	不燃烧体 1.50	难燃烧体 0.50
	疏散走道两侧的隔墙	不燃烧体 1.00	不燃烧体 1.00	不燃烧体 0.50	难燃烧体 0.25
	非承重外墙	不燃烧体 0.75	不燃烧体 0.50	难燃烧体 0.50	难燃烧体 0.25
	房间隔墙	不燃烧体 0.75	不燃烧体 0.50	难燃烧体 0.50	难燃烧体 0.25
柱		不燃烧体 3.00	不燃烧体 2.50	不燃烧体 2.00	难燃烧体 0.50
梁		不燃烧体 2.00	不燃烧体 1.50	不燃烧体 1.00	难燃烧体 0.50
楼板		不燃烧体 1.50	不燃烧体 1.00	不燃烧体 0.75	难燃烧体 0.50
屋顶承重构件		不燃烧体 1.50	不燃烧体 1.00	难燃烧体 0.50	燃烧体
疏散楼梯		不燃烧体 1.50	不燃烧体 1.00	不燃烧体 0.75	燃烧体
吊顶(包括吊顶格栅)		不燃烧体 0.25	难燃烧体 0.25	难燃烧体 0.15	燃烧体

12.3 防火分区及防火分隔

12.3.1 地下厂房防火分区

该厂房为地下厂房,按照国内《水电工程设计防火规范》(GB 50872—2014)地下副厂房最大防火面积不超过2 000 m^2,副安装间运行期改为端头副厂房面积未超过2 000 m^2,因此将主厂房划分为一个防火分区。GIS室由于吊车及设备的连续性,无法进行防火分区,因此将主变洞划分为一个防火分区。

地下厂房共划分为两个防火分区:主厂房为一个防火分区,主变洞为一个防火分区,且在两个防火分区之间设置耐火等级不低于3 h的防火卷帘。

主变洞内主变室为专用房间,采用耐火极限不低于3 h的防火卷帘进行分隔,副安装间、母线层、水轮机层的电气用房及其他丙类火灾危险分类的房间应采用耐火极限不小于 2 h 的防火隔墙及耐火极限不小于 1.5 h 的楼板隔离。

12.3.2　地面厂房防火分区

控制楼建筑面积 1 526.09 m^2,共两层,划分为一个防火分区。配电室、蓄电池室、中控室、计算机房、气瓶间、柴油机房等房间采用耐火等级不小于 2 h 的防火隔墙及门窗与其他空间相分隔。尾水闸配电中心及门卫房等其他次营地建筑均为单层建筑且面积较小,划分为一个防火分区。

12.4　安全疏散

12.4.1　地下厂房安全疏散

地下厂房共有 4 个安全出口通向地面:主出入口位于主变洞的下游侧墙上,通过进厂交通洞与室外地面相通;疏散出口 1 位于副安装间右侧,通过施工支洞与室外地面相通;疏散出口 2 位于主变洞左侧的下游侧墙上,通过高压电缆洞与室外地面相通;疏散出口 3 位于 GIS 室右侧,通过探硐与室外地面相通。

当主厂房失火时,人们可以通过主出入口、疏散出口 1 及主厂房与主变洞之间的交通洞跑出主厂房;当主变洞失火时,人们可以通过主出入口、疏散出口 2、疏散出口 3 及主厂房与主变洞之间的交通洞跑出主变洞。

主厂房内共设置 8 部疏散楼梯,主变洞内设置 4 部疏散楼梯,室内最远工作地点到该层最近的安全疏散出口的距离不超过 60 m。安全出口最小宽度不低于 900 mm,楼梯净宽不小于 1.1 m,坡角不大于 45°。

12.4.2　中控楼安全疏散

中控楼为一个防火分区,共两层,共设置一部疏散楼梯,每层均设置不少于 2 个安全出口。

第13章

尾水洞水力学设计

13.1　概　述

主要考虑了下游河道在 326 m^3/s、1 600 m^3/s 和 3 200 m^3/s 这三种情况下，机组满发和仅 8# 机组满发（半发）的尾水洞的过流情况，其中包括主洞和支洞的水面线、流速、水头损失、过流面积所占比例、明满流情况等。

13.2　计算依据

（1）《水工设计手册 第七卷——水电站建筑物》；

（2）《水力学计算手册（第二版）》，2006 年；

（3）《水力学（第三版）》；

（4）规划水文专业提供资料《水位—流量关系曲线》；

（5）合同。

13.3　计算基本资料

该项目位于亚马孙河流域，距离首都基多 75 km，共布置 8 台冲击式水轮机发电机组。

电站尾水主洞为 8 机 1 洞形式，8 台机组的尾水通过宽、高均为 5.70 m 的方形支洞汇流到洞高为 11.0 m 的城门洞形主洞，继而通过 528.59 m 长、坡度为 0.001 2 的主洞和下游尾水闸，经过 216 m 长的尾水渠（i=0.001 47）流入下游河道。

13.3.1　管路布置图

管路布置见图 13-1～图 13-4。

13.3.2　尾水洞基本参数

（1）单台机组满发流量：Q=34.8 m^3/s。

（2）8 台机组满发总流量：Q=278.4 m^3/s。

（3）主洞数量：1。

（4）主洞洞高：12.7 m。

（5）主洞截面面积：135.7 m^2。

（6）弯道上游主洞坡度：0。

（7）弯道下游主洞坡度：0.001 2。

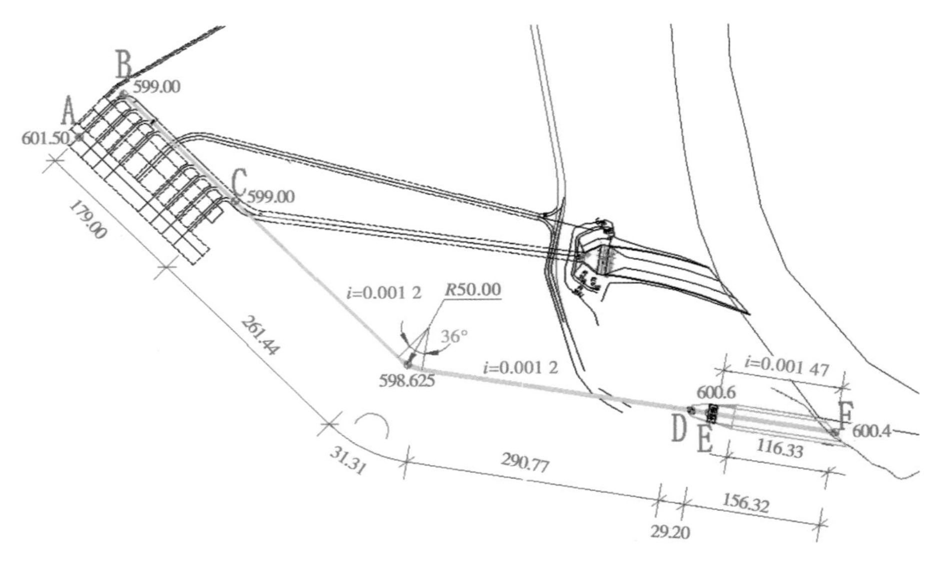

图 13-1　尾水洞总体布置　(单位:m)

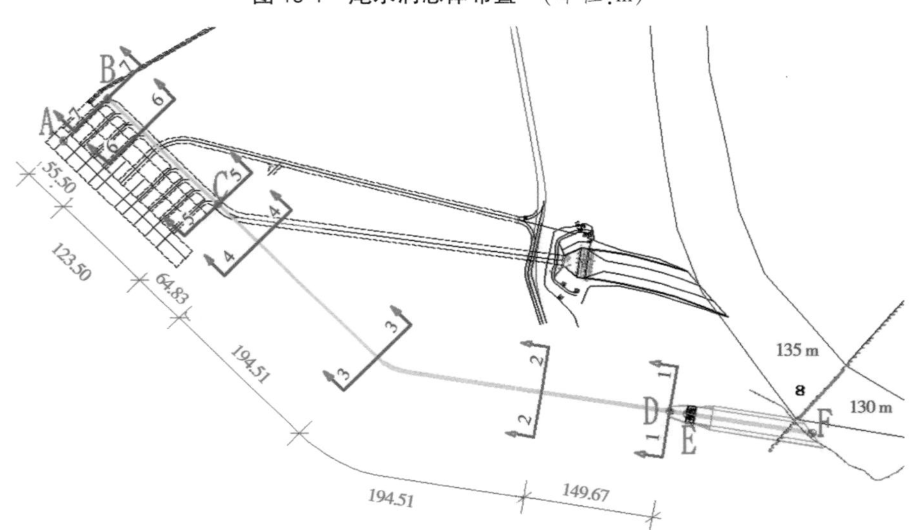

图 13-2　尾水主洞计算断面图　(单位:m)

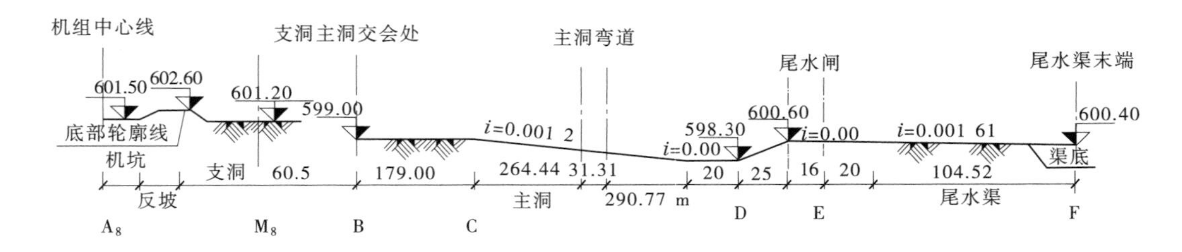

图 13-3　尾水洞总体纵剖面图　(单位:m)

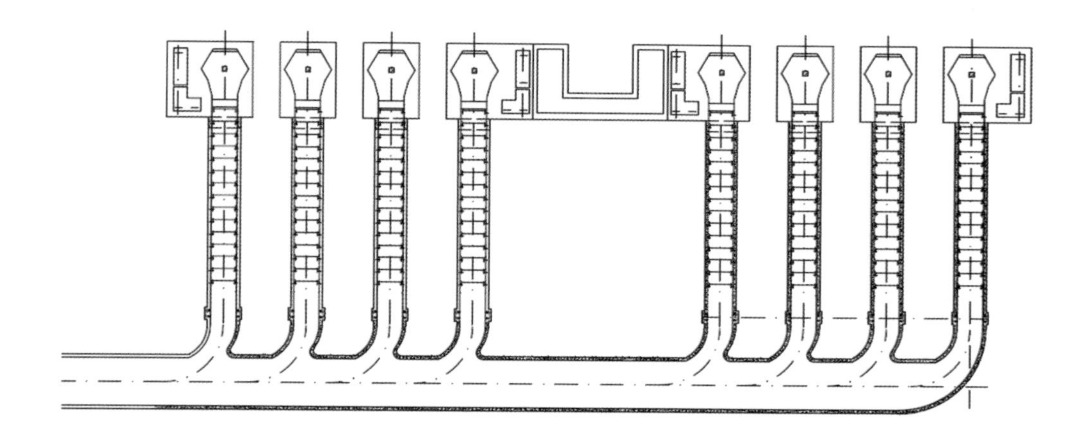

图 13-4　尾水洞岔管段平面图

(8)支洞数量:8。
(9)支洞长度:60.50 m。
(10)支洞宽度:5.70 m。
(11)支洞高度:5.70 m。
(12)支洞截面面积:31.63 m^2。
(13)支洞底高程: 602.60 m。
(14)主动末端底高程:598.30 m。
(15)尾水闸单孔孔口宽度:12 m。
(16)闸孔数量:1。
(17)尾水闸底板高程:600.60 m。
(18)尾水渠水平段长度:40 m。
(19)梯形断面长度:116.33 m。
(20)梯形断面两岸坡度:1∶1.5。
(21)尾水渠正坡段坡度:0.001 47。
(22)尾水渠底部宽度:20 m。
(23)尾水洞混凝土糙率:0.014 49。
(24)尾水渠混凝土糙率:0.015。

13.4　计算理论、公式及方法

13.4.1　明流计算方法

明渠恒定非均匀渐变流水面线计算——逐段试算法:先把明渠划分为若干流段,然后

对每一流段 Δs 应用公式 $\Delta s=\dfrac{\Delta E_s}{i-\bar{J}}=\dfrac{E_{sd}-E_{su}}{i-\bar{J}}$，由流道的已知断面求未知断面，然后逐段推算。

在底坡为 i 的明渠渐变流中，沿水流方向任取一微分流段 $\mathrm{d}s$，设上游断面水深为 h，水位为 z，断面平均流速为 v，河底高程为 z_0；由于非均匀流中各种要素沿流程变化，故微分流段下游断面水深为 $h+\mathrm{d}h$，水位为 $z+\mathrm{d}z$，平均流速为 $v+\mathrm{d}v$。因水流为渐变流，可对微分流段的上、下游断面建立能量方程如下：

$$z_0+h\cos\theta+\frac{p_a}{\rho g}+\frac{\alpha v^2}{2g}=(z_0-i\mathrm{d}s)+(h+\mathrm{d}h)\cos\theta+\frac{p_a}{\rho g}+\frac{\alpha(v+\mathrm{d}v)^2}{2g}+\mathrm{d}h_f+\mathrm{d}h_j \tag{13-1}$$

因为

$$\frac{\alpha}{2g}(v+\mathrm{d}v)^2=\frac{\alpha}{2g}[v^2+2v\mathrm{d}v+(\mathrm{d}v)^2]\approx\frac{\alpha}{2g}(v^2+2v\mathrm{d}v)=\frac{\alpha v^2}{2g}+\mathrm{d}\left(\frac{\alpha v^2}{2g}\right)$$

将上式代入式(13-1)，化简得

$$i\mathrm{d}s=\cos\theta\mathrm{d}h+\mathrm{d}\left(\frac{\alpha v^2}{2g}\right)+\mathrm{d}h_f+\mathrm{d}h_j \tag{13-2}$$

式中：$\mathrm{d}\left(\frac{\alpha v^2}{2g}\right)$ 为微分流段内流速水头的增量；$\mathrm{d}h_f$ 为微分流段内沿程水头损失，近似采用均匀流公式计算，即令 $\mathrm{d}h_f=\frac{Q^2}{K^2}\mathrm{d}s$；$\mathrm{d}h_j$ 为微分流段内局部水头损失，令 $\mathrm{d}h_j=\xi\mathrm{d}\left(\frac{v^2}{2g}\right)$。

将 $\mathrm{d}h_f$ 和 $\mathrm{d}h_j$ 代入式(13-2)，得

$$i\mathrm{d}s=\cos\theta\mathrm{d}h+(\alpha+\xi)\mathrm{d}\left(\frac{v^2}{2g}\right)+\left(\frac{Q^2}{K^2}\right)\mathrm{d}s \tag{13-3}$$

$$K=AC\sqrt{R}$$

式中：Q 为流量；A 为过流面积；C 为曼宁系数；R 为水力半径；v 为流速；g 为重力加速度；ξ 为局部水头损失系数；α 为动能修正系数，其值取决于过水断面上流速分布情况，流速分布愈均匀，α 愈接近于 1，不均匀分布时，$\alpha>1$，在渐变流时，一般 $\alpha=1.05\sim1.1$，为计算简便起见，通常取 $\alpha\approx1$。

其中 K、v、C、R 等值采用流段上、下游断面的平均值。

在平直的流段内，局部损失很小，可以忽略，即取 $\xi=0$，并令 $\alpha=1$，式(13-3)可写为

$$\frac{\mathrm{d}E_s}{\mathrm{d}s}=i-\frac{Q^2}{K^2}=i-j \tag{13-4}$$

式中：$E_s=h+\frac{v^2}{2g}=h+\frac{Q^2}{2gA^2}$；$K=AC\sqrt{R}$；$J$ 为水力坡度，$J=\frac{Q^2}{K^2}=\frac{v^2}{C^2R}$。

将式(13-4)写作差分方程。针对某一流段 Δs,将把水力坡度 J 用流段内平均水力坡度 $\bar{J}$ 去代替,则有

$$\Delta s = \frac{\Delta E_s}{i - \bar{J}} = \frac{E_{sd} - E_{su}}{i - \bar{J}} \tag{13-5}$$

式(13-5)就是逐段式算法计算水面线的基本公式。

式中:ΔE_s 为流段的两端断面上断面比能差值;E_{sd}、E_{su} 分别为 Δs 流段内的下游及上游断面的断面比能;$\bar{J}$ 为流段的平均水力坡度。

计算时假定未知端断面水深,从而按照式(13-5)算得一个 Δs 与已知的 Δs 相等,则假定水深即为所求;若不等,需重新假设,直至算得的 Δs 与已知的 Δs 相等。

采用式(13-5)计算出的流道各部位的水位,在此水位基础上再叠加相应的局部水头损失,从而得到整个流道内各部位的最终水位。

13.4.2　计算公式

13.4.2.1　明流计算公式

$$\Delta s = \frac{\Delta E_s}{i - \bar{J}} = \frac{E_{sd} - E_{su}}{i - \bar{J}}$$

13.4.2.2　局部水头损失计算公式

局部水头损失

$$h_j = \xi \frac{v^2}{2g} \tag{13-6}$$

式中:ξ 为局部水头损失系数;v 为流速;g 为重力加速度。

13.4.2.3　临界水深

从能量的角度来分析明渠中的流态,渠道横断面的断面比能:

$$E_s = h + \frac{\alpha v^2}{2g} = h + \frac{\alpha Q^2}{2gA^2} \tag{13-7}$$

相应于断面比能最小值的水深称为临界水深,以 h_k 表示。将式(13-7)取导数,并令其等于零,即可求得临界水深所应满足的条件:

$$\frac{dE_s}{dh} = 1 - \frac{\alpha Q^2}{gA^3}\frac{dA}{dh} = 1 - \frac{\alpha Q^2 B}{gA^3} = 0 \tag{13-8}$$

式(13-8)可写成

$$\frac{\alpha Q^2}{g} = \frac{A^3}{B_k} \tag{13-9}$$

式中:B_k 为水面宽;A 为过流面积;α 为动能修正系数;Q 为流量;g 为重力加速度。

因此,当流量和过水断面形状及尺寸确定时,利用式(13-9)即可得临界水深 h_k。

13.4.2.4　主洞、支洞断面

主洞、支洞断面见图 13-5、图 13-6。

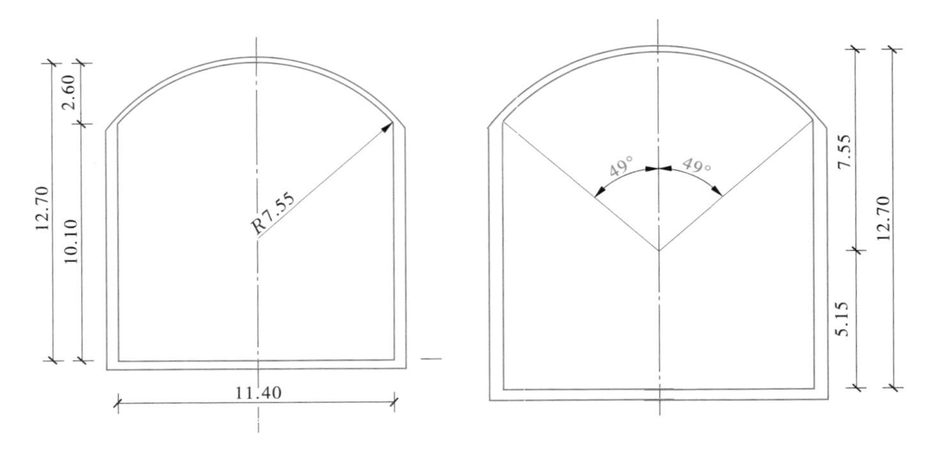

图 13-5　尾水主洞断面　（单位：m）

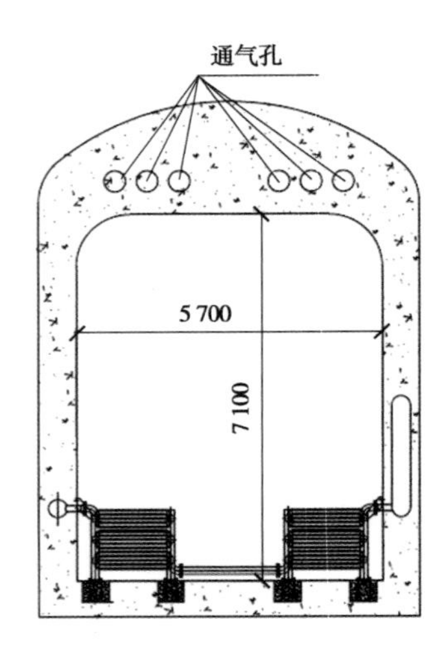

图 13-6　尾水支洞断面　（单位：mm）

13.5　计　算

13.5.1　计算工况

计算工况见表 13-1。

表 13-1　计算工况

工况	发电机运行台数	发电流量(m^3/s)	河道流量(m^3/s)	河道水位(m)	计算起始点断面	计算起始水位(m)
1	8 台机组	278.4	326	602.20	F	602.97
2	8 台机组	278.4	1 600	604.69	F	604.69
3	8 台机组	278.4	3 200	606.95	F	606.95
4	仅 8#机组	34.8	326	602.20	F	602.20
5	仅 8#机组	17.4	326	602.20	F	602.20

尾水渠水力学计算起始点断面 F 见图 13-7。

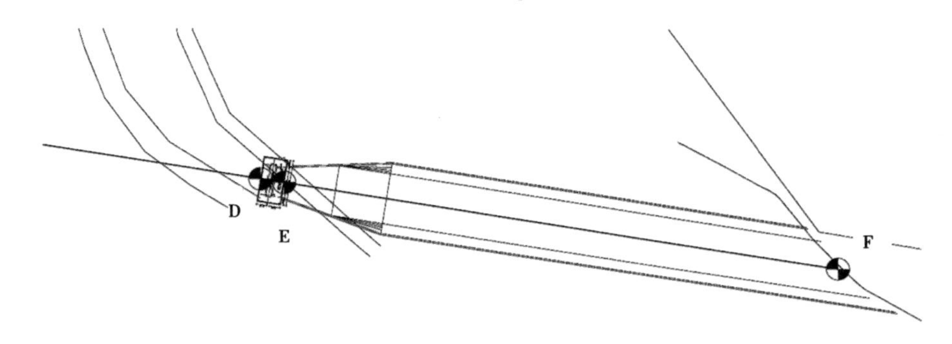

图 13-7　尾水渠水力学计算起始点断面 F

河道 8 断面水位—流量关系见表 13-2。

表 13-2　河道 8 断面水位—流量关系

流量(m^3/s)	水位(m)
100	601.41
200	601.82
326	602.20
500	602.61
1 000	603.70
1 600	604.69
2 000	605.36
3 000	606.73
3 200	606.95
4 000	607.84
5 000	608.60
6 000	609.42
8 000	611.22
10 000	613.23

13.5.2 沿程水头损失

尾水洞糙率采用 $1/n=69$,即 $n=0.0145$。

沿程水头损失的计算采用通用公式:

$$h_{\mathrm{f}} = \frac{lv^2}{C^2R} \tag{13-10}$$

式中:l 为计算流段的长度;v 为流速;C 为谢才系数;R 为水力半径。

13.5.3 局部水头损失

局部水头损失的计算采用通用公式:

$$h_{\mathrm{j}} = \xi \frac{v^2}{2g}$$

式中:ξ 为局部水头损失系数;v 为流速。

13.5.3.1 支洞

支洞的局部水头损失包括:

(1)明流状态下突扩损失。

明流状态下突扩损失系数:支洞接主洞接主洞处取为 0.70。

参见《水力学(第三版)》中局部水头损失系数表中的渠道突然扩大,如图 13-8 所示,支洞出口的突然扩大部位介于两者之间,更接近于直角情况,因此取 0.70。

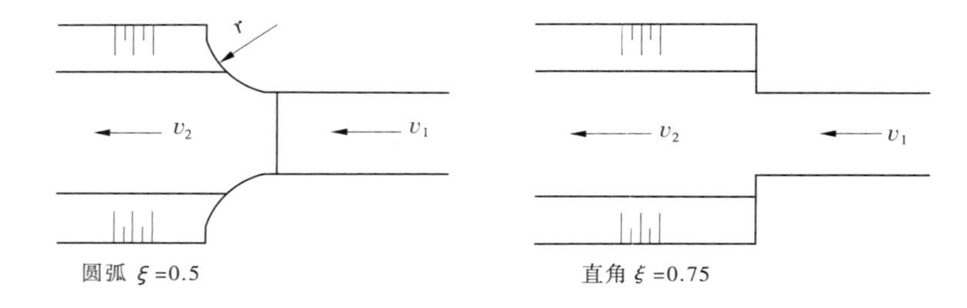

图 13-8 渠道突然扩大部位局部水头损失

(2)明渠状态下支洞弯道损失。

渠弯损失系数计算公式:

$$\xi = \frac{19.62l}{C^2R}\left(1 + \frac{3}{4}\sqrt{\frac{b}{r}}\right) \tag{13-11}$$

式中:R 为水力半径;b 为渠宽,对梯形断面应为水面宽;r 为渠弯轴线的弯曲半径;l 为渠弯的长度;C 为谢才系数。

(3)尾水热交换器的阻力损失。

通过尾水支洞的模型试验,在正常发电工况下,设置尾水热交换器使得机坑处水位抬高 20 cm 左右。因此,反推出局部尾水热交换器水头损失系数为 1。

(4)挡气坎的阻力损失。

根据《水力学(第三版)》介绍的闸板阀水头损失系数,有压流状态下,鼻坎相当于闸板,通过过流面积所占总断面面积的比值,挡气坎局部损失系数取为 0.98。

(5)叠梁门门槽的阻力损失。

平板门阻力损失系数取 0.2~0.4,本次计算取 0.3,参见《水力学(第三版)》。

(6)机坑进入支洞阻力损失。

该处的体形介于表 13-3 所示的两种情况,根据以下两种局部损失折中作为机坑进入支洞的局部损失系数,为 0.35。

表 13-3　不同结构体形局部损失系数

v	切角 $\xi=0.25$
v	直角 $\xi=0.50$

需要注意的是,支洞局部水头损失系数假定,由于尾水支洞结构体形复杂,难以确定准备的局部水头损失系数,因此只能根据已有相近的局部水头损失来近似计算本尾水洞的局部水头损失系数。对于支洞来说,除(2)、(5)外,其他损失系数均为近似计算,需要得到水力学模型试验的进一步验证和判断。

13.5.3.2　主洞

主洞的局部水头损失为:

(1)主洞受支洞冲击水头影响的损失。

主洞受支洞冲击水头影响的损失系数:第 8 尾水支洞交会处取 0.13,向上游逐渐增大,第 1 尾水支洞交会处取 0.538(见表 13-4)。

表 13-4　主洞受支洞冲击水头影响的损失系数

第 8 尾水洞末端	第 7 尾水洞末端	第 6 尾水洞末端	第 5 尾水洞末端	第 4 尾水洞末端	第 3 尾水洞末端	第 2 尾水洞末端	第 1 尾水洞末端
0.13	0.178	0.238	0.298	0.358	0.418	0.478	0.538

(2)明渠状态下主洞的弯道损失。

渠弯损失系数计算公式:

$$\xi=\frac{19.62l}{C^2R}\left(1+\frac{3}{4}\sqrt{\frac{b}{r}}\right)$$

式中：R 为水力半径；b 为渠宽，对梯形断面应为水面宽；r 为渠弯轴线的弯曲半径；l 为渠弯的长度；C 为谢才系数。

(3)尾水洞出口接闸断面由马蹄形过渡到矩形的损失。

根据圆形变矩形均不损失系数来考虑，取为 0.1(见表 13-5)。

表 13-5　圆形变矩形渐缩管局部水头损失系数

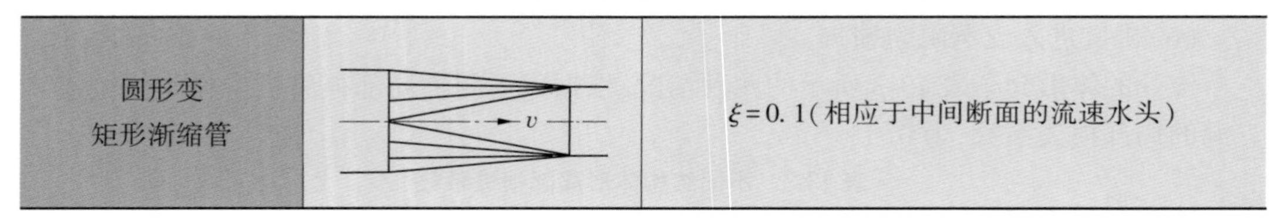

圆形变矩形渐缩管	v	$\xi=0.1$(相应于中间断面的流速水头)

需要注意的是，主洞局部水头损失系数假定，对于(1)主洞受支洞冲击水头影响的损失，目前还没有明确的系数计算方法，因此在查阅资料的基础上，根据经验，近似考虑了其水头损失系数，需要得到水力学模型试验的进一步验证和判断。

13.5.3.3　**尾水渠**

尾水渠局部水头损失包括：

(1)尾水闸门槽损失。

参见水力学计算手册，尾水闸门槽损失系数取为 0.20(见表 13-6)。

表 13-6　门槽局部水头损失系数

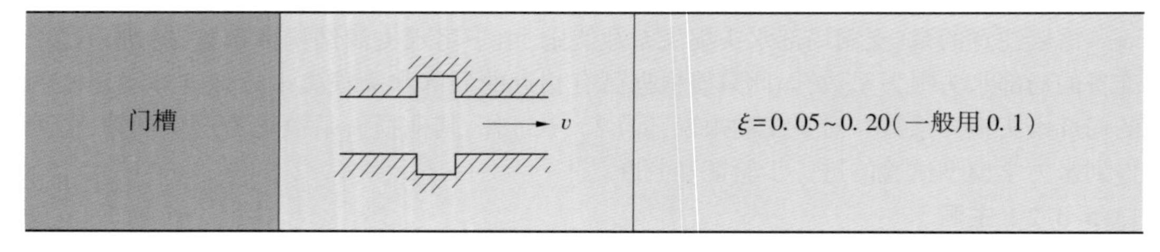

门槽	v	$\xi=0.05\sim0.20$(一般用 0.1)

(2)直挡墙扩散段损失。

参见《水力学(第三版)》中局部水头损失系数表中的渠道突然扩大，如图 13-8 所示。尾水渠闸后直墙段的扩散角为 11°，角度较小，在规范的允许范围(7°～12°)内。因此，局部损失取二者的中值，为 0.65。

(3)直立面过渡到梯形断面的扭面段损失。

参见《水力学(第三版)》，渠道逐渐扩大(楔形取 0.5)，此部位局部水头损失取为 0.5。

13.6　水头损失计算过程

水头损失计算过程见表 13-7～表 13-17。

表 13-7　各工况下尾水渠水头损失汇总

工况	机组运行台数	发电流量 (m^3/s)	下游河道流量 (m^3/s)	下游河道水位 (m)	尾水渠水头损失(m)					
					局部损失				沿程水头损失	总水头损失
					尾水闸门槽损失	渐变段损失	扭面损失	局部水头损失之和		
					1	2	3	4	5	6=4+5
1	8 台机组	278.4	326	602.20	0.733	0.211	0.314	1.258	0.235	1.493
2	8 台机组	278.4	1 600	604.69	0.448	0.119	0.108	0.674	0.054	0.728
3	8 台机组	278.4	3 200	606.95	0.180	0.049	0.053	0.283	0.014	0.297
4	仅 8#机组	34.8	326	602.20	0.011	0.005	0.001	0.018	0.001	0.019
5	仅 8#机组	17.4	326	602.20	0.011	0.005	0.001	0.018	0.001	0.019

表 13-8　工况 1 下游河道流量 326 m^3/s 时 8 台机组满发尾水支洞的水头损失　（单位：m）

部位	支洞水头损失							
	1	2	3	4	5	6=1+2+3+4+5	7	8=6+7
	机坑	门槽	热交换器	支洞接主洞跌水和管径扩大	支洞弯道	局部水头损失之和	沿程水头损失	总水头损失
第 8 尾水洞	0.083	0.016	0.050	0.006	0.121	0.276	0.030	0.306
第 7 尾水洞	0.076	0.015	0.047	0.005	0.111	0.254	0.027	0.281
第 6 尾水洞	0.072	0.013	0.044	0.005	0.104	0.238	0.025	0.263
第 5 尾水洞	0.068	0.012	0.041	0.004	0.099	0.224	0.023	0.247
第 4 尾水洞	0.066	0.012	0.040	0.004	0.095	0.217	0.022	0.239
第 3 尾水洞	0.064	0.011	0.039	0.004	0.093	0.211	0.022	0.233
第 2 尾水洞	0.064	0.011	0.038	0.004	0.092	0.209	0.021	0.230
第 1 尾水洞	0.063	0.011	0.038	0.004	0.092	0.208	0.021	0.29

表 13-9　工况 1 下游河道流量 326 m^3/s 时 8 台机组满发尾水水头损失

（单位：m）

洞段	水头损失项目		第8尾水洞	第7尾水洞	第6尾水洞	第5尾水洞	第4尾水洞	第3尾水洞	第2尾水洞	第1尾水洞
支洞(A—B)(1)	局部水头损失之和		0.276	0.254	0.237	0.225	0.216	0.211	0.209	0.208
	沿程水头损失之和		0.030	0.027	0.025	0.023	0.022	0.022	0.021	0.021
主洞(B—C)(2)	支洞水流对主洞的冲击	第8尾水洞	0.099	0.099	0.099	0.099	0.099	0.099	0.099	0.099
		第7尾水洞	—	0.106	0.106	0.106	0.106	0.106	0.106	0.106
		第6尾水洞	—	—	0.099	0.099	0.099	0.099	0.099	0.099
		第5尾水洞	—	—	—	0.083	0.083	0.083	0.083	0.083
		第4尾水洞	—	—	—	—	0.061	0.061	0.061	0.061
		第3尾水洞	—	—	—	—	—	0.039	0.039	0.039
		第2尾水洞	—	—	—	—	—	—	0.020	0.020
		第1尾水洞	—	—	—	—	—	—	—	0.005
	主洞C点处到达各尾水支洞末端的沿程水头损失		0.010	0.020	0.027	0.031	0.040	0.041	0.042	0.042
主洞(C—D)(3)	尾水主洞出口圆变方		0.058	0.058	0.058	0.058	0.058	0.058	0.058	0.058
	主洞弯道		0.028	0.028	0.028	0.028	0.028	0.028	0.028	0.028
	主洞沿程水头损失		0.419	0.419	0.419	0.419	0.419	0.419	0.419	0.419
尾水闸(D—E)(4)	尾水闸局部水头损失		0.211	0.211	0.211	0.211	0.211	0.211	0.211	0.211
	尾水闸沿程水头损失		0.017	0.017	0.017	0.017	0.017	0.017	0.017	0.017
尾水渠(E—F)(5)	尾水渠局部水头损失		0.762	0.762	0.762	0.762	0.762	0.762	0.762	0.762
	尾水渠沿程水头损失		0.203	0.203	0.203	0.203	0.203	0.203	0.203	0.203
总水头损失(6)=(1)+(2)+(3)+(4)+(5)			2.113	2.204	2.291	2.364	2.424	2.459	2.477	2.481
河道末端计算水位			602.96	602.96	602.96	602.96	602.96	602.96	602.96	602.96
支洞起始端水位			605.72	605.83	605.93	606.01	606.07	606.11	606.13	606.13

表 13-10　工况 2 下游河道流量 1 600 m^3/s 时 8 台机组满发尾水支洞的水头损失　（单位：m）

部位	支洞水头损失							
	1	2	3	4	5	6=1+2+3+4+5	7	8=6+7
	机坑	门槽	热交换器	支洞接主洞跌水和管径扩大	支洞弯道	局部水头损失之和	沿程水头损失	总水头损失
第 8 尾水洞	0.074	0.014	0.045	0.005	0.107	0.245	0.026	0.271
第 7 尾水洞	0.069	0.013	0.042	0.004	0.100	0.228	0.024	0.252
第 6 尾水洞	0.065	0.012	0.039	0.004	0.094	0.214	0.022	0.236
第 5 尾水洞	0.062	0.011	0.038	0.004	0.090	0.205	0.021	0.226
第 4 尾水洞	0.060	0.010	0.036	0.004	0.086	0.196	0.020	0.216
第 3 尾水洞	0.059	0.010	0.036	0.004	0.085	0.194	0.019	0.213
第 2 尾水洞	0.058	0.010	0.035	0.004	0.084	0.191	0.019	0.210
第 1 尾水洞	0.058	0.010	0.035	0.004	0.084	0.191	0.019	0.210

表 13-11　工况 2 下游河道流量 1 600 m^3/s 时 8 台机组满发尾水水头损失

（单位：m）

洞段	水头损失项目		第 8 尾水洞	第 7 尾水洞	第 6 尾水洞	第 5 尾水洞	第 4 尾水洞	第 3 尾水洞	第 2 尾水洞	第 1 尾水洞
支洞（A—B）(1)	局部水头损失之和		0.244	0.227	0.214	0.204	0.197	0.193	0.191	0.190
	沿程水头损失之和		0.026	0.024	0.022	0.021	0.020	0.019	0.019	0.019
主洞（B—C）(2)	支洞水流对主洞的冲击	第 8 尾水洞	0.092	0.092	0.092	0.092	0.092	0.092	0.092	0.092
		第 7 尾水洞	—	0.100	0.100	0.100	0.100	0.100	0.100	0.100
		第 6 尾水洞	—	—	0.093	0.093	0.093	0.093	0.093	0.093
		第 5 尾水洞	—	—	—	0.078	0.078	0.078	0.078	0.078
		第 4 尾水洞	—	—	—	—	0.058	0.058	0.058	0.058
		第 3 尾水洞	—	—	—	—	—	0.037	0.037	0.037
		第 2 尾水洞	—	—	—	—	—	—	0.019	0.019
		第 1 尾水洞	—	—	—	—	—	—	—	0.005
	主洞 C 点处到达各尾水支洞末端的沿程水头损失		0.009	0.018	0.024	0.029	0.037	0.038	0.039	0.039
主洞（C—D）(3)	尾水主洞出口圆变方		0.061	0.061	0.061	0.061	0.061	0.061	0.061	0.061
	主洞弯道		0.026	0.026	0.026	0.026	0.026	0.026	0.026	0.026
	主洞沿程水头损失		0.380	0.380	0.380	0.380	0.380	0.380	0.380	0.380
尾水闸（D—E）(4)	尾水闸局部水头损失		0.119	0.119	0.119	0.119	0.119	0.119	0.119	0.119
	尾水闸沿程水头损失		0.006	0.006	0.006	0.006	0.006	0.006	0.006	0.006
尾水渠（E—F）(5)	尾水渠局部水头损失		0.556	0.556	0.556	0.556	0.556	0.556	0.556	0.556
	尾水渠沿程水头损失		0.037	0.037	0.037	0.037	0.037	0.037	0.037	0.037
总水头损失(6)=(1)+(2)+(3)+(4)+(5)			1.556	1.646	1.730	1.802	1.860	1.893	1.911	1.915
河道末端计算水位			602.965	602.965	602.965	602.965	602.965	602.965	602.965	602.965
支洞起始端水位			605.89	606.00	606.09	606.17	606.23	606.27	606.28	606.29

表 13-12　工况 3 下游河道流量 3 200 m^3/s 时 8 台机组满发尾水支洞的水头损失　　(单位:m)

部位	支洞水头损失								
	1	2	3	4	5	6	7=1+2+3+4+5+6	8	9=7+8
	机坑	门槽	鼻坎	热交换器	支洞接主洞跌水和管径扩大	支洞弯道	局部水头损失之和	沿程水头损失	总水头损失
第 8 尾水洞	0.035	0.005	0.070	0.021	0.002	0.050	0.183	0.009	0.192
第 7 尾水洞	0.034	0.005	0.068	0.020	0.002	0.048	0.177	0.009	0.186
第 6 尾水洞	0.033	0.005	0.066	0.020	0.002	0.047	0.173	0.008	0.181
第 5 尾水洞	0.032	0.004	0.064	0.019	0.002	0.046	0.167	0.008	0.175
第 4 尾水洞	0.032	0.004	0.063	0.019	0.002	0.045	0.165	0.008	0.173
第 3 尾水洞	0.031	0.004	0.063	0.019	0.002	0.045	0.164	0.008	0.172
第 2 尾水洞	0.031	0.004	0.063	0.019	0.002	0.045	0.164	0.008	0.172
第 1 尾水洞	0.031	0.004	0.062	0.019	0.002	0.045	0.163	0.008	0.171

表 13-13　工况 3 下游河道流量 3 200 m^3/s 时 8 台机组满发尾水水头损失

（单位:m）

洞段	水头损失项目		第 8 尾水洞	第 7 尾水洞	第 6 尾水洞	第 5 尾水洞	第 4 尾水洞	第 3 尾水洞	第 2 尾水洞	第 1 尾水洞
支洞(A—B)(1)	局部水头损失之和		0.181	0.176	0.172	0.168	0.165	0.164	0.163	0.163
	沿程水头损失之和		0.009	0.009	0.008	0.008	0.008	0.008	0.008	0.008
主洞(B—C)(2)	支洞水流对主洞的冲击	第 8 尾水洞	0.058	0.058	0.058	0.058	0.058	0.058	0.058	0.058
		第 7 尾水洞	—	0.064	0.064	0.064	0.064	0.064	0.064	0.064
		第 6 尾水洞	—	—	0.061	0.061	0.061	0.061	0.061	0.061
		第 5 尾水洞	—	—	—	0.051	0.051	0.051	0.051	0.051
		第 4 尾水洞	—	—	—	—	0.039	0.039	0.039	0.039
		第 3 尾水洞	—	—	—	—	—	0.025	0.025	0.025
		第 2 尾水洞	—	—	—	—	—	—	0.013	0.013
		第 1 尾水洞	—	—	—	—	—	—	—	0.004
	主洞 C 点处到达各尾水支洞末端的沿程水头损失		0.005	0.010	0.014	0.016	0.021	0.022	0.022	0.022
主洞(C—D)(3)	尾水主洞出口圆变方		0.051	0.051	0.051	0.051	0.051	0.051	0.051	0.051
	主洞弯道		0.014	0.014	0.014	0.014	0.014	0.014	0.014	0.014
	主洞沿程水头损失		0.206	0.206	0.206	0.206	0.206	0.206	0.206	0.206
尾水闸(D—E)(4)	尾水闸局部水头损失		0.049	0.049	0.049	0.049	0.049	0.049	0.049	0.049
	尾水闸沿程水头损失		0.002	0.002	0.002	0.002	0.002	0.002	0.002	0.002
尾水渠(E—F)(5)	尾水渠局部水头损失		0.234	0.234	0.234	0.234	0.234	0.234	0.234	0.234
	尾水渠沿程水头损失		0.008	0.008	0.008	0.008	0.008	0.008	0.008	0.008
总水头损失(6)=(1)+(2)+(3)+(4)+(5)			0.817	0.881	0.941	0.990	1.031	1.056	1.068	1.072
河道末端计算水位			606.95	606.95	606.95	606.95	606.95	606.95	606.95	606.95
支洞起始端水位			607.45	607.52	607.59	607.64	607.68	607.71	607.72	607.72

表 13-14 工况 4 下游河道流量 326 m^3/s 时仅 $8^\#$ 机组满发尾水支洞的水头损失 （单位:m）

部位	支洞水头损失							
	1	2	3	4	5	6=1+2+3+4+5	7	8=6+7
	机坑	门槽	热交换器	支洞接主洞跌水和管径扩大	支洞弯道	局部水头损失之和	沿程水头损失	总水头损失
第 8 尾水洞	0. 173	0. 566	0. 739	0. 105	0. 844	2. 427	0. 566	2. 993

表 13-15 工况 4 下游河道流量 326 m^3/s 时仅 $8^\#$ 机组满发尾水水头损失 （单位:m）

洞段	水头损失项目	第 8 尾水洞
$8^\#$支洞(1)	局部水头损失之和	0. 739
	沿程水头损失之和	0. 105
主洞 C 点处到达 $8^\#$尾水支洞末端沿程损失(2)		0. 001
主洞(C—D)(3)	尾水主洞出口圆变方	0. 003
	主洞弯道	0. 002
	主洞沿程损失	0. 031
尾水闸(D—E)(4)	尾水闸局部水头损失	0. 015
	尾水闸沿程水头损失	0. 000 3
尾水渠(E—F)(5)	尾水渠局部水头损失	0. 036
	尾水渠沿程水头损失	0. 015
总水头损失(6)=(1)+(2)+(3)+(4)+(5)		0. 947
河道末端计算水位		602. 20
支洞起始端水位		605. 36

表 13-16　工况 5 下游河道流量 326 m^3/s 时仅 8[#]机组半发尾水支洞的水头损失　（单位：m）

部位	支洞水头损失							
	1	2	3	4	5	6=1+2+3+4+5	7	8=6+7
	机坑	门槽	热交换器	支洞接主洞跌水和管径扩大	支洞弯道	局部水头损失之和	沿程水头损失	总水头损失
第 8 尾水洞	0.101	0.305	0.405	0.091	0.496	1.398	0.305	1.703

表 13-17　工况 5　下游河道流量 326 m^3/s 时仅 8[#]机组半发尾水水头损失　（单位：m）

洞段	水头损失项目	第 8 尾水洞
8[#]支洞(1)	局部水头损失之和	0.405
	沿程水头损失之和	0.091
主洞 C 点处到达 8[#]尾水支洞末端沿程损失(2)		0.001
主洞(C—D)(3)	尾水主洞出口圆变方	0.001
	主洞弯道	0
	主洞沿程损失	0.008
尾水闸(D—E)(4)	尾水闸局部水头损失	0.004
	尾水闸沿程水头损失	0.000 5
尾水渠(E—F)(5)	尾水渠局部水头损失	0.009
	尾水渠沿程水头损失	0.004
总水头损失(6)=(1)+(2)+(3)+(4)+(5)		0.523 5
河道末端计算水位		602.20
支洞起始端水位		604.35

13.7　成果汇总及分析

成果汇总见表 13-18～表 13-27。

下游河道多年平均流量 326 m^3/s(河道水位 602.20 m)时,1#机组基坑内水位最高,为 606.13 m,距离机组安装高程为 4.97 m,大于 3.8 m,距离尾水支洞顶面 2.17 m,大于 0.4 m,满足明流洞要求。1#机组鼻坎处水位为 605.94 m,水面距离鼻坎底部为 0.86 m,大于 0.4 m,因此能够满足机组正常发电。

下游河道多年平均流量 1 600 m^3/s(河道水位 604.69 m)时,1#机组基坑内水位最高,为 606.29 m,距离机组安装高程为 5.09 m,大于 3.8 m,距离尾水支洞顶面 2.01 m,大于 0.4 m,满足明流洞要求。1#机组鼻坎处水位为 606.20 m,水面距离鼻坎底部为 0.6 m,大于 0.4 m,因此能够满足机组正常发电。

下游河道多年平均流量 3 200 m^3/s(河道水位 606.95 m)时,1#机组基坑内水位最高,为 607.72 m,距离机组安装高程为 3.38 m,小于 3.8 m,距离尾水支洞顶面 0.58 m,大于 0.4 m,满足局部明流洞要求。1#机组鼻坎处水位为 607.62 m,水面在鼻坎底部以上为 0.82 m,1#尾水支洞在鼻坎处为明满流状态。

下游河道多年平均流量 326 m^3/s(河道水位 602.20 m)时,8#机组基坑内水位最高,为 603.68 m,距离机组安装高程为 7.42 m,大于 3.8 m,距离尾水支洞顶面 4.62 m,大于 0.4 m,满足明流洞要求。8#机组鼻坎处水位为 602.83 m,水面距离鼻坎底部为 3.97 m,大于 0.4 m,因此能够满足机组正常发电。

下游河道多年平均流量 326 m^3/s(河道水位 602.20 m)时,8#机组基坑内水位最高,为 602.99 m,距离机组安装高程为 8.11 m,大于 3.8 m,距离尾水支洞顶面 5.31 m,大于 0.4 m,满足明流洞要求。8#机组鼻坎处水位为 602.25 m,水面距离鼻坎底部为 4.55 m,大于 0.4 m,因此能够满足机组正常发电。

13.8　结　论

厄瓜多尔 CCS 水电站尾水洞计算结果表明:当下游河道流量 326 m^3/s,水位为 602.20 m 时,满足明流洞要求;当下游河道流量 1 600 m^3/s,水位为 604.69 m 时,满足明流洞要求;当下游河道流量 3 200 m^3/s,水位为 606.95 m 时,主洞、支洞均为明满流状态,机组需要压气运行。

表 13-18　工况 1(下游河道流量 326 m^3/s,水位为 602.20 m)支洞水力学计算成果汇总

支洞结果汇总									
序号	项目	第 8 尾水洞	第 7 尾水洞	第 6 尾水洞	第 5 尾水洞	第 4 尾水洞	第 3 尾水洞	第 2 尾水洞	第 1 尾水洞
1	洞宽 b	5.70	5.70	5.70	5.70	5.70	5.70	5.70	5.70
2	洞高 h	7.10	7.10	7.10	7.10	7.10	7.10	7.10	7.10
3	断面面积 A_1(m^2)	34.97	34.97	34.97	34.97	34.97	34.97	34.97	34.97
4	A—A 断面水位(m)	605.72	605.83	605.93	606.01	606.07	606.11	606.13	606.13
5	机组安装高程 Z_1(m)	611.10	611.10	611.10	611.10	611.10	611.10	611.10	611.10
6=5-4	A—A 断面水面距机组安装高程距离(m)	5.38	5.27	5.17	5.09	5.03	4.99	4.97	4.97
7	A—A 断面水深 h_1(m)	4.52	4.63	4.73	4.81	4.87	4.91	4.93	4.93
8	A—A 断面流速 v_1(m/s)	1.82	1.75	1.69	1.65	1.62	1.60	1.59	1.59
9	最大过水断面面积 A_2(m^2)	19.13	19.90	20.56	21.08	21.49	21.72	21.84	21.87
10=9/3	过水断面占总断面比例(%)	54.70	56.90	58.79	60.28	61.45	62.11	62.45	62.54
11=2-7	A—A 断面水面距离支洞洞顶距离 h_2(m)	2.58	2.47	2.37	2.29	2.23	2.19	2.17	2.17
12	支洞洞顶高程 Z_2(m)	608.30	608.30	608.30	608.30	608.30	608.30	608.30	608.30
13	鼻坎高度 h_3(m)	1.50	1.50	1.50	1.50	1.50	1.50	1.50	1.50
14	B—B 断面水位 Z_3(m)	605.47	605.60	605.72	605.81	605.88	605.92	605.94	605.94
15=12-13-14	B—B 断面水位距鼻坎底部的距 h_4(m)	1.33	1.20	1.08	0.99	0.92	0.88	0.86	0.86

表 13-19 工况1(下游河道流量326 m^3/s,水位为602.20 m)主洞水力学计算成果汇总

主洞结果汇总								
序号	项目	1—1断面	2—2断面	3—3断面	4—4断面	5—5断面	6—6断面	7—7断面
1	洞径 H(m)	12.40	12.40	12.40	12.40	12.40	12.40	12.40
2	断面面积 A_3(m^2)	132.20	132.20	132.20	132.20	132.20	132.20	132.20
3	水位 Z_4(m)	604.91	604.99	605.09	605.20	605.27	605.83	605.90
4	水深 h_5(m)	6.61	6.53	6.40	6.28	6.27	6.83	6.90
5	流速 v_2(m/s)	3.70	3.71	3.81	3.89	3.91	1.79	0.44
6	过水断面面积 A_4(m^2)	75.32	74.48	73.00	71.60	71.15	77.92	78.69
7=6/2	过水断面占总断面比例(%)	56.97	56.34	55.22	54.16	53.82	58.94	59.52
8=1-4	水面距洞顶距离 h_6(m)	5.79	5.87	6.00	6.12	6.13	5.57	5.50

表 13-20　工况 2(下游河道流量 1 600 m^3/s,水位为 604.69 m)支洞水力学计算成果汇总

支洞结果汇总									
序号	项目	第 8 尾水洞	第 7 尾水洞	第 6 尾水洞	第 5 尾水洞	第 4 尾水洞	第 3 尾水洞	第 2 尾水洞	第 1 尾水洞
1	洞宽 b(m)	5.70	5.70	5.70	5.70	5.70	5.70	5.70	5.70
2	洞高 h(m)	7.10	7.10	7.10	7.10	7.10	7.10	7.10	7.10
3	断面面积 A_1(m^2)	34.97	34.97	34.97	34.97	34.97	34.97	34.97	34.97
4	A—A 断面水位(m)	605.89	606.00	606.09	606.17	606.23	606.27	606.28	606.29
5	机组安装高程 Z_1(m)	611.10	611.10	611.10	611.10	611.10	611.10	611.10	611.10
6=5-4	A—A 断面水面距机组安装高程距离(m)	5.21	5.10	5.01	4.93	4.87	4.83	4.82	4.81
7	A—A 断面水深 h_1(m)	4.69	4.80	4.89	4.97	5.03	5.07	5.08	5.09
8	A—A 断面流速 v_1(m/s)	1.72	1.66	1.61	1.57	1.55	1.53	1.53	1.52
9	最大过水断面面积 A_2(m^2)	20.27	20.99	21.61	22.10	22.48	22.71	22.82	22.85
10=9/3	过水断面占总断面比例(%)	57.96	60.02	61.80	63.20	64.28	64.94	65.26	65.34
11=2-7	A—A 断面水面距支洞洞顶距离 h_2(m)	2.41	2.30	2.21	2.13	2.07	2.03	2.02	2.01
12	支洞洞顶高程 Z_2(m)	608.30	608.30	608.30	608.30	608.30	608.30	608.30	608.30
13	鼻坎高度 h_3(m)	1.50	1.50	1.50	1.50	1.50	1.50	1.50	1.50
14	B—B 断面水位 Z_3(m)	605.78	605.90	606.00	606.08	606.14	606.18	606.20	606.20
15=12-13-14	B—B 断面水位距鼻坎底部的距离 h_4(m)	1.02	0.90	0.80	0.72	0.66	0.62	0.60	0.60

表 13-21　工况 2(下游河道流量 1 600 m^3/s,水位为 604.69 m)主洞水力学计算成果汇总

主洞结果汇总								
序号	项目	1—1 断面	2—2 断面	3—3 断面	4—4 断面	5—5 断面	6—6 断面	7—7 断面
1	洞径 H(m)	12.40	12.40	12.40	12.40	12.40	12.40	12.40
2	断面面积 A_3(m^2)	132.20	132.20	132.20	132.20	132.20	132.20	132.20
3	水位 Z_4(m)	605.17	605.24	605.33	605.43	605.49	606.01	606.08
4	水深 h_5(m)	6.87	6.78	6.64	6.51	6.49	7.01	7.08
5	流速 v_2(m/s)	3.56	3.57	3.68	3.75	3.78	1.74	0.43
6	过水断面面积 A_4(m^2)	78.27	77.33	75.72	74.18	73.68	79.94	80.68
7=6/2	过水断面占总断面比例(%)	59.21	58.49	57.28	56.11	55.73	60.47	61.03
8=1-4	水面距洞顶距离 h_6(m)	5.53	5.62	5.76	5.89	5.91	5.39	5.32

表 13-22　工况 3 (下游河道流量 3 200 m^3/s,水位为 606.95 m)支洞水力学计算成果汇总

支洞结果汇总									
序号	项目	第 8 尾水洞	第 7 尾水洞	第 6 尾水洞	第 5 尾水洞	第 4 尾水洞	第 3 尾水洞	第 2 尾水洞	第 1 尾水洞
1	洞宽 b(m)	5.70	5.70	5.70	5.70	5.70	5.70	5.70	5.70
2	洞高 h(m)	7.10	7.10	7.10	7.10	7.10	7.10	7.10	7.10
3	断面面积 A_1(m^2)	34.97	34.97	34.97	34.97	34.97	34.97	34.97	34.97
4	A—A 断面水位(m)	607.45	607.52	607.59	607.64	607.68	607.71	607.72	607.72
5	机组安装高程 Z_1(m)	611.10	611.10	611.10	611.10	611.10	611.10	611.10	611.10
6=5-4	A—A 断面水面距机组安装高程距离(m)	3.65	3.58	3.51	3.46	3.42	3.39	3.38	3.38
7	A—A 断面水深 h_1(m)	6.25	6.32	6.39	6.44	6.48	6.51	6.52	6.52

续表 13-22

支洞结果汇总									
序号	项目	第 8 尾水洞	第 7 尾水洞	第 6 尾水洞	第 5 尾水洞	第 4 尾水洞	第 3 尾水洞	第 2 尾水洞	第 1 尾水洞
8	A—A 断面流速 v_1(m/s)	1.18	1.16	1.15	1.13	1.12	1.12	1.12	1.12
9	最大过水断面面积 A_2(m^2)	29.54	29.97	30.36	30.68	30.94	31.09	31.16	31.18
10=9/3	过水断面占总断面比例(%)	84.47	85.70	86.82	87.73	88.48	88.90	89.10	89.16
11=2-7	A—A 断面水面距支洞洞顶距离 h_2(m)	0.85	0.78	0.71	0.66	0.62	0.59	0.58	0.58
12	支洞洞顶高程 Z_2(m)	608.30	608.30	608.30	608.30	608.30	608.30	608.30	608.30
13	鼻坎高度 h_3(m)	1.50	1.50	1.50	1.50	1.50	1.50	1.50	1.50
14	B—B 断面水位 Z_3(m)	607.34	607.41	607.48	607.53	607.58	607.60	607.61	607.62
15=12-13-14	B—B 断面水位距鼻坎底部的距离 h_4(m)	-0.54	-0.61	-0.68	-0.73	-0.78	-0.80	-0.81	-0.82

表 13-23　工况 3(下游河道流量 3 200 m^3/s,水位为 606.95 m)主洞水力学计算成果汇总

主洞结果汇总								
序号	项目	1—1 断面	2—2 断面	3—3 断面	4—4 断面	5—5 断面	6—6 断面	7—7 断面
1	洞径 H(m)	12.40	12.40	12.40	12.40	12.40	12.40	12.40
2	断面面积 A_3(m^2)	132.20	132.20	132.20	132.20	132.20	132.20	132.20
3	水位 Z_4(m)	607.03	607.06	607.11	607.16	607.19	607.51	607.53
4	水深 h_5(m)	8.73	8.61	8.42	8.24	8.19	8.51	8.55
5	流速 v_2(m/s)	2.80	2.82	2.90	2.96	2.99	1.44	0.36
6	过水断面面积 A_4(m^2)	99.49	98.14	96.01	93.92	93.23	96.99	97.49
7=6/2	过水断面占总断面比例(%)	75.26	74.24	72.62	71.04	70.52	73.37	73.74
8=1-4	水面距洞顶距离 h_6(m)	3.67	3.79	3.98	4.16	4.21	3.89	3.85

表 13-24 工况 4(下游河道流量 326 m^3/s,水位为 602.20 m)支洞水力学计算成果汇总

8#支洞结果汇总		
序号	项目	第 8 尾水洞
1	洞宽 b(m)	5.70
2	洞高 h(m)	7.10
3	断面面积 A_1(m^2)	34.97
4	A—A 断面水位(m)	603.68
5	机组安装高程 Z_1(m)	611.10
6=5-4	A—A 断面水面距机组安装高程距离(m)	7.42
7	A—A 断面水深 h_1(m)	2.48
8	A—A 断面流速 v_1(m/s)	3.07
9	最大过水断面面积 A_2(m^2)	11.33
10=9/3	过水断面占总断面比例(%)	32.40
11=2-7	A—A 断面水面距支洞洞顶距离 h_2(m)	4.62
12	支洞洞顶高程 Z_2(m)	608.30
13	鼻坎高度 h_3(m)	1.50
14	B—B 断面水位 Z_3(m)	602.83
15=12-13-14	B—B 断面水位距鼻坎底部的距离 h_4(m)	3.97

表 13-25　工况 4(下游河道流量 326 m^3/s，水位为 602.20 m)主洞水力学计算成果汇总

主洞结果汇总						
序号	项目	1—1 断面	2—2 断面	3—3 断面	4—4 断面	5—5 断面
1	洞径 H(m)	12.40	12.40	12.40	12.40	12.40
2	断面面积 A_3(m^2)	137.50	137.50	137.50	137.50	137.50
3	水位 Z_4(m)	602.29	602.30	602.30	602.31	602.31
4	水深 h_5(m)	3.99	3.84	3.61	3.38	3.31
5	流速 v_2(m/s)	0.76	0.78	0.85	0.90	0.92
6	过水断面面积 A_4(m^2)	45.51	43.78	41.18	38.59	37.73
7=6/2	过水断面占总断面比例(%)	33.10	31.84	29.95	28.07	27.44
8=1-4	水面距洞顶距离 h_6(m)	8.41	8.56	8.79	9.02	9.09

表 13-26　工况 5(下游河道流量 326 m^3/s,水位为 602. 20 m)支洞水力学计算成果汇总

8#支洞结果汇总		
序号	项目	第 8 尾水洞
1	洞宽 b(m)	5. 70
2	洞高 h(m)	7. 10
3	断面面积 A_1(m^2)	34. 97
4	A—A 断面水位(m)	602. 99
5	机组安装高程 Z_1(m)	611. 10
6=5-4	A—A 断面水面距机组安装高程距离(m)	8. 11
7	A—A 断面水深 h_1(m)	1. 79
8	A—A 断面流速 v_1(m/s)	2. 40
9	最大过水断面面积 A_2(m^2)	7. 25
10=9/3	过水断面占总断面比例(%)	20. 73
11=2-7	A—A 断面水面距支洞洞顶距离 h_2(m)	5. 31
12	支洞洞顶高程 Z_2(m)	608. 30
13	鼻坎高度 h_3(m)	1. 50
14	B—B 断面水位 Z_3(m)	602. 25
15=12-13-14	B—B 断面水位距鼻坎底部的距离 h_4(m)	4. 55

表 13-27　工况 5(下游河道流量 326 m^3/s,水位为 602.20 m)主洞水力学计算成果汇总

主洞结果汇总						
序号	项目	1—1 断面	2—2 断面	3—3 断面	4—4 断面	5—5 断面
1	洞径 H(m)	12.40	12.40	12.40	12.40	12.40
2	断面面积 A_3(m^2)	137.50	137.50	137.50	137.50	137.50
3	水位 Z_4(m)	602.22	602.22	602.22	602.22	602.22
4	水深 h_5(m)	3.92	3.76	3.53	3.30	3.22
5	流速 v_2(m/s)	0.39	0.40	0.43	0.46	0.47
6	过水断面面积 A_4(m^2)	44.66	42.90	40.25	37.61	36.73
7=6/2	过水断面占总断面比例(%)	32.48	31.20	29.27	27.35	26.71
8=1-4	水面距洞顶距离 h_6(m)	8.48	8.64	8.87	9.10	9.18

参考文献

[1] 左东启,等. 模型试验的理论和方法[M]. 北京:水利电力出版社,1984.
[2] 李炜. 水力计算手册[M]. 2版. 北京:中国水利水电出版社,2006.
[3] 赵延风,王正中,芦琴. 马蹄形断面正常水深的直接计算公式[J]. 水力发电学报,2012(1):173-177.
[4] 杨永荻. 非均质周界明渠流的阻力计算[J]. 水利水运工程学报,1989(3):57-60,62-69.
[5] 杨世孝,肖子良. 反求糙率的一种数值方法[J]. 数值计算与计算机应用,1994(4):247-260.
[6] 贺昌林,余挺,张建民,等. 长泄洪洞模型糙率修正方法研究[J]. 四川大学学报:工程科学版,2007(6):26-29.